Uetz/Wiedemeyer
Tribologie der Polymere

Vorwort

In der Technik nehmen Polymere als vielseitig verwendbare Konstruktionswerkstoffe einen festen Platz ein, wobei ein weiteres Anwachsen des Anwendungsfeldes infolge neuer stofflicher und konstruktiver Entwicklungen zu erwarten ist. Auch für tribologische Aufgaben sind Bauelemente aus Polymeren nicht nur aus wirtschaftlichen, sondern auch aus technischen Gründen unentbehrlich geworden, zumal die Möglichkeit besteht, deren Eigenschaften in weiten Bereichen systembezogen zu variieren. In den letzten Jahren sind mehrere Abhandlungen über Teilgebiete der Tribologie polymerer Werkstoffe, insbesondere auch von ausländischen Verfassern erschienen. Das Ziel des vorliegenden Buches ist es, ergänzend hierzu die speziellen Stoffeigenschaften dieser Werkstoffgruppe, die bestehenden Modellvorstellungen, Ergebnisse von Modell-Versuchen und die praktische Anwendung unter Aufzeigen prinzipieller tribologischer Zusammenhänge zu verknüpfen. Dazu konnten die Verfasser dankenswerterweise den Rat, die Kenntnisse und Erfahrungen von Experten aus den verschiedenen Teilbereichen in Anspruch nehmen.

Nach einer werkstofflichen Übersicht, die auch die Darlegung spezieller relevanter Charakteristika beinhaltet, wird die Konzeption des tribologischen Systems entsprechend der Bedeutung im Rahmen der Prüftechnik vorgestellt, zur Bewertung der unter Beanspruchung ablaufenden Vorgänge herangezogen und gleichzeitig als nützliches Hilfsmittel für das Verständnis der Zusammenhänge verwendet. Der Ansatz der Reibungs- und Verschleißprüfung sowie die Beurteilung von Versuchsergebnissen im Hinblick auf deren Übertragbarkeit auf Bauteile ist durch Nutzung der Systemdenkweise wesentlich erleichtert. Die Prüftechnik trägt den unterschiedlichen, in der Praxis vorhandenen Beanspruchungen bei Gleit-, Wälz- und Schwingungsvorgängen sowie Erosion (z.B. Hydroabrasiver Verschleiß, Stoßverschleiß, Strahlverschleiß), unter denen sich Polymere in vielen Fällen als besonders geeignet erweisen, Rechnung. Die dargelegten Modellvorstellungen können wohl als wertvolles Hilfsmittel für die Interpretation von Teilprozessen dienen, die nur bedingte Anwendbarkeit indes ist wegen der häufig vorliegenden Vereinfachungen zu beachten. Trotz getrennter Behandlung der verschiedenen Stoffgruppen Thermoplaste und Elastomere unter Berücksichtigung von Füll- und Verstärkungsstoffen sowie Friktionswerkstoffe ist angestrebt, die aus den Grundeigenschaften resultierenden Gemeinsamkeiten im Triboverhalten zu zeigen. Dabei zieht sich die Wechselwirkung zwischen Temperatur und Geschwindigkeit als wichtige Erkenntnis durch die Betrachtungen. Bei der Anwendung der Schmierung zur Senkung von Reibung und Verschleiß ist die Verträglichkeit zwischen Schmierstoff und Polymeren aus gutem Grund besonders herausgestellt worden.

Der jeweilige Nutzen der Anwendung von Polymeren geht anhand charakteristischer Konstruktionsteile wie Gleitlager im Maschinenbau, der Feinwerktechnik, im Brücken-, Hoch-, Rohrleitungs- und Apparatebau, Lagerungen in der Offshoretechnik, Gelenkprothesen, Reifen, Dichtungen oder Scheibenwischern sowie bei erosiven Anwendungen hervor.

Die Verfasser hoffen, damit einen die übergreifenden Belange berücksichtigenden Beitrag zum besseren Verständnis des vielschichtigen Gebietes der Tribologie der Polymere vorgelegt zu haben.

Bei der Darstellung der komplexen Zusammenhänge in Bezug auf die Tribologie der Polymere konnte in großem Maße auf wertvolle Beiträge und Hinweise von Fachleuten der verschiedensten Gebiete zurückgegriffen werden. Erster Dank gilt in dieser Beziehung Frau Dr. M. Tillwich, Etsyntha Chemie, für die Grundlagen zur Erarbeitung des Kapitels 4.1.2.8 ,,Schmierstoffe" sowie Herrn Dr. R. Heinz, Robert Bosch GmbH, für Ergänzungen und Bildmaterial zum Kapitel 4.1.3 ,,Schwingungsverschleiß" und das Durchsehen des Manuskriptes im Entwurfstadium. Die weitere Unterstützung der Herren Professor E. Hörz, Institut für Verbrennungsmotoren und Kraftfahrwesen, Universität Stuttgart (Kapitel 5.1, Elastomere, Grundsätzliches Verhalten – Modellversuch und 5.2.1, Reifen), Professor Dr.-Ing. K. Melcher, Robert Bosch GmbH (Kapitel 5.2.3, Scheibenwischer) sowie Dr.-Ing. M. Burckhardt, Daimler-Benz AG (Kapitel 6, Friktionswerkstoffe), jeweils verbunden mit konstruktiven Vorschlägen zur Gestaltung bzw. Ergänzung der jeweiligen Abschnitte trug zur Bereicherung der Aktualität bei. Die Firma Continental Gummi-Werke AG, Hannover, hat uns freundlicherweise mit Bildmaterial unterstützt. Kritische Stellungnahmen und die Mitwirkung von Damen und Herren aus der Tribologie-Gruppe in unserem Hause erwiesen sich im Hinblick auf Abrundung einzelner Themenkreise und Gestaltung als äußerst hilfreich. Für die Gesamtdurchsicht sind wir den Herren Professor Dr.-Ing. P. Eyerer und Dr.-Ing. U. Delpy, Institut für Kunststoffprüfung und Kunststoffkunde Universität Stuttgart, sowie Herrn Dr.-Ing. G. Heinke, BASF AG, ferner für die wohlwollende Förderung dem Direktor der MPA, Herrn Professor Dr.-Ing. K. Kußmaul zu Dank verpflichtet.

Stuttgart, September 1984
H. Uetz
J. Wiedemeyer

Inhalt

1 Werkstoffliche Übersicht 1
   1.1 Aufbau und Einteilung von Polymerwerkstoffen 1
       1.1.1   Allgemeine Merkmale 1
       1.1.2   Thermoplaste 6
       1.1.3   Elastomere 6
       1.1.4   Duroplaste 7
   1.2 Werkstoffzustände und Verformungsverhalten 7
   1.3 Zusatzstoffe 11
   1.4 Anwendung 12
   1.5 Tribologisch relevante Polymere 13
   Schrifttum 18

2 Tribologische Prüftechnik 19
   2.1 Problemstellung und Zielsetzung 19
   2.2 Tribologisches System 21
       2.2.1   Einführung 21
       2.2.2   Technische Funktion 23
       2.2.3   Beanspruchungskollektiv 23
       2.2.4   Struktur des Tribosystems 24
       2.2.5   Wechselwirkungen 24
       2.2.6   Folgerungen aus dem Systemdenken 26
       2.2.7   Reibungs- und Verschleißkenngrößen 27
   2.3 Kategorien der Verschleißprüfung 27
   2.4 Ansatz für eine Verschleißprüfung 29
   2.5 Übertragbarkeit 30
   2.6 Verschleiß- und Reibungsprüfverfahren 32
       2.6.1   Gleit-, Schwingungs- und Wälzbeanspruchung 32
       2.6.2   Erosionsbeanspruchung 35
       2.6.2.1 Prüfung der Teilchenfurchung und Gegenkörperfurchung 35
       2.6.2.2 Prüfung des hydroabrasiven Verschleißes 37
       2.6.2.3 Strahlverschleißprüfung 37
   Schrifttum 39

3 Modellvorstellungen 40
   3.1 Grundlagen 40
   3.2 Reibungstheorien 41
       3.2.1   Vorbemerkungen 41
       3.2.2   Adhäsionstheorien 44
       3.2.3   Deformationstheorien 59
   3.3 Verschleißtheorien 68
       3.3.1   Vorbemerkungen 68
       3.3.2   Verschleißmechanismen 69
       3.3.2.1 Adhäsion 69

3.3.2.2	Abrasion	70
3.3.2.3	Ermüdung	80

Schrifttum ... 86

4 Thermoplaste ... 88

4.1 Grundsätzliches Verhalten – Modellversuche ... 88

4.1.1	Statische Belastung	88
4.1.2	Gleitbeanspruchung	91
4.1.2.1	Bewegungsbeginn	91
4.1.2.2	Einlaufbereich	94
4.1.2.3	Stationärer Zustand	105
4.1.2.4	Ergebnisse bei Variation des Beanspruchungskollektivs	105
4.1.2.4.1	Temperatur	105
4.1.2.4.2	Geschwindigkeit	109
4.1.2.4.3	Pressung	112
4.1.2.5	Deutung der Ergebnisse	116
4.1.2.6	Einfluß der Tribostruktur	129
4.1.2.6.1	Oberflächenrauheit	129
4.1.2.6.2	Polymerstruktur	133
4.1.2.7	Füll- und Verstärkungsstoffe	137
4.1.2.8	Schmierstoffe (Zwischenstoffe)	157
4.1.2.8.1	Anwendung	157
4.1.2.8.2	Schmierverfahren	157
4.1.2.8.3	Auswahl der Schmierstoffe	162
4.1.2.8.4	Charakterisierung verschiedener Schmierstoffe	169
4.1.3	Schwingungsverschleiß	172
4.1.4	Tribologische Beanspruchung und mechanische Deformation	185

4.2 Anwendungen ... 191

4.2.1	Gleitlager im Maschinenbau und in der Feinwerktechnik	191
4.2.2	Wälzlager, Rollen, Scheiben	216
4.2.3	Zahnräder, Schraubenräder, Bewegungsmuttern	218
4.2.4	Brückenlager	221
4.2.5	Hochbaulager	233
4.2.6	Lagerungen für den Rohrleitungs- und Apparatebau	243
4.2.7	Lagerungen in der Offshoretechnik	245
4.2.8	Gelenkendoprothesen	246

4.3 Zusammenstellung tribologischer Meßwerte – Hinweise für die Werkstoffauswahl ... 262

Schrifttum ... 279

5 Elastomere ... 283

5.1 Grundsätzliches Verhalten – Modellversuche ... 283

5.1.1	Statische Belastung	284
5.1.2	Tribologische Beanspruchung	285
5.1.2.1	Bewegungsbeginn	285
5.1.2.2	Einlaufbereich	288
5.1.2.3	Stationärer Zustand	291
5.1.2.4	Ergebnisse bei Variation des Beanspruchungskollektivs	291
5.1.2.4.1	Temperatur	291
5.1.2.4.2	Geschwindigkeit	294
5.1.2.4.3	Pressung	300
5.1.2.5	Deutung der Ergebnisse	303

5.1.2.6	Einfluß der Tribostruktur	303
5.1.2.6.1	Oberflächenrauheit	303
5.1.2.6.2	Elastomerstruktur	305
5.1.2.7	Füll- und Verstärkungsstoffe	306
5.1.2.8	Zwischenstoffe	308

5.2 Anwendungen ... 311
    5.2.1 Reifen ... 311
    5.2.2 Dichtungen ... 321
    5.2.3 Scheibenwischer ... 329
Schrifttum ... 334

6 Friktionswerkstoffe ... 335

6.1 Anforderungen ... 335
6.2 Paarungswerkstoffe ... 335
6.3 Prüfverfahren ... 338
6.4 Tribologisches Verhalten und Betrieb ... 341
    6.4.1 Reibung ... 341
    6.4.2 Verschleiß ... 344
Schrifttum ... 352

7 Erosion ... 353

7.1 Terminologie ... 353
7.2 Abrasiv-erosiver Gleitverschleiß unter Befeuchung ... 354
7.3 Gaserosion ... 355
7.4 Strahlverschleiß ... 356
    7.4.1 Allgemeines ... 356
    7.4.2 Anstrahlwinkel ... 356
    7.4.3 Strahlmittelhärte – Prallstrahlbereich ... 358
    7.4.4 Strahlverschleiß-Geschwindigkeit-Schaubild ... 359
    7.4.5 Versuche zur Muldenbildung ... 360
    7.4.6 Verbundwerkstoffe ... 363
    7.4.7 Berechnung des Strahlverschleißes ... 367
    7.4.8 Schlußfolgerung und Anwendung ... 367
7.5 Hydroabrasiver Verschleiß ... 367
    7.5.1 Einführung ... 367
    7.5.2 Kornhärte ... 368
    7.5.3 Anwendung ... 368
7.6 Tropfenschlag-, Regen-Erosion ... 370
Schrifttum ... 372

Register ... 373

Übersicht der im Buch verwendeten Bezeichnungen

Begriff	Formelzeichen	Definition	Einheit	Bemerkung
Weg	s	—	m	—
Zeit	t	—	s	—
Geschwindigkeit	v	$v = s/t$	mm/s	—
Fläche	A	—	mm²	A_0: Nennfläche A_R: wahre Kontaktfläche
Temperatur	ϑ T	—	°C K	ϑ_G: T_G: Glastemperatur
Normalkraft	F_N	—	N	—
Reibungskraft	F_R	—	N	—
Reibungszahl	f	$f = F_R/F_N$	—	—
Flächenpressung	p	$p = F_N/A_o$	N/mm²	—
Probenhöhe	H	—	μm	H_0: Anfangshöhe $H(t)$: zur Zeit t
Höhenänderung	ΔH	$\Delta H = H_o - H(t)$	μm	$\Delta H > 0$ für $H(t) < H$
Probenmasse	m	—	g	—
Linearer Verschleiß	W_L	—	μm	Aus Masseverlust Δm errechnete theoretische Dickenabnahme durch Verschleiß

1 Werkstoffliche Übersicht

1.1 Aufbau und Einteilung von Polymerwerkstoffen

1.1.1 Allgemeine Merkmale

Makromolekulare Substanzen auf der Basis von Kohlenwasserstoffen, deren Molekülketten aus vielen gleichen oder ähnlichen Grundbausteinen (entstanden aus Monomeren) zusammengesetzt sind, werden als Polymere bezeichnet [1.1], *Bild 1.1*. Aus einem oder verschiedenen Grundbausteinen werden die Strukturelemente des Polymeren gebildet. Je nach Art der Ausgangsmonomere entstehen lineare, verzweigte, aber auch vernetzte Molekülketten, *Bild 1.2*. Im statistischen Mittel bilden diese eine räumliche Knäuelstruktur. Anders als bei

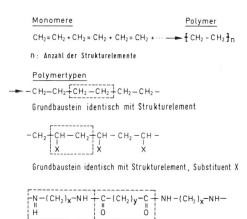

Bild 1.1: Aufbau von Polymerwerkstoffen nach [1.1]

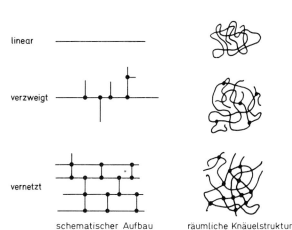

Bild 1.2: Strukturprinzipien bei Makromolekülen nach [1.1]

niedermolekularen Verbindungen treten bei diesen Stoffen die funktionellen Eigenschaften der sie aufbauenden monomeren Einheiten in den Hintergrund; das Verhalten sowie insbesondere auch die rheologischen Eigenschaften werden vorzugsweise durch den Bau des Makromoleküls, gekennzeichnet u. a. durch die Strukturelemente der Ketten, bestimmt [1.2]. Kunststoffe sind diejenigen Polymerwerkstoffe, die durch Abwandlung makromolekularer Naturstoffe (Zellulose, Eiweiß, Naturkautschuk und Naturharz) oder vollsynthetisch aus Monomeren, oft Derivaten des Erdöls, durch Polymerisation, Polykondensation oder Polyaddition hergestellt werden [1.3]. Polymere haben keine einheitliche Molmasse, sondern gehorchen einer Molekulargewichtverteilung, deren Schärfe von Bedeutung für die Werkstoffeigenschaften ist. Der Einfluß der Polymerstruktur auf physikalische Eigenschaften ist in *Bild 1.3* am Beispiel der Dauertemperaturbeständigkeit dargestellt. Da die Haupt-

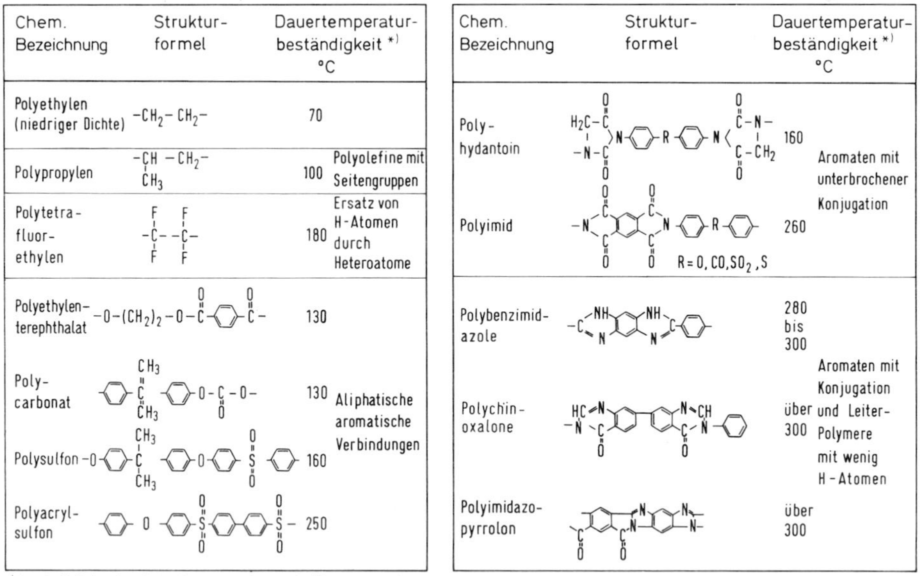

Chem. Bezeichnung	Strukturformel	Dauertemperaturbeständigkeit [*] °C		Chem. Bezeichnung	Strukturformel	Dauertemperaturbeständigkeit [*] °C	
Polyethylen (niedriger Dichte)	$-CH_2-CH_2-$	70		Polyhydantoin		160	Aromaten mit unterbrochener Konjugation
Polypropylen	$-CH-CH_2-$ CH_3	100	Polyolefine mit Seitengruppen				
Polytetrafluorethylen	$-CF_2-CF_2-$	180	Ersatz von H-Atomen durch Heteroatome	Polyimid	R = O, CO, SO_2, S	260	
Polyethylenterephthalat		130		Polybenzimidazole		280 bis 300	
Polycarbonat		130	Aliphatische aromatische Verbindungen	Polychinoxalone		über 300	Aromaten mit Konjugation und Leiter-Polymere mit wenig H-Atomen
Polysulfon		160					
Polyacrylsulfon		250		Polyimidazopyrrolon		über 300	

[*] ist lediglich eine Orientierungsgröße und gilt ohne äußere Einflüsse wie Zeit, Kraft, Medien

Bild 1.3: Zusammenhang zwischen Struktur und Dauertemperaturbeständigkeit verschiedener Polymere nach [1.1]

valenzen des Kohlenstoffatoms zu den Ecken eines Tetraeders ausgerichtet sind, besitzt jeder Kettenabschnitt eine definierte Drehbarkeit [1.4], *Bild 1.4,* die die Voraussetzung für die Beweglichkeit des Moleküls ist. Das gesamte Makromolekül hat aufgrund thermischer Bewegung (Mikrobrownsche Bewegung), vgl. 1.2, im statistischen Mittel ohne weitere Beeinflussung durch fremde Kräfte eine Knäuelstruktur, Bild 1.2, wobei infolge Verschlaufung mehrerer Moleküle eine Verfilzung entsteht. Je nach Anordnung der Substituenten an der Kohlenstoffkette werden isotaktische (bei gestreckter Molekülkette liegt Substituent jewels auf gleicher Kettenseite), syndiotaktische (Substituent wechselt Kettenseite periodisch) oder ataktische (zufällige Anordnung der Substituenten) Moleküle unterschieden. Bei geeigneter räumlicher Anordnung der Seitengruppen und Polarität erfolgt eine gegenseitige Ausrichtung benachbarter Kettensegmente z.B. durch Falten der gleichen oder Aneinanderlagern verschiedener Molekülketten. Die Ausrichtung ist umso einfacher, je

1.1 Aufbau und Einteilung von Polymerwerkstoffen

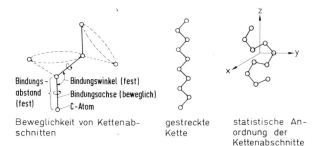

Bild 1.4: Beweglichkeit von Kettenmolekülen mit Einfachbindungen nach [1.4]

regelmäßiger die Molekülstruktur ist und je kleiner die Substituenten an der Kette sind. Zwischen den Molekülketten wirken Sekundärbindungen, *Bild 1.5*, von denen bekannt ist, daß von den vier Bindungsarten (Dispersionskräfte, Dipolorientierungskräfte, Induktionskräfte und Wasserstoffbrücken) die erstgenannte die schwächste und die letztgenannte die stärkste Wechselwirkung ausübt, wobei diese jedoch im Vergleich zu Hauptvalenzbedingungen deutlich geringer ist [1.5], *Tafel 1.1*. Teilkristalline Polymere, *Bild 1.6*, entstehen dann, wenn sich im Gegensatz zur amorphen Filzstruktur (a) bzw. einem texturbehafteten amorphen Zustand (b) verschiedene Moleküle (c) bzw. durch Falten Abschnitte einer Molekülkette (d) aneinanderlagern, wobei ein Molekül auch Bestandteil mehrerer Kristallite sein kann (tie molecules). Als Überstruktur können Lamellen (Bänder) oder Sphärolite resultieren (e). Teilkristalline Polymere sind Zweiphasenwerkstoffe (amorphe und kristal-

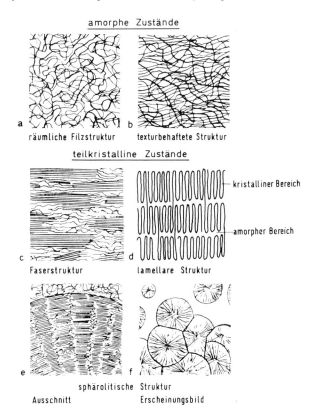

Bild 1.6: Amorphe und kristalline Strukturen von Polymeren nach [1.4]

line Bereiche), so daß sich deren Eigenschaften superponieren, vgl. 1.2. Der Kristallisationsgrad ist durch Keimbildung und Wachstum bestimmt und daher steuerbar.

Art der Bindung	Schematische Darstellung	Charakterisierung
Dispensionskräfte (van der Waalssche Kräfte)		In der Materie allgemein wirkende, ungerichtete Anziehungskräfte zwischen Molekülen
Dipol-Orientierungskräfte	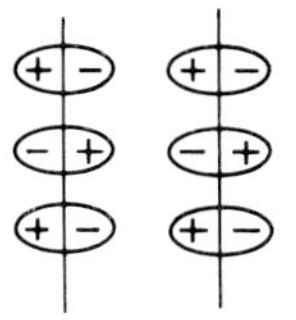 Dipol; Beispiele polarer Gruppen: 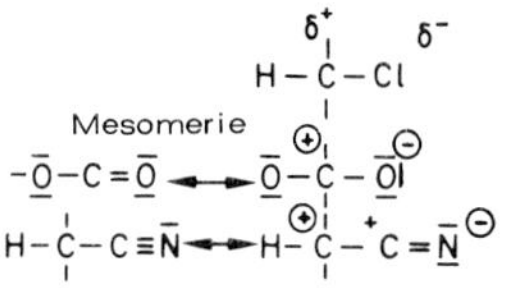 $H-\overset{\delta^+}{C}-\overset{\delta^-}{Cl}$; Mesomerie: $-\bar{O}-C=\bar{\bar{O}} \leftrightarrow -\bar{O}-\overset{\oplus}{C}-\bar{\bar{O}}^{\ominus}$; $H-\overset{|}{C}-C\equiv\bar{\bar{N}} \leftrightarrow H-\overset{|}{C}-\overset{+}{C}=\bar{\bar{N}}^{\ominus}$	gerichtete Anziehungskräfte zwischen Molekülen bei Vorhandensein polarer Gruppen
Induktionskräfte	 $\oplus$ polarisierbare Gruppe — Feld → $\overset{+}{}\overset{-}{}$ induzierter Dipol	Anziehungskräfte zwischen polarisierten Gruppen von Molekülen, hervorgerufen durch elektrisches Feld (z.B. einen Dipol)
Wasserstoffbrücken	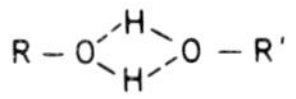 $R-O\overset{H}{\underset{H}{\cdots}}O-R'$; Beispiel: Zellulose; 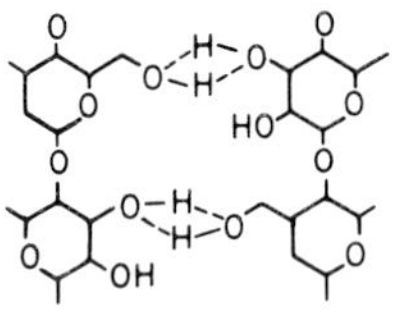 Beispiele polarisierter H-Atome: Alkohole 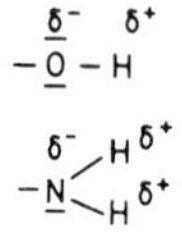 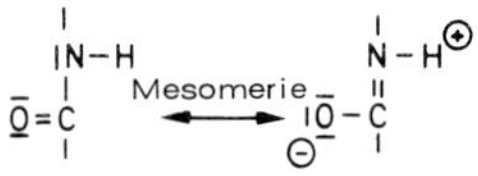 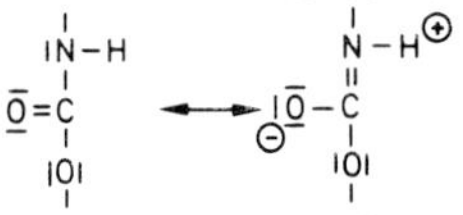 $\overset{\delta^-}{-\bar{O}}-\overset{\delta^+}{H}$; Amine $\overset{\delta^-}{-\underset{}{N}}\overset{H^{\delta^+}}{\underset{H^{\delta^+}}{\diagdown}}$; Carboamide Mesomerie; Urethane	starke, gerichtete Anziehungskräfte infolge leichtgebundenen aktiven Wasserstoffs. H-Atome sind an elektronegative Atome gebunden, wobei die Aktivierung durch benachbarte, mesomeriefähige Gruppen verstärkt wird

Bild 1.5: Arten von Sekundärbindungen nach [1.4]

Tafel 1.1: Charakteristika verschiedener Bindungsarten nach [1.5]

Bindungsart	Bindung (Beispiele)	Bindungs-energie kJ/mol	Bindungs-abstand nm	Bemerkungen
metallische Bindung	- Fe-Fe Li-Li K-K	40 - 800 395 111 55	 0,404 0,463 	positiv geladenes Metallion von negativ geladenem Elektronengas umgeben
Ionenbindung	- NaCl NaF	400 - 2000 410 447	 0,236 0,185	starke Anziehungskräfte zwischen positiv und negativ geladenen Ionen
konvalente Bindung (Hauptvalenzbindung)	C-C (aliph.) C-C (arom.) C-H C-C C-Cl Si-O	250 - 800 343 - 368 ca. 560 413 610 339 444	 0,154 0,140 0,109 0,135 0,177 0,164	gemeinsame Valenzelektronen (Oktettschale außen wird angestrebt)
Nebenvalenzbindungen	-	0,2 - 30	0,5 - 0,8	
- Dispersionskräfte	zwischen unpolaren Molekülen	0,3 - 4		ungerichtet; abstandabhängig; Wirkung über kurze Entfernungen
- Dipolkräfte	zusätzl. zu Dispersionskr. bei polaren Gruppen	2 - 12		gerichtet; temperaturabhängig; Wirkung über große Entfernungen
- Induktionskräfte	-	0,2 - 1,2		gerichtet; Verschiebung von Ladungsschwerpunkten
- Wasserstoffbrückenbindung	O-H...O N-H...O	3 - 25 < 24		gerichtet; temperaturabhängig
- Ionenbindung	O..Zn..O	2 - 30		

Da bei mehr als bifunktionellen Monomeren auch Hauptvalenzbindungen zwischen benachbarten Ketten möglich sind (Vernetzung) und Molekülketten je nach Aufbau andere Steifigkeit besitzen, werden die Polymerarten Thermoplaste (amorph, teilkristallin), Elastomere und Duroplaste unterschieden. Der Übergang zwischen den Polymerarten ist fließend. Beispielsweise kann sich ein Werkstoff aus steifen Ketten bei geringem Vernetzungsgrad wie ein solcher mit flexiblen Ketten und höherem Vernetzungsgrad verhalten, ferner ist mitunter die Temperaturabhängigkeit des Speichermoduls schwach vernetzter Duroplaste und stark vernetzter Elastomere ähnlich, Bild 1.9.

1.1.2 Thermoplaste

Thermoplaste sind Polymerwerkstoffe, deren Kettenmoleküle unvernetzt sind, d.h. es bestehen keine Hauptvalenzbindungen zwischen den Molekülen. Durch Wärmezufuhr wird die Kettenbeweglichkeit gesteigert, das Knäuelvolumen vergrößert, und Verschlaufungen können leichter gelöst werden. Thermoplaste sind in der Regel löslich und schmelzbar (dadurch auch schweißbar). Die teilkristallinen Thermoplaste besitzen amorphe und kristalline Gefügebereiche die wiederum Überstrukturen bilden können (Lamellen, Sphärolite), vgl. Bild 1.6. Verstreckungsvorgänge bewirken durch Parallelorientierung von Ketten in der Regel eine Erhöhung des Kristallinitätsgrades. Die Gitterebenen kristalliner Werkstoffbereiche streuen einfallendes Licht, wodurch teilkristalline im Gegensatz zu amorphen Thermoplasten trüb erscheinen, sofern die kristallinen Bereiche größer als etwa die halbe Wellenlänge des Lichtes sind. Thermoplaste können aus linearen oder verzweigten Ketten bestehen, vgl. Bild 1.2. Die Verarbeitung erfolgt im plastischen bzw. weichelastischen Zustand, aber auch aus Lösungen bzw. Emulsionen.

1.1.3 Elastomere

Elastomere sind Polymerwerkstoffe, deren Kettenmoleküle untereinander schwach vernetzt sind. Bei Dehnung werden die im übrigen verschlauften Kettensegmente orientiert, ein vollständiges Abgleiten ist jedoch nicht möglich, *Bild 1.7*. Bei Entlasten bewirken die Vernetzungspunkte ein Rückfedern der Ketten in die zufällige statistische Konfiguration. Elastomere können weder gelöst noch geschmolzen werden. Lösungsmittel bewirken durch Aufweiten der Knäuel ein Quellen. Bei zu hoher Wärmezufuhr werden die Hauptvalenzbindungen irreversibel zerstört, es erfolgt Zersetzung. Elastomere werden erst in der gewünschten Gestalt vernetzt.

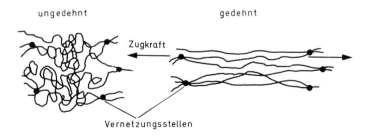

Bild 1.7: Wirkung von Vernetzungspunkten im gummielastischen Zustand von Polymeren nach [1.4]

1.1.4 Duroplaste

Duroplaste sind Polymerwerkstoffe, deren Kettenmoleküle stark vernetzt sind. Sie sind daher unlöslich, unschmelzbar und allenfalls schwach quellbar. Bei zu hoher Erwärmung werden die Hauptvalenzbindungen irreversibel zerstört. Die Formgebung von Duroplasten erfolgt vor Vernetzung, d. h. die Aushärtung findet in der Form statt.

1.2 Werkstoffzustände und Verformungsverhalten

Entsprechend dem Molekülaufbau, Bild 1.4, sind Kettensegmente von Polymeren um einfache Bindungsachsen frei drehbar. Die Rotation wird durch Wechselwirkungen zwischen verschiedenen Molekülketten oder Kettenabschnitten (Sekundärbindungen), Bild 1.5, mehr oder weniger stark behindert. Je nach thermischer Energie führen die Segmente unterschiedlich ausgeprägte Bewegungen um die bezüglich des Abstandes energetisch günstigste Gleichgewichtsposition der wechselwirkenden Bereiche aus. Es ist eine Mindestenergie erforderlich, damit diese „Mikrobrownsche Bewegung" überhaupt stattfinden kann. Bei genügend hoher Erwärmung können die Bewegungsamplituden so groß werden, daß die Reichweite der Anziehungskräfte überschritten und die Bindung vollständig gelöst wird. Die Energieschwelle zur Bindungstrennung ist dann überwunden.

Die Mikrobrownsche Bewegung der Makromoleküle ist ein thermisch aktivierter Prozeß und daher umso ausgeprägter, je höher die Werkstofftemperatur ist. Mit steigender Kettenbeweglichkeit werden Kettenknäuel aufgeweitet und Verschlaufungen periodisch häufiger gelöst. In Abhängigkeit von der Temperatur werden daher unterschiedliche Werkstoffzustände beobachtet [1.5], *Bild 1.8*, die u. a. durch den Vernetzungsgrad, die Molmasse sowie die Kristallinität beeinflußt werden. Für die verschiedenen Polymerarten ergeben sich charakteristische Temperaturabhängigkeiten des Speichermoduls, wobei hart- oder energieelastischer (auch Glaszustand), weich- oder entropieelastischer (auch gummielastischer) Werkstoffzustand und Schmelz- bzw. Zersetzungsbereich unterschieden werden, Bild 1.8a. Der Verlauf des Speichermoduls teilkristalliner Thermoplaste, die Zweiphasenwerkstoffe (amorphe und kristalline Bereiche) sind, ergibt sich aus der Superposition der Module des rein amorphen und rein kristallinen Polymeren, Bild 1.8b. Im hartelastischen Werkstoffzustand (Glaszustand) ist die Mikrobrownsche Bewegung der Moleküle eingefroren, so daß die Form der Kettenknäuel fixiert ist. Der Werkstoff reagiert spröde, was sich in hohem Speichermodul (10^3 bis 10^4 N/mm^2) und geringer Bruchdehnung (um 0,01) äußert. Beginnend ab der Glastemperatur (ϑ_G) erreichen die Kettensegmente im Haupterweichungsgebiet eine hohe Beweglichkeit, so daß das Werkstoffverhalten im gummielastischen (weichelastischen) Werkstoffzustand im wesentlichen durch die Anzahl mechanischer Verschlaufungen bestimmt wird. Die erhöhte Verformungsfähigkeit zeigt sich durch ein nahezu stufenförmiges Absinken des Speichermoduls bei ϑ_G auf das Niveau des gummielastischen Werkstoffzustandes (bei amorphen Thermoplasten 10^0 bis 10^1 N/mm^2). Bei der Fließtemperatur (ϑ_f) werden Verschlaufungen zusätzlich stochastisch gelöst und an anderer Stelle neu gebildet. Im Fall teilkristalliner Polymere ergibt sich oberhalb der Glasübergangstemperatur der amorphen Bestandteile infolge des gleichzeitigen Vorliegens entropieelastischer (amorphe Bereiche) und energieelastischer (kristalline Bereiche) Phasen ein zäh-harter Zustand. Bei nicht vernetzten Polymeren leitet die Fließtemperatur ϑ_f bzw. Schmelztemperatur ϑ_m der Kristallite den Zustand der Schmelze ein, während bei Elastomeren und Duroplasten – im letzteren Fall auch ohne feststellbares gummielastisches Plateau – auf den gummielastischen Werkstoffzustand unmittelbar die Zersetzung folgt. Zersetzung bedeutet, daß die thermische Energie jetzt auch ausreicht, um Hauptvalenzbindungen irreversibel zu zerstören. In Bild 1.8a sind für einige Polymere Anhaltswerte in Bezug auf Glas-, Fließ- bzw. Schmelztemperaturen und für Elastomere Einsatztemperaturbereiche angegeben [1.4].

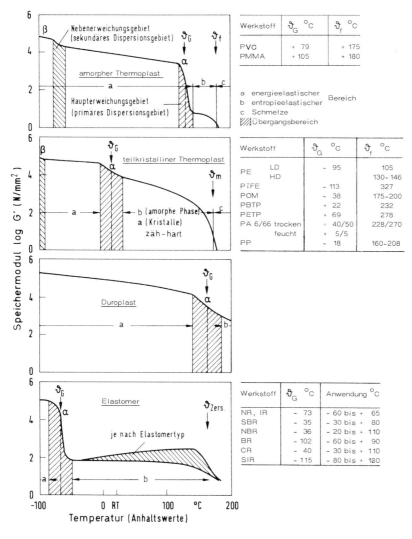

Bild 1.8a: Speichermodul und log. Dekrement der Dämpfung in verschiedenen Werkstoffzuständen amorpher, teilkristalliner und vernetzter Polymere (schematisch) mit Angabe von Anhaltswerten für Glastemperatur ϑ_G, Fließtemperatur ϑ_f, Schmelztemperatur ϑ_m sowie Einsatzbereichen bei Elastomeren [1.4, 1.5] (Abkürzungen: Bilder 1.12 bis 1.14)

1.2 Werkstoffzustände und Verformungsverhalten 9

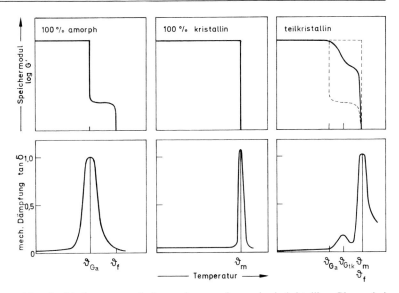

Bild 1.8b: Superposition des Verformungsverhaltens rein amorpher und rein kristalliner Phasen bei teilkristallinen Polymeren (schematisch) nach [1.5]

Außer den bisher erläuterten Haupterweichungsgebieten (primären Dispersionsgebieten) sind bei manchen Polymeren in bestimmten Temperaturbereichen zusätzliche Stufen im Speichermodulverlauf vorhanden, Bild 1.8. Diese sind auf die Änderung der Beweglichkeit besonderer Molekülsegmente (z. B. Drehmöglichkeit von Seitengruppen um die Bindungsachse) mit Durchlaufen dieser Nebenerweichungsgebiete (sekundären Dispersionsgebiete) zurückzuführen. Sekundäre Dispersionsgebiete werden auch durch griechische Buchstaben gekennzeichnet.

Stark vernetzte Polymere sind im gummielastischen Zustand unter größerem Energieaufwand verformbar als schwach vernetzte, *Bild 1.9*. Mit abnehmender Molmasse (M) ist bei

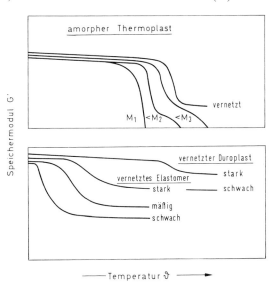

Bild 1.9: Einfluß der mittleren Molmasse (M_i) und des Vernetzungsgrades auf die Temperaturabhängigkeit des Speichermoduls (schematisch) nach [1.7] (zahlenmäßige Anhaltswerte vgl. Bild 1.8)

Thermoplasten ein früheres Lösen von Verschlaufungen möglich, so daß unter Umständen bei kleinem M kein gummielastisches Plateau beobachtet wird.

Verformungsvorgänge bewirken bei Polymeren ein Orientieren von Molekülketten durch Abgleitprozesse und gegebenenfalls Lösen von Verschlaufungen, vgl. 1.1.2 bis 1.1.3. Da solche Vorgänge zeitabhängig sind, zeigen diese Werkstoffe ein ausgeprägtes Kriech- und Relaxationsverhalten. Während Kriechkurven das Verformungsverhalten unter konstanter Last beschreiben, geben Relaxationskurven den Spannungsabbau bei konstanter Dehnung in Abhängigkeit von der Zeit wieder. Aufgrund der geschilderten Vorgänge besteht zwischen Spannung und Dehnung mit Ausnahme elastischer Anteile in der Regel eine Phasenverschiebung, deren Größe durch Temperatur und Verformungsgeschwindigkeit beeinflußt wird. Ebenso wie tiefere Temperaturen haben höhere Deformationsgeschwindigkeiten ein spröderes Verhalten der Polymere zur Folge. Der bei der Verformung im Werkstoff umgesetzte Energieanteil ist wegen des unterschiedlich plastischen Anteils ebenfalls von beiden Beanspruchungsparametern abhängig.

Bei zyklischer mechanischer Deformation von Polymeren wird ein besonders großer Anteil der mechanischen Energie im Werkstoff dann umgesetzt, wenn die Temperatur im Bereich von Dispersionsgebieten liegt. Die mechanische Dämpfung (tan δ), die das Verhältnis von dem Prozeß entzogener zu im Werkstoff gespeicherter Energie ausdrückt

$$\tan \delta = \frac{G''}{G'} \quad \left(\frac{\text{Verlustmodul}}{\text{Speichermodul}}\right) \tag{1.1}$$

erreicht infolgedessen dort jeweils ein Maximum, Bild 1.8b. Bei der Darstellung des Schubmoduls als komplexe Größe (G*)

$$G^* = G' + i G'' \tag{1.2}$$

ergibt sich die mechanische Dämpfung in der vektoriellen Darstellung als Tangens des Phasenwinkels zwischen den beiden Anteilen. Die mechanische Dämpfung wird häufig durch das logarithmische Dekrement Λ ausgedrückt, wobei dieses das logarithmische Verhältnis aufeinander folgender Schwingungsamplituden eines zur freien Schwingung (im Torsionsversuch nach DIN 53 445 oder Biegeschwingversuch nach DIN 53 440) angeregten Systems charakterisiert [1.5]

$$\Lambda = \ln \frac{\Phi_i}{\Phi_{i+1}} \; ; \quad i = 1 \text{ bis } n \tag{1.3}$$

In weiten Bereichen von Temperatur und Beanspruchungsfrequenz gilt ein Zeit-Temperatur-Verschiebungsgesetz. Durch wahlweise Variation dieser Parameter werden äquivalente Änderungen des Werkstoffverhaltens erzielt. William, Landel und Ferry (WLF) haben eine empirische Gleichung für diesen Zusammenhang aufgestellt [1.6, 1.7], *Bild 1.10a*

$$\log a_T = \frac{-8{,}86 \, (T - T_s)}{101{,}6 + (T - T_s)} \tag{1.4}$$

Die WLF-Gleichung gibt die Verschiebung a_T der Dispersionsstufen in der logarithmischen Zeit- bzw. Frequenzachse bei Änderung der Temperatur von der Bezugstemperatur T_s nach T wieder, *Bild 1.10b,* wobei näherungsweise gilt

$$T_s \approx T_G + 50 \, \text{K} \tag{1.5}$$

T_G ist die Glastemperatur des Polymeren im absoluten Maßsystem. Auch bei bezüglich der Werkstofftemperatur weichelastischem Werkstoffzustand können bei genügend hoher Verformungsfrequenz Polymere also hartelastisch reagieren.

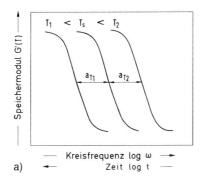 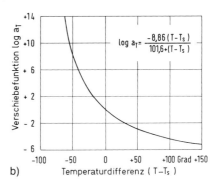

Bild 1.10: Verschiebung des Glasübergangsbereiches bei zyklisch mechanischer Deformation als Funktion der Beanspruchungsfrequenz bzw. -zeit (a) und Verschiebefunktion entsprechend der WLF-Transformation (b) [1.7]

1.3 Zusatzstoffe

Polymerwerkstoffen werden in der Praxis verschiedene Arten von Zusätzen beigemischt [1.1, 1.4]. Stabilisatoren, Gleitmittel, Emulgatoren und Härter sind Hilfsstoffe für die Verarbeitung. Sie verhindern unerwünschte Reaktionen, erhöhen die Fließfähigkeit der Schmelze und dienen zur Herstellung von Emulsionen oder Einleitung einer Vernetzungsreaktion (bei Elastomeren oder Duroplasten).

Bestimmte Stoffe werden gezielt zur Abwandlung von Materialeigenschaften eingesetzt. Weichmacher, wie beispielsweise Dioctylphthalat bei PVC oder Wasser bei PA, weiten die Knäuelstruktur auf und verringern die Wechselwirkungskräfte zwischen Makromolekülen durch Schwächen der Nebenvalenzbindungen, während andere Anteile als Einfärbmittel, Antistatika, Alterungs-, Lichtschutz-, Flammschutz-, Vulkanisations- oder Treibmittel verwendet werden. Je nach Anwendungsgebiet haben sich weitere spezielle Füll- und Verstärkungsstoffe zusätzlich durchgesetzt, die in Bezug auf tribologische Belange unter 4.1.2.7 bzw. 5.1.2.7 behandelt werden. Der Grad der Festigkeitssteigerung von Polymeren durch Verstärkungsstoffe hängt unter anderem entscheidend von der Haftung zwischen Matrix und Zusatzstoffen ab. Das paarungsbezogene tribologische Verhalten von Polymerwerkstoffen wird nicht nur durch bewußt zugemischte Füll- und Verstärkungsstoffe beeinflußt, sondern jeweils auch durch die vorher genannten, aus anderen Gründen verwendeten Zusätze mitgeprägt.

1.4 Anwendung

Die Bedeutung von Polymeren als Konstruktionswerkstoffe ist insbesondere auf das günstige Verhältnis von Volumen zu Gewicht und spezielle werkstoffspezifische Eigenschaften wie Beständigkeit gegen elektrolytische Korrosion, mitunter physiologische Unbedenklichkeit, elektrische Isolation und hohes Dämpfungsvermögen zurückzuführen. Mehrere geforderte Eigenschaften liegen oft gleichzeitig vor. Einfache und wirtschaftliche Fertigungsmöglichkeit auch komplizierter Bauteile ist ein weiterer wesentlicher Vorzug. Aus tribologischer Sicht sind bestimmte Notlaufeigenschaften und weitgehende Wartungsfreiheit von Polymer/Gegenstoff-Lagern hervorzuheben. Unverkennbaren Nachteilen dieser Werkstoffe wie Kriechneigung und relativ große Temperaturabhängigkeit von Werkstoffeigenschaften bei geringer Wärmeleitfähigkeit kann in vielen Fällen durch polymer- und tribologiegerechte Gestaltung sowie, falls nicht vorgegeben, geeignete Berücksichtigung der Betriebsbedingungen begegnet werden.

Außer homogenen, unverstärkten Polymerwerkstoffen bewähren sich insbesondere durch Füll- und Verstärkungsstoffe modifizierte Grundwerkstoffe, vgl. 1.3, da die Eigenschaften durch Zusätze in weiten Grenzen funktionsorientiert verändert werden können. Je nach Form und Verteilung der Zusatzstoffe in der Polymermatrix kann sich eine Anisotropie der Eigenschaften des Werkstoffes ergeben, die bei der Anwendung zu berücksichtigen ist bzw. genutzt werden kann. In vielen Fällen ist ein polymerer Konstruktionswerkstoff gleichzeitig Lagerwerkstoff (z. B. Schaltuhren). Bauteile in Verbundbauweise, die z. B. einen geeignet gestalteten Metallkern als harten Träger für den weicheren Polymerwerkstoff besitzen, sind ebenfalls von praktischem Interesse. Polymere werden in zunehmendem Maße zur Lösung tribologischer Probleme im Maschinenbau, der Feinwerktechnik, der Humanmedizin, der Biomedizin, der Kraftfahrzeugindustrie sowie der Luft- und Raumfahrt herangezogen. Der Einsatz erfolgt nicht nur bei gleitender, oszillierender oder wälzender Beanspruchung wie in Lagerungen, Kraftübertragungselementen und Dichtungen, sondern auch bei erosiver Beanspruchung, z. B. für Siebe in Kieswerken oder Auskleidungen von Rohren für den hydraulischen Feststofftransport.

Aufgabenspezifisch werden oft Thermoplaste bei Gleit-, Wälz- und Schwingungsbeanspruchung, weniger Duroplaste und auf speziellen Gebieten, wo hoher Reibschluß, Wechselbeanspruchbarkeit oder Dichtungseigenschaften gefordert werden, Elastomere eingesetzt. Duroplaste dienen meist als Einbettungsmaterial (Matrix) für andere Stoffe, die die Träger der gewünschten Eigenschaften sind (z. B. Friktionsmaterialien, vgl. 6). Bei erosiver Beanspruchung sind die elastischen Eigenschaften von Polymeren von besonderer Bedeutung, weshalb insbesondere Elastomere Vorteile haben, vgl. 7.

Bei der Auswahl eines Polymeren für tribologische Aufgaben, dargestellt am Beispiel eines Gleitlagerwerkstoffs in *Bild 1.11,* sind im Vergleich zu metallischen Werkstoffen zusätzliche Kriterien in die Überlegungen mit einzubeziehen, die die physikalischen Besonderheiten der beschriebenen Werkstoffgruppe berücksichtigen [1.8], vgl. 1.2. Erst die Bewertung aller Beanspruchungseinflüsse in Form einer Systemanalyse, vgl. 2.2, und der daraus resultierenden Veränderungen in der Grenzschicht ermöglicht eine sinnvolle und wirtschaftliche Auswahl von Werkstoffen für spezielle tribologische Aufgaben. Aus den genannten Gründen haben sich bestimmte Polymere für die verschiedenen Anwendungsfälle als besonders geeignet erwiesen.

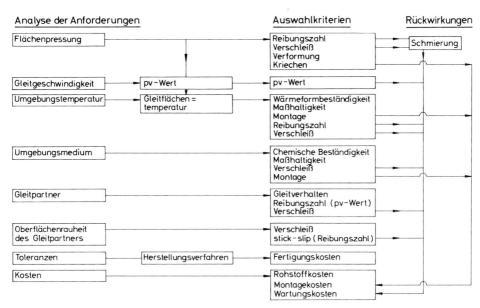

Bild 1.11: Auswahlschema für Gleitlagerwerkstoffe [1.8]

1.5 Tribologisch relevante Polymere

Die hauptsächlich für Gleitlager im Maschinenbau und in der Feinwerktechnik verwendeten polymeren Grundwerkstoffe sind die teilkristallinen Thermoplaste Polyamid (PA) verschiedenen Kettenaufbaus, Polyoxymethylen (POM), Polyethylen (PE), Polybutylenterephthalat (PBTP), Polyimid (PI) und Polytetrafluorethylen (PTFE), *Tafel 1.2*. Die Grundwerkstoffe werden durch Füll- und Verstärkungsstoffe mitunter anwendungsgerecht modifiziert [1.8], vgl. 4.2. PI hat besondere Bedeutung, weil es thermisch höchstbelastbar ist ($\vartheta > 250\,°C$, Bild 1.3), PTFE weil besonders niedrige Reibungswerte (geschmiert z.T. $f < 0,01$) und gute Dichtungseigenschaften vorliegen. Im Zusammenhang mit Verbundwerkstoffen haben sich Duroplaste wie Phenol- und Epoxidharze als geeignet erwiesen. Harze stellen auch die Matrix von Friktionswerkstoffen dar, vgl. 6. Als Dichtungswerkstoffe unter dynamischer Belastung (Ventile) haben sich sowohl Elastomere als auch in zunehmendem Maße verstärktes PTFE bewährt, vgl. 5.2.2. Elastomere dienen außerdem als Werkstoff für Antriebsräder oder Kraftfahrzeugreifen (Wälzbeanspruchung), da hoher Reibschluß auch in Anwesenheit von Feuchtigkeit sowie hohe Verformungsfrequenzen ohne Materialermüdung gewährleistet sind. Bei Auskleidungen erosiv beanspruchter Bauteile ist die hohe elastische Verformungsfähigkeit von Elastomeren (insbesondere Polyurethan) von Vorteil [1.9], unter Regenerosion haben sich auch Thermoplaste, insbesondere geschützt mit einer Polyurethanschicht, bewährt [1.10, 1.11], vgl. 7.

Auf dem Brückenlagersektor hat sich besonders PTFE als fettgeschmierter Gleitwerkstoff durchgesetzt [1.12], obwohl POM zeitweilig auch eingesetzt wurde, während Elastomere in unbewehrter und bewehrter Form oft zur Aufnahme von Kippungen und Verdrehungen bei

Tafel 1.2: Polymerwerkstoffe für Gleitlager im Maschinenbau nach [1.8]

Gleitlagerwerkstoffe ohne Zusatzstoffe	Kurzzeichen	Lagerherstellung	typische Anwendungsbereiche
Polyamid 66	PA 66	Spritzgießen ($s_K = 0{,}5$ bis max 10 mm) oder spanend aus Halbzeug	universelle Gleitlagerwerkstoffe für den Maschinenbau
Polyamid 6	PA 6		
Gußpolyamid 6	Guß-PA	Gießen, für dickwandige, ($s_K > 10$ mm) und sehr große Lager	
Polyamid 610 Polyamid 11 Polyamid 12	PA 610 PA 11 PA 12	Spritzgießen, aus Halbzeug oder nach Pulverschmelzverfahren ($s_K = 0{,}1$ bis $0{,}3$ mm)	
Polyoxymethylen Homo- und Copolymerisat (Polyacetal)	POM – Homop – Cop	Spritzgießen oder aus Halbzeug	Gleitlagerwerkstoffe für die Feinwerktechnik. Lager mit großer Maßhaltigkeit
Polyethylenterephthalat	PETP		
Polybutylenterephthalat	PBTP		
Polyethylen hoher Dichte (hochmolekular)	HDPE	vorwiegend spanend aus Halbzeug	Auskleidungen, Gleitleisten, Gelenkendoprothesen (z. B. Pfannen künstlicher Hüftgelenke)
Polytetrafluorethylen	PTFE	Formpressen oder aus Halbzeug	Brückenlager
Polyimid	PI		Turbinenbau, Raumfahrt, strahlungsbeständig, thermisch hoch belastbar
Polyamid, Polyethylenterephthalat, Polybutylenterephthalat mit Glasfasern	GF-PA GF-PETP GF-PBTP		spezifisch hochbelastbar mit kurzer Gesamtgleitstrecke; GF-PA geeignet für Wasserschmierung
Polyamid 12 mit Graphit Massegehalt 40 bis 50%	PA 12/C	Spritzgießen oder aus Halbzeug	hohe Wärmeleitfähigkeit, elektrisch leitend
Polyamid mit Molybdändisulfid	PA/MoS$_2$		

1.5 Tribologisch relevante Polymere

	Aufbau	typische Anwendungsbereiche
Polyamid mit Polyethylen Polyamid mit Polytetrafluorethylen	PA/PE PA/PTFE	geringe Stick-slip-Anfälligkeit, geeignet für Wasserschmierung
Polyoxymethylen mit Polytetrafluorethylen Polyoxymethylen mit Polyethylen	POM/PTFE POM/PE	geringe Stick-slip-Anfälligkeit
Polyimid mit Graphit Polyimid mit MoS_2	PI/C PI/MoS_2	thermisch hoch belastbar für Einsatz im Vakuum, Raumfahrt
Polytetrafluorethylen mit Glasfasern und/oder Graphit	GF-PTFE GF-PTFE/C	Folienlager, chemische Industrie
Polytetrafluorethylen mit Kohle	PTFE/Kohle	für Wasserschmierung besonders geeignet, Kompressoren, Tauchpumpen
Polytetrafluorethylen mit Bronze Massegehalt 40 bis 50%	PTFE/Bz	Folienlager; hohe spezifische Belastbarkeit; Hydraulik
	Formpressen oder aus Halbzeug	
Verbundlager	Aufbau	Lagerherstellung
Verbundlager auf Basis PTFE/Blei	Stahlrücken- SnBz porös- PTFE/Blei	spezifisch hoch belastbar, mit Bronzerücken für Anwendung in korrosiver Umgebung, unmagnetisch, geringes Einbauvolumen
Verbundlager auf Basis PTFE/MoS_2	Stahlrücken- SnBz porös- PTFE/MoS_2	
Verbundlager auf Basis PTFE-Fasern	Stahlrücken- PTFE-Fasern- Metallfasern- Polyimid oder Phenol	einbaufertige Buchsen, Anlaufscheiben, Bänder, Kugelpfannen
Verbundlager auf Basis POM	Stahlrücken- SnBz porös- POM	Kugelgelenke, Pendelbewegung bei Mangelschmierung
Kunstharzverbundlager	Stahlrücken- Epoxidharz mit reibungsmindernden Zusätzen	spezifisch hoch belastbar
Kunstharzverbundlager	Phenol- oder Epoxidharze mit PTFE oder PA/PE	Streichen, Spritzen, Tauchen

hohem Reibschluß verwendet werden, vgl. 4.2.4. In Hochbaulagern, die abgesehen von Kippteilen hauptsächlich aus unkaschierten und kaschierten Gleitfolien bestehen, findet man PTFE, PE und POM, aber auch Polyvinylchlorid (PVC) in geschmierter und ungeschmierter Form [1.13], vgl. 4.2.5. Die genannten Folienwerkstoffe werden auch in Kombination eingesetzt. In der Verpackungsindustrie richtet sich die Auswahl der zu verarbeitenden Werkstoffe unter anderem nach den geforderten Festigkeitseigenschaften, der Verträglichkeit mit dem Verpackungsgut und nicht zuletzt nach den Kosten. Wiederverwendete Behältnisse sollen möglichst geringen sichtbaren Verschleiß aufweisen, damit ein ästhetisches Äußeres erhalten bleibt, aus Lagerungs- und Transportgründen können geringe Gleitreibungswerte erforderlich sein. Für einfache Einwegverpackungen werden häufig PE- oder PVC-Folien verwendet, während für gehobene Ansprüche auch PTFE in Frage kommen kann [1.8]. Durchsichtige, allerdings recht spröde Verpackungen bestehen häufig aus Polymethylmethacrylat (PMMA), bekannter unter dem Namen Plexiglas.

In der Isoliertechnik steht die elektrische Durchschlagfestigkeit, auch unter ungünstigen Betriebsbedingungen im Vordergrund, wobei jedoch auch die Haftung des Isolationsmaterials auf dem metallischen Leiter und die Abriebfestigkeit bei Bewegung mehrerer Kabel gegeneinander von Bedeutung sind. Auch wird Immunität gegen aggressive Medien (z. B. Meerwasser) gefordert. Als Isolationswerkstoffe sind häufig PA, PE und PVC, bei hoher thermischer Beanspruchung auch PTFE in Verwendung.

Fußbodenbeläge sollen außer großer Elastizität hohe Abriebfestigkeit, genügend großen Reibschluß und geringe statische Aufladung besitzen. Auch in Kombination mit Naturfasern werden oft Acrylfasern und Polyamide (z. B. Nylon oder Perlon) verwendet.

In der Medizin wird PE hohen Molekulargewichtes (UHMWPE) als Gleitpartner in künstlichen Hüftgelenken u. a. eingesetzt [1.13, 1.14]. Außer hoher Abriebbeständigkeit und geringer Reibung wird vor allem biologische Verträglichkeit gefordert, vgl. 4.2.8. Borsten von Zahnbürsten bestehen meist aus PA.

Bei der Verarbeitung polymerer, insbesondere thermoplastischer Werkstoffe sind in Bezug auf Dimensionierung und Betriebsbedingungen der Maschinen die zwischen den Bauteilen

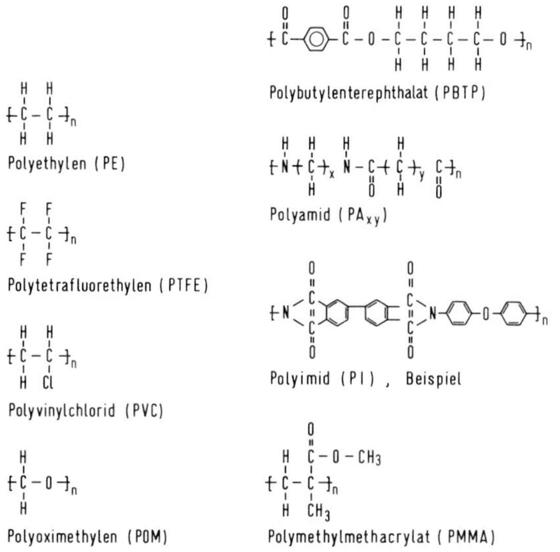

Bild 1.12: Struktur tribologisch relevanter Thermoplaste

bzw. Werkzeugen und eingesetzter Masse zu erwartenden Reibungszahlen von Bedeutung. Diesbezüglich sind ausführliche Daten bekannt [1.15].

Die Eigenschaften von Polymerwerkstoffen sind entscheidend durch den Aufbau der Makromoleküle geprägt, vgl. 1.1.1, der daher auch für das tribologische Verhalten mitverantwortlich ist. Die Strukturformeln tribologisch relevanter Thermoplaste sind in *Bild 1.12*, die der Elastomere in *Bild 1.13* und die der Duroplaste in *Bild 1.14* zusammengestellt. Wie die tribologischen Eigenschaften durch die Struktur mitbestimmt werden, wird später erläutert, vgl. dazu auch 1.2.

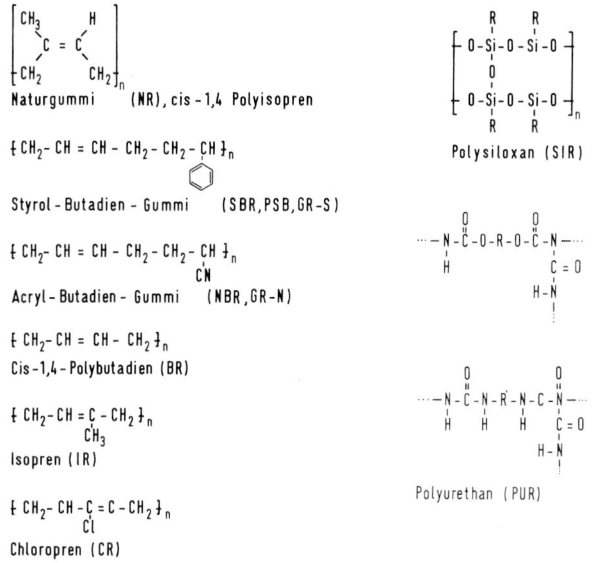

Bild 1.13: Struktur tribologisch relevanter Elastomere

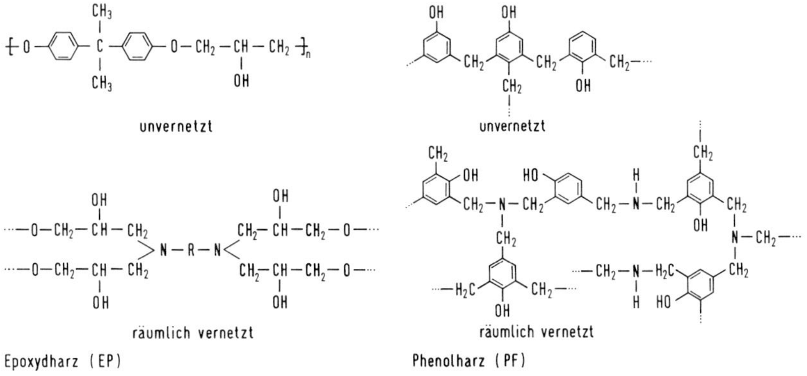

Bild 1.14: Struktur tribologisch relevanter Duroplaste

Schrifttum

[1.1] *Weber, A.:* Chemische und physikalische Grundlagen der Kunststoffe. Zeitschrift für Werkstofftechnik 12 (1981) 12, S. 411–420.
[1.2] *Ruske, W.:* Einführung in die organische Chemie. Verlag Chemie, Weinheim 1970.
[1.3] *Ilschner, B.:* Werkstoffwissenschaften. Springer, Berlin 1982.
[1.4] *Biederbick, K.-H.:* Kunststoffe. Vogel-Verlag, Würzburg 1974 und *Biederbick, K.-H.,* u. *A. Frank:* Kunststoffe. Vogel-Verlag, Würzburg 1984, 5. Auflage.
[1.5] *Eyerer, P.:* Einführung in die Kunststoffkunde. Vorlesung an der Universität Stuttgart 1983.
[1.6] *Ferry, J. D.:* Viscoelastic Properties of Polymers. John Wiley, New York 1970.
[1.7] *Richter, K.:* Tribologisches Verhalten von Kunststoffen unter Gleitbeanspruchung bei tiefen und erhöhten Temperaturen. Dissertation Universität Stuttgart 1981.
[1.8] *Erhard, G.,* u. *E. Strickle:* Maschinenelemente aus thermoplastischen Kunststoffen. Band 2, Lager und Antriebselemente, VDI-Verlag, Düsseldorf 1978.
[1.9] *Uetz, H.,* u. *M. A. Khosrawi:* Strahlverschleiß. Aufbereitungstechnik 5 (1980) 21, S. 253–266.
[1.10] *Armbrust, S.:* Das Erosionsverhalten faserverstärkter Werkstoffe. Kunststoffe 63 (1973) 12, S. 907–910.
[1.11] *Oberbach, K.:* Kunststoffkennwerte für Konstrukteure. Carl Hanser, München 1980.
[1.12] *Hakenjos, V.,* u. *K. Richter:* Dauergleitreibungsverhalten der Paarung PTFE weiß/Austenitischer Stahl für Auflager im Brückenbau. Straße, Brücke, Tunnel 11 (1975), S. 1–4.
[1.13] *Hakenjos, V.:* Gleitlager und Gleitfolien. Seminar Gleit- und Verformungslager im Hochbau, Essen 12. 3. 1980.
[1.14] *Dumbleton, J. H.:* Tribology of Natural and Artificial Joints. Elsevier, New York 1981.
[1.15] Verband Deutscher Maschinen- und Anlagenbau e. V. Fachgemeinschaft Gummi- und Kunststoffmaschinen. Kenndaten für die Verarbeitung thermoplastischer Kunststoffe – Tribologie, Carl Hanser, München 1983.

2 Tribologische Prüftechnik

2.1 Problemstellung und Zielsetzung

Zur optimalen Bearbeitung eines (praktischen) Verschleißfalles im Hinblick auf die Verbesserung des Systems durch Erreichen größerer Lebensdauer und größerer Zuverlässigkeit stehen grundsätzlich drei Möglichkeiten im Vordergrund [2.1].

– Ändern bzw. Verbessern des Verfahrens, auch punktuell, in dem das Verschleiß- bzw. Reibungssystem eine bestimmte Funktion ausübt.
– Ändern bzw. Verbessern der Konstruktion und des Beanspruchungskollektivs,
– Ändern der stofflichen Struktur

Zum Erkennen, welche hiervon in Betracht zu ziehen ist, kann die Tribologische Prüftechnik, also die Reibungs- und Verschleißprüfung sowie die Schmierstoffprüfung eine wertvolle Hilfe sein, wofür die in *Bild 2.1* genannten Zielsetzungen genutzt werden können.

(1)	Optimieren von Bauteilen bzw. tribotechnischen Systemen zum Erreichen einer vorgegebenen, verschleißbedingten Gebrauchsdauer
(2)	Bestimmen verschleißbedingter Einflüsse auf die Gesamtfunktion von Maschinen bzw. Optimieren von Bauteilen und tribotechnischen Systemen zum Erreichen einer vorgegebenen Funktion
(3)	Schaffung von Daten für die Instandhaltung und das Festsetzen von Intervallen für Inspektion und Instandsetzung
(4)	Überwachung der verschleißbedingten Funktionsfähigkeit von Maschinen (Diagnostik)
(5)	Simulation des Verschleißes tribologisch beanspruchter Bauteile mit Hilfe von Ersatzsystemen
(6)	Erkennen von Einflüssen auf die Gesamtfunktion des zu simulierenden Systems
(7)	Vorauswahl von Werkstoffen und Schmierstoffen für praktische Anwendungsfälle
(8)	Verschleißforschung, mechanismenorientierte Verschleißprüfung
(9)	Qualitätskontrolle von Werkstoffen und Schmierstoffen

Bild 2.1: Ziele der Verschleißprüfung

Diese Prüftechnik bedient sich in erster Linie des Betriebsversuches (1 bis 4), die die beste Art darstellen würde, derartige Versuche durchzuführen, hätte er nicht schwerwiegende Nachteile [2.2]

- erheblicher Zeitaufwand und deshalb auch hohe Kosten
- geschultes Personal ist Voraussetzung
- Schwerfälligkeit; Einflüsse können nicht oder nur begrenzt unabhängig voneinander verändert werden
- Konstanz der Bedingungen ist z. B. durch Änderungen im Fabrikationsgut nicht gegeben, deshalb ist das Verständnis der Versuchswerte oft erheblich erschwert
- durch Verschleiß der Bauteile können sich während der Betriebszeit andere Verschleißarten und andere Verschleißmechanismen als im Anfangszustand einstellen, so daß sich evtl. nur grobe Hinweise bzgl. der zu untersuchenden Größen erlangen lassen.
- große Streuung der Ergebnisse.

Die Ergebnisse eines Betriebsversuches lassen sich selbst auf gleichartig erscheinende Fälle nicht ohne weiteres übertragen, da schon kleine Abweichungen in den Betriebsbedingungen die tribologischen Werte stark beeinflussen können.

Die komplizierten Vorgänge und Komplexbeanspruchungen, die innerhalb der Berührebene eines Verschleißsystems ablaufen, haben immer wieder zu Untersuchungen in Ersatzsystemen gezwungen. In diesem Zusammenhang haben sich Laboratoriums- bzw. Modellversuche zur Beurteilung und Entwicklung tribologischer Systeme trotz bestimmter Einschränkungen bezüglich der Übertragbarkeit der Ergebnisse auf den praktischen Anwendungsfall als vorteilhaft erwiesen [2.3].

Eine *Simulation* (5), Bild 2.1, eines der wichtigsten Teile der Verschleißprüftechnik der Modellverschleißversuche, die als die Punkte (5) bis (9) umfassend angesehen werden kann, läßt oft Einflüsse auf die *Gesamtfunktion* (6) des zu simulierenden Systems erkennen [2.4]. Die tribologische Prüfung wird vielfach zur *Vorauswahl* (7) von Werkstoffen und Schmierstoffen angewandt. Sie ist ein wichtiges Instrument, um die wissenschaftlichen Grundlagen der *Grenzflächenvorgänge* (8) zu erforschen. Dabei sind Versuche angezeigt, mit denen kennzeichnende mechanismenorientierte Prozesse nachgeahmt werden. Zur *Qualitätskontrolle* (9) und als Grundlage für Instandhaltungsmaßnahmen [2.5] wird die tribologische Prüfung ebenfalls herangezogen.

Die richtige Nutzung der Prüftechnik zur Optimierung eines tribologischen Systems bedarf erheblicher wissenschaftlicher und praktischer Erfahrungen. Aus den daraus gewonnenen Ergebnissen haben sich zusammen mit den betrieblichen Erfahrungen die derzeit bestehenden tribologischen Erkenntnisse nicht zuletzt auch durch Auswerten und Einbeziehen von Verschleißschäden herausgebildet. Für eine derartige Prüfung sind zur Durchführung folgende Maßnahmen bzw. Überlegungen notwendig

- Analyse des Tribologischen Systems (vgl. 2.2)
- Wahl der Kategorie der Verschleißprüfung und einer Prüfkette (vgl. 2.3)
- Ansatz für die Verschleißprüfung (vgl. 2.4)
- Verschleißmessung, Verschleißmeßgrößen (vgl. 2.5)
- Verschleißprüfverfahren (vgl. 2.6)
    • Gleit-, Schwingungs- u. Wälzbeanspruchung
    • Erosionsbeanspruchung

2.2 Tribologisches System

2.2.1 Einführung

Da bei der Prüftechnik allgemein die Komplexität tribologischer Vorgänge berücksichtigt werden muß, ist eine umfassende Analyse aller daran unmittelbar oder mittelbar beteiligten Komponenten erforderlich sowie der wissenschaftliche Hintergrund heranzuziehen. Hinzu kommt die auf Erfahrungen der letzten Jahrzehnte beruhende, erst in den letzten Jahren sowohl in der Verschleißpraxis als auch Verschleißforschung vermehrt zum Bewußtsein gekommene Erkenntnis, daß Reibung und Verschleiß von Werkstoffen nicht als Stoffeigenschaft, sondern als Systemeigenschaft der am Prozeß beteiligten stofflichen Elemente in Verbindung mit dem Beanspruchungskollektiv aufzufassen ist, was zur Systemdenkweise auch in der Tribologie führte, die H. Wahl [2.6] erstmals im Jahre 1941 vorstellte und damit auch den Kern für die Verfeinerungen und die Systematisierung [2.7] in DIN 50320 – Verschleiß – Begriffe, Systemanalyse von Verschleißvorgängen, Gliederung des Verschleißgebietes Dez. 1979 – lieferte. Die Systemanalyse eines tribologischen Vorganges, *Bild 2.2,* ist gekennzeichnet durch

– Technische Funktion (vgl. 2.2.2)
– Beanspruchungskollektiv (vgl. 2.2.3)
– Tribostruktur (vgl. 2.2.4)
– Verschleiß- und Reibungskenngrößen (vgl. 2.2.7)

und umfaßt wegen des stets dynamischen, zeitabhängigen Charakters der mit triboinduzierten Veränderungen der Elemente verbundenen Prozesse drei Schritte, die Anfangsbedingungen, den Ablauf und das Endergebnis. Dieses Vorgehen gilt besonders auch bei Polymeren, bei denen dynamische Gleichgewichtszustände bzgl. der tribologischen Kenngrößen

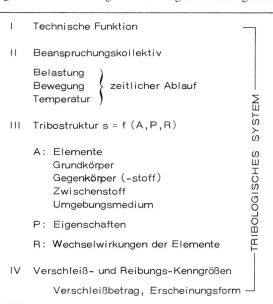

Bild 2.2: Konzeption des tribologischen Systemes – Systemanalyse

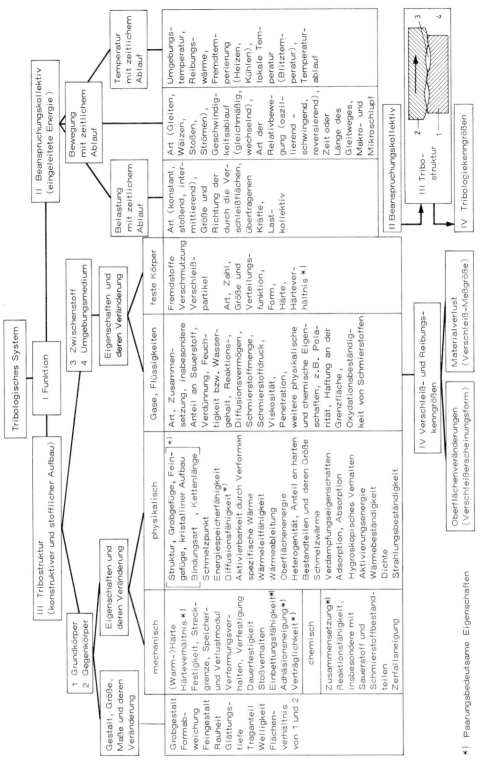

Bild 2.3: Tribologisches System unter dem Aspekt der Energieumsetzung und der Wirkung vielfältiger Parameter

*) Paarungsbedeutsame Eigenschaften

im allgemeinen erst nach ausgeprägten Einlaufvorgängen zu beobachten sind. Bei den verschiedenen Technischen Funktionen hat die tribologische Struktur die eingeleitete Energie in Form des Beanspruchungskollektives aufzunehmen, *Bild 2.3*. Die dabei ablaufenden Prozesse sind hauptsächlich bestimmt durch die in die stoffliche Struktur eingeleitete Energie, von den zahlreichen verschiedenartigen Eigenschaften der Stoffe und von den in den Grenzflächen ablaufenden Energie- und Stoffumsetzungen [2.8]. Dieser komplizierte Vorgang soll in Einzelschritte aufgeteilt im folgenden besprochen werden.

2.2.2 Technische Funktion

Aus einer Betrachtung der grundlegenden technischen Anwendungen lassen sich technische Funktionsbereiche tribologischer Systeme, z.B. Kraft- oder Informationsübertragung, abgrenzen, die zur Verdeutlichung eine bauteilbezogene schematische Darstellung erfordert.

2.2.3 Beanspruchungskollektiv

Das Beanspruchungskollektiv, vgl. Bild 2.3, umfaßt

- die Bewegungsform mit zeitlichem Ablauf (Bewegungsverhältnisse)
- die technisch-physikalischen Beanspruchungsparameter (Belastungsverhältnisse – Normalkraft, Geschwindigkeit, Beanspruchungsdauer, Temperatur).

Die Bewegungsformen sind auf die vier Elementarformen Gleiten, Rollen, Stoßen und Strömen oder deren Überlagerung zurückführbar. Wälzen liegt vor, wenn der Rollbewegung eine Gleitbewegung in Form eines Mikro- oder Makroschlupfes überlagert ist. Da bei Rollbewegung infolge des Anpassens der Partner im Kontaktbereich praktisch immer ein Mikroschlupf entsteht, liegt tribologisch gesehen auch hier meist eine Wälzbewegung vor. Strömen ist die Bewegungsform bei den verschiedenen Arten der Erosion [2.9].

Bei energetischer Betrachtungsweise kennzeichnet das Beanspruchungskollektiv eine mechanische Energie, die von außen dem System zugeführt wird, von der ein meist großer Teil das System wieder verläßt, der Rest in die Partner aufgeteilt und dort in andere Energieformen umgewandelt wird [2.10]. Betragsgemäß von geringerer Bedeutung ist die Energie für Sekundärreaktionen, kann aber gravierende Auswirkungen auf das tribologische Geschehen haben wie durch Reaktionsschichtbildung bei Mischreibung. Einflußgrößen, die durch gedankliches Herauslösen des Systems aus der Gesamtkonstruktion unberücksichtigt bleiben wie Schwingungen, Wärmezufuhr und -ableitung, Strahlenbelastung werden jede für sich dem System ersatzweise als getrennte Wirkung aufgeprägt.

2.2.4 Struktur des Tribosystems

Die Struktur eines Tribosystems ist bestimmt durch die am Verschleißvorgang beteiligten stofflichen „Elemente", vgl. Bild 2.3, ihre tribologisch relevanten Eigenschaften und Wechselwirkungen miteinander. Konstruktion, Gestalt, Form, Größe und Geometrie sowie Oberflächenbeschaffenheit, ferner Art, Zusammensetzung, physikalische, chemische, thermische und andere Eigenschaften kennzeichnen die Körper.

Der Zwischenstoff befindet sich im Raume zwischen Grundkörper und Gegenkörper; das Umgebungsmedium kann direkt als Zwischenstoff wirken oder bei Anwesenheit zusätzlicher Stoffe die Eigenschaften des Zwischenstoffes in der Kontaktzone verändern.

2.2.5 Wechselwirkungen

Die Wechselwirkungen unter Einwirkung des Beanspruchungskollektives zwischen den stofflichen Elementen, die nicht nur die Paarungswerkstoffe, sondern auch den Zwischenstoff und das Umgebungsmedium einschließen, sind mitbedingt vor allem durch den Kontaktzustand, den Reibungs- und Schmierungszustand [2.11], *Bild 2.4*, den Energiefluß und den Stoffluß in der Grenzfläche sowie die Temperaturverhältnisse. Die Wechselwirkungen finden ihren Ausdruck vornehmlich nach Systemstruktur und kinematischen Gesichtspunkten in den Verschleißarten [2.9], *Bild 2.5*, und mit Blick auf die elementaren Vorgänge in den Verschleißmechanismen, *Bild 2.6*, die zu kennzeichnenden Verschleißerscheinungsformen führen. Die Verschleißmechanismen stellen die Reaktion des Systems als Folge der Wechselwirkungen von Grund- und Gegenkörper dar und haben wiederum Rückwirkungen auf das System. Ein Beispiel hierfür ist der Stofffluß in der Grenzfläche, der hauptsächlich den eventuellen Durchgang von Schmutz oder eines Schmierstoffes, die Bildung von Reaktionsschichten, deren Abbau und Wiederaufbau, das Entstehen von Verschleißpartikeln und deren Transport in bzw. aus der Grenzschicht umfaßt. Der Stofffluß, der in mannigfalti-

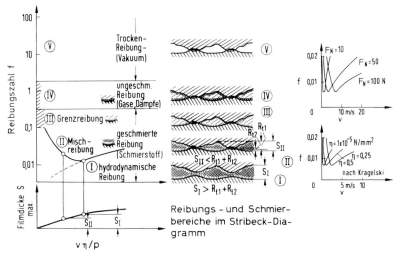

Bild 2.4: Reibungs- und Schmierbereiche im erweiterten Stribeck-Diagramm

System-struktur	Tribologische Beanspruchung Symbole	Verschleißart	Adhäsion	Abrasion	Oberfläch.-zerrüttung	Tribochem. Reaktionen
Festkörper -Zwischenstoff (vollst. Filmtrennung) -Festkörper	Gleiten Rollen Wälzen Stoßen	—			●	○
Festkörper -Festkörper (bei Festkörperreibung, Grenzreibung, Mischreibung)	Gleiten	Gleitverschleiß	●	○	○	●
	Rollen Wälzen	Rollverschleiß Wälzverschleiß	○	○	●	○
	Oszillieren	Schwingungs-verschleiß	●	●	●	●
Festkörper -Partikel [1]	Stoßen	Stoß(Prall)-Verschleiß	○	○	●	○
				●	●	○
	Gleiten [2]	Abrasiv-Gleitverschleiß		●	●	○
Festkörper -Festkörper und Partikel [3]	Gleiten	Festkörper/ Korn/ Festkörper — Gleit-V.	○	●	●	○
	Wälzen	Wälz-V.	○	●	●	○
	Stoßen	Stoß-V.	○	○	●	○
Festkörper -Partikel -Flüssigkeit	Strömen	Hydroabrasiver -V.	○	●	●	○
Festkörper -Partikel (Gas)	Strömen	Gleitstrahl-V.	○	●	●	○
	Strömen Stoßen	Prallstrahl- Schrägstrahl-V.	○	●	●	○
Festkörper -Flüssigkeit	Strömen Schwingen	Kavitations-erosion			●	○
	Stoßen	Tropfenschlag-erosion			●	○
	Strömen	Flüssigkeits-erosion			○	●
Festkörper -Gas	Strömen	Gas-erosion				●

[1] Zweikörper-Verschleiß
[2] Zusätzlich Rollen und Wälzen
[3] Dreikörper-Verschleiß

● hauptsächlich wirkend
○ mitunter wirkend

Bild 2.5: Verschleißarten in Anlehnung an DIN 50320 und wirkende Verschleißmechanismen

ger Form auftreten und ablaufen kann, beeinflußt ebenfalls das tribologische Verhalten in starkem Maße.

Die Betrachtungen zeigen, daß die Wechselwirkungen eine der am schwierigsten zu analysierenden Vorgänge sind, etwa vergleichbar mit chemischen Reaktionsprozessen, da sie dynamisch ablaufen und im nachhinein nur schwer indirekt nachvollzogen werden können, zumal eine enge Kopplung aller Größen eintreten kann.

Verschleißmechanismus		Kennzeichen	Merkmale
Adhäsiver Verschleiß		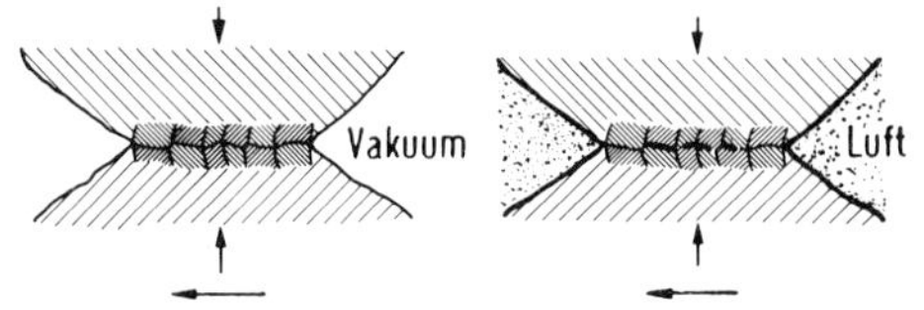 Vakuum / Luft	Fressen, Löcher, Kuppen, Schuppen, Materialübertrag
Abrasiver Verschleiß		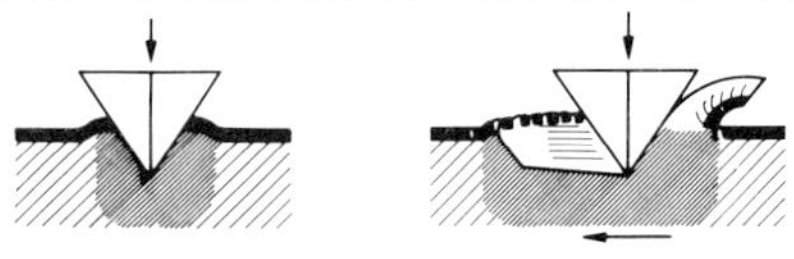	tiefgreifendes Ritzen, Kratzer, Riefen, Mulden, Wellen
Oberflächenzerrüttung			Risse, Grübchen
Tribo-chemische Reaktionen	Reaktions-schicht-V.	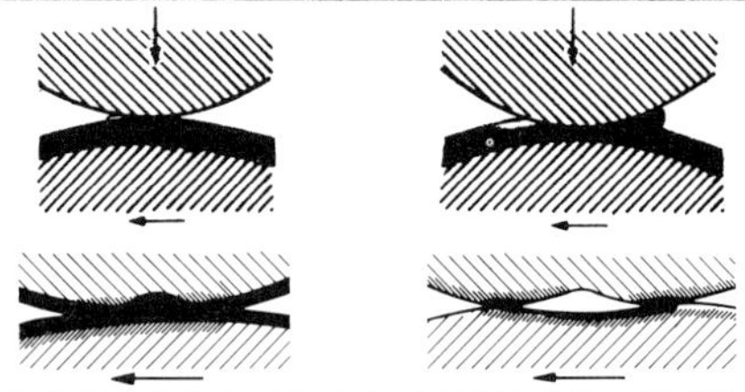	flaches Ritzen Schichtbildung an Berührstellen
	Ablativer-V.	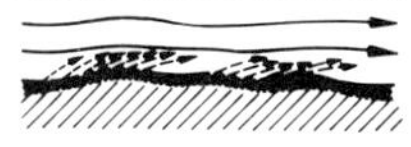	Tribosublimation chem. Prozesse

Bild 2.6: Hauptsächliche Verschleißmechanismen

2.2.6 Folgerungen aus dem Systemdenken

Die ,,Verschleißelemente" stellen die Mittel zur praktischen Verschleißbekämpfung dar und sind deshalb von gravierender Bedeutung, weil der Konstrukteur mit ihrer Wahl das Verschleißgeschehen, d.h. den Ablauf und damit die Verschleißgeschwindigkeit am Bauteil bereits festgelegt hat. Die Zahl der wirkenden Parameter geht in die Hunderte, Bild 2.3, weshalb sich der Verschleiß infolge Wechselwirkungen der stofflichen Elemente als äußerst komplexer Vorgang darstellt. Einem Werkstoff oder einer Werkstoffpaarung kann eine ,,Verschleißfestigkeit" im Sinne eines Werkstoffkennwertes nicht zugeordnet werden, wie es, sinngemäß bei Festigkeitswerten an Normproben oder beim Festigkeitsverhalten an Bauteilen bestimmt, üblich ist; die Stoffeigenschaften wie auch die eines Zwischenstoffes, z.B. Schmierstoffes, sind in ihrer Wirkung unabdingbar von den anderen Größen abhängig, also Systemeigenschaften. Bei der Verschleißbekämpfung genügt es also nicht, nur einen für das System ,,verschleißarmen" Werkstoff zu suchen, denn zur Minimierung des Verschleißes gehört eine optimale Abstimmung aller genannten Elemente aufeinander und mit der Konstruktion.

2.2.7 Reibungs- und Verschleißkenngrößen

Das auf die Tribostruktur wirkende Beanspruchungskollektiv verursacht nach diesen Darlegungen also systemspezifische Reibungs- und Verschleißkenngrößen. Weil sich aber Energieumwandlung, dadurch ausgelöste triboinduzierte Veränderungen und Reaktionen bei den zahlreichen Verschleißarten und entsprechend den zahlreichen Einflußgrößen, Bild 2.3, und Wechselwirkungen äußerst mannigfaltig vollziehen können, gibt es außerordentlich viele Möglichkeiten für den Ablauf der tribologischen Vorgänge, der sich in unterschiedlich hohen Verschleißwerten und in den verschiedensten Verschleißerscheinungsformen ausdrückt. Das gleichzeitige Vorliegen verschiedener Reibungs- und Verschleißmechanismen macht die qualitative Deutung der Verschleißerscheinungsformen oft schwierig. Einheitliche Meßgrößen gemäß DIN 50321 (Verschleißmeßgrößen Dezember 1979) erleichtern einen quantitativen Vergleich des Verhaltens tribologischer Systeme.

2.3 Kategorien der Verschleißprüfung

Bei Zielsetzungen (5) bis (9) in Bild 2.1, stellt sich auch die Frage, inwieweit sich die erlangten Ergebnisse auf ein bestimmtes Bauteil übertragen lassen. Aus dieser Aufgabenstellung ist nicht zuletzt zur besseren Verständigung eine Wertung der Prüfmethoden und der damit gewonnenen Ergebnisse notwendig, für die sich eine Abstufung mit schrittweiser Reduktion des tribologischen Systems nach sechs Kategorien als zweckmäßig herausgestellt hat [2.3], *Bild 2.7*. Diese Einteilung indes kann wegen der Komplexität der Tribosysteme einen nur allgemeinen, begrifflich ordnenden Rahmen geben. Je nach Zielsetzung und betrieblichen Bedingungen können verschiedene dieser Kategorien zum Einsatz kommen, eine feste Zuordnung wird nicht in jedem Fall möglich oder sinnvoll sein. Kategorie I bis III umfaßt Betriebs- bzw. betriebsähnliche Versuche, Kategorie IV bis VI ist durch Versuche mit Modellsystemen charakterisiert. Bei Kategorie I bis III (IV) werden Versuche mit Originalbauteilen, bei Kategorie (IV), V und VI solche mit Modellproben durchgeführt.

Das Beanspruchungskollektiv ist zum Teil in Stufen unterteilt. Die Systemstruktur ist von der kompletten Maschine bzw. der kompletten Anlage bis zu geometrisch einfachen Proben reduziert.

Der Kategoriengedanke soll anhand eines Beispieles – wie erstmals vorgestellt [2.3] – erläutert werden, *Bild 2.8*.

Dem an einem Getriebe durchzuführenden Betriebs- oder Feldversuch (I) mit dem Fahrzeug auf einer charakteristischen Strecke ist der Prüfstandsversuch mit dem Fahrzeug auf dem Prüfstand am nächsten (II). Prüfstandsversuche mit dem Original-Getriebe auf der „Waage" beaufschlagt mit einem im Feldversuch ermittelten (verschärften) Belastungs- oder Temperaturhistogramm, werden der Kategorie III zugeordnet. Die Zielsetzung bei diesen Versuchen mit Originalbauteilen ist die Feststellung der Verschleißlebensdauer; Parameterstudien sind dabei im Gegensatz zu den folgenden Kategorien im allgemeinen kaum möglich.

Beim Versuch mit verkleinertem Aggregat oder Bauteilen in unveränderter Abmessung (IV) soll durch Beachten der physikalischen Modellgesetzmäßigkeiten, durch gleiche Ener-

Kategorie	Art des Versuches / Beanspruchungskollektiv		Systemstruktur
I	↑ Betriebs- bzw. betriebsähnliche Versuche	Betriebsversuch (Feldversuch) - Betriebsbeanspruchung - verschärfte Beanspruchung	↑ Originalbauteile — komplette Maschine/ komplette Anlage
II		Prüfstandversuch mit kompletter Maschine oder Anlage - betriebsnahe Beanspruchung - verschärfte Beanspruchung	komplette Maschine/ komplette Anlage
III	↓	Prüfstandversuch mit Aggregat oder Baugruppe - betriebsnahe Beanspruchung - verschärfte Beanspruchung	↓ komplettes Aggregat/ Baugruppe
IV	↑ Versuche mit Modellsystem	Versuch mit unverändertem Bauteil oder verkleinertem Aggregat	↑ Modellproben — herausgelöste Bauteile/ verkleinertes Aggregat
V		Beanspruchungsähnlicher Versuch mit Probekörpern	Teile mit vergleichbarer Beanspruchung
VI	↓	Modellversuch mit einfachen Probekörpern	↓ einfache Probekörper

Bild 2.7: Die sechs Kategorien der Verschleißprüfung

giekonzentration bzw. Temperaturverhältnisse in der Grenzfläche der Modellapparatur wie am Bauteil ein funktionsgetreuer Ansatz erlangt werden, der weitgehende Übereinstimmung von Modell- und Betriebsversuchen erwarten läßt. Beim Versuch mit stark verkleinerten oder vereinfachten Aggregaten und/oder bauteilähnlichen Proben (Kategorie V) oder beim Modellversuch mit einfachen Probekörpern (Kategorie VI) steht mehr eine vergleichende Untersuchung der Werkstoffe bzw. Schmierstoffe und der tribologischen Grundvorgänge mit forscherischer Zielsetzung im Vordergrund, wobei aber die vorherrschenden Mechanismen zu berücksichtigen sind, so bei Zahnrädern der Ermüdungsverschleiß durch Verwendung größerer oder kleinerer Rollen und der Gleitverschleiß durch Verwendung von Stift/Scheibe. Eine Kombination verschiedener Kategorien wird Prüfkette genannt. Die Kategoriendenkweise, Bild 2.7, gilt in gleicher Weise für Bauteile aus Polymerwerkstoffen. Eine Normung des Kategoriengedankens ist in Arbeit (DIN 00 50 322).

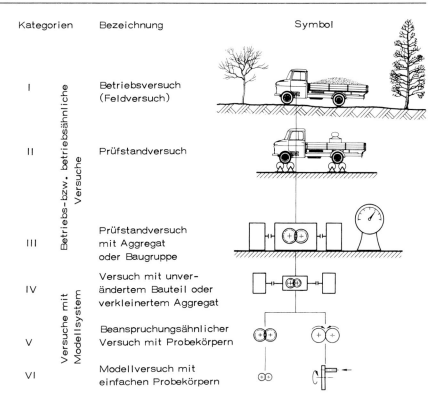

Bild 2.8: Kategoriengedanke für die Erarbeitung von Übertragbarkeitskriterien, erläutert anhand der Verschleißprüfung in bezug auf Nfz-Getriebe

2.4 Ansatz für eine Verschleißprüfung

Der Ausgangspunkt ist die Analyse des Tribologischen Systems (vgl. 2.2) im Betrieb, mit deren Ergebnis u. a. folgende Probleme zu überlegen und zu beantworten sind:

- Kontaktgeometrie
- Eingriffsverhältnisse
- Konstanter Kontakt, wechselnder Kontakt
- Energiekonzentration, Temperatur in der Grenzschicht
- Prüfablauf – Einstufenversuche, Belastungs- oder Temperatur-Histogramm
- Verschleißmessung – welche Größen, welche Prüfmethoden
- kann eine bestehende Prüfmaschine eingesetzt oder muß eine neue Vorrichtung geschaffen werden.

2.5 Übertragbarkeit

Zur Bearbeitung der Probleme in einem Modelltribosystem sind bestimmte Grundvoraussetzungen erforderlich [2.2]. Die Analysierung des Betriebsfalles bringt hinsichtlich Anfangsbedingungen, Ablauf und Endergebnis oft erhebliche Schwierigkeiten mit sich, deshalb können gelegentlich schon die Voraussetzungen für einen funktionsnahen Ansatz solcher Prüfungen nicht geschaffen werden. Aus diesem Grund und wegen der Reduktion des Systemes muß in Kauf genommen werden, daß sich bei den Verschleißprüfverfahren Abweichungen einstellen, jedoch gibt es Methoden und Kontrollmöglichkeiten, die in bestimmten Fällen trotz beabsichtigter oder unbeabsichtigter Abwandlungen der Anfangsbedingungen in Laborversuchen Betriebstreue annähern lassen.

Der Vergleich von Labor- und Betriebsversuch bezüglich Ablauf und Endergebnis in Form einer Prüfkette bildet den Kern des Vorgehens, *Bild 2.9*. Die Vergleichskriterien sind Verschleißrate, Bewährungsfolge der Werkstoffe, Form und Art der Verschleißpartikel, Oberflächenfein- und -grobgestalt, Änderungen der inneren sowie äußeren Grenzschicht, energetische Verhältnisse (thermische Beanspruchung, Reibungsverhalten) u. a. Bei Übereinstimmung wichtiger Kriterien kann weitgehend betriebsgerechtes Ergebnis angenommen werden. Wird keine Übereinstimmung erzielt, sind die Anfangsbedingungen des Laborversuchs zu korrigieren, wobei Grundlagenkenntnisse und Betriebserfahrung nutzbringend verwertet werden können. Eine weitere Hilfe für die Beurteilung ist, Werkstoffe mit bekanntem Betriebsverhalten einzubeziehen, wobei ein geeigneter Werkstoff als Bezugswerkstoff dienen und damit evtl. auch eine mehr quantitative Aussage über die Verbesserung der Lebensdauer erzielt werden kann.

Nicht in jedem Fall ist es möglich und auch nicht erforderlich, daß die Anfangsbedingungen von Modell- und Betriebsversuch in den meisten Bedingungen übereinstimmen. Für den Modellversuch müßte vielmehr ein auf der gleichen Energiekonzentration beruhendes und

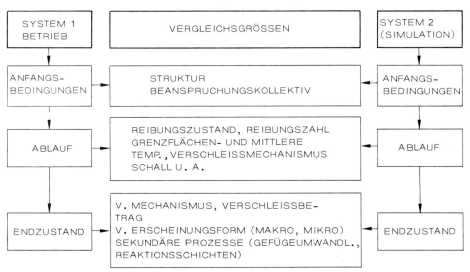

Bild 2.9: Prüfkette mit zwei Systemen 1 und 2 und Vergleichsgrößen als Kriterien für die Übertragbarkeit

die thermische Beanspruchung berücksichtigendes „äquivalentes Beanspruchungsmodell" gesucht werden, das zu gleichem Verschleißverhalten bzw. Endergebnis führt [2.12]. In der modernen Prüftechnik bedient man sich der sogenannten Prüfkette, vgl. 2.3, in der man die den einzelnen Kategorien innewohnenden Vorteile durch eine auf die Funktion des Bauteiles abgestimmte Kombination verschiedener Kategorien benutzt. Beispiele sind in *Bild 2.10* (Brückenlager) und Bild 2.12 (Endoprothesen) aufgeführt.

Talbrücke Bengen
Länge : rd. 970 m
Höhe : rd. 55 m
(über Tal)
Lagerung mit Punktkipp-
bzw. Punktkippgleitlagern

Kategorie	Bauteil bzw. Probe	Symbol	
I Betriebsversuch	Brückengleitlager $D = 75 ... 1000$ mm $F_v = 132 ... 20000$ kN		Gleitpaarung austenitisches Stahlblech PTFE-Scheibe (Gleitfläche A)
II Prüfstandversuch	Original - Lager $D = 75 ... 500$ mm $F_v = 132 ... 5900$ kN		
III Vereinfachter Prüfstandversuch	Original - Gleitteil $D = 75 ... 500$ mm $F_v = 132 ... 5900$ kN		
IV Modellversuch	Verkl. Originalproben $D = 75 ... 150$ kN $F_v = 132 ... 530$ kN		
V/VI Modellversuch	Stark verkleinerte und vereinfachte Proben Ring / Stifte $D_i = 20$ mm $D_a = 28$ mm $F_v = 3 ... 5$ kN		

Bild 2.10: Prüfkette für ein Brückengleitlager

2.6 Verschleiß- und Reibungsprüfverfahren

2.6.1 Gleit-, Schwingungs- und Wälzbeanspruchung

Auch Polymere können in tribologischen Systemen grundsätzlich den in Bild 2.5 aufgezeigten Verschleißarten ausgesetzt sein. In Axial- und Radiallagern von Maschinen, Lagerungen für den Brücken-, Hoch-, Rohrleitungs- und Apparatebau wie auch Käfigen von Wälzlagern erfolgt hauptsächlich eine gleitende Relativbewegung zwischen Polymer und Gegenstoff. Weitere Beispiele sind Hüftgelenkprothesen, Zahnbürsten, Scheibenwischer und Bremsen. Eine Gleitbeanspruchung kann in eine Schwingungsbeanspruchung übergehen, wenn bei oszillierender Bewegung und relativ kleiner Amplitude Stoff und Gegenstoff von Lagern bereichsweise ständig im Eingriff bleiben. Wälzbeanspruchung erfolgt bei Kugellagern mit Polymer-Kugeln oder auch bei Zahnrädern. Vereinfachte Prüfsysteme sollen diesem unterschiedlichen Beanspruchungskollektiv und den Eingriffsverhältnissen der Elemente Rechnung tragen.

Es ist vielfach möglich, Betriebsaggregate im Labor zu prüfen (Kategorie II), zumindest aber das interessierende Teilaggregat in Originalgröße zu untersuchen (Kategorie III). Auf

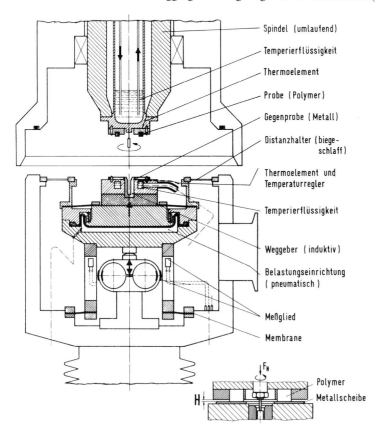

Bild 2.11: Reibungs- und Verschleißprüfmaschine V 800; v rd. 0,05 bis 3000 mm/s, F_N bis rd. 4500 N

dem Brückenlagersektor ist eine Prüfkette, ausgehend von dem komplett in eine Prüfeinrichtung eingebauten Kipp-Gleitlager (Kategorie III) und ein maßstäblich verkleinertes Gleitlager (Kategorie IV) bis zur Anwendung kleiner Proben (Kategorie V bis VI) Stand der Technik, vgl. 4.2.4, Bild 2.10 [2.13]. *Bild 2.11* zeigt für letztere die auf dem Siebel-Kehl-Prinzip [2.14, 2.15] beruhende Modellprüfeinrichtung (Kategorie V und VI), die bestimmte Anforderungen bezüglich des Beanspruchungskollektivs und der Meßgrößen realisieren läßt. Neben Temperierung der Gleitpaarung (Ring oder Stift/Scheibe) ist sowohl Vakuumbetrieb als auch die Einstellung definierter Umgebungsmedien möglich. Die Probenkammer enthält die pneumatische Belastungseinrichtung, wie auch die Meßglieder für Auflast, Reibung, Dickenänderung der Probe, Temperaturerfassung und Temperaturregelung. Die Meßsignale werden außerhalb der Probenkammer elektronisch weiterverarbeitet. Ein weiteres Beispiel einer Prüfkette stellt die Untersuchung von Endoprothesen dar, *Bild 2.12* [2.16]. Für die Serienuntersuchung von Zahnbürsten [2.17] und Verschleißuntersuchungen im Zusammenhang mit dem Papiertransport in Druckmaschinen [2.18] werden ebenso praxisnahe Sonderprüfstände eingesetzt, wie für Eignungsprüfungen von Bremswerkstoffen [2.19], vgl. 6.3. Wegen der Besonderheiten bei Kraftfahrzeugbremsen hinsichtlich der instationären Betriebstemperaturen können aussagekräftige Ergebnisse in der Regel nur bei Prüfung mit Originalbremsteilen, also mit Einrichtungen entsprechend Kategorie II oder III (IV), erwartet werden.

Modellversuche mit einfachen Probekörpern (Kategorie VI) eignen sich besonders, um grundsätzliche Zusammenhänge zwischen Beanspruchung und werkstoffbedingten Paarungseigenschaften zu erkennen. Hier ist auch die Linie zu nennen, bei der mechanismenorientierte Verschleißprüfungen, also Versuche zur Kennzeichnung des adhäsiven Versagens, der Oberflächenzerrüttung sowie der tribochemischen Reaktionen, ferner des abrasiven und erosiven Verschleißes verfolgt werden [2.20]. Falls es gelingt, gewonnene Resultate im Rahmen einer Prüfkette zum Verhalten von Betriebssystemen in Relation zu setzen, können auf verhältnismäßig einfache Art Tendenzen bezüglich des zu erwartenden Beanspruchungsverhaltens einer einzelnen Werkstoffkombination oder der geeigneten Kombination bei vorgegebenem Beanspruchungskollektiv ermittelt werden. Prüfsysteme mit einfachen Probekörpern werden häufig eigens zur Erforschung bestimmter Systemeigenschaften konstruiert [2.21], wenn auch meist auf aufgabenspezifisch bewährte Probenanordnungen, *Bild 2.13,* zurückgegriffen wird.

Um besondere Messungen zu ermöglichen, können diese tribologischen Systeme mit einfachen Probekörpern auch in andere Einrichtungen wie Lichtmikroskop, Rasterelektronenmikroskop oder Auger-Spektroskop integriert werden. Zahlreiche Erscheinungen bezüglich des tribologischen Verhaltens realer Polymerbauteile konnten trotz der Forderung nach möglichst betriebsgetreuer Prüfung nur durch Grundlagenuntersuchungen mit einfachen Probekörpern gedeutet werden, vgl. 4.2, da erst die experimentelle Trennung der Einflußfaktoren ein gezieltes Ausschalten überlagerter Ursachen ermöglicht. Aus diesem Grunde kommt auch heute jeder der möglichen Prüfkategorien eine bestimmte Bedeutung zu, vgl. 2.3. Meist wird erst durch zahlreiche Versuche evtl. im Rahmen der genannten Prüfkette, auch mit verschiedenartigen Werkstoffen erkannt, welchen Wert das angewandte Prüfverfahren für Theorie und Praxis hat.

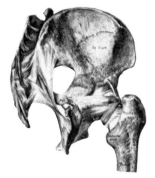
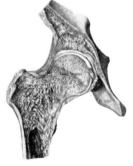

Rechtes Hüftgelenk eines Menschen (dorsale Ansicht mit Bändern, Frontalschnitt)

Kategorie		Bauteil bzw. Probe	Symbol
I	"Betriebsversuch" (in vivo)	Gelenkendoprothese implantiert Last- und Geschwindigkeitskollektiv	
II	Prüfstandversuch (in vitro)	Gelenkendoprothese in lebendigen Knochen implantiert Last- und Geschwindigkeitskollektiv gemäß I	nicht durchführbar
III	Prüfstandversuch (in vitro)	Gelenkendoprothese in toten Knochen oder speziellen Aufnahmen Last- und Geschwindigkeitskollektiv gemäß I	
IV	Vereinfachter Prüfstandversuch	Vereinfachte Paarung Last- und Geschwindigkeitskollektiv gemäß I oder vereinfacht	
V/VI	Modellversuch	Verkleinerte und vereinfachte Proben Ring, Stift / Scheibe Last- und Geschwindigkeitsstufen in Anlehnung an I	

Bild 2.12: Prüfkette für die Untersuchung von Humanendoprothesen

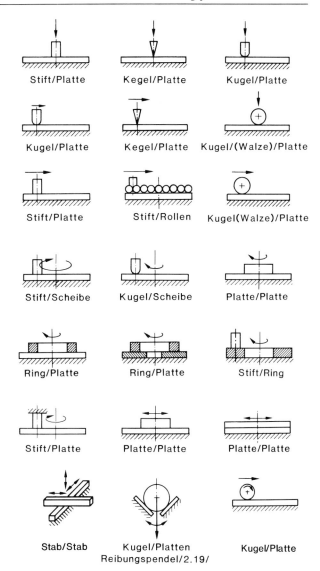

Bild 2.13: Prüfsysteme mit einfachen Probekörpern (Kategorie IV/V)

2.6.2 Erosionsbeanspruchung

2.6.2.1 Prüfung der Teilchenfurchung und Gegenkörperfurchung

Verschleißtopfverfahren: Ein zylindrischer Probekörper (32 mm Dmr. und 160 mm Länge) ist an einer vertikalen Welle befestigt und rotiert in einem mit Schleifkorn gefüllten Behälter [2.22], *Bild 2.14*. Verschiedene Gleitgeschwindigkeiten (0,05 bis 5 m/s) sind einstellbar. Die Achse des Probekörpers ist exzentrisch zur Achse des Behälters angeordnet, der zur

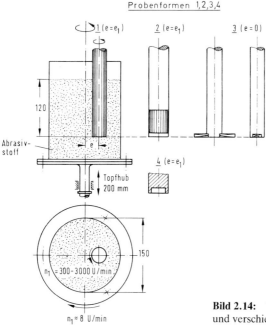

Bild 2.14: Verschleißprüfung mit dem Verschleißtopf und verschiedenen Proben und Probenanordnungen

Durchmischung des körnigen Gutes ebenfalls in Drehbewegung versetzt wird (10 U/min). Nach verfolgtem Prüfzweck und Möglichkeit der Herstellung werden auch Proben aus Rohrmaterial (45 mm Dmr., 50 mm Länge) oder kunststoffbeschichtete Flachproben (z.B. 90 × 20 × 3 mm) – am unteren Ende horizontal befestigt – verwendet. Eine weitere Variante ist eine auf der Unterseite der Spindel angebrachte Polymerscheibe, wobei zusätzlich zu den angeführten Bewegungen noch eine Auf- und Abbewegung vorgesehen ist. Eine widerstandsbeheizte Vakuumverschleißtopfanlage gestattet Prüfungen bei höheren Temperaturen und bis zu einem Vakuum von 10^{-4} Torr [2.23]. Dieses in verschiedenen Formen abgewandelte Verfahren erlaubt die Anwendung verschiedener Befeuchtungen oder die Anwendung von (neutralen) Ölen, um die tribochemische Komponente auszuschalten, praktisch beliebiger Körnungen bis zu rd. 30 mm und die Simulation der abrasiv-erosiv wirkenden Teilchenfurchung, die – je nach Prüfbedingungen – allerdings mit wachsender Korngröße mehr oder weniger in Gegenkörperfurchung übergeht.

Schleifpapierverfahren: Hierbei ergibt sich Gegenkörperfurchung [2.6, 2.22]. Eine vertikal geführte und kurz eingespannte zylindrische Probe (von 9,9 mm Dmr.) wird gegen eine mit Schleifpapier belegte horizontale Platte gedrückt, die sich relativ auf einer spiral- oder sinusförmigen Bahn gleitend über das Schleifkorn bewegt. Eine Ausführung besteht auch darin, daß die Probe relativ auf einer sich drehenden, mit Schleifpapier bespannten Walze gleitet (DIN 53516). Bei manchen Einrichtungen wird noch der Probekörper selbst in Drehbewegung versetzt. Das Kennzeichnende ist die Gleitbewegung des Probekörpers gegen feststehende (scharfe), ritzend wirkende Mineralkörner, die nicht ausweichen können, so daß ausgesprochene Gegenkörperfurchung entsteht. Die Probe soll stets auf noch unbenützte Bereiche des Papiers treffen. Damit die abgetragenen Verschleißpartikel nicht stören, ist ein relativ grobes Korn (z.B. Körnung 60) zu empfehlen. Ergebnisse mit einer solchen Prüfung sind bei Polymeren infolge der außerordentlich hohen Verschleißrate kaum betriebsrelevant, sie können höchstens zur Überprüfung der Gleichmäßigkeit bzgl. dieses Verschleißverhaltens des Polymeren dienen.

2.6.2.2 Prüfung des hydroabrasiven Verschleißes

Wird beim Verschleißtopfverfahren die Befeuchtung Wasser/Sand mehr und mehr gesteigert, dann geht die abrasiv-erosive Wirkung des relativ sich bewegenden Massegutstroms etwa – abhängig von der Art des Gutes – ab Mischungsverhältnis Wasser/Sand 0,5 bis 1 in den hydroabrasiven Verschleiß über. Zur Aufwirbelung des Sandwassergemisches wird in der in Bild 2.14 gezeigten Einrichtung an der unteren Seite der Spindel eine Leiste angebracht.

Zur Nachahmung der Verschleißbeanspruchung in Rohren zum hydraulischen Feststofftransport ist ein Rohrstück von 110 mm ä. Dmr. und 100 mm Länge über eine Aufnahme mit einer lotrechten Welle verbunden, an der sich als Verschluß des unteren Rohrendes ein Deckel mit Leiste wiederum zur Durchwirbelung des Sand-Wassergemisches befindet. Durch Exzentrizität der Probenachse zur Behälterachse, quadratische Behälterform (350 × 350 mm) sowie an der Behälterinnenwand angebrachte Leisten wird eine hohe Relativgeschwindigkeit zwischen Probe und Gemisch erreicht. Es bilden sich infolge der instationären Strömung Wirbel, die in der Probe zu Längsrillen führen, wie sie in ähnlicher Weise an Spülversatzrohren beobachtet werden [2.3]. Zur Nachahmung der Verhältnisse in Rührern ist ein Probenhalter an einer lotrechten Welle befestigt, *Bild 2.15*, der aus einer Scheibe a besteht, die mit einem Ring b durch vier Stege f verbunden ist. In Scheibe und Ring befinden sich je vier Bohrungen für die Aufnahme der Proben. Bohrungen und Stege halten die Polymerproben in der vorgesehenen Lage. Sie sind zylindrisch mit 10 mm Dmr. und 75 mm Länge; die dem Verschleiß ausgesetzte Länge beträgt 45 mm [2.24].

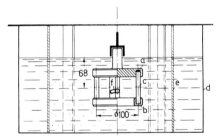

Bild 2.15: Prüfeinrichtung zur Ermittlung des hydroabrasiven Verschleißes insbesondere an Polymerwerkstoffen
a Scheibe, b Ring, c Probe,
e Rundblech, f Steg

2.6.2.3 Strahlverschleißprüfung

Zur Strahlverschleißprüfung wird in Anlehnung an DIN 50332 Entwurf 1983 ein mit körnigem Gut beladener Luftstrom durch eine Strahldüse von 8 mm Dmr. und einer bestimmten Mindestgesamtlänge von 120 mm gegen die zu untersuchende plattenförmige Probe mit 58 mm Dmr. und 10 mm Dicke geschleudert [2.25, 2.26], *Bild 2.16*. Die Probenfassung kann so geschwenkt bzw. ausgewechselt werden, daß Anstrahlwinkel α von 15 bis 90° verwirklicht werden. Wegen des angestrebten gleichmäßigen Abtrages bei dem jeweiligen Winkel wird die Probenfassung in eine kreisende Bewegung (24 U/min) versetzt. Die

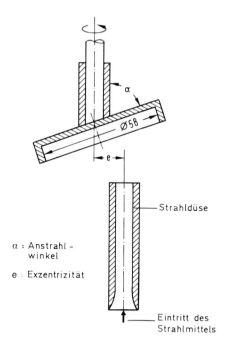

Bild 2.16: Versuchseinrichtung zur Strahlverschleißprüfung

Mitte des Probekörpers ist um die Exzentrizität e = 12 mm zur Achse der Düse versetzt. Zur Untersuchung des Muldenbildungs- oder sonstigen Gestaltänderungsverhaltens wird die Probe bei einem bestimmten Anstrahlwinkel ohne kreisende Bewegung angestrahlt.

Zur Prüfung des Werkstoffverhaltens bei kleinerem Winkel als 15° empfiehlt sich die Verwendung einer größeren vor allem in Strahlrichtung längeren (und dann festen) Probe (Abmessung 120 × 58 mm), um die gesamtgestrahlte Sandmenge auch bei der sich einstellenden Strahlerweiterung auf die Probenfläche zu bekommen.

Zur Ergänzung für den Anstrahlwinkel 0° können Ergebnisse von Verschleißtopfversuchen zur Werkstoffbeurteilung mit herangezogen werden [2.24].

Schrifttum

[2.1] *Wahl, H.:* Abrasive Verschleißschäden und ihre Minderung. VDI-Berichte Nr. 243 (1972), S. 171–187.
[2.2] *Wahl, H.:* Allgemeine Ordnungsprobleme bei der Bearbeitung von Verschleißfragen, insbesondere durch Verschleißprüfung. Gießerei 53 (1956) 13, S. 421–430.
[2.3] *Uetz, H., K. Sommer* u. *M. A. Khosrawi:* Übertragbarkeit von Versuchs- und Prüfergebnissen bei abrasiver Verschleißbeanspruchung auf Bauteile. In: VDI-Berichte ,,Übertragbarkeit von Versuchs- und Prüfergebnissen auf Bauteile" Nr. 354 (1979), S. 107–124.
[2.4] *Wahl, H., G. Kantenwein* u. *W. Schäfer:* Gesetzmäßigkeiten beim Gesteinsbohren. Modellversuche zur Frage des Drehbohrens, Schlagbohrens. Modellversuche zur Frage des Rollenmeißelbohrens. Bergbauakademie 20 (1959) 1/2, S. 58–90.
[2.5] *Uetz, H.:* Instandhaltung im europäischen Vergleich – Eindrücke von einem Kongreß in Oslo. VDI-Z. 125 (1983) 1/2, S. 27–33.
[2.6] *Wahl, H.:* Allgemeine Verschleißfragen. Schriftenreihe Verschleißfragen Heft A 1 (1941) Verschleißtechnik. Die Technik 3 (1948) 5, S. 193–204.
[2.7] *Czichos, H.:* Tribology-Elsevier Scientific Publishing Company, Amsterdam, Oxford, New York 1978.
[2.8] *Fleischer, G.:* Energiebilanzierung der Festkörperreibung als Grundlage zur energetischen Verschleißberechnung. Schmiertechnik 8 (1976) 1, S. 225–230 u. 9 (1977) 1, S. 271–276.
[2.9] *Uetz, H.,* u. *J. Föhl:* Erscheinungsformen von Verschleißschäden. VDI-Berichte Nr. 243 (1975), S. 127–142.
[2.10] *Uetz, H.:* Grundfragen des Verschleißes im Hinblick auf neuere Erkenntnisse auf dem Gebiet der Verschleißforschung. Braunkohle, Wärme, Energie 20 (1968) 11, S. 356–376.
[2.11] *Uetz, H.:* Grunderkenntnisse auf dem Verschleißgebiet vor allem im Hinblick auf die Problematik der Verschleißprüfung. Metalloberfläche 23 (1969) 7, S. 199–211.
[2.12] *Uetz, H.,* u. *J. Föhl:* Prüftechnik bei einem Verschleißsystem aufgrund der Verschleißanalyse, insbes. der thermischen Analyse. In VDI-Berichte ,,Verschleißfeste Werkstoffe" Nr. 194 (1973), S. 57–68.
[2.13] Der Bundesminister für Verkehr et. al. Bundesautobahn Krefeld Ludwigshafen, 1975.
[2.14] *Halach, G.:* Gleitreibungsverhalten von Kunststoff gegen Stahl und seine Deutung mit molekular-mechanischen Modellvorstellungen. Diss. Universität Stuttgart 1975.
[2.15] *Tanaka, J.,* u. *Y. Uchiyama:* In: *Lee, L. H.:* Advances in Polymer Friction and Wear. Band 5 B Plenum press, New York 1974.
[2.16] *Kopsch, F.:* Rauber-Kopsch, Lehrbuch und Atlas der Anatomie des Menschen, Band 1. Georg Thieme, Leipzig 1947.
[2.17] *Uetz, H.,* u. *J. Föhl:* Abriebverhalten von Kunststoffen für dentalen Anwendungsbereich. dental-labor 22 (1974) 6, S. 596–604.
[2.18] *Göttsching, L.,* u. *W. Hill:* Verschleiß von Entwässerungselementen aus metallischen und nichtmetallischen Werkstoffen in der Papiermaschine. Bericht Sonderforschungsbereich Oberflächentechnik, C 4 Technische Hochschule Darmstadt, 25. August 1978.
[2.19] *Tanaka, K., S. Ueda* u. *N. Nogudi:* Fundamental Studies on the Brake Friction of Resinbased Friction Materials, Wear 23 (1973), S. 349–365.
[2.20] *Stähli, G.:* Verschleiß – eine Systemeigenschaft. Material und Technik 8 (1980) 4, S. 183–195.
[2.21] *Barker, G. E.* et al.: The Comprehensive Laboratory Testing of Instrument Lubricants. ASTM Bull. 3 (1946), S. 26–35.
[2.22] *Wellinger, K.,* u. *H. Uetz:* Gleitverschleiß, Spülverschleiß, Strahlverschleiß unter der Wirkung von körnigen Stoffen. VDI-Forschungsheft 449. Beilage zu ,,Forschung auf dem Gebiet des Ingenieurwesens". Ausgabe B, B 21 (1955), S. 1–40.
[2.23] *Gürleyik, M.:* Gleitverschleißuntersuchungen an Metallen und nichtmetallischen Hartstoffen unter Wirkung körniger Gegenstoffe. Diss. TH Stuttgart 1967.
[2.24] *Wellinger, K.,* u. *H. Uetz:* Gleit-, Spül- und Strahlverschleißprüfung. Schweizer Archiv 24 (1958) 1, S. 51–62.
[2.25] *Uetz, H.:* Strahlverschleiß. VGB-Mitt. 49 (1969) 1, S. 50–52.
[2.26] *Uetz, H.:* Verschleiß durch körnige mineralische Stoffe. Aufbereitungstechnik 10 (1969) 3, S. 130–141.

3 Modellvorstellungen

3.1 Grundlagen

Polymere haben im Gegensatz zu metallischen Werkstoffen ein stark ausgeprägtes viskoelastisches Deformationsverhalten [3.1], vgl. 1.2, was sich deutlich auf das tribologische Verhalten von Polymer/Gegenstoff-Systemen auswirkt, da bei Relativbewegung adhäsiv an den betreffenden Partner gebundene bzw. mechanisch verhakte Polymersegmente, wie auch durch Lasteinwirkung verformte Werkstoffbereiche periodisch ausgelenkt werden. Für die Beschreibung mechanischen Deformationsverhaltens viskoelastischer Stoffe haben sich aus den Grundelementen Feder (elastisches Verhalten) und Dämpfer (viskoses Verhalten) aufgebaute rheologische Modelle [3.2], *Bild 3.1*, deshalb als geeignet erwiesen, weil sie die

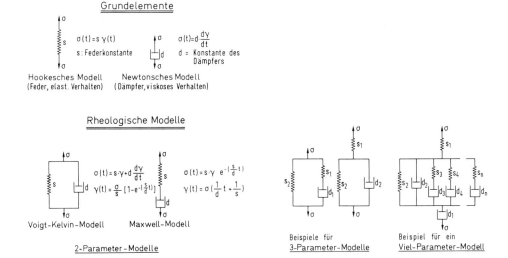

Bild 3.1: Rheologische Modelle [3.2]

unter 1.2 beschriebenen Phänomene (Werkstoffzustände, Zeit-Temperatur-Verschiebung) bei geeigneter Einstellung der Konstanten (s, d) und Kombination der Parameter in einer der Realität ähnlichen Weise wiedergeben. Am Beispiel einer für Polymere kennzeichnenden Kriechfunktion, vgl. 1.2, mit elastischem Anteil J_0 sowie Kriech- und Fließterm (F (t), t/η_0), *Bild 3.2*, wird deutlich, daß bereits mit einem 4-Parameter-Modell ein äquivalentes Verformungsverhalten nachgebildet werden kann, *Bild 3.3*. Da die rheologischen Modelle den Werkstoff offensichtlich zu charakterisieren vermögen, bilden sie auch die Grundlage für zahlreiche Modelle zur Polymerreibung, die hauptsächlich an Elastomeren entwickelt wurden.

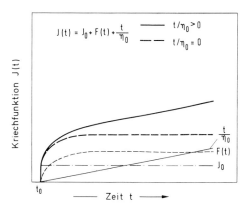

Bild 3.2: Superposition unterschiedlicher Verformungsanteile am Beispiel einer Kriechfunktion [3.2]

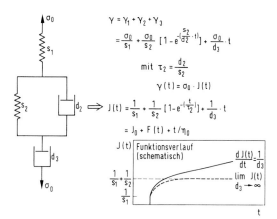

Bild 3.3: Kriechverformungsverhalten eines 4-Parameter-Modells [3.2]

3.2 Reibungstheorien

3.2.1 Vorbemerkungen

Den Adhäsions- und Deformationstheorien liegen die Grundgedanken der rheologischen Modelle und der molekular-kinetischen Vorstellungen sowie erweiternde Überlegungen zugrunde [3.3 und 3.6]. In der Regel werden vereinfachend durch die entwickelten Modellvorstellungen der Adhäsionsanteil der Reibungskraft F_{Ad} und der Deformationsanteil F_{Def} der Reibungskraft F_R gemäß der Beziehung

$$F_R = F_{Ad} + F_{Def} \tag{3.1}$$

getrennt erfaßt. Eine detaillierte Analyse der bei einem Gleitweg s geleisteten Reibungsarbeit W_R ergibt getrennte Energieterme für einzelne Teilprozesse [3.5]:

$$W_R = F_R s \tag{3.2}$$

$$W_R = W_{\text{elastisch}} + W_{\text{plastisch}} + W_{\text{Relaxation}} + W_{\text{Eigenspannung}} + W_{\text{Umwandlung}}$$
$$+ W_{\text{chemisch}} + W_{\text{Oberfläche}}$$

Wesentliche Ideen der verschiedenen Theorien werden im folgenden kurz umrissen. Ein Überblick über Charakteristika der vorgestellten Theorien ist in *Tafel 3.1* gegeben. Der experimentelle Nachweis für einzelne Gesetzmäßigkeiten wurde im allgemeinen in Modellversuchen mit einfachen Probekörpern, Kategorie VI, vgl. 2.3 überwiegend aus Elastomeren geführt. Die Adhäsions- und Deformationstheorien haben entscheidend zum Verständnis der Vorgänge bei tribologischer Beanspruchung von Polymer/Gegenstoff-Paarungen beigetragen, wobei insbesondere experimentell beobachtete Parametereinflüsse gedeutet und kausale Zusammenhänge mit den besonderen Eigenschaften von Polymeren erkannt werden konnten. Trotz der in der Regel richtigen Wiedergabe von Tendenzen, d.h. ihrer qualitativen Aussagekraft, sind der quantitativen Verwertung der Modellvorstellungen für die Praxis Grenzen gesetzt.

Tafel 3.1: Charakteristika vorgestellter Reibungstheorien

Adhäsionstheorien			Deformationstheorien		
Typ	Quelle	Charakteristika	Typ	Quelle	Charakteristika
Molekularkinetische Theorien	Bartenev /3.3, 3.14/	Molekularbewegung Ungebundene Zeit Aktivierung des Sprungs durch äußere Kraft	Gedankenmodell	Moore /3.4/	Unsymmetrisch geschwindigkeitsabhängige Kontaktfläche Relaxationsverhalten des Polymeren
	Bartenev et.al. Schallamach /3.15, 3.16/	Molekularbewegung Ungebundene und gebundene Zeit Aktivierung des Sprungs von Auslenkung abhängig	Mechanische Modelle	Greenwood /3.25/	Rollen von Körpern über elastische Ebene Verformung nach Hertz Verlustenergie
Gemischte Theorie	Bulgin et.al. /3.20/	Elastische Auslenkung, gedämpfte Rückfederung von Molekülen Einführung der Dämpfung		Kummer Rieger /3.23, 3.24/	Rollen rheologischer Modelle über Erhebungen
Mechanische Modelle	Prandtl /3.19/	Sinusförmiges Kraftfeld Elastischer Werkstoff		Bueche et.al. Moore Chow /3.26, 3.27, 3.48/	Rollen von Körpern über viskoelastische Ebene
	Halach /3.5/	Periodisches Kraftfeld Viskoelastischer Werkstoff			

Adhäsion und Deformation sind die hauptsächlichen Wechselwirkungsmöglichkeiten von Partnern tribologischer Systeme, wobei eine Kraftübertragung zwischen Stoff und Gegenstoff erfolgt, die z. B. im Fall von Polymer/Metall-Gleitpaarungen, unabhängig von der Art, wie dies geschieht, ein Auslenken von Werkstoffsegmenten bzw. Molekülketten des Polymeren bewirkt. Zur Beschreibung des Werkstoffverhaltens können daher mechanismusunabhängig die gleichen modellmäßigen, das visko-elastische Deformationsverhalten berücksichtigenden Vorstellungen zugrundegelegt werden. Die im folgenden erkennbare, oft unbefriedigende (nur teilweise) Übereinstimmung der analytischen Beschreibung von Reibungsvorgängen mit dem realen Systemverhalten beruht darauf, daß eine mathematische Erfassung außer der Verwendung stark vereinfachter (mathematisch beherrschbarer) Stoffmodelle häufig unrealistische Annahmen bezüglich der (unbekannten) Berührungsverhältnisse sowie Form der Oberflächenunebenheiten voraussetzt. Die Komplexität der Zusammenhänge führt dazu, daß je nach Betrachtungsweise und Werkstoff unterschiedliche Para-

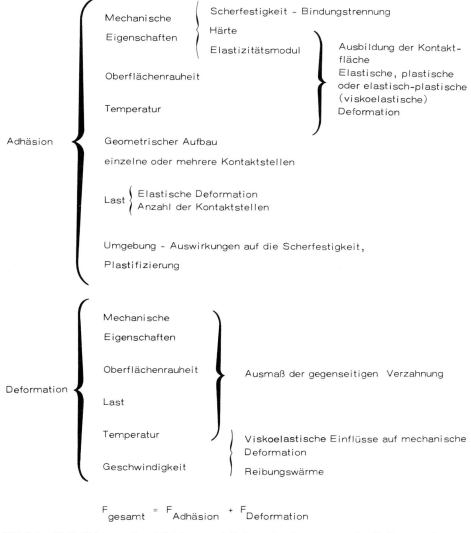

Bild 3.4: Einflußfaktoren der Adhäsions- und Deformationskomponente der Reibungskraft nach [3.8]

meter in die mathematischen Beziehungen einfließen, die Parallelen nur schwer erkennen lassen. Bei der Anwendung mathematischer Gleichungen als bekannt vorauszusetzende Größen können oft nicht ermittelt werden bzw. sind, wie beispielsweise die tatsächliche Berührungsfläche, ihrerseits von der experimentellen Bestimmung her mit großen Unsicherheiten behaftet. Adhäsion und Deformation werden aus theoretischer Sicht stets getrennt betrachtet und können daher reale Reibungsvorgänge nur unvollständig beschreiben, bei denen beide Komponenten – unter anderem in Abhängigkeit von der Tribostruktur – in der Kontaktfläche örtlich und zeitlich zu unterschiedlichen Anteilen gleichzeitig auftreten. Die einfache Addition zweier Anteile gemäß (3.1) kann daher die Realität nicht exakt wiedergeben. Die Einflußfaktoren der Adhäsions- und Deformationskomponente sind in *Bild 3.4* dargestellt [3.8], wobei aus dem Vergleich ersichtlich ist, daß die Übergänge zwischen beiden fließend sind. Die bei tribologischen Vorgängen wahrscheinliche und experimentell nachgewiesene topographische und strukturelle Veränderung der Oberflächen, wobei sich auch die stofflichen Eigenschaften zumindest in der Grenzschicht ändern können, kann mit deshalb nicht berücksichtigt werden, weil diese Vorgänge in Einzelheiten im wesentlichen unbekannt sind. Einlaufvorgänge, über elastische Wechselwirkungen hinausgehende plastische Deformationsanteile und daraus resultierende dynamische Gleichgewichtszustände werden durch die vereinfachten Theorien nicht berücksichtigt und entziehen sich daher der mathematischen Beschreibung [3.2].

Wegen der genannten Unwägbarkeiten können die theoretischen Überlegungen hauptsächlich als hilfreiche Ergänzung spezieller, problembezogener experimenteller Untersuchungen im Hinblick auf die Analyse tribologischer Vorgänge bzw. die Konzipierung von Betriebssystemen angesehen werden. Das Verständnis für die später aufgezeigten Meßergebnisse, insbesondere deren sinngemäße Übertragung auf andere Werkstoffe, wird durch die aufgezeigten Theorien in großem Maße erleichtert. Indes ist bei der Anwendung der Zusammenhänge zu berücksichtigen, daß Reibung und Verschleiß keine Werkstoffkennwerte, sondern vom jeweiligen tribologischen System abhängige Größen, also Systemeigenschaften sind [3.7], vgl. 2.2.1.

3.2.2 Adhäsionstheorien

Trotz der unter 3.2.1 gemachten Einschränkungen wird die Adhäsion als Mechanismus der Kraftübertragung bzw. Energieeinleitung im Hinblick auf Modellvorstellungen bezüglich des tribologischen Verhaltens von Polymer/Gegenstoff-Paarungen im allgemeinen in den Vordergrund gestellt. Adhäsion beruht auf der van der Waalschen Wechselwirkung (Dispersionskräfte, Dipol-Orientierungskräfte, Induktionskräfte, Wasserstoff-Brückenbindungen, Bild 1.5) zwischen Polymer und Gegenstoff in diskreten Kontaktbereichen [3.8] und wird durch den molekularen Aufbau der Stoffe, den aktuellen Zustand sowie Aufbau der Grenzschicht, einen möglicherweise vorhandenen Zwischenstoff und nicht zuletzt die gegenseitige Annäherung bestimmt, vgl. Bild 3.4. Adhäsive Kräfte werden noch durch absorbierte oder chemisch gebundene Anlagerungen beeinflußt. Die Adhäsionsarbeit W_{ab} zweier sich berührender Partner a und b entspricht dem Energieanteil, der bei Ausbilden der Bindung wegen der niedrigeren Oberflächenenergie γ_{ab} im gebundenen Zustand gegenüber der Summe der entsprechenden Oberflächenenergien der ungebundenen Partner $\gamma_a + \gamma_b$ als Wärme frei wird [3.9]:

$$W_{ab} = \gamma_a + \gamma_b - \gamma_{ab} \qquad (3.3)$$

Eine sich unter elastischem Kontakt ausbildende wahre Berührungsfläche wird durch Adhäsion unter Umständen wesentlich vergrößert [3.10], *Bild 3.5*. Die lokale Pressung verändert sich infolge von Kriechvorgängen unter plastischer Deformation auch als Funktion der Kontaktzeit, wobei diese bei einer Grenzlast einsetzen und umso ausgeprägter sind, je höher die Normalbelastung ist.

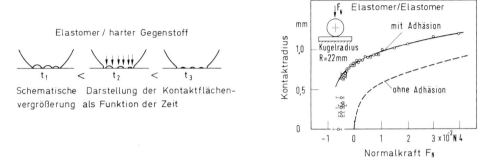

Bild 3.5: Auswirkung der Adhäsion auf die wahre Kontaktfläche zwischen Elastomerkugel und harter Scheibe nach [3.10]

Adhäsive Wechselwirkungen wurden in ungeschmiertem Zustand von verschiedenen Autoren nachgewiesen [3.11, 3.12, 3.13]. Die aufgrund von Adhäsion zu überwindende Reibungskraft läßt sich als Summe von partiellen, an den n Kontaktpunkten entstehenden Reibungskräften F_i darstellen [3.4], die wiederum von der lokalen Scherfestigkeit s_i im Kontaktbereich A_i abhängig sind

$$F_{Ad} = \sum_{i=1}^{n} F_i = \sum_{i=1}^{n} A_i s_i \qquad (3.4)$$

Entsprechend der molekularkinetischen Reibungstheorie, die auf Bartenev [3.14] zurückgeht, haben adhäsive Bindungen nur eine begrenzte Lebensdauer, da sich die Polymermoleküle auch in der Grenzschicht in ständiger Bewegung (Mikrobrownsche Bewegung) befinden, vgl. 1.2. Durch eine Energiezufuhr E_A wird eine momentane Bindung durch Überwinden der Aktivierungsschwelle gelöst, und das Molekül legt die Entfernung λ zur nächstmöglichen Bindungsstelle in der Zeit (ungebundene Zeit)

$$\tau = \tau_0 \exp(E_A/kT) \qquad (3.5)$$

$\tau_0 = 10^{-12}$ s

k = Boltzmannkonstante

T = abs. Temperatur

zurück.

Die Sprungfrequenz des Moleküls ergibt sich damit zu

$$f = \frac{1}{\tau} = \frac{1}{\tau_0} \exp(-E_A/kT) \qquad (3.6)$$

Da die Sprungwahrscheinlichkeit in alle Richtungen 2π gleich groß ist, beträgt die Sprungfrequenz in einem Bereich $d\varphi$

$$df = \frac{d\varphi}{2\pi\tau} \qquad (3.7)$$

Wirkt in der Kontaktfläche eine Kraft F und daher bei N_k in Kontakt befindlichen Molekülen pro Bindung der Kraftanteil $dF = F/N_k$, so resultiert in eine Richtung φ (bezogen auf die Kraftrichtung) eine Kraftkomponente $dF \cos\varphi$, die die Aktivierungsschwelle für einen Sprung in diese Richtung um einen der Kraftkomponente proportionalen Energiebetrag ΔE_A herabsetzt

$$\Delta E_A = \frac{1}{2}\lambda \cos\varphi\, dF = \gamma F \cos\varphi \qquad (3.8)$$

$$\gamma = \lambda/(2 N_k)$$

Die Sprungfrequenz in gleicher Richtung ändert sich daher mit (3.7) zu

$$df = \frac{d\varphi}{2\pi\tau} = \frac{d\varphi}{2\pi}\frac{1}{\tau_0}\exp\left[-(E_A - \Delta E_A)/kT\right] \qquad (3.9)$$

$$df = \frac{1}{2\pi\tau_0}\exp\left[-\left(E_A - \frac{\lambda F}{2 N_k}\cos\varphi\right)/kT\right]d\varphi$$

Die Bewegungsgeschwindigkeit des Moleküls ergibt sich aus der Sprungweite (λ) und der Zeit des Sprungs (τ) bzw. der Sprungfrequenz in die betreffende Richtung. Betrachtet man die Richtung, in der die Kraft F in der Kontaktfläche wirkt ($\varphi = 0$), so resultiert aus den Sprüngen in Richtung $d\varphi$ eine Relativgeschwindigkeit dv, die wie folgt berechnet werden kann

$$dv = \lambda \cos\varphi\, df \qquad (3.10)$$

Werden die Geschwindigkeitsanteile aller Moleküle durch Integration im Bereich 0 bis 2π erfaßt, so beträgt die makroskopische Bewegungsgeschwindigkeit des Moleküls

$$v = \int_0^{2\pi} \frac{\lambda}{2\pi\tau}\cos\varphi\, d\varphi \qquad (3.11)$$

Näherungslösungen ergeben für das Integral [3.3]

$$v = \frac{\lambda^2 F}{4 N_k kT \tau_0}\exp[-E_A/kT] \qquad \text{für kleine v} \qquad (3.12)$$

$$v = \frac{\lambda}{\tau_0}\left(\frac{N_k kT}{\pi\lambda F}\right)^{\frac{1}{2}}\exp\left[-(E_A - \frac{\lambda}{2 N_k}F)/kT\right] \qquad \text{für große v} \qquad (3.13)$$

Wie aus beiden Lösungen ersichtlich, steigt die Bewegungsgeschwindigkeit des Moleküls mit wachsender äußerer Kraft an. Wird umgekehrt die Bewegungsgeschwindigkeit von außen vorgegeben, so nimmt die resultierende Kraft am gebundenen Molekül stets zu. Da die Summe der Kraftanteile aller gebundenen Moleküle die resultierende Gesamttreibungskraft bestimmt, sagt die Theorie also ein unbegrenztes Ansteigen der Reibungskraft mit der Bewegungsgeschwindigkeit voraus.

Betrachtet man nochmals die ungebundene Zeit τ des Moleküls (3.5) unter Berücksichtigung einer äußeren Kraft (3.8)

$$\tau = \tau_0 \exp\left[(E_A - \Delta E_A)/kT\right] \tag{3.14}$$

und löst die Gleichung nach der am Molekül angreifenden Kraft auf

$$F \cos \varphi = \frac{E_A}{\gamma} - \frac{kT}{\gamma} \ln \frac{\tau}{\tau_0} \tag{3.15}$$

so zeigt sich, daß die ungebundene Zeit mit steigender Kraft kürzer wird. Definiert man die Bewegungsgeschwindigkeit des Moleküls als Quotient aus Sprungentfernung und Sprungzeit

$$v = \frac{\lambda}{\tau} \tag{3.16}$$

so ergibt sich auch hier, daß bei konstantem λ und Erzwingen einer hohen Gleitgeschwindigkeit die ungebundene Zeit τ des Moleküls kürzer und damit nach (3.15) die resultierende Kraft stets größer wird. In Abhängigkeit von der Temperatur T kann sich τ in großen Bereichen verändern. Vergleicht man die ungebundene Zeit der Moleküle für ein Elastomer bei Raumtemperatur mit der bei der etwa 100 Grad niedriger liegenden Glastemperatur [3.3], so ergeben sich Werte von 10^{-5} und 10^2s. Experimentelle Ergebnisse zeigen, daß die Reibungskraft als Funktion der Gleitgeschwindigkeit entgegen der erläuterten Theorie ein Maximum durchläuft. Um dieses Phänomen richtig wiederzugeben, ist es erforderlich, außer der ungebundenen auch die gebundene Zeit des Moleküls zu berücksichtigen [3.15]. Während der Zeit der Bindung werden Werkstoffsegmente unter äußerer Krafteinwirkung ausgelenkt, so daß ähnliche Vorgänge ablaufen wie beim Zug- oder Scherversuch. Unter Beachtung des Spannungs-Dehnungs-Verhaltens wie auch unter Zugrundelegung der rheologischen Modelle, vgl. 3.1, kann nicht davon ausgegangen werden, daß die lokal erforderliche Kraft konstant ist. Schallamach [3.15] berücksichtigt die entsprechende Kraftänderung bei der Auslenkung y_i des Kettensegmentes für die Zeit der Bindung t_i

$$F_i = M y_i = M v t_i \tag{3.17}$$
$$M = \text{Kraftkonstante}$$

und erhält daher einen anderen Term, der die Aktivierungsenergie E_A für den Molekülsprung gemäß (3.5) reduziert. Die der Auslenkung proportionale Kraft am Molekül steigt also mit der Bewegungsgeschwindigkeit, wodurch die Sprungwahrscheinlichkeit erhöht und die Bindungszeit t_i herabgesetzt wird. Bei Steigerung der Bewegungsgeschwindigkeit konkurrieren also Kraftanstieg und Bindungsanzahl. Die unter Voraussetzung von (3.17) nach Einführen einer mittleren Lebensdauer der Bindungen $\bar{t}$ bei N_k in Berührung stehenden Polymerketten von Schallamach hergeleitete Funktion

$$F_{Ad} = (N_0 kT/\gamma)(\alpha \tau / kT) \Psi_3(\alpha \tau / kT) \tag{3.18}$$

$$\Psi_2(\alpha \tau / kT) = (\bar{t}/\tau)^2 / (1 + \bar{t}/\tau)$$

$$\frac{\alpha \tau}{kT} = \text{konst } \Psi_1(T, v)$$

$$\alpha = \gamma M v$$

durchläuft deshalb in Abhängigkeit von v ein Maximum [3.3].

Die bisherigen Zusammenhänge basieren auf der Anzahl N_k in Kontakt befindlicher Moleküle, welche von der wahren Kontaktfläche A_r abhängt. Daher ist die Betrachtung von A_r wesentlich; sie erweist sich bei quantitativen Berechnungen als eine problematische Größe. Wie aus den vorhergehenden Überlegungen deutlich wird, ist die Reibungskraft F_R proportional der Anzahl in Kontakt befindlicher Moleküle, so daß mit einer „Reibungskonstanten" c auch die Beziehung

$$F_R = c A_r \tag{3.19}$$

gilt [3.17].

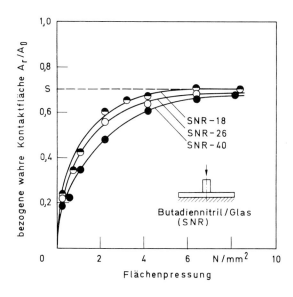

Bild 3.6: Relative wahre Kontaktfläche zwischen verschiedenen vernetzten Elastomeren und Glas als Funktion der Flächenpressung bei 20°C nach [3.15]
(Die der Werkstoffbezeichnung nachgestellte Zahl kennzeichnet den prozentualen Nitrilgehalt, der den Kurzzeit-E-Modul anhebt)

Während A_r bei metallischen Werkstoffen weit kleiner als die Nennfläche A_0 ist und mit zunehmender Pressung p_0 linear ansteigt, ist bei Polymeren eine überproportionale Zunahme zu verzeichnen [3.15], *Bild 3.6*, vgl. 4.1.1. Da in diesem Fall die Kontaktfläche im Bereich kleiner Lasten zunächst stark, dann praktisch nicht mehr ansteigt, nimmt die Reibungszahl

$$f = \frac{F_R}{F_N} = c \frac{A_r}{F_N} = \frac{c A_r}{p_0 A_0} \tag{3.20}$$

in der Regel mit der Pressung ab. Der Zusammenhang stellt sich nach Bartenev mit $\Phi = A_r/A_0$ wie folgt dar

$$(1 - \Phi)/(1 - \Phi_0) = \exp(-\beta p/E) \tag{3.21}$$

β = Konstante
E = Elastizitätsmodul
$\Phi_0 = \lim_{p \to 0} \Phi$

wobei Korrelation mit experimentellen Ergebnissen festgestellt werden konnte, *Bild 3.7*, vgl. auch Bild 3.6.

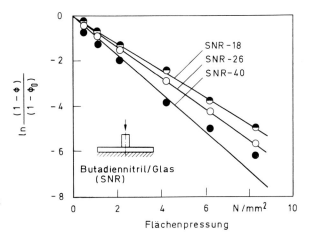

Bild 3.7: Experimentelle Nachprüfung des Zusammenhangs nach Gleichung (3.21) nach [3.15] (Die der Werkstoffbezeichnung nachgestellte Zahl kennzeichnet den prozentualen Nitrilgehalt, der den Kurzzeit-E-Modul anhebt)

Bei der mathematischen Berechnung der wahren Kontaktfläche ist es unumgänglich, Annahmen über die Oberflächenbeschaffenheit der sich berührenden Elemente und die Kontaktverhältnisse zu machen. In diesem Bemühen wurden zunächst vereinfachte Betrachtungen zugrundegelegt.

Wird elastischer Kontakt zwischen kugelförmigen Erhebungen mit dem Radius R und dem Elastomer angenommen, so läßt sich nach Hertz der Radius a des sich an einer einzelnen mit der Normalkraft F_N/n_0 belasteten Berührungszone ausdrücken als

$$a = \left[\frac{3}{4}\frac{F_N}{n_0}R\left(\frac{1-\nu^2}{E}\right)\right]^{\frac{1}{3}} \qquad (3.22)$$

wenn die Normalkraft F_N auf n_0 Berührungsstellen wirkt [3.4]. Die projizierte Kontaktfläche A_i ergibt sich dann zu

$$A_i = \pi a^2 = \pi\left[\frac{3}{4}\frac{F_N}{n_0}R\left(\frac{1-\nu^2}{E}\right)\right]^{\frac{2}{3}} \qquad (3.23)$$

wobei F_N auch als Produkt von Nennpressung p_0 und Nennfläche A_0 des elastischen Stoffes ausgedrückt werden kann

$$A_i = \pi\left[\frac{3}{4}\frac{p_0 A_0}{n_0}R\left(\frac{1-\nu^2}{E}\right)\right]^{\frac{2}{3}} \qquad (3.24)$$

Die wahre Kontaktfläche A_r ergibt sich als Summe der n_0 Kontaktbereiche

$$A_r = \sum_{i=1}^{n} A_i = n_0 A_i \qquad (3.25)$$

Bei der vereinfachten Schreibweise wird vorausgesetzt, daß alle Bereiche gleich ausgebildet sind. Mit (3.24) gilt dann

$$\begin{aligned}A_r &= \pi\left[\frac{3}{4}A_0 n_0^{\frac{1}{2}} R\left(\frac{1-\nu^2}{E}\right)\right]^{\frac{2}{3}} p_0^{\frac{2}{3}} \\ &= c' p_0^{\frac{2}{3}}\end{aligned} \qquad (3.26)$$

50   3 Modellvorstellungen

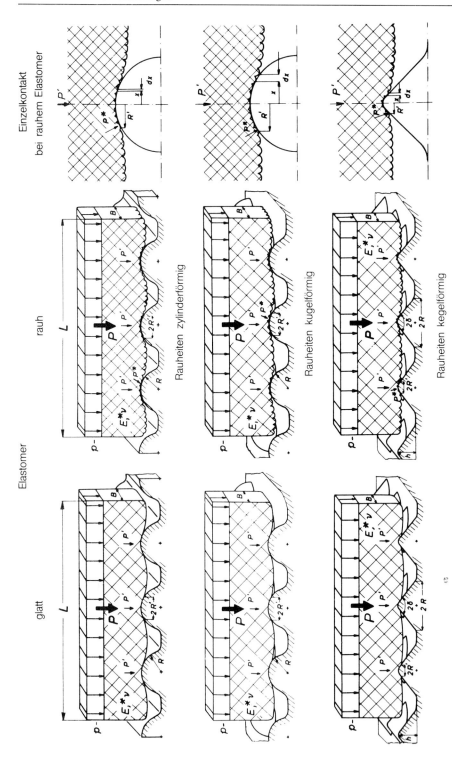

Bild 3.8: Kontaktverhältnisse zwischen Körpern mit verschiedenen Oberflächenformen nach [3.18]

Für die Reibungskraft folgt unter Verwendung von (3.19)

$$F_R = cc' p_0^{\frac{2}{3}} = c'' p_0^{\frac{2}{3}} \tag{3.27}$$

oder mit (3.20)

$$f = \frac{cc'}{A_0} p_0^{-\frac{1}{3}} = k p_0^{-\frac{1}{3}} \tag{3.28}$$

Ähnliche Überlegungen wurden für verschiedene Oberflächenformen auch bei Vorliegen unterschiedlich rauher Partner vorgenommen [3.18], *Bild 3.8,* wobei sich ein allgemeingültiger Ausdruck für f_A mit mehreren Koeffizienten und Exponenten ergibt, *Tafel 3.2.* Von verschiedenen Autoren festgestellte Pressungsexponenten sind in *Tafel 3.3* zusammengestellt.

Obwohl in den Gleichungen (3.21) und (3.26) die Werkstofftemperatur nicht explizit eingeht, beeinflußt sie jedoch insofern die wahre Kontaktfläche, als der Elastizitätsmodul des

Tafel 3.3:
Pressungsabhängigkeit von Reibungskraft (links) und Reibungszahl (rechts) bei unterschiedlichen Kontaktverhältnissen [3.18]

Kontaktverhältnisse	Autor	Abhängigkeit F_R	f
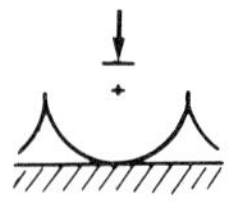	Schallamach	$\left[\frac{P}{E}\right]^{2/3}$	$\left[\frac{P}{E}\right]^{-1/3}$
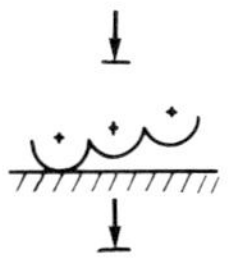	Archard	$\left[\frac{P}{E}\right]^{4/5}$	$\left[\frac{P}{E}\right]^{-1/5}$
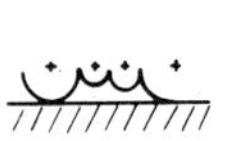	Schallamach	$\left[\frac{P}{E}\right]^{6/7}$	$\left[\frac{P}{E}\right]^{-1/7}$
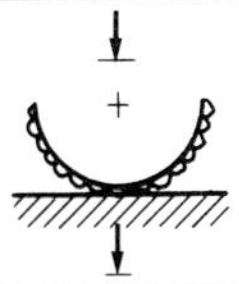	Lodge und Howell	$\left[\frac{P}{E}\right]^{8/9}$	$\left[\frac{P}{E}\right]^{-1/9}$
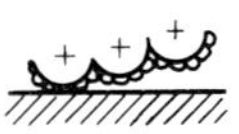	Archard	$\left[\frac{P}{E}\right]^{14/15}$	$\left[\frac{P}{E}\right]^{-1/15}$
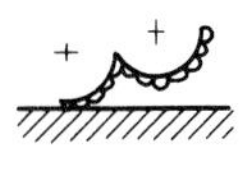	Archard	$\left[\frac{P}{E}\right]^{44/45}$	$\left[\frac{P}{E}\right]^{-1/45}$

Tafel 3.2: Analytische Berechnung der Gummireibung nach [3.18]

Kontaktflächenfunktion φ :

$$\varphi = K A_s A_R^{m_1} A_r^{m_2} S^n (p/E^*)^{1-m_1}$$

Reibungszahl:

$$f_A = \frac{k}{E^*} K A_R^{m_1} A_r^{m_2} S^n (p/E^*)^{-m_1}$$

E^*	komplexer Elastizitätsmodul des Gummis
K	für jede Rauheitsform verschiedene Konstante
A_s	durch die äusseren Abmessungen der Gummiprobe gegebene scheinbare Berührfläche
A_R	auf die Flächeneinheit der Reibfläche bezogener, von Reibflächenrauheiten bedeckter Flächenteil
A_r	auf die Oberflächeneinheit der Gummiprobe bezogener, von Gummirauheiten bedeckter Anteil der Gummioberfläche
S	Verhältnis (R/a) zweier charakteristischer Größen aus der Geometie der Einzelrauheit der Reibunterlage (a: Höhe der Rauheit, gemessen von der Bezugslinie des parallel zur Gleitrichtung der Gummiprobe gerichteten Radius R)
n, m_1, m_2	Exponenten, deren Wert von der Form der Unterlagenrauheiten (m_1 und n) bzw. von der Oberflächenrauheit des Gummis (m_2) abhängt.

Koeffizienten zu den Gleichungen					
Elastomeroberfläche	Rauheitsform auf der Unterlage	K	m_1	m_2	S
glatt	Kegel	$2(1-\nu^2)$	0	0	$\tan \delta$
	Zylinder	$[8\pi^{-1}(1-\nu^2)]^{1/2}$	1/2	0	1
	Kugeln	$[\frac{3}{4}\pi(1-\nu^2)]^{2/3}$	1/3	0	1
rauh	Kegel	$\bar{C}^*(1-\nu^2)$	0	1/3	$(\tan \delta)^{1/3}$
	Zylinder	$\bar{C}(1-\nu^2)^{5/6}$	1/6	1/3	1
	Kegeln	$\bar{C}'[\pi(1-\nu^2)]^{8/9}$	1/9	1/3	1

Polymeren eine Funktion dieser Größe und insbesondere in Haupterweichungsgebieten beträchtlichen Änderungen unterworfen ist. Der Temperatureinfluß auf die wahre Kontaktfläche ist im weichelastischen Bereich jedoch gering und nimmt zudem noch mit steigender Flächenpressung ab [3.15], *Bild 3.9*. Dies ist insofern verständlich, als bei hoher Pressung die wahre Kontaktfläche ohnehin schon relativ groß ist, vgl. Bild 3.6. Der im weichelastischen Werkstoffzustand von Elastomeren experimentell ermittelte große Temperatureinfluß auf die Reibungshöhe kann daher nicht auf Flächenvergrößerung beruhen, zumal ein Reibungsabfall mit steigender Temperatur gemessen wurde, während nach (3.19) ein Anstieg zu erwarten wäre.

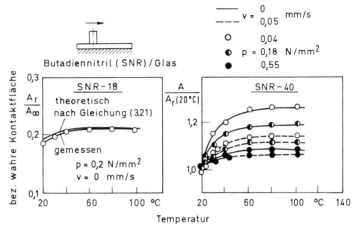

Bild 3.9: Temperatureinfluß auf die wahre Kontaktfläche in Systemen Elastomer/Glas bei unterschiedlicher Flächenpressung nach [3.15]

Anschaulich ist die Reibungsabnahme nach der Adhäsionstheorie dadurch zu erklären, daß die Mikrobrownsche Bewegung der Moleküle mit steigender Erwärmung des Polymeren, vgl. 1.2., zunimmt und daher im Mittel weniger Bindungen zum Gegenstoff vorhanden sind, zumal ein Teil der Aktivierungsenergie zum Sprung durch den thermischen Energieanteil geliefert wird.

Der Ausgangspunkt für die bisherigen Überlegungen war ein an den Gegenstoff adhäsiv gebundenes Polymermolekül, das, ohne äußere Kraftwirkung – hervorgerufen durch eine aufgezwungene Bewegung – aufgrund thermischer Bewegung sich frei in alle Richtungen der Kontaktebene bewegen kann. Tatsächlich jedoch stehen einem bindungsfähigen Kettensegment mehrere Bindungsstellen zur Verfügung, die unterschiedlich weit entfernt liegen. Jede Bindungsstelle ist von einem Kraftfeld umgeben, das mit dem des Molekülsegmentes Wechselwirkungen eingehen kann. Gerät das Molekül in einen Anziehungsbereich des Gegenstoffes, so wird es bereits ohne äußere Reibungskraftkomponente ausgelenkt. Entsprechend der Werkstoffreaktion baut sich in dem Polymersegment eine von der Auslenkung abhängige Reaktionskraft auf. Die Adhäsionskräfte, die vom Gegenstoff auf das Polymer wirken, werden von Prandtl als ein sinusförmiges Kraftfeld und die Reaktionskräfte des Polymeren mit Hilfe einer auslenkungsproportionalen Federkraft symbolisiert [3.19], *Bild 3.10*. Befindet sich das Polymer in Bezug auf das Adhäsionskraftfeld in einer Position C, so wird es so weit ausgelenkt, bis die Reaktionskraft des Polymeren der Feldkraft entspricht. Bezieht man die Auslenkung Δl auf die halbe Periodenlänge l_0 des sinusförmi-

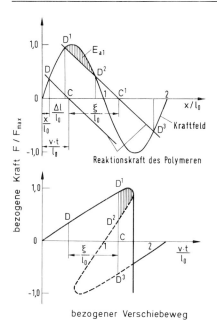
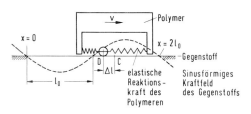

Bild 3.10: Kräfte als Funktion der Lagekoordinate und des Verschiebeweges eines Polymersegmentes für das Modell von Prandtl nach [3.3]

gen Kraftfeldes, so beträgt die bezogene Auslenkung $\Delta l/l_0$. Wenn man in dem ortsabhängigen Kräfteverlauf des Gegenstoffs gleichzeitig die Kraft-Auslenkungs-Abhängigkeit des Polymeren einträgt – der Nullpunkt dieser Federkennlinie befindet sich an dem Ort, wo das Segment entspannt ist – so ist das Gleichgewicht bei der Auslenkung gegeben, bei welcher sich die Kurven schneiden. Eine von außen aufgeprägte Relativbewegung in positiver x-Richtung bewirkt eine weitere Auslenkung des Segmentes. In Lage C^1 gibt es drei Gleichgewichtspositionen (D^1, D^2, D^3), wovon jedoch zunächst nur D^1 eingenommen wird, da zum Überwinden des Kraftfeldmaximums eine zusätzliche Kraft erforderlich ist, die einer dem schraffierten Bereich entsprechenden Aktivierungsenergie E_{a1} entspricht. Ab dem Moment, wo infolge Weiterbewegung die Polymerkennlinie den Verlauf des Kraftfeldes tangiert, kann das Segment eine Gleichgewichtslage nur noch dann einnehmen, wenn es in die Position springt, die sich aus dem einzigen Schnittpunkt im negativen Kraftbereich ergibt. Bei der Auftragung des Kraftverlaufs über den Verschiebeweg des Polymeren ergeben sich daher Unstetigkeiten (Stick-Slip).

Zur Berechnung der Reibungskräfte geht man in ähnlicher Weise vor wie bei den vorhergehenden Theorien, indem man aus der Größe von Aktivierungsenergien eine Sprungfrequenz der Moleküle ableitet. Die in Praxis beobachtete Geschwindigkeitsabhängigkeit der Reibungskraft mit Maximum ergibt sich jedoch erst, wenn das Werkstoffverhalten durch ein rheologisches Modell (Voigt-Kelvin-Modell, vgl. Bild 3.1) charakterisiert wird. Bei diesem Modell vermag der Dämpfer im Bereich kleiner Auslenkungsgeschwindigkeiten den Bewegungen zu folgen, so daß das Verhalten im wesentlichen dem der Feder entspricht. Bei hohen Geschwindigkeiten ist die Reaktion jedoch fast starr (steife Feder). In diesem Fall (steiler Kennlinienverlauf) entspricht der Reaktionskraftverlauf dem des Kraftfeldes in Bild 3.10. Bei mittleren Geschwindigkeiten werden Zwischenstadien des Kraftverlaufes beobachtet, *Bild 3.11*.

3.2 Reibungstheorien 55

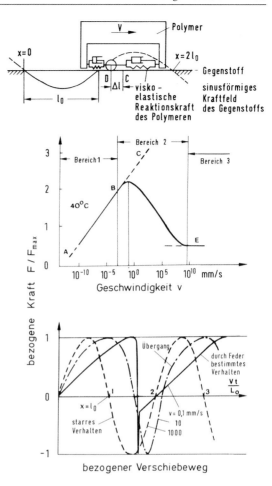

Bild 3.11: Reibungskraftverlauf in Abhängigkeit von der Geschwindigkeit für das Voigt-Prandtl-Modell nach [3.3]

Ein einfaches Reibungsmodell, das trotz adhäsiver Wechselwirkung dem Energieverlust durch innere Dämpfung bei mechanischer Deformation viskoelastischer Stoffe Rechnung trägt, wurde in anschaulicher Weise von Bulgin entwickelt [3.20], *Bild 3.12*. Ein Polymersegment wird durch die in der Kontaktfläche dA angreifende Spannung σ_0 um einen Betrag λ elastisch ausgelenkt, wobei die Arbeit

$$W = \frac{\lambda}{2} \sigma_0 \ dA \qquad (3.29)$$

geleistet wird. Die angreifende Kraft ist dann in der Lage, die adhäsive Bindung zu lösen, so daß ein Sprung mit Entspannen des Segmentes erfolgt. (Ein Hinausschnellen des Segmentes über die potentielle Bindungsstelle hinaus ist nicht zugrundegelegt). Die dem System zurückgegebene elastische Energie ist infolge Dämpfung bei Modellierung des Werkstoffs durch ein Voigt-Kelvin-Modell, vgl. Bild 3.1, um einen Betrag $d = \pi \tan \delta$ kleiner. Bei Annahme von N-Bindungen ergibt sich für die Verlustenergie daraus

$$W_{\text{Verlust}} = N \pi \tan g \delta \frac{\lambda}{2} \sigma_0 \ dA \qquad (3.30)$$

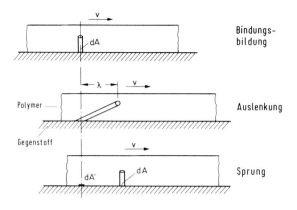

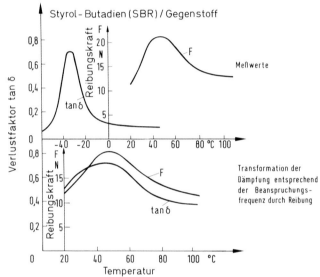

Bild 3.12: Reibungsmodell von Bulgin nach [3.3]

Setzt man die zu leistende Reibungsarbeit W_R der Verlustenergie gleich, so errechnet sich die Reibungskraft zu

$$F = \frac{\pi}{2} N \sigma_0 \, dA \tan \delta \qquad (3.31)$$

Durch diesen Zusammenhang ergibt sich die Abhängigkeit der Reibungskraft von einzelnen Parametern entsprechend der Dämpfung, Bild 3.12. Aus der Verlagerung der Reibungskraftkurve gegenüber der tan δ-Kurve im Temperaturfeld läßt sich gemäß der WLF-Transformation die Beanspruchungsfrequenz der Bindung und damit der Sprungabstand λ errechnen (hier λ rd. 10 nm).

Auch Halach ging davon aus, daß die Wechselwirkung zwischen Polymer und Gegenstoff zunächst adhäsiv erfolgt, betrachtete aber im weiteren die damit verbundene Deformation des Polymeren [3.5]. Entscheidend ist, daß sein energetisches Modell nicht, wie die meisten anderen Theorien an Elastomeren, sondern an teilkristallinen Thermoplasten, bei denen

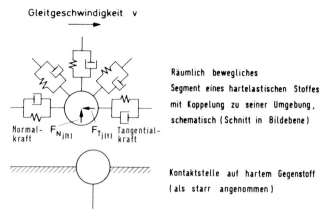

a) Wechselwirkung zwischen Stoff und Gegenstoff beim Gleiten (schematisch)

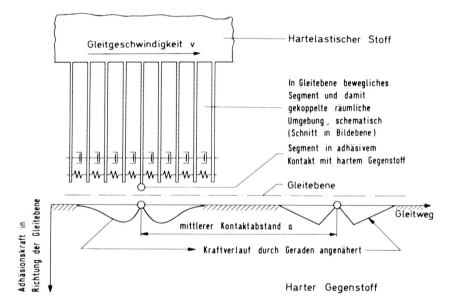

b) Vereinfachtes Modell für die Wechselwirkung

Bild 3.13: Reibungsmodell von Halach [3.5]

die Kristallite als „quasi-Vernetzungspunkte" gelten, entwickelt wurde. Sein aus Federn und Dämpfern bestehendes Modell, *Bild 3.13a* beschreibt den Stick-Slip-Prozeß hartelastischer Werkstoffsegmente, der durch das Kraftfeld von Atomen bzw. Molekülen, *Bild 3.13b,* hervorgerufen wird und zu einer ständigen Umwandlung von kinetischer in potentielle Energie und umgekehrt führt, *Bild 3.14.* Die Verluste innerhalb des Polymeren beeinflussen diesen Vorgang entscheidend, so daß gemessene Reibungsverläufe insbesondere in bezug auf die Ausprägung von Maxima erklärbar sind.

Obwohl deutliche Zusammenhänge zwischen der Adhäsionsarbeit W_{ab} (3.3) und der gemessenen Reibungskraft beim Gleiten der Polymere feststellbar sind [3.9], *Bild 3.15,* ist aus

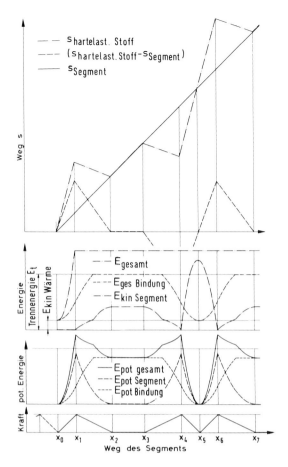

Bild 3.14: Verlauf von Kraft, Energie und Weg als Funktion des Segmentweges für das Modell von Halach [3.5], vgl. Bild 3.13

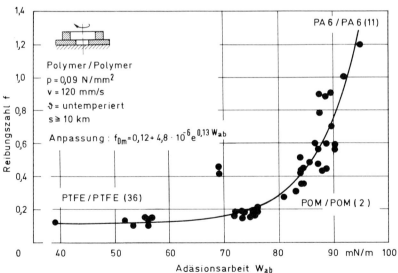

Bild 3.15: Zusammenhang zwischen Gleitreibungszahl und Adhäsionsarbeit von Polymer/Polymer-Systemen nach [3.9]

den zuletzt vorgestellten Modellen von Bulgin und Halach deutlich zu ersehen, daß außer Adhäsion ein großer Anteil an Deformation (insbesondere hysteresbehaftete Vorgänge z. B. Walken) für Reibung verantwortlich sind, aber eine strikte Trennung der Komponenten bei Reibungsvorgängen von Polymerwerkstoffen nicht möglich ist. Lee [3.21] begründet die Schwierigkeit, eine experimentelle Trennung der Komponenten vorzunehmen damit, daß das Profil der freien Energie einen gegenüber der freiwerdenden Bindungsenergie weit größeren Aktivierungsanteil für Deformation beinhaltet.

3.2.3 Deformationstheorien

Im Gegensatz zur Adhäsionskomponente der Reibungskraft ist die Deformationskomponente durch geeignete Formgebung der Probekörper, Einsatz von Schmierstoffen bei Gleit- oder Rollbewegung experimentell einfacher darzustellen, so daß von dieser Seite aus klarer abgeschätzt werden kann, welchen Anforderungen die sie beschreibenden Modelle gerecht werden sollten. Die Deformationstheorien behandeln auf Verformung durch die Rauheiten eines härteren, als starr anzusehenden Gegenstoffs beruhende Teilprozesse während des Gleitens von Polymeren, die infolge innerer Dämpfung mit Energieverlust (Hysterese) verbunden sind und daher makroskopisch eine Reibungskraft hervorrufen. Wie bei den Adhäsionstheorien wurden Modelle hauptsächlich an Elastomeren entwickelt, da hier Abgleitprozesse innerhalb des Werkstoffes kaum zu berücksichtigen sind.

Bei vertikaler Belastung einer Polymer/Gegenstoff-Paarung bilden sich, wie bei metallischen Werkstoffen, diskrete Berührungsbereiche aus, wobei Größe und Anzahl wegen des viskoelastischen Stoffverhaltens von Polymeren auch von der Zeit der Lasteinwirkung abhängen, vgl. Bild 3.2. Aufgrund von Kriechvorgängen wächst, unterstützt durch Adhäsion, vgl. Bild 3.5, die Größe bereits bestehender Kontaktbereiche, und im Zuge der gegenseitigen Annäherung von Stoff und Gegenstoff kommen neue Berührungen mit weniger hohen ,,Rauhbergen" zustande.

In der Regel stellt sich dadurch ein Gleichgewicht ein, daß die sich im Werkstoff durch Verdrängung aufbauenden inneren Spannungen die Höhe der lokal von außen wirkenden erreichen. Bei modellmäßiger Betrachtung der Polymeroberfläche [3.22], *Bild 3.16*, wird deutlich, daß eine gegenseitige Beeinflussung der verschiedenen Kontaktbereiche zu erwarten ist.

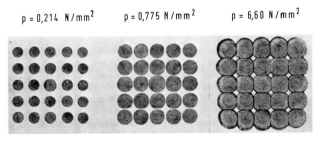

Bild 3.16: Einfluß der Flächenpressung auf die wahre Kontaktfläche bei modellmäßiger Betrachtung eines Systems Elastomer/Glas [3.22]

Qualitative Überlegungen ergeben das folgende Bild der beim Gleiten ablaufenden Vorgänge. Bei Einleiten einer Relativbewegung wird das Polymer durch die eingedrungenen Erhebungen des Gegenstoffs zyklisch deformiert, was von Kummer [3.23] und Rieger

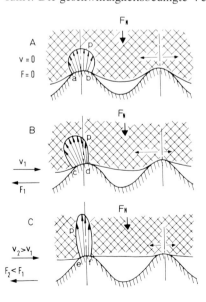

Bild 3.17: Physikalische Interpretation der Deformationskomponente nach [3.4]

[3.24] durch das Rollen eines Modells mit rheologischen Elementen auf sinusförmigen Erhebungen simuliert wurde. Der Rollenkontakt bedeutet, daß keine adhäsive Wechselwirkung vorausgesetzt wird und daher keine Scherung in der Grenzschicht stattfindet, also lediglich die durch Erhebungen erfolgende Verdrängung und anschließende Entspannung des Polymeren während des Gleitprozesses betrachtet wird. Eine im statischen Fall zunächst symmetrische Pressungsverteilung (A) im beanspruchten Werkstoffvolumen der Kontaktbereiche, *Bild 3.17*, wird dadurch unsymmetrisch (B), daß eine Stauchung des Polymerbereiches überlagert wird, der gegen die Erhebung anläuft [3.4]. Die Horizontalkraftkomponenten der inneren Spannung kompensieren sich dann nicht mehr, und es resultiert eine Reibungskraft F_{Hyst}. Mit Steigerung der Gleitgeschwindigkeit über einen Grenzwert hinaus werden zwei verschiedene Phänomene beobachtet, die beide auf dem Relaxationsverhalten (charakterisiert durch die Relaxationszeit τ) des Polymeren beruhen, vgl. 1.2. Während sich das Polymer bei langsamer Bewegung hinter der Erhebung nahezu vollständig entspannen kann, Bild 3.17 (B), bleibt bei schneller Bewegung eine Restdeformation erhalten, *Bild 3.18 (B)*, die zu einer unsymmetrischen Ausbildung des Kontaktbereiches und zwar einer kleineren Berührungsfläche auf der bewegungsabgewandten Seite der Rauheit führt. Die geschwindigkeitsbedingte Versteifung des Werkstoffs verbunden mit der kürze-

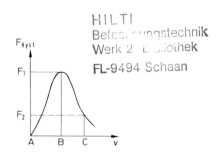

Bild 3.18: Interpretation der Geschwindigkeitsabhängigkeit der Gleitreibungszahl durch Beeinflussung der Deformation bei benachbarten Rauheiten nach [3.4]

ren Verweilzeit, d. h. Belastungszeit, an einer Kontaktstelle äußert sich in einer weiteren Verkleinerung der wahren Kontaktfläche A_r, *Bild 3.18 (C)*. Das geringere Einsinken der Rauheit in das Polymer wirkt sich insofern reibungsmindernd aus, als die oben genannte, aus der Bewegung resultierende Horizontalkraftkomponente kleiner, die Lastverteilung aber wieder symmetrischer wird. Die Reibungskraft müßte daher als Funktion der Gleitgeschwindigkeit ein Maximum durchlaufen, wie in Bild 3.18 angedeutet.

Eine mathematische Approximation der Vorgänge an einer einzelnen Kontaktstelle ist möglich, wenn relativ einfache Annahmen bezüglich der Form der Unebenheiten und des Werkstoffverhaltens gemacht werden. Bei Vorgabe zylinder-, kugel- und auch kegelförmiger Erhebungen beruhen die frühen Theorien auf der Annahme elastischen Werkstoffverhaltens, während später, wegen der unbefriedigenden Ergebnisse, viskoelastisches Stoffverhalten, mathematisch realisiert durch rheologische Modelle, vgl. Bild 3.1, zugrundegelegt wurde. Reine Deformation des Polymeren bei vernachlässigbarer Adhäsion ergibt sich dann, wenn ein starrer Körper über eine Polymerebene rollt. Für das Ergebnis ist es ohne Bedeutung, ob die Ebene oder der starre Körper bewegt wird.

Obwohl allen im folgenden dargestellten Überlegungen Rollbewegungen zur Simulation der Vorgänge an einzelnen Kontaktstellen zugrunde liegen, sind die Ergebnisse sinngemäß übertragbar für den Fall, daß bei Gleitvorgängen Adhäsion und Scherung durch geeignete Schmierung minimiert werden. Es ist dann jedoch zu prüfen, ob die angenommene Kontur der Oberflächenerhebungen des starren Partners tatsächlich der Deformation des Polymeren entspricht oder ob die Dicke des Schmierfilms nur eine geringere Eindringtiefe zuläßt.

Für den Fall eines in x-Richtung über eine elastische Polymerebene rollenden Zylinders mit dem Radius R [3.4], *Bild 3.19*, stellt sich nach Hertz bei einer Normalbelastung F_N an einer Stelle x des Berührungsbereiches die Pressung

$$p(x) = \frac{2 F_N}{\pi a} \left[1 - \left(\frac{x}{a}\right)^2 \right]^{\frac{1}{2}} \tag{3.32}$$

ein, wobei die halbe Breite des Kontaktbereiches bei der Elastizität E und einer Poissonzahl ν des Elastomeren gegeben ist durch

$$a = \frac{2}{\pi^{\frac{1}{2}}} \left\{ F_N R \left[(1 - \nu^2)/E \right] \right\}^{\frac{1}{2}} \tag{3.33}$$

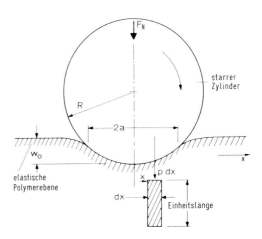

Bild 3.19: Rollen eines starren Zylinders auf einer elastischen Ebene nach [3.4]

Aufgrund einfacher geometrischer Betrachtung kann die vertikale Verformung w bei einer maximalen Verformung w_0 für kleine w ausgedrückt werden als

$$w = w_0 - \frac{x^2}{2R} \tag{3.34}$$

Die Verformungsgeschwindigkeit bei Rollbewegung beträgt dann

$$\frac{dw}{dx} = -\frac{x}{R} \tag{3.35}$$

Die an einem Werkstoffsegment der Länge dx bei Einheitsbreite des Zylinders geleistete Arbeit dW_{Zyl} ist daher

$$dW_{Zyl} = \frac{x}{R} p \, dx \tag{3.36}$$

so daß sich nach Einsetzen von (3.32) und Integration über die halbe Berührungsbreite – nur hier wird Arbeit geleistet – eine Gesamtarbeit

$$W_{Zyl} = \frac{4}{3} \frac{F_N^{\frac{3}{2}}}{\pi^{\frac{3}{2}} R^{\frac{1}{2}}} [(1-\nu^2)/E]^{\frac{1}{2}} \tag{3.37}$$

ergibt. Entsprechend der Theorie wird trotz Vorgabe elastischen Verhaltens angenommen, daß bei Entspannen im Bereich von $-$ a bis 0 in x-Richtung nicht die gesamte gespeicherte Energie zurückgewonnen wird, sondern ein Bruchteil α infolge Relaxation als Reibungsenergie aufzuwenden ist [3.25]. Die Reibungskraft kann daher ausgedrückt werden als

$$F_{Zyl} = \alpha W_{Zyl} \tag{3.38}$$

und die Reibungszahl

$$f_{Zyl} = \frac{\alpha W_{Zyl}}{F_N} = \frac{\alpha 4 F_N^{\frac{1}{2}}}{3 \pi^{\frac{3}{2}} R^{\frac{1}{2}}} [(1-\nu^2)/E]^{\frac{1}{2}} \tag{3.39}$$

Entsprechende Überlegungen ergeben bei einer rollenden Kugel die Werte

$$W_{Kug} = \frac{3 F_N^{\frac{4}{3}}}{16 R^{\frac{2}{3}}} \left\{ \frac{3}{4} [(1-\nu^2)/E] \right\}^{\frac{1}{3}} \tag{3.40}$$

$$f_{Kug} = \frac{\alpha 3 F_N^{\frac{1}{3}}}{16 R^{\frac{2}{3}}} \left\{ \frac{3}{4} [(1-\nu^2)/E] \right\}^{\frac{1}{3}} \tag{3.41}$$

$$= \frac{3\alpha}{16} \left(\frac{a}{R} \right)$$

Die Rollreibungszahl ist also in beiden Fällen proportional zu a/R, aber im Fall des Zylinders um den Faktor 1,13 höher, *Bild 3.20*.

Für einen geschmierten Kegel mit dem Öffnungswinkel Θ, *Bild 3.21* ergeben sich beim Gleiten – da ein Rollen nicht möglich ist, wird der Adhäsionsanteil durch Schmierstoff abgesenkt – über eine Einheitslänge die Werte

$$W_{Keg} = \frac{F_N}{\pi} \cot \Theta \tag{3.42}$$

$$f_{Keg} = \frac{\alpha}{\pi} \cot \Theta \qquad (3.43)$$

so daß die Reibungszahl nur vom Öffnungswinkel abhängt.

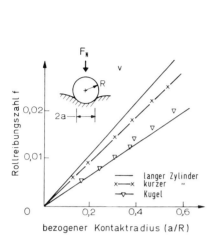
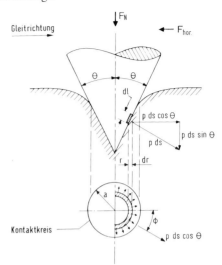

Bild 3.20: Rollreibungszahl von Zylindern und Kugel auf einer elastischen Ebene nach [3.4]

Bild 3.21: Gleiten eines starren Kegels auf einer elastischen Ebene nach [3.4]

Da es unbefriedigend ist, elastische Vorgänge mit einem Verlustfaktor zu koppeln und außerdem die bereits erläuterten geschwindigkeitsbedingten Phänomene nicht wiedergegeben werden, ist der wesentlich realistischeren Betrachtung viskoelastischer Ebenen [3.26., 3.27., 3.28.], meist unter Verwendung des Voigt-Kelvin-Modells, vgl. Bild 3.1, für das Werkstoffverhalten größere Bedeutung beizumessen. Die mathematische Vorgehensweise ist dabei in jedem Fall so, daß die Werkstoffauslenkung z eines Werkstoffsegmentes mit den Elastizitäten E_i (Federn des Modells) und den Viskositäten η_i (Dämpfer des Modells) aus den geometrischen Verhältnissen des Modellkörperkontaktes mit der Ebene hergeleitet werden. Die Normalkraft F(x) hält der Summe der an den einzelnen Segmenten der Größe dx dy wirkenden Kräften das Gleichgewicht. Aus unsymmetrischer Pressungsverteilung im Kontaktbereich ergibt sich eine Horizontalkraftkomponente, die durch die über den Radius R des Körpers als Hebel in der Rollachse angreifenden Reibungskraft kompensiert wird.

Ein Voigt-Kelvin-Modell mit einer hierfür charakteristischen Längendimension L, *Bild 3.22*, genügt der Gleichung

$$F(x) = p(x) L^2 = E L (z + z_0) + \eta L \dot{z} \qquad (3.44)$$

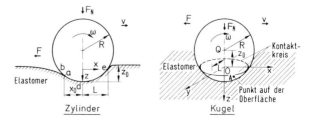

Bild 3.22: Kontaktverhältnisse beim Rollen von Zylinder und Kugel auf einer viskoelastischen Ebene nach [3.26]

wenn z_0 die Auslenkung bedeutet, die bereits vor der Hauptbelastung vorhanden ist [3.4, 3.26]. Ohne Einschränkung der Allgemeingültigkeit kann im folgenden $z_0 = 0$ angenommen werden. Nach den geometrischen Kontaktverhältnissen bei Zylinder oder Kugel ergibt sich für die Größen z

$$z_{Zyl} = (R^2 - x^2)^{\frac{1}{2}} - (R^2 - L^2)^{\frac{1}{2}} \tag{3.45}$$

$$z_{Kug} = (R^2 - x^2 - y^2)^{\frac{1}{2}} - (R^2 - L^2)^{\frac{1}{2}} \tag{3.46}$$

so daß sich bei Berücksichtigung der Beziehung zwischen Rollweg x, Bewegungsgeschwindigkeit v und Zeit t und zwar $x = v\,t$ mit der Kettenregel der Differentiation ergibt

$$\dot{z}_{Zyl} = x\,v/(R^2 - x^2)^{\frac{1}{2}} \tag{3.47}$$

$$\dot{z}_{Kug} = x\,v/(R^2 - x^2 - y^2)^{\frac{1}{2}} \tag{3.48}$$

Nach Einsetzen in (3.44) folgt für die Pressung an jeder Stelle des Berührungsbereiches durch Reihenentwicklung für $x/R \ll 1$

$$\frac{2pL}{ER} = \Phi^2 - \frac{x^2}{R^2} + \frac{2\beta x}{R} \qquad \text{für Zylinder} \tag{3.49}$$

$$\frac{2pL}{ER} = \Phi^2 - \frac{x^2}{R^2} - \frac{y^2}{R^2} + \frac{2\beta x}{R} \qquad \text{für Kugel} \tag{3.50}$$

wobei

$$\Phi = L/R \tag{3.51}$$

$$\beta = [\eta\,v/E\,R] \tag{3.52}$$

Die Bedingungen, bei denen der jeweilige Körper Kontakt zu der elastischen Ebene auf der der Bewegungsrichtung abgewandten Seite verliert, sich als Unsymmetrien des Berührungsbereiches ausbilden, können aus (3.49) und (3.50) berechnet werden, indem die Gleichungen für $p = 0$ gelöst werden. Die quadratische Gleichung ergibt für die Stelle $-x_0$ im Falle des Zylinders

$$\frac{x_0}{L} = \left[1 + \left(\frac{\beta}{\Phi}\right)^2\right]^{\frac{1}{2}} - \frac{\beta}{\Phi} \tag{3.53}$$

bzw. im Falle einer Kugel – es ist die Angabe eines Punktes des Berührungskreises erforderlich, vgl. Bild 3.22, so daß L durch $L\sqrt{1 - (y_0/L)^2}$ zu ersetzen ist:

$$\frac{x_0}{L[1 - (y_0/L)^2]^{\frac{1}{2}}} = \left[1 + \left(\frac{\beta}{\Phi}\right)^2 - \left(\frac{y_0}{L}\right)^2\right]^{\frac{1}{2}} - \frac{\beta}{\Phi} \qquad 3.54$$

Da bei dem betrachteten Modell die Dämpfung $\tan \delta$ bei einer Auslenkungsfrequenz ω wie folgt berechnet wird

$$\tan \delta = (\omega\eta)/E = (v\eta)/(LE) = \beta/\Phi \tag{3.55}$$

(für die Kugel ist auch hier L durch $L[1 - (y_0/L)^2]^{\frac{1}{2}}$ zu ersetzen)

ergibt sich

$$\frac{x_0}{L} = (1 + \tan^2 \delta)^{\frac{1}{2}} - \tan \delta \qquad \text{für Zylinder} \tag{3.56}$$

$$\frac{x_0}{L[1-(y_0/L)^2]^{\frac{1}{2}}} = (1+\tan^2\delta)^{\frac{1}{2}} - \tan\delta \qquad \text{für Kegel} \qquad (3.57)$$

Bild 3.23 zeigt am Beispiel des Zylinders, wie das Verhältnis nach (3.53) bzw. (3.54), d.h. die Symmetrie der Kontaktzone, mit Zunahme der inneren Dämpfung abnimmt, die wiederum eine Funktion der Frequenz bzw. Geschwindigkeit ist. Absolut gesehen fällt sowohl L, *Bild 3.24,* als auch die projizierte Kontaktfläche des Zylinders $(x_0 + L)$ 1 – bezogen auf die Gesamtprojektionsfläche des Zylinders – *Bild 3.25,* mit der Geschwindigkeit. Den Be-

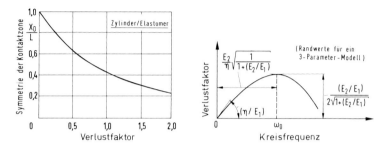

Bild 3.23: Einfluß der Dämpfung auf die Symmetrie der Kontaktzone nach [3.26] (E bzw. η entspricht s bzw. d in Bild 3.1)

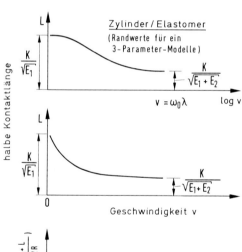

Bild 3.24: Änderung der halben Kontaktlänge L durch die Rollgeschwindigkeit eines Zylinders nach [3.26]

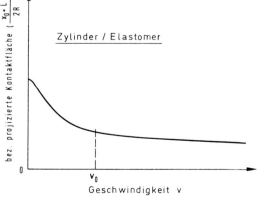

Bild 3.25: Änderung der bezogenen projizierten Kontaktfläche durch die Rollgeschwindigkeit eines Zylinders nach [3.26]

rechnungen für die in den Bildern angegebenen Werte liegt ein erweitertes rheologisches Modell mit einer zusätzlichen Feder zugrunde, die mit dem Dämpfer in Reihe geschaltet ist (modifiziertes Maxwell-Modell). Wegen des Einflusses der Dämpfung auf x_0/L einerseits, und der Geschwindigkeit auf die Dämpfung andererseits, Bild 3.23, durchläuft das Verhältnis x_0/L als Funktion von v ein Minimum, *Bild 3.26;* bei sehr kleiner und sehr großer Geschwindigkeit sind x_0 und L gleich groß. Im Fall der Kugel, *Bild 3.27,* ergibt sich aus-

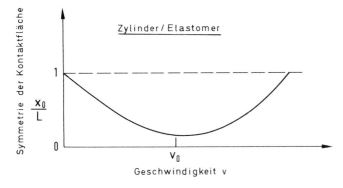

Bild 3.26: Symmetrie der wahren Kontaktfläche für einen rollenden Zylinder in Abhängigkeit von der Geschwindigkeit nach [3.26]

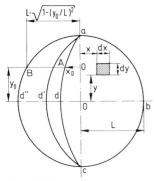

Kugel / Elastomer

Bild 3.27: Projizierte Kontaktfläche einer rollenden Kugel bei unterschiedlicher Geschwindigkeit nach [3.26]

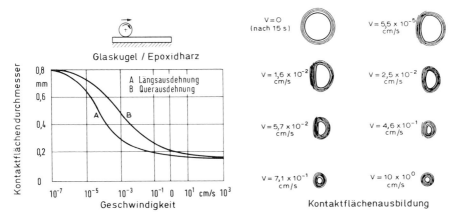

Bild 3.28: Experimenteller Nachweis der Kontaktflächenasymmetrie für ein System Kugel/Ebene nach [3.4]

gehend von langsamer Relativbewegung eine mit steigender Rollgeschwindigkeit abnehmende Kontaktfläche auf der bewegungsentgegengesetzten Seite. Da wegen des Versteifungseffektes aber auch L abnimmt, stellt sich im Endeffekt, wie auch experimentell an Epoxid-Harz nachgewiesen, *Bild 3.28,* eine symmetrische, jedoch kleinere Kontaktfläche ein. Die geschilderte Kontaktflächenveränderung geht über die Beziehung (3.19) direkt in die Höhe der Reibungskraft ein. Eine explizite Berechnung kann über die Gleichungen

$$F_{Zyl} = M_1/R = \frac{1}{R} \int_{-x_0}^{L} p\, x\, b\, dx \tag{3.58}$$

bzw.

$$F_{Kug} = M_2/R = \frac{1}{R} \int_{-L}^{+L} \int_{-x_0}^{(L^2-y^2)^{\frac{1}{2}}} p\, x\, dx\, dy \tag{3.59}$$

erfolgen, so daß sich die Reibungszahl durch Bezug auf die Normalkraft F_N ergibt zu [3.4]

$$f_{Zyl} = \frac{F_{Zyl}}{F_N} = c_0 \left(\frac{F_N}{b\, E\, R}\right)^{\frac{1}{2}} \tan \delta \qquad \text{für } \tan \delta < 0{,}2 \tag{3.60}$$

$$f_{Zyl} = c_1 \left(\frac{F_N}{b\, E\, R}\right)^{\frac{1}{2}} (\tan \delta)^{0{,}63}; \quad c_1 = c_0/2 \qquad \text{für } 0{,}2 \leq \tan \delta \leq 1{,}4$$

bzw.

$$f_{Kug} = \frac{F_{Kug}}{F_N} = c_2 \left(\frac{F_N}{\eta\, v\, R}\right)^{\frac{1}{2}} \qquad \text{für mittlere Geschwindigkeiten} \tag{3.61}$$

$$f_{Kugel} = c_3 \left(\frac{F_N}{\eta\, v\, R}\right)^{\frac{1}{3}} \qquad \text{für hohe Geschwindigkeiten}$$

Da die Relaxationszeit des Modells gegeben ist durch

$$\tau = \eta/E = \omega \tan \delta = (L/v) \tan \delta \tag{3.62}$$

können die hergeleiteten Abhängigkeiten auch mit Hilfe von τ dargestellt werden.

Wegen der Einfachheit der bisher beschriebenen Modelle, wenn man von den ideellen Annahmen bezüglich der Kontaktverhältnisse absieht, wird das experimentell beobachtete Werkstoffverhalten zuweilen durch die hergeleiteten mathematischen Beziehungen nicht ausreichend genau wiedergegeben, wenn auch die Tendenzen und Phänomene richtig beschrieben werden. Aus diesen Gründen wurde auch ein modifiziertes Maxwell-Modell [3.26] nach Bild 3.1 verwendet (wie in Bild 3.23 und Bild 3.24). Um ein kompliziertes Netzwerk von Einzelmodellen im Hinblick auf die Realisierung detaillierter, viskoelastischer Eigenschaften zu berücksichtigen [3.4], ist eine Lösung der Gleichungssysteme durch Computer-Programme erforderlich. Die wesentlichen Aussagen dieser allgemeinen Modelle entsprechen jedoch den schon geschilderten.

Außer dem Geschwindigkeitseinfluß gehen die übrigen Beanspruchungsparameter dadurch in die Modelltheorien mit ein, daß die innere Dämpfung davon abhängt. Geschwindigkeit, Zeit und Frequenz sind mit der Temperatur über das Zeit-Temperatur-Verschiebungsgesetz verknüpft, vgl. 1.2, was im Fall der rheologischen Modelle bei Veränderung der Auslenkungsgeschwindigkeit bzw. der Elastizitäten und Viskositäten verständlich wird. Die Flächenpressung wirkt sich direkt auf die Ausbildung der Kontaktbereiche und damit die Deformation aus, wobei Rückwirkungen auf die Dämpfung eintreten.

3.3 Verschleißtheorien

3.3.1 Vorbemerkungen

Der Verschleiß von Polymerwerkstoffen ist wie die Reibung ein vom betrachteten Gesamtsystem abhängiger tribologischer Vorgang, vgl. 2.2. Die triboinduzierten Werkstoffveränderungen, insbesondere in der beanspruchten Grenzschicht des Polymeren haben wegen der gegenüber dem Ursprungswerkstoff möglicherweise vollkommen anderen Werkstoffeigenschaften besondere Bedeutung für die momentan wirksamen Reibungs- und Verschleißmechanismen. Kritisch kann sich in dieser Beziehung eine reibungsbedingte, möglicherweise lokale Temperaturerhöhung des Polymeren auswirken, die auch von den während eines Einlaufvorgangs von statten gehenden Veränderungen beeinflußt wird. Die während der Relativbewegung stattfindenden Strukturveränderungen in der Grenzschicht können das Verschleißgeschehen entscheidend mitbestimmen [3.8], *Bild 3.29*. In der Regel

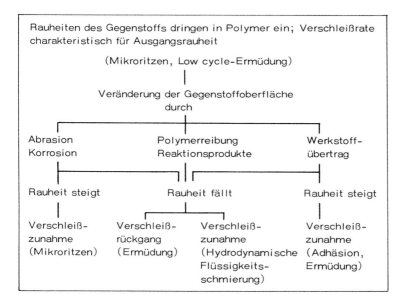

Bild 3.29: Auswirkungen triboinduzierter Grenzschichtveränderung auf den Verschleiß von Polymeren nach [3.8]

ändern sich die Verschleißmechanismen (Adhäsion, Abrasion, Ermüdung) außerdem mit der Rauheit des Gegenstoffs, wobei ferner der Elastizitätsmodul des Polymeren von Bedeutung ist, *Bild 3.30*. Bezüglich des Polymeren ist zu beachten, daß die Verschleißmechanismen maßgeblich durch den molekularen Aufbau mitbestimmt werden.

Die mathematische Beschreibung der komplexen Vorgänge, insbesondere der triboinduzierten Veränderungen, ist oft nur unbefriedigend möglich, weshalb den aus Theorien hergeleiteten Gleichungen in ihrer Anwendbarkeit für die Praxis Grenzen gesetzt sind. Durch Anpassen an spezielle Systeme lassen sie sich jedoch nutzvoll anwenden.

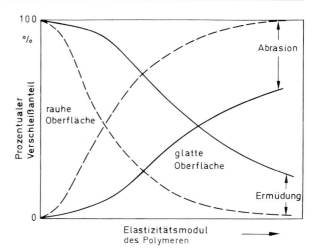

Bild 3.30: Einfluß des Elastizitätsmoduls auf den Anteil verschiedener Verschleißmechanismen bei Polymeren nach [3.8]

3.3.2 Verschleißmechanismen

Verschleißprozesse an Polymerwerkstoffen sind eine Auswirkung der unter 3.2 beschriebenen Reibungsvorgänge und können, wie bei anderen Werkstoffen, hauptsächlich durch die Oberbegriffe Adhäsion, Abrasion und Ermüdung charakterisiert werden, vgl. Bild 2.6. Je nach Beanspruchungsart und Belastungskollektiv sind tribochemische Reaktion und Ablation zusätzlich zu berücksichtigen.

3.3.2.1 Adhäsion

Basierend auf adhäsiver Wechselwirkung zwischen den Elementen einer Polymer/Gegenstoff-Paarung erfolgt bei Relativbewegung eine Scherung der Werkstoffsegmente, die mit einem Anstieg der (inneren) Spannungen im beeinflußten Werkstoffvolumen um den Kontaktbereich verbunden ist. Diese bauen sich solange weiter auf, bis entweder die Scherfestigkeit der adhäsiven Bindung oder die innere Scherfestigkeit eines der beiden Elemente erreicht ist. Im zweiten Fall entsteht von dem Partner mit geringeren Kohäsionskräften auf den anderen ein Werkstoffübertrag, der möglicherweise allmählich durch Ermüdung abgebaut und in Form von Verschleißpartikeln aus der Kontaktfuge transportiert wird.

Adhäsion wird an unterschiedlichen Polymer/Gegenstoff-Paarungen aufgrund Werkstoffübertrags schon unter statischer Last nachgewiesen [3.12]. Metalle haben eine hohe Affinität zu den oft in Polymerwerkstoffen enthaltenen Elementen Sauerstoff, Wasserstoff und Kohlenstoff, was in Verbindung mit den starken inneren Bindungskräften in der Regel den Übertrag des Polymeren im Polymer/Metall-Kontakt bewirkt. Mit der Feldionenmikroskopie wird sichtbar, daß sowohl Polyimid (PI) als auch Polytetrafluorethylen (PTFE) auf Wolfram übertragen werden [3.29]. Bei PTFE ist die Bindung so stark, daß die Wolframoberfläche bleibend verformt wird, *Bild 3.31*. Im Auger-Spektrum ist der Werkstoffübertrag von Polyvinylchlorid (PVC) auf eine CrNi-Legierung durch das Vorhandensein von Chlor und Kohlenstoff auf der Legierungsoberfläche nachzuweisen [3.30]. Bei

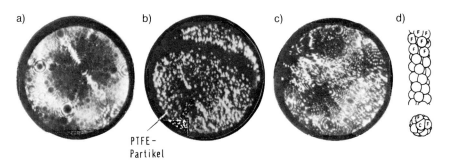

Bild 3.31: Adhäsiver Werkstoffübertrag von PTFE auf Wolfram (Feldionenmikroskopie) nach [3.29]
a) Wolframoberfläche vor Kontakt
b) Adhäsion PTFE auf Wolframoberfläche
c) Wolframoberfläche nach Verdampfen von PTFE
d) PTFE-Molekül, Seiten- und Endansicht

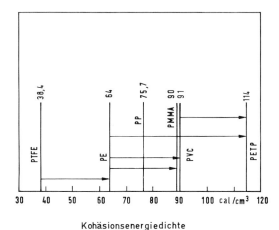

Bild 3.32: Zusammenhang zwischen Kohäsionsenergie verschiedener Polymere und Werkstoffübertrag nach [3.29] (Übertragrichtung durch Pfeile gekennzeichnet)

Polymer/Polymer-Paarungen wird erwartungsgemäß jeweils der Werkstoff mit geringerer Kohäsion auf den mit höherer übertragen [3.10, 3.29], *Bild 3.32*.

Der auf Adhäsion beruhende Energieaustausch zwischen den Stoffen führt im allgemeinen zu Verschleißerscheinungsformen an beiden beteiligten Elementen, wobei begleitende Verformungsvorgänge erheblich verstärkt werden können. Es wird sogar an Stahl als Gegenkörper von z.B. PTFE Verschleiß festgestellt, der allerdings um drei Größenordnungen kleiner als der Polymer-Verschleiß ist.

3.3.2.2 Abrasion

Abrasion ist durch Furchungs-, Schneid- sowie Reißprozesse gekennzeichnet und hat daher insbesondere dann einen großen Anteil am Gesamtverschleiß, wenn die Oberfläche eines härteren Gegenstoffs rauh ist. Als Zwischenstufe bei der Verschleißpartikelentstehung erfolgt möglicherweise zunächst ein Verstrecken von Werkstoffpartien, *Bild 3.33*, so daß dünne ausgewalzte „Fahnen" schließlich abreißen und auch nach Zusammenrollen im Zuge der Relativbewegung aus dem Kontaktbereich transportiert werden [3.31].

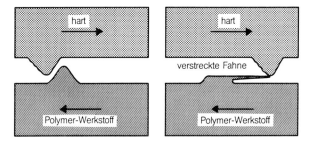

Bild 3.33: Verstrecken von Werkstoffpartien beim Gleiten von Polymeren gegen einen harten Stoff [3.31]
Trockener Gleitverschleiß am Polymer-Werkstoff durch Verstrecken erhabener Stellen unter Ausbildung von Fahnen, Zipfeln oder Fäden, die schließlich abreißen und zwischen den Reibpartnern rollen.

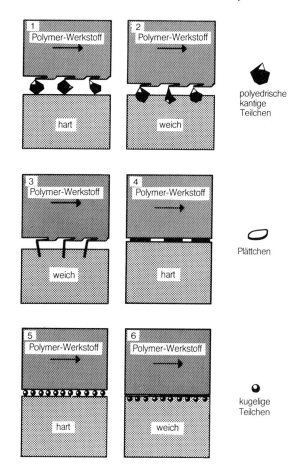

Bild 3.34: Abrasivverschleiß bei Polymer/Gegenkörper-Systemen mit Zwischenkorn [3.31]
Die Verschleißrate der Oberfläche nimmt von Fall 1 bis Fall 6 ab, identisches Material, d. h. identische Härte des Zwischenkorns vorausgesetzt. Mit der Härte des Zwischenkorns ändert sich auch die Verschleißrate. Der Verschleiß des im Bild unteren Partners bleibt unberücksichtigt. (Keramik = hart; Polymer-Werkstoff = weich)

Als Zwischenkorn vorhandene Fremdpartikel beeinflussen die Vorgänge je nach Härte der Elemente und Kornform, *Bild 3.34*. Durch Anlagern oder Einbetten kann eine Schicht auf dem Gegenstoff erzeugt werden, die den Verschleiß des Polymeren begünstigt oder herabsetzt. Weiche Polymere lagern harte Partikel in der Oberfläche als eine ,,Schutzschicht" ein. Bei Paarungen PTFE/Aluminium [3.29] erfolgt zunächst adhäsiver Übertrag von Aluminium auf PTFE, das dann anschließend nach Kaltverfestigung infolge mehrmaligen Übergleitens der Partikel abrasiv auf den Aluminium-Partner wirkt und dort starken Verschleiß verursacht, *Bild 3.35*.

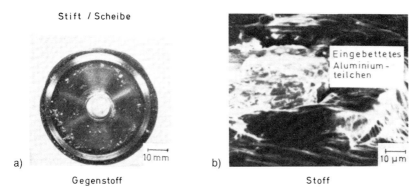

Bild 3.35: Verschleißerscheinungsformen bei Gleitpaarung PTFE/Aluminium nach [3.29]
a) Gleitspur auf einer Aluminiumscheibe nach 26 Umdrehungen im Vakuum $F_N = 5$ N, v = 10 mm/s
b) Gleitfläche eines PTFE-Stiftes nach einmaligem Übergleiten $F_N = 2$ N, v = 10 mm/s

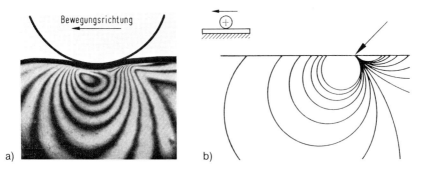

Bild 3.36: Spannungskonzentrationen im Kontaktbereich einer Elastomerebene beim Übergleiten durch eine harte Kugel nach [3.22]
a) Experimenteller Nachweis, b) Theoretische Spannungsverteilung

Die von Schallamach mit einer kleinen Kugel (Radius R = 1 mm) und einer stumpfen Nadel auf Gummi durchgeführten Gleitreibungsexperimente zeigen, daß die unterschiedlichen Spannungskonzentrationen im Kontaktbereich, *Bild 3.36* und *Bild 3.37*, charakteristische Verschleißerscheinungsformen zur Folge haben [3.22], *Bild 3.38*. Während bei der Kugel der kritische Wert zur Rißbildung in Bezug auf die in der Deformationszone wirkenden Zugspannungen durch das Verhältnis der Kraftkonstanten gem. (3.19) und des Elastizitätsmoduls c/E bestimmt wird, ist bei der Nadel eher die Zugfestigkeit des Elastomeren von ausschlaggebender Bedeutung. Aus diesem Grund bewirkt ein hoher E-Modul nur bei

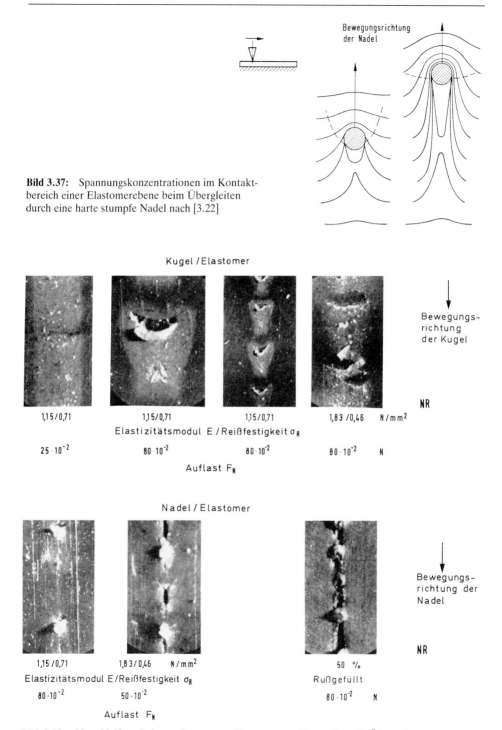

Bild 3.37: Spannungskonzentrationen im Kontaktbereich einer Elastomerebene beim Übergleiten durch eine harte stumpfe Nadel nach [3.22]

Bild 3.38: Verschleißerscheinungsformen an Elastomeren (Gummi) nach Übergleiten durch eine harte Kugel und eine harte, stumpfe Nadel (jeweils aus Metall) nach [3.22]

der Kugel geringere Oberflächenschädigung, während bei der Nadel wegen der außerdem niedrigeren Zugfestigkeit stärkere Zerstörung beobachtet wird. Obwohl bei der Nadel die Spannungskonzentration vor der Spitze am größten ist, vgl. Bild 3.37, erfolgt die Rißbildung wegen der zwischen Metall und Elastomer wirkenden Adhäsion in einem Bereich, der nicht in direktem Kontakt zur Nadel steht (Kennzeichnung im Bild). Die jeweils entstehenden periodischen Muster auf der Polymeroberfläche ergeben sich, wenn die Gummisegmente nach dem Riß in eine entspannte Lage zurückschnellen. Die in Bild 3.33 schematisierte und bei Gummi nachgewiesene Abrasion durch Abtrennen zunächst gelängter und

Bild 3.39: Querschnitt von Abrasionsmustern eines Elastomers nach Modellversuch und bei einem Reifen nach [3.22] (Horizontalvergrößerung 30-fach, Vertikalvergrößerung 42,5-fach)

ausgewalzter „Fahnen", *Bild 3.39*, ergibt bei Beurteilung der dadurch entstehenden Abrasionsmuster, *Bild 3.40*, einen Zusammenhang zwischen Verschleiß, Kornrundung, Pressung und Elastizitätsmodul des Polymeren

$$W = \text{konst } R \frac{p}{E} \tag{3.63}$$

In Versuchen mit Schleifpapier, das Abrasivkörner mit einem mittleren Durchmesser d und einer Kantenkrümmung R aufweist, wurde für den Abstand entstehender Abrasionsmuster die Beziehung

$$s_p = \text{konst} \left(\frac{p}{E} R d^2 \right)^{\frac{1}{3}} \tag{3.64}$$

gefunden [3.22]. Bei diesem Verfahren bestätigt sich die Proportionalität des Verschleißes zu p gem. (3.63), *Bild 3.41*. Die Kornrundung bei Schleifpapier kann so gut wie nicht

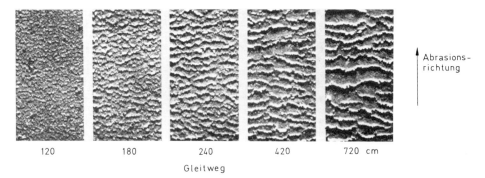

Bild 3.40: Abrasionsmuster eines Elastomeren (Gummi NR) nach unterschiedlichen Gleitwegen auf Schleifpapier nach [3.22] (Vergrößerung etwa 10fach)

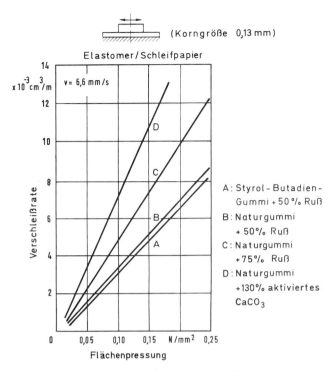

Bild 3.41: Pressungsabhängigkeit des Abrasivverschleißes verschieden gefüllter Elastomere nach [3.22]

definiert eingestellt werden. Diese Schleißschärfe des Abrasivkornes hat bei Polymerwerkstoffen großen Einfluß, vgl. 7. Bei anderer Prüftechnik unter Verwendung von Drahtgeflecht zur Realisierung von Abrasion durch Deformation ohne Schneidprozesse in der Oberfläche müßte nach Versuchsergebnissen allgemeiner für (3.63) und (3.64) geschrieben werden [3.32]

$$W = \text{konst } F_N^\alpha \tag{3.65}$$

$$s_p = \text{konst } F_N^\beta \tag{3.66}$$

Zur mathematischen Herleitung von Gleichungen für den Abrasivverschleiß müssen ideelle, vereinfachte Annahmen bezüglich der Form von Erhebungen abrasiver Oberflächen und der Vorgänge gemacht werden. Wenn ein harter konischer Kegel mit dem Basiswinkel Θ über einen weicheren Werkstoff gleitet, ist bei rein plastischer Deformation das durch Schneid- und Verformungsvorgänge verdrängte Volumen dem Tangens dieses Winkels proportional [3.33]. Der experimentelle Befund in Bezug auf Polymerwerkstoffe zeigt, *Bild 3.42*, daß nur bei großen Winkeln, das heißt sehr scharfen Kegeln, die mit relativ großen, nicht praxisnahen Rauheiten zu vergleichen sind, diese Beziehung gültig ist. Auch Versuche mit rauhem Stahl bestätigen diese Tendenz, *Bild 3.43*, woraus abgesehen werden kann, daß die elastische Deformation bei Polymerwerkstoffen unter realen Bedingungen (einer Rauhtiefe in dieser Darstellung von rd. 6,4 μm entspricht Schleifpapier der Körnung 600) eine große Rolle spielt, so daß immer ein bestimmter Anteil an Ermüdungsverschleiß zu erwarten ist, *Tafel 3.4*. Dieser überwiegt im Bereich kleiner Rauhigkeiten, weshalb die

76   3 Modellvorstellungen

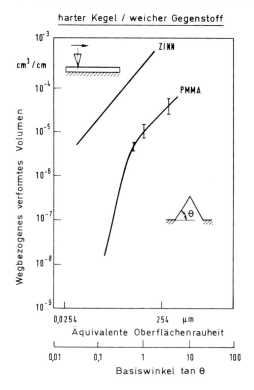

Bild 3.42: Zusammenhang zwischen Verformungsvolumen und Öffnungswinkel eines kegelförmigen, harten Gleiters bei Zinn und PMMA nach [3.33]

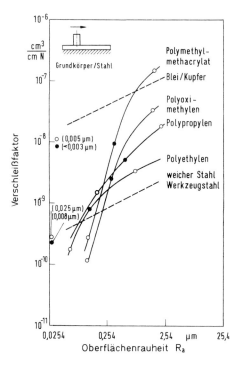

Bild 3.43: Einfluß der Oberflächenrauheit von Stahl auf den Verschleiß verschiedener Werkstoffe nach [3.33] (Der Gegenkörper ist konstruktiv als Trommel ausgebildet, wobei jeweils neue Bereiche zum Eingriff kommen.)

Tafel 3.4: Einfluß des Elastizitätsmoduls von Polymeren auf die Verschleißmechanismen beim Gleiten gegen unterschiedlich rauhe Gegenkörper nach [3.33]
Bemerkung: Elastisch-plastische Verformungsvorgänge sind bei Polymeren viskoelastischer Natur

Werkstoff	Beispiel	Verschleiß auf Schleifpapier		Verschleiß auf Drahtgeflecht	
		Kontaktart	Verschleißart	Kontaktart	Verschleißart
Hoch-elastisch	Elastomere	Elastisch, teilweise plastisch	Reißen	Elastisch	Reißen, Ermüdung
Elastisch	gefüllte Elastomere Polyolefine Polyamide	Plastisch, teilweise elastisch	Schneiden, teilweise Reißen oder Ermüdung	Elastisch, teilweise plastisch	Reißen, Ermüdung und teilweise Schneiden
Plastisch elastisch	Plastifiziertes PVC, PTFE	Plastisch	Schneiden	Plastisch-elastisch	Schneiden, Reißen, Ermüdung
Spröde	Polystyren PMMA Harze (Epoxyde, Polyester, Phenole)	Plastisch	Schneiden	Plastisch	Schneiden, teilweise Ermüdung

Verschleißkurve im Bereich niedriger Rauheit steiler abfällt. Infolge höheren Elastizitätsmoduls bei Metallen entstehen dagegen örtlich schon bei kleinen Rauheiten lokal hohe Beanspruchungen verbunden mit Abrasionsvorgängen.

Die Bildung eines Verschleißpartikels wird bestimmt durch die entsprechend der Werkstoffhärte H sich einstellende wahre Kontaktfläche, die Reaktionskraft bei Bewegung ($F_R = f F_N$) und die Trennarbeit, gekennzeichnet durch das Produkt aus Scherfestigkeit s und Bruchdehnung ε [3.34]. Pro Einheitsgleitweg ergibt sich unter diesen Voraussetzungen ein Verschleißvolumen W_V [3.33].

$$W_V = k \frac{f F_N}{H s \varepsilon} \tag{3.67}$$

In dieser Beziehung sind alle Größen außer F_N verschieden temperaturabhängig *Bild 3.44*. Für amorphe Polymere führt die Überlagerung der Einflüsse in Abhängigkeit von der Temperatur zur Ausprägung von Verschleißminima bei der Glastemperatur, *Bild 3.45*. Die Tatsache, daß gemessene Verschleißraten für verschiedene Polymere gegen Stahl von ihrem temperaturabhängigen Verlauf her im wesentlichen dem des reziproken Produkts aus s und ε, die in Zugversuchen ermittelt wurden, entsprechen und die Verschleißrate bei stets neuen Kontaktflächen (einmaliges Übergleiten) proportional zu $1/(s \varepsilon)$ ist, *Bild 3.46*, bestätigt offensichtlich die Beziehung (3.67).

In Stift/Scheibe-Versuchen (Auflast $F_N = 4$ N) wird für Thermoplast/100 Cr 6-Paarungen bei einer Rauhtiefe des Gegenstoffs von R_z rd. 1 µm in einfach logarithmischer Darstellung

78   3 Modellvorstellungen

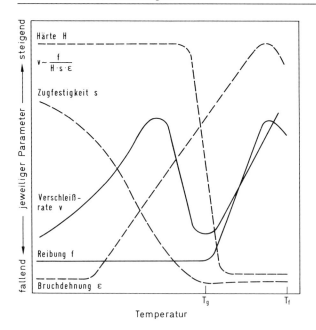

Bild 3.44: Temperaturabhängigkeit der Variablen in Gleichung (3.67) nach [3.33]

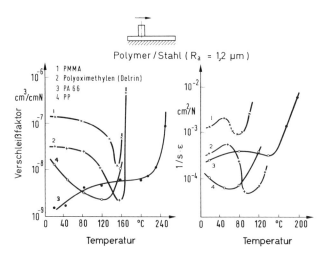

Bild 3.45: Vergleich der Änderung des Verschleißes bei einmaligen Übergleiten eines Abrasivstoffes und des Produktes $(s \cdot \varepsilon)$ gemäß Gleichung (3.67) als Funktion der Temperatur für unterschiedliche Polymere nach [3.33], Schmelztemperatur der Polymere vgl. Bild 1.8

ein linearer Zusammenhang zwischen einem Verschleißkoeffizienten k (Volumenverschleiß pro wahrer Kontaktfläche und Gleitweg) und dem Verhältnis von Werkstoffanstrengung (Vergleichspannung) zu Reißfestigkeit des Thermoplasten aufgefunden [3.35], *Bild 3.47*. Die Werkstoffanstrengung wird aus „Normalkraft" und Reibungskraft errechnet. Das Ergebnis legt den Schluß nahe, daß Reißprozesse den Abrasivverschleiß in starkem Maße mitbestimmen.

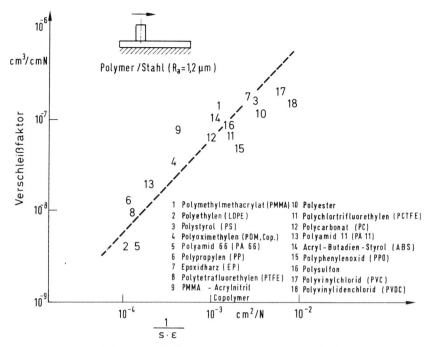

Bild 3.46: Zusammenhang zwischen Verschleißrate und reziprokem Produkt $(s \cdot \varepsilon)$ gemäß Gleichung (3.67) bei einmaligem Übergleiten eines Abrasivstoffes für unterschiedliche Polymere nach [3.33]

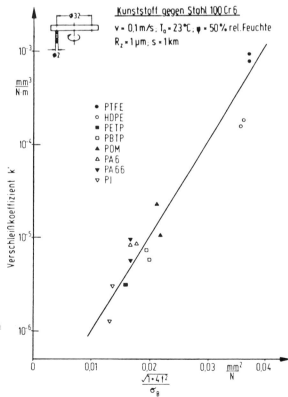

Bild 3.47: Zusammenhang zwischen Verschleißkoeffizient und Verhältnis von Werkstoffanstrengung/Reißfestigkeit für unterschiedliche Polymere beim Gleiten gegen Stahl [3.35]

Ein besonderes Problem bei der Beurteilung der „Steifheit" eines Elastomeren im Hinblick auf Verschleiß ist die Abhängigkeit des Elastizitätsmoduls von den Prüfbedingungen und die Inhomogenität in den Werkstoffeigenschaften aufgrund triboinduzierter Veränderungen. Da mit zunehmender Prüfgeschwindigkeit aufgrund des viskoelastischen Stoffverhaltens, vgl. 1.2, z. B. die Zugfestigkeit eines Polymeren zunimmt, wird auch ein entsprechender Anstieg des Abrasionsverschleißwiderstandes bei Gummi nachgewiesen [3.22], *Bild 3.48*. Bei den zum Teil sehr großen Schergeschwindigkeiten in der beanspruchten Grenzschicht des Elastomeren bewirkt die Werkstofferwärmung ein von den nominellen Gegebenheiten abweichendes Verhalten. Für die wirksamen Verschleißvorgänge ist der aufgrund tribologischer Beanspruchung in der Grenzschicht vorliegende Werkstoffzustand maßgeblich. Die Existenz von Grenzschichten mit anderen als den im Werkstoff vorhandenen physikalischen Eigenschaften konnte z. B. für rußgefüllten Gummi mit Hilfe elektrischer Messungen nachgewiesen werden [3.22]. In dem durch Abrasion verformten Oberflächenbereich ist der Durchgangswiderstand für Wechselstrom erhöht. Unter Gleichstrom baut sich aufgrund kapazitiver Wirkung ein starkes elektrisches Feld auf, das bei Anlegen einer Spannung zur Erhöhung der Reibungskraft mit einem metallischen Gegenstoff führt.

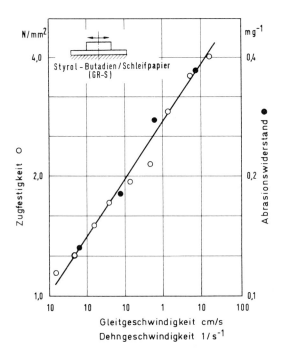

Bild 3.48: Abhängigkeit des Abrasionswiderstandes und der Zugfestigkeit eines Elastomeren von der Prüfgeschwindigkeit nach [3.22]

3.3.2.3 Ermüdung

Die bereits in Zusammenhang mit den Reibungstheorien insbesondere bei Wälzbeanspruchung geschilderten zyklischen Polymerdeformationen lassen vermuten, daß Ermüdung auch bei Verschleißvorgängen von Polymeren eine wesentliche Rolle spielt, zumal wenn wegen der Anwesenheit eines schmierenden Zwischenstoffs Adhäsion von untergeordneter Bedeutung ist. Die Spannungskonzentrationen in und unterhalb der Oberfläche des defor-

3.3 Verschleißtheorien   81

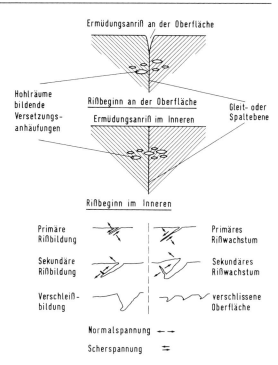

Bild 3.49: Schematische Darstellung der Vorgänge beim Ermüdungsverschleiß nach [3.29]

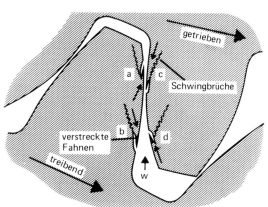

Bild 3.50: Ermüdung an den Flanken von Polymer-Zahnrädern (schematisch) [3.31]

mierten Polymeren [3.22], Bild 3.36, führen zu Rißentstehung mit weiterem Rißwachstum als Folge der Wechselbeanspruchung. Mehrere Risse oder Rißausbreitung parallel zur Oberfläche entsprechend der Delaminationstheorie [3.36, 3.37] bewirken deren Zusammenwachsen. Fehlstellen begünstigen das Entstehen von Verschleißpartikeln [3.29], *Bild 3.49*. Ermüdungsvorgänge werden bei Gleitvorgängen und auch bei makroskopisch anderen Bewegungsformen beobachtet. Beim Wälzvorgang geschmierter Zahnradpaarungen treten örtlich hohe Beanspruchungen auf, die zu grübchenartigem Verschleiß führen [3.31], *Bild 3.50*.
Bei der mathematischen Beschreibung von Ermüdungsvorgängen sind wiederum bestimmte Annahmen und Voraussetzungen bezüglich Wechselwirkung der Elemente und Oberflä-

chenformen zugrundezulegen. Ausgehend von den Hertzschen Gleichungen für kugelförmige Rauheiten kann – beruhend auf der wechselweisen Be- und Entlastung von Kontaktpunkten [3.34] – eine Beziehung für den Ermüdungsverschleiß des Polymeren in Polymer/Metall-Gleitpaarungen hergeleitet werden [3.38]. Aufgrund der elastischen Kontaktverhält-

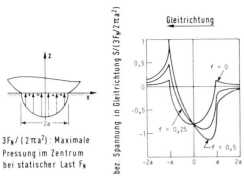

Bild 3.51: Spannungsverteilung in den Kontaktzonen eines elastisch verformten Gegenkörpers bei Gleitreibung mit unterschiedlichen Reibungszahlen nach [3.38]

nisse und der Spannungsverteilung in jedem der Kontaktbereiche, *Bild 3.51*, die umso ausgeprägtere Zug- und Druckspannungsspitzen aufweist, je höher die Reibungszahl ist, ergibt sich für das Verschleißvolumen W_V der Ausdruck

$$W_V = \frac{K_1 \, p \, L \, \eta_L \, V_p}{2 \, \sigma_0} \left[f \left(\frac{4+\nu}{8} \right) \pi + \frac{1-2\nu}{3} \right] \quad (3.68)$$

Ohne auf die komplexe Größe K_1 explizit einzugehen, die unter anderem die Elastizitätsmoduli der beiden Stoffe und den Radius sowie die Höhenverteilung der Erhebungen, ferner die Abhängigkeit von dem aus der Wöhler-Kurve für zyklische Beanspruchung erhaltenen Exponenten t beinhaltet, ist die Verschleißproportionalität zu Pressung p, Gleitweg L, Liniendichte der Rauheiten η_L, Verschleißpartikelvolumen V_p und der Reibungszahl f ersichtlich. Die Bruchspannung σ_0, die sich aus dem Versagen nach einem Lastzyklus ergibt, n = 1, geht erwartungsgemäß umgekehrt proportional ein.

Kragelsky [3.39] bezeichnet das Ermüdungsversagen von Mikrobereichen hochelastischer Polymere als Hauptursache für deren Verschleiß und leitet unter der Voraussetzung elastischen Kontaktes kugelförmiger Rauheiten Verschleißgleichungen her, die speziell auf Probleme in Bezug auf das Rollen von Gummireifen auf einem rauhen Straßenbelag erweitert werden. Geht man davon aus, daß das Verschleißvolumen W_V bei einem Gleitweg s kontinuierlich erzeugt wird, so beträgt dieses bei einem Weg, der dem halben Radius eines Kontaktbereiches der wahren Kontaktfläche A_r entspricht – hierdurch wird der Be- und Entlastungszyklus dieser Stelle bestimmt –

$$w_V \equiv \frac{W_V}{s} a \quad (3.69)$$

Aus dem jeweiligen wegbezogenen Volumenverschleiß W_V/s bzw. w_V/a kann ein makroskopischer und ein kontaktbezogener linearer Verschleiß mit Hilfe der Nennfläche A_0 bzw. der wahren Kontaktfläche A_r definiert werden:

$$W_L = \frac{W_V}{A_0 \, s} = \frac{\Delta h}{s} \quad (3.70)$$

$$w_L = \frac{w_V}{A_r a} \tag{3.71}$$

Dann gilt mit (3.69)

$$W_L = w_L (A_r / A_0) \tag{3.72}$$

Nach der Ermüdungstheorie sind jedoch n Be- und Entlastungszyklen, entsprechend einem Gleitweg n · a zur Bildung eines Verschleißpartikels erforderlich, so daß erst das n-fache von w_V das Verschleißvolumen ergibt

$$W_V = n w_V \tag{3.73}$$

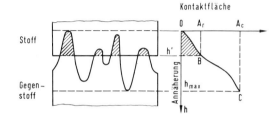

Bild 3.52: Oberflächenprofil und Traganteilkurve von Oberflächen als Grundlage für die Verschleißberechnung mit Gleichung (3.74) und (3.75) nach [3.39]

Mit Hilfe des Oberflächenprofils und der Traganteilskurve des rauhen Gegenstoffs, *Bild 3.52*, wird nach Ersatz der absoluten Größen h und A_r durch bezogene Größen

$$\eta = f(\varepsilon) = A_r / A_c \tag{3.74}$$

$$\varepsilon = h / h_{max} \tag{3.75}$$

wobei h_{max} die größtmögliche Annäherung und A_c die sich dann ergebende Fläche unter dem Oberflächenprofil sind, das im Kontakt verformte Polymervolumen bei einer aktuellen Annäherung näherungsweise berechnet zu

$$V = \int_0^{h^*} A_r \, dh \tag{3.76}$$

Unter der Annahme, daß η als rauheitsspezifische Potenzfunktionen geschrieben werden kann

$$\eta = b \varepsilon^\xi \tag{3.77}$$

und das verformte Volumen durch Verschleiß abgetragen wird, ergibt sich weiter mit (3.73)

$$\begin{aligned} V &= \int_0^{h^*} A_c \eta \, dh \\ &= A_c h_{max} \int_0^{\varepsilon^*} \varepsilon^\xi \, d\varepsilon \\ &= A_r \frac{h^*}{\xi + 1} \\ &= n w_v \end{aligned} \tag{3.78}$$

Experimentell wird nachgewiesen, *Bild 3.53*, daß der Ermüdungsexponent t aus der Wöhler-Kurve bei mechanischer Beanspruchung mit dem für Gleitbeanspruchung überein-

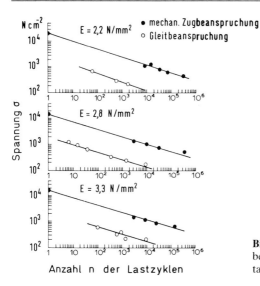

Bild 3.53: Gegenüberstellung von Ermüdung bei Zug- und Gleitbeanspruchung von Styrol-Butadien-Gummi Reifenvulkanisaten nach [3.39]

stimmt und die zur Ermüdung führende mittlere Spannung im Kontaktbereich proportional zur Reibungskraft ist

$$n = k \left(\frac{\sigma_0}{\bar{\sigma}}\right)^t; \quad \text{n: Anzahl der Lastzyklen} \tag{3.79}$$

$$\bar{\sigma} = k'\tau = k'\frac{F_R}{A_r} = k'f p_r = \frac{k'f p_0}{\eta} \tag{3.80}$$

Zusammen mit den von Demkin [3.40] aus der Berührung starrer kugeliger Rauheiten mit dem Krümmungsradius R und einer elastischen Ebene hergeleiteten geometrischen Kontaktverhältnissen – die Beziehungen entsprechen im wesentlichen den Hertzschen Gleichungen, vgl. 3.2.3 – ergeben sich schließlich Ausdrücke für den mikroskopischen, kontaktflächenbezogenen, spezifischen Verschleiß w_L und die Verschleißrate W_L

$$w_L = \frac{c_1}{k} \left[\frac{(1-\nu^2) p_0}{E}\right]^\beta \left\{\frac{k'f p_0}{c_2 \sigma_0} \left[\frac{E}{(1-\nu^2) p_0}\right]^{1-\beta}\right\}^t \tag{3.81}$$

$$W_L = \frac{c_3}{k} \frac{(1-\nu^2) p_0}{E} \left\{\frac{k'f p_0}{c_2 \sigma_0} \left[\frac{E}{(1-\nu^2) p_0}\right]^{1-\beta}\right\}^t \frac{A_c}{A_0} \tag{3.82}$$

$$\beta = 1/(2\xi + 1); \quad c_i = \text{Konstante, von Oberflächenstruktur abhängig}$$

Der Aufbau der Gleichung vermittelt den Eindruck, daß – wie experimentell bestätigt – die makroskopische Verschleißrate stärker von der Nennpressung p_0 abhängt als der mikroskopische spezifische Verschleiß. Es ist zu berücksichtigen, daß f auch eine Funktion der Bewegungsgeschwindigkeit ist. Beide Gleichungen werden gleichermaßen durch die Reibungszahl beeinflußt, die die Höhe der verschleißfördernden Zugspannungen, vgl. Bild 3.51, bestimmt. Ein höherer Elastizitätsmodul bewirkt einerseits eine Verminderung des Verschleißes aufgrund kleinerer wahrer Kontaktfläche, aber wegen der höheren Spannung im Berührungsbereich auch eine Senkung der Zyklenzahl n zum Versagen, vgl. Bild 3.53, was im Einzelfall insgesamt erhöhten Ermüdungsverschleiß bedeutet. Da der Elastizitätsmodul bei Thermoplasten deutlich von der Temperatur abhängt, ergibt sich eine entsprechende Temperaturabhängigkeit des Ermüdungsverschleißes. Andere zusätzlich wirksame Mechanismen können das Verschleißgeschehen jedoch in anderer als der zu erwartenden Weise beeinflussen. Qualitative Vorstellungen über die Anteile verschiedener Verschleißmechanismen am Gesamtverschleiß in Abhängigkeit von der Höhe des Elastizitätsmoduls sind aus Bild 3.30 ersichtlich [3.8].

Der Ermüdungsverschleiß ist umso größer, je kleiner die Zahl der Belastungszyklen bis zur Partikelentstehung ist. Daher gilt mit (3.79)

$$W \sim 1/n \tag{3.83}$$
$$W = k'' \sigma_0^{-t} \bar{\sigma}^t$$

Da nach 3.41 für den Fall einer harten Kugel auf einer elastischen Polymerebene F_R proportional zu $R^{-2/3}$ und nach (3.80) $\bar{\sigma}$ proportional zu F_R ist, gilt für den Verschleiß mit (3.83)

$$W = k''' \sigma_0^{-t} R^{-\frac{2}{3}} \tag{3.84}$$

d. h. Reibung und Verschleiß hängen vom Radius der Kugel in gleicher Weise ab.

Wenn auch Schwierigkeiten bei der Verschleißberechnung zu erwarten sind, so wird eine Approximation durch moderne Rechenverfahren erheblich erleichtert, da damit auch komplexe Zusammenhänge berücksichtigt werden können.

Schrifttum

[3.1] *Ferry, J. D.:* Viscoelastic Properties of Polymers. John Wiley, New York 1970.
[3.2] *Richter, K.:* Tribologisches Verhalten von Kunststoffen unter Gleitbeanspruchung bei tiefen und erhöhten Temperaturen. Dissertation Universität Stuttgart 1981.
[3.3] *Moore, D. F.,* u. *W. Geyer:* A Review of Adhesion Theories for Elastomers. Wear 22 (1972), S. 113–141.
[3.4] *Moore, D. F.:* A Review of Hysteresis Theories for Elastomers. Wear 30 (1974), S. 1–34.
[3.5] *Halach, G.:* Gleitreibungsverhalten von Kunststoff gegen Stahl und seine Deutung mit molekular-mechanischer Modellvorstellung. Dissertation Universität Stuttgart 1974.
[3.6] *Vinogradov, G. B., G. M. Bartenev, A. L. Elkin* u. *V. K. Mikhaylov:* Effect of Temperature on Friction and Adhesion of Crystallin Polymers. Wear 16 (1970), S. 213–219.
[3.7] *Uetz, H.,* u. *J. Föhl:* Verschleiß und Reibung als komplexe mechanisch-physikalisch-chemische Prozesse. Erzmetall 23 (1970) 4. S. 205–214.
[3.8] *Lancaster, J. K.:* Basis Mechanism of Friction and Wear of Polymers. Plast. Polym. 41 (1973) 156, S. 297–305.
[3.9] *Erhard, G.:* Zum Reibungs- und Verschleißverhalten von Polymerwerkstoffen. Dissertation Universität Karlsruhe 1980.
[3.10] *Tabor, D.:* Friction, Adhesion and Boundary Lubrication of Polymers. in: *Lee, L. H.:* Advances in Polymer Friction and Wear. Band 5 A, Plenum Press, New York 1974.
[3.11] *Buckley, D. H.,* u. *W. A. Brainard:* The Atomic Nature of Polymer-Metal Interaction in Adhesion, Friction and Wear, in *Lee, L. H.:* Advances in Polymer Friction and Wear. Band 5 A, Plenum Press, New York 1974.
[3.12] *Jain, V. K.,* u. *S. Bahadur:* Material Transfer in Polymer-Polymer-Sliding. Wear 46 (1978), S. 177–188.
[3.13] *Cadmann, P.,* u. *M. Gossedge:* The Chemical Nature of Metal-Polytetrafluorethylene Tribological Interactions as Studied by X-Ray Photoelectron Spectroscopy. Wear 54 (1979), S. 211–215.
[3.14] *Bartenev, G. M.:* The Molecular Nature of Friction of Rubber. Colloid Journal USSR 18 (1956), S. 239–242 and 623–628.
[3.15] *Bartenev, G. M., V. V. Lavrentjev* u. *N. A. Konstantinova:* The Actual Contact Area and Friction Properties of Elastomers under Frictional Contact with Solid Surfaces. Wear 18 (1971), S. 439–498.
[3.16] *Schallamach, A.:* A Theory of Dynamic Rubber Friction. Wear 6 (1963), S. 375–382.
[3.17] *Vinogradov, G. B., A. I. Yelkin, G. M. Bartenev* u. *S. Z. Bubman:* Effect of Normal Pressure on Temperature and Rate Dependences of Elastomer Friction in the Glass Transition Region. Wear 23 (1973), S. 39–53.
[3.18] *Geyer, W.:* Analytische Ansätze zur Lastabhängigkeit der wahren Kontaktfläche und der Adhäsionsreibkraft von Gummi auf rauher Unterlage. Wear 17 (1971), S. 101–122.
[3.19] *Prandtl, L.:* Z. Angew. Math. Mech. 8 (1928) 85.
[3.20] *Bulgin, D., G. D. Hubbard* u. *M. W. Walters:* Proc. 4th Rubber Technology Conf., London May 1962, p. 173.
[3.21] *Lee, L. H.:* Effect of Surface Energetics on Polymer Friction and Wear. in: *Lee, L. H.:* Advances in Polymer Friction and Wear. Band 5 A Plenum Press, New York 1974.
[3.22] *Schallamach, A.:* Friction and Abrasion of Rubber. Wear 1 (1957/58), S. 384–417.
[3.23] *Kummer, H. W.:* Unified Theories of Rubber Tire Friction. Eng. Res. Bull., B-94, Pennsylvania State University, July 1966.
[3.24] *Rieger, H.:* Gedankenmodell zur Gummireibung/Kautschuk und Gummi. Kunststoffe 20 (1967), S. 293–295.
[3.25] *Greenwood, J. A.,* u. *D. Tabor:* Proc. Phys. Soc, 71 (1958) 989.
[3.26] *Bueche, A. M.,* u. *D. G. Flom:* Surface Friction and Dynamic Mechanical Properties of Polymers. Wear 2 (1958/59), S. 168–182.
[3.27] *Moore, D. F.:* On the Decrease in the Contact Area for Spheres and Cylinders Rolling on Viscoelastic Plane. Wear 21 (1972), S. 179–195.
[3.28] *Chow, T. S.:* Deformational Contact and Friction on Viscoelastic Substrates. Wear 51 (1978), S. 355–363.

[3.29] *Buckley, D. H.:* Surface Effects in Adhesion, Friction, Wear and Lubrication. Elsevier, New York 1981.

[3.30] *Pepper, S. V.:* Auger Analysis of Films Formed on Metals in Sliding Contact with Halogenated Polymers. J. Appl. Phys 45 (1974) 7, S. 2247–2256.

[3.31] *Engel, L., H. Klingele, G. Ehrenstein* u. *H. Schaper:* Rasterelektronenmikroskopische Untersuchung von Kunststoffschäden. Carl Hanser, München 1978.

[3.32] *Ratner, S. B., V. E. Gool* u. *G. S. Klitenich:* On the Abrasion of Vulcanized Rubber against Wiregauze. Wear 2 (1958/59), S. 127–132.

[3.33] *Lancaster, J. K.:* Abrasive Wear of Polymers. Wear 14 (1969), S. 223–239.

[3.34] *Ratner, J. B., I. I. Farberova, O. V. Relyukevich* u. *F. G. Lore:* Connection between Wear Resistance of Plastics and Other Mechanical Properties. Soviet Plastics 12 (7) (1964) 37, S. 145.

[3.35] *Czichos, H.,* u. *P. Feinle:* Tribologisches Verhalten von thermoplastischen, gefüllten und glasfaserverstärkten Kunststoffen. Forschungsbericht 83 der Bundesanstalt für Materialprüfung, Juli 1982.

[3.36] *Suh, N. P.:* An Overview of the Delamination Theory of Wear. Wear 44 (1977), S. 39–56.

[3.37] *Suh, N. P.:* The Delamination Theory of Wear. Wear 25 (1973), S. 111–124.

[3.38] *Jain, V. K.,* u. *S. Bahadur:* Development of a Wear Equation for Polymer-metal Sliding in Terms of the Fatigue and Topography of the Sliding Surfaces. Wear 60 (1980), S. 237–248.

[3.39] *Kragelsky, I. V.,* u. *E. F. Nepomnyashchi:* Fatigue Wear under Elastic Contact Conditions. Wear 8 (1965), S. 303–319.

[3.40] *Demkin, N. B.:* The Real Area of Contact of Solids. Acad. of Sciences of the USSR, Moskau 1962.

4 Thermoplaste

Thermoplaste werden in unverstärkter und verstärkter Form häufig als Gleitlagerwerkstoffe, vgl. Tafel 1.2, meist mit Stahl als Gegenstoff (Härte möglichst $\geq$ 55 HRc [4.1]) verwendet. Auch im Fall anderer Bewegungsformen (z. B. Wälzen) bestimmen auf Schlupf beruhende Gleitanteile (z. B. Zahnräder im Eingriff) das tribologische Verhalten vorrangig. Anwendungsbezogen wird daher am häufigsten das Gleitreibungsverhalten und das Schwingungsverschleißverhalten, ferner das Erosionsverhalten untersucht, vgl. 7.

4.1 Grundsätzliches Verhalten – Modellversuche

Obwohl Ergebnisse aus Modellversuchen Einschränkungen bezüglich der Anwendung auf Betriebssysteme unterliegen [4.2], vgl. 2.3, kann die enge Verbindung zwischen viskoelastischem Stoffverhalten und tribologischem Verhalten bei Polymerwerkstoffen besonders deutlich anhand einfacher Prüfsysteme studiert werden. Diese ermöglichen am ehesten eine Trennung der verschiedenen in komplexer Weise zusammenwirkenden Einflußgrößen.

4.1.1 Statische Belastung

Bei der Berührung technischer Oberflächen (Bearbeitungsstruktur, Adsorptions- und Oxidschichten) unter Last treten die Werkstoffe in diskreten Bereichen in Wechselwirkung und bilden unter elastisch-plastischer Deformation adhäsive Bindungen aus [4.3], *Bild 4.1*. Das Ausmaß beider Vorgänge wird von dem jeweiligen Belastungskollektiv und den Werkstoffeigenschaften in der betroffenen Randzone der Elemente bestimmt.

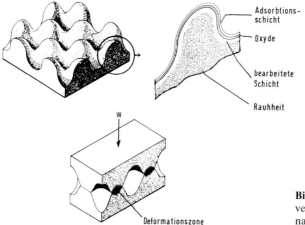

Bild 4.1: Aufbau und Berührungsverhältnisse technischer Oberflächen nach [4.3]

4.1 Grundsätzliches Verhalten – Modellversuche 89

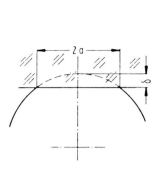

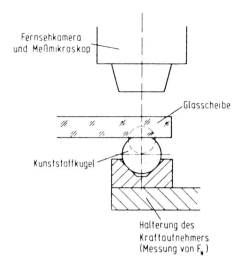

Bild 4.2: Meßanordnung zur Bestimmung der Kontaktdeformationen von Polymerwerkstoffen [4.4]

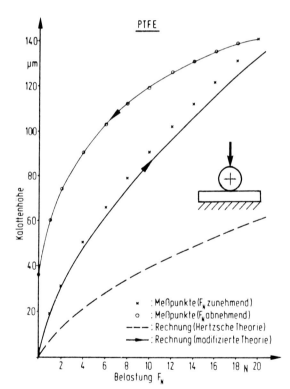

Bild 4.3: Experimentell und theoretisch bestimmte Daten der Kontaktdeformation bei PTFE/Glas [4.4]

Die Direktbeobachtung der Kontaktflächenzunahme bei einem System Thermoplastkugel (Ø 4 mm) / Glasscheibe, *Bild 4.2,* zeigt, daß bei zügiger Belastungssteigerung (0,5 N/s) die bezüglich Be- und Entlastung hysteresebehaftete Kugelabplattung bei Belastung nach einer Gleichung berechnet werden kann, die den elastischen Verformungsanteil nach Hertz, vgl. 3.2.3, und die viskose Komponente, Bild 3.2, berücksichtigt [4.4], *Bild 4.3.* Aus Vergleichsversuchen mit geschmierten Paarungen kann geschlossen werden, daß Adhäsion in diesem Fall von untergeordneter Bedeutung für die Kontaktflächenausbildung ist.

Die Kontaktverhältnisse zwischen einem Probenwerkstoff und einem folienartigen Thermoplasten wurden mit einem Interferometer nachgewiesen [4.5], *Bild 4.4*. Am Beispiel von Polyethylenterephthalat (PETP) bzw. Polyamid 6 (PA 6) läßt sich zeigen, daß die Anzahl der Kontaktpunkte in Abhängigkeit von der Belastung einen endlichen Wert annimmt und bei Temperatursteigerung eine sprunghafte Zunahme der wahren Kontaktfläche mit Erreichen der Glastemperatur ϑ_G des Thermoplasten (für PA in diesem Fall rd. 95 °C) erfolgt, vgl. Bild 1.8. Bei Wiederabkühlung nicht zu weit unter ϑ_G bleiben die vorher vorhandenen Kontaktverhältnisse im wesentlichen zunächst erhalten, vgl. dazu auch 4.1.2.1.

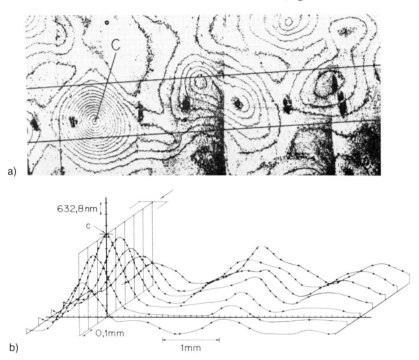

Bild 4.4: Interferometrisch bestimmte Kontaktverhältnisse zwischen PETP und einer optischen Scheibe [4.5]
a) Sichtbare Konturen mit Lage des Profils
b) Graphische Auswertung der Konturen

Füll- und Verstärkungsstoffe in Thermoplasten beeinflussen die Ausbildung der wahren Kontaktfläche insofern, als sie das Kriechverhalten des Werkstoffes verändern. Schmierwirksame Zusätze oder Zwischenstoffe setzen die adhäsiven Wechselwirkungskräfte zwischen Stoff und Gegenstoff herab. Das bei Belastung zwischen den Elementen stattfindende Mikrogleiten wird durch die kleinere Reibungszahl begünstigt. Andererseits können die mechanischen Verhakungen harter Partikel die Relativbewegung behindern. Die während einer Vorbelastungszeit sich entsprechend den aktuellen Beanspruchungsbedingungen ausbildende wahre Kontaktfläche bestimmt wesentlich das Verhalten der Paarung bei Bewegungsbeginn unter tribologischer Beanspruchung.

4.1.2 Gleitbeanspruchung

4.1.2.1 Bewegungsbeginn

Bei Beginn der Relativbewegung wird das System zunächst verspannt, so daß dessen Steifheit entsprechend einem Feder-Masse-System, vgl. 4.1.2.2 und 5.2.3, mit die Höhe der Ruhereibung bestimmt. Die in der Gleitfläche an den diskreten Kontaktstellen angreifende Kraft wächst solange, bis die adhäsiven Bindungen zum Gleitpartner gebrochen werden bzw. das weichere Polymer durch die Rauheiten des härteren Gegenstoffes furchend verdrängt werden kann [4.5], *Bild 4.5*. Die Summe der Reaktionskräfte richtet sich unter anderem nach der Größe der unter Last entstandenen wahren Kontaktflächen, vgl. 4.1.1, und der Höhe lokaler Wechselwirkungskräfte.

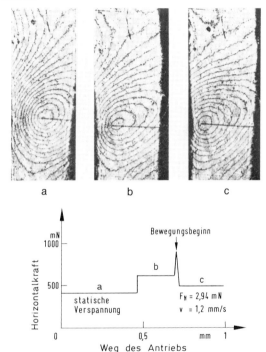

Bild 4.5: Horizontalkraftverlauf und interferometrisch beobachtete Kontaktdeformation zu Beginn eines Gleitvorganges in einem System PETP-Folie/ optische Scheibe [4.5]

An der Paarung Polyethylen/Metall wurde die Scherfestigkeit bei Bewegungsbeginn und die auf Adhäsion beruhende Kraft zur Trennung der Elemente durch Zug untersucht, wobei die Belastung bei + 100 °C erfolgte [4.6], *Bild 4.6*. Bei Abkühlung auf die jeweilige Prüftemperatur „friert" die wahre Kontaktfläche zunächst ein, vgl. 4.1.1, und die Anfangsscherkraft steigt aufgrund zunehmenden Mikroformschlusses. Ab einer kritischen Temperatur wirken sich die unterschiedlichen Ausdehnungskoeffizienten von Polymer und Gegenstoff (Metall) aus, was ein teilweises „Zusammenbrechen" der ursprünglich großen Kontaktfläche bewirkt. Das Absinken der Trennungskräfte fällt mit dem Speichermodulanstieg in dem sekundären Erweichungsgebiet zusammen, vgl. Bild 1.8. Die Scherfestigkeit der Bindungen sinkt erst bei tieferer Temperatur ab. Bei der Glastemperatur vermindern sich beide untersuchten Werte gleichzeitig.

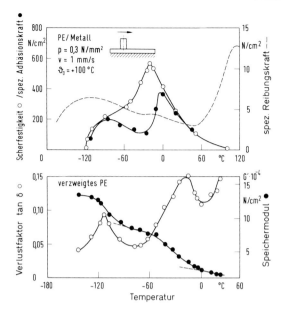

Bild 4.6: Einfluß der Temperatur auf die Trennungskraft und die Scherfestigkeit adhäsiver Bindungen bei einem System PE/Metall im Vergleich zum Schubmodul- und Dämpfungsverlauf von PE (verzweigt)

Bei Verformungsvorgängen, auch infolge tribologischer Beanspruchung ist die Struktur und der Werkstoffzustand des Polymeren von besonderer Bedeutung, da dadurch die zur Auslenkung von Polymersegmenten erforderlichen Kräfte mitbestimmt werden. Neben Temperatur und Pressung ist in diesem Zusammenhang insbesondere auch die Bewegungsgeschwindigkeit maßgeblich, denn viskoelastische Stoffe reagieren bei Erhöhung der Verformungsgeschwindigkeit zunehmend starrer, vgl. 1.2. Modellversuche mit PTFE zeigen, daß sich diese Tendenz auch bei unterschiedlichen Gleitgeschwindigkeiten einstellt, *Bild 4.7.*

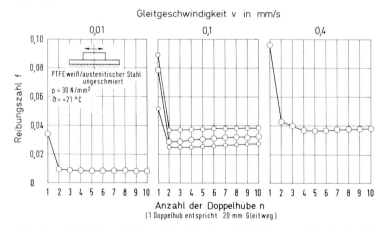

Bild 4.7: Einfluß der Gleitgeschwindigkeit auf die Reibungszahl beim jeweiligen Bewegungsbeginn bzw. bei Bewegungsumkehr eines Gleitsystems PTFE/austenitischer Stahl, ungeschmiert (bei v = 0,1 mm/s 3 Meßkurven)

4.1 Grundsätzliches Verhalten – Modellversuche

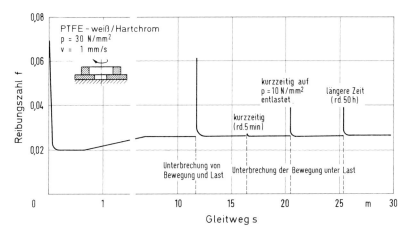

Bild 4.8: Reibungsverläufe bei wiederholtem Bewegungsbeginn nach unterschiedlichen Bedingungen während der Bewegungsunterbrechung eines Gleitsystems PTFE/Hartchrom [4.7]

Bei wiederholtem Bewegungsbeginn richtet sich der Wert der Reibungskraft danach, unter welchen Bedingungen die Bewegungsunterbrechung erfolgte, *Bild 4.8*, und nach den Veränderungen, die durch die vorherigen Bewegungen verursacht wurden [4.7, 4.8]. Bemerkenswert ist, daß für Paarungen PTFE/Hartchrom bei nur kurzzeitiger Unterbrechung praktisch kein erneuter „Anfahrwert" beobachtet wird, ein Grund für das stick-slip-freie kontinuierliche Gleiten in diesem Temperaturbereich. Bei gleichzeitiger Ent- bzw. Teilentlastung oder längerer Unterbrechung der Bewegung sind hingegen verhältnismäßig hohe Haftreibungskräfte zu verzeichnen. Bei PTFE kann der relativ starke Abfall von Haftreibungswerten bei erneutem Bewegungsbeginn durch Orientierungsvorgänge in der Grenzschicht schon während kurzer Gleitwege erklärt werden, wobei die sich auf den Gegenstoff auftragenden hochorientierten Schichten [4.9], *Bild 4.9*, nur reibungssenkend wirken können, wenn diese auch in der beanspruchten Randzone des Polymeren gleichsinnig ausgerichtet sind [4.10, 4.11], *Bild 4.10*.

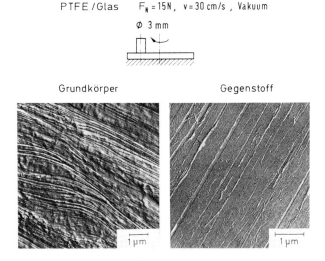

Bild 4.9: Hochorientierte PTFE-Schichten nach Gleitbeanspruchung [4.9]

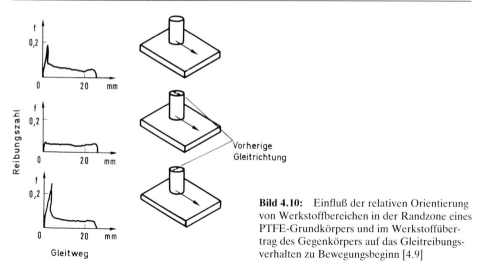

Bild 4.10: Einfluß der relativen Orientierung von Werkstoffbereichen in der Randzone eines PTFE-Grundkörpers und im Werkstoffübertrag des Gegenkörpers auf das Gleitreibungsverhalten zu Bewegungsbeginn [4.9]

Füll-, Verstärkungs- und Zwischenstoffe beeinflussen die Ruhereibungskraft je nachdem, wie sie die Wechselwirkungskräfte des Thermoplasten mit dem Gegenstoff verändern. Während abrasive Teilchen mechanisch verhaken bzw. in den Gegenstoff eingedrückt werden und so die Haftreibungskraft erhöhen können, vermindern schmierwirksame Zusätze die Adhäsionskräfte. Die für Stick-Slip-Vorgänge bedeutungsvolle Differenz zwischen dem statischen und dynamischen Wert der Reibungskraft kann somit gezielt beeinflußt werden.

4.1.2.2 Einlaufbereich

Die Berührungsverhältnisse, die sich bei Vertikal-Belastung der Paarung ausbilden, sind in der Regel nur für den statischen Fall zutreffende Gleichgewichtszustände, so daß mit Beginn der Relativbewegung, d.h. Überwinden der Haftreibungskraft ein Übergangsbereich eingeleitet wird, der zu einem neuen beanspruchungsbedingten dynamischen Gleichgewichtszustand führt und durch die triboinduzierten Vorgänge sowie die damit verbundenen Werkstoffveränderungen geprägt ist. Die Ausdehnung dieses Einlaufbereiches ist werkstoff- und beanspruchungs- sowie insbesondere systemspezifisch und umfaßt Reibungs- sowie Verschleißvorgänge [4.12], *Bild 4.11*. Der dynamische Gleichgewichtszustand wird stationärer Zustand genannt.

Ausgehend von dem gegenüber dem Ruhereibungswert niedrigen Wert der Bewegungsreibung wird der folgende Wiederanstieg im wesentlichen durch die verformungs- und verschleißbedingte Zunahme der wahren Kontaktfläche bestimmt, deren Einfluß auf die Reibungskraft u.a. durch Gleichung (3.19) beschrieben wird. Die Größe der im statischen Fall gebildeten wahren Kontaktfläche richtet sich nach der u.a. bearbeitungsbedingten Oberflächenstruktur der Probekörper, so daß auch die relative Flächenzunahme nicht für jede Ausgangsoberfläche gleich ist. Bei spanender Endbearbeitung der Probekörper durch Abdrehen stellt sich der Einglättungsvorgang bei Verwendung eines Prüfsystems nach Bild 2.11 mit Stiftproben aus Polybutylenterephthalat (PBTP) beim Gleiten gegen eine Scheibe aus austenitischem Stahl ($R_{max} < 0{,}5\ \mu m$) beanspruchungsspezifisch beispielsweise wie in *Bild 4.12* dar. Dem Reibungsmaximum kann die relativ gesehen glatteste Oberfläche zugeordnet werden, wie quantitativ aus Oberflächenprofilaufnahmen nach dem Tastschnitt-

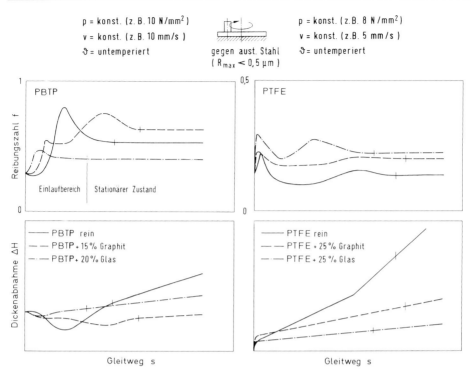

Bild 4.11: Schematische Darstellung des Einlaufverhaltens unverstärkter und verstärkter Thermoplaste [4.12] (Glas in Form von Faserstücken)

verfahren hervorgeht [4.12]. Da die im Zuge der Einebnung stattfindenden Verformungs- und Trennungsvorgänge mit Schallemission verbunden sind, ermöglicht ein akustisches Meßverfahren ebenfalls die Abbildung von Einlaufvorgängen [4.13], *Bild 4.13*. Die Geräuschemission ist umso geringer, je verformungsfähiger der Werkstoff aufgrund der Struktur oder der thermischen Bedingungen ist. Die Schallemission ist proportional zur Verschleißrate und abhängig vom jeweiligen Verschleißmechanismus; eine Änderung der Schallemissionsrate läßt daher auch Rückschlüsse auf Änderungen im Mechanismus zu.

Wegen des Einflusses des Werkstoffzustandes auf die Größe der wahren Kontaktflächen und die zur Verformung des Polymeren erforderliche Kraft hängen Höhe und Lage des Reibungsmaximums während des Einlaufes von den Prüfbedingungen ab. [4.12], *Bild 4.14*. Durch die Temperaturabhängigkeit des Schubmoduls wird das betreffende Reibungsmaximum umso eher erreicht, je höher die Temperatur ist, nicht zuletzt deshalb, weil auch die wahre Kontaktfläche nach statischer Vertikalbelastung dann schon relativ groß ist, Bild 3.9. Trennungs- und Verformungsvorgänge bestimmen in der Regel vor Kriechprozessen die Einglättung, was bei PBTP daraus ersichtlich ist, daß der Zeitpunkt des Erreichens der maximalen Berührungsfläche weniger durch die Zeit als vielmehr durch den zurückgelegten Gleitweg bestimmt wird, *Bild 4.15*.

Obwohl bei kleinen Geschwindigkeiten (kleinere Reibleistungsdichte) die integrale Gleitflächentemperatur durch geeignete Temperierung (Kühlen) praktisch konstant gehalten werden kann, bewirken Kontakt- und Reibungszunahme zumindest eine lokale Erwärmung des Polymeren, die dessen Eigenschaften bereichsweise verändert, d.h. die Verformung

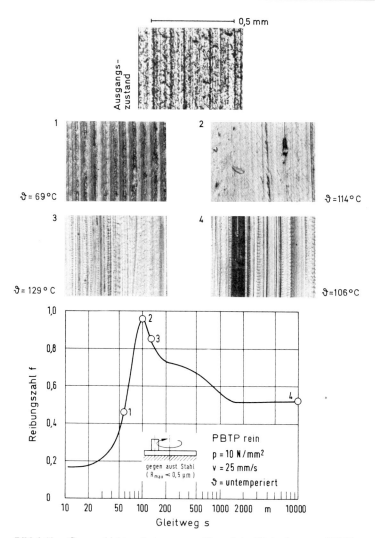

Bild 4.12: Grenzschichtveränderungen während des Einlaufens von PBTP gegen austenitischen Stahl [4.12]

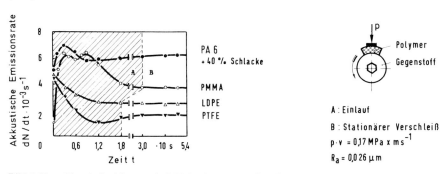

Bild 4.13: Akustische Messung bei Einlaufvorgängen [4.13]

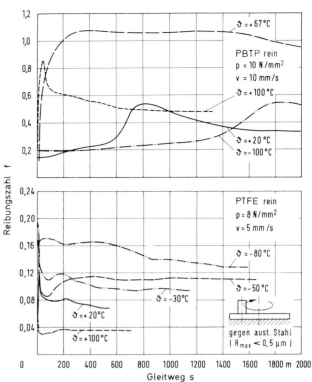

Bild 4.14: Einfluß der Temperatur auf das Einlaufverhalten von PBTP und PTFE gegen austenitischen Stahl am Beispiel der Reibungszahlen [4.12]

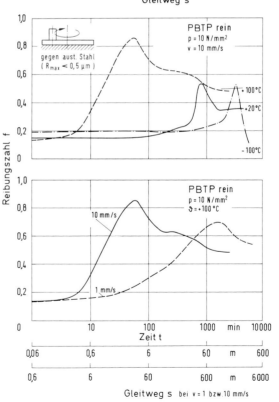

Bild 4.15: Veränderung der Einlaufdauer durch Temperatur und Gleitgeschwindigkeit [4.12]

begünstigt. In untemperierten Versuchen, also bei ungehinderter Selbsterwärmung der Gleitpaarung durch Reibungswärme, läßt sich die Beanspruchungsabhängigkeit der thermischen Energieumsetzung durch Temperaturmessungen verfolgen. Bei unveränderten Wärmeableitungsbedingungen – z.B. durch Verwendung desselben Prüfsystemes, Bild 2.11, gewährleistet – ist die Erwärmung bei gleicher Flächenpressung umso größer, je höher die Gleitgeschwindigkeit ist. Im Falle kleiner Gleitgeschwindigkeiten ist auch die Erwärmungsgeschwindigkeit gering; das Polymer ändert seinen Werkstoffzustand „synchron" mit der Temperatursteigerung, während bei größeren Erwärmungsgeschwindigkeiten eine zunehmend verzögerte Reaktion erfolgt. Dieser Umstand ist bei Temperaturen im Bereich von Haupt- und Nebenerweichungsgebieten des Thermoplasten von besonderer Bedeutung. Wie bereits aus den Reibungstheorien, vgl. 3.2, ersichtlich, ist in diesen Bereichen wegen hoher innerer Dämpfung und unverhältnismäßig großer Kontaktflächenzunahme aufgrund des fast sprunghaft fallenden Speichermoduls bei Erwärmen aus dem hartelastischen Zustand, Bild 1.8, mit großen Reibungszahlen zu rechnen. Entsprechend dem Speichermodul – und Dämpfungsverlauf von Polybutylenterephthalat (PBTP) in Abhängigkeit von der Temperatur, *Bild 4.16,* müßten im Bereich von + 60 °C besonders hohe Reibungszahlen

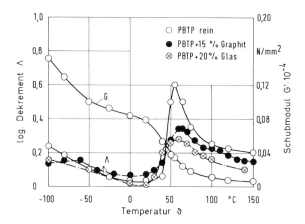

Bild 4.16: Schubmodul- und Dämpfungsverläufe von PBTP-Werkstoffen in Abhängigkeit von der Temperatur

gemessen werden. Tatsächlich stellen sich bei relativ kleinen Gleitgeschwindigkeiten (v = 10 mm/s) extrem hohe Reibungszahlen (f ≈ 1) während des Einlaufens ein, wenn im Zuge der Selbsterwärmung diese Temperatur erreicht wird, Bild 4.14. Bei Steigerung der Gleitgeschwindigkeit wirkt sich jedoch die verzögerte Reaktion des Werkstoffs auf das große Wärmeangebot zunehmend aus, und das auf einen relativ engen Temperaturbereich beschränkte Reibungsmaximum wird immer mehr abgebaut. Außerdem ist es scheinbar einer höheren Prüftemperatur zuzuordnen. Dieses Phänomen wird besonders deutlich, wenn man die momentane Reibungszahl im Einlaufbereich und die Meßtemperatur, die durch Veränderung der Gleitgeschwindigkeit unter gleicher Flächenpressung in einem weiten Bereich variieren, einander zuordnet, *Bild 4.17*. Nach genügend langer Laufzeit nimmt der Thermoplast erwartungsgemäß den beanspruchungsbedingten Gleichgewichts-Werkstoffzustand an, so daß sich auch die korrespondierenden Reibungszahlen stabilisieren (Kurvenzug mit Meßpunkten), wobei in der Erwärmungsphase erfolgte Wärmestaus ein Überschwingen der Temperatur bewirken können (rückläufige Tendenz der Kurven zum Gleichgewichtswert). Wie groß die Bedeutung des Werkstoffzustandes auf das Reibungsverhalten ist, zeigt die Tatsache, daß die temperiert gewonnenen Meßwerte im stationären Zustand – im Vorgriff

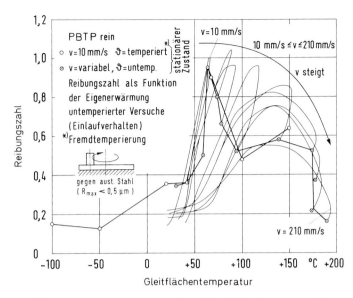

Bild 4.17: Temperaturbedingte Änderung der Reibungszahl während des Einlaufens untemperierter Versuche mit PBTP/austenitischer Stahl bei unterschiedlicher Gleitgeschwindigkeit im Vergleich zu den stationären Werten auch temperierter Versuche [4.12]

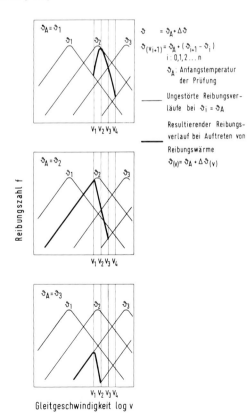

Bild 4.18: Geschwindigkeitsabhängigkeit der Reibungszahl bei Entstehen von Reibungswärme (schematisch) nach [4.15]

mit eingezeichnet – bei nicht zu hoher Gleitgeschwindigkeit die gleiche Temperaturabhängigkeit aufweisen. Die gezeigten Veränderungen des Einlaufverhaltens bei unterschiedlichen Gleitgeschwindigkeiten sind u. a. eine Folge des Zeit-Temperatur-Verschiebungsgesetzes [4.14]. Die dafür gültige WLF-Transformationsgleichung (1.4), Bild 1.10, ist für Reibungsexperimente um einen Term ΔT zu erweitern, der die Reibungswärme berücksichtigt [4.15],

$$\log a_{T,v} = \frac{-8{,}86\,(T + \Delta T - T_s)}{101{,}5 + (T + \Delta T - T_s)} \tag{4.1}$$

Die lokale Erwärmung des Prüfsystems bewirkt, daß – ausgehend von einer Verschiebung des Dämpfungs- und damit Reibungsmaximums durch die Gleitgeschwindigkeit bei konstanter Temperatur die Reibungszahl zu jedem Zeitpunkt der Erwärmung der jeweils für die aktuelle Temperatur gültigen Reibungskurve folgt, *Bild 4.18,* was, wie experimentell an Elastomeren bestätigt, zur Verschiebung und zum Abbau des Maximums führt, *Bild 4.19*.

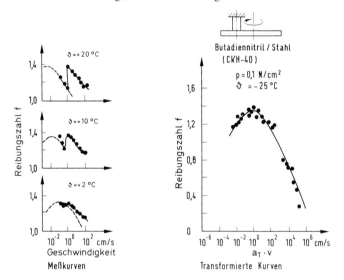

Bild 4.19: Experimentelle Überprüfung der Zusammenhänge nach Bild 4.18 [4.15]

Allgemein wird festgestellt, daß im Bereich der Glastemperatur besonders lange Einlaufbereiche (bei PBTP bis rd. 5000 m, Bild 4.14) auftreten bzw. der Maximalwert der Reibung bei Bedingungen, die zu einer stationären Gleitflächentemperatur führen, die der Glastemperatur entspricht, auf Dauer erhalten bleibt [4.12]. Der Wiederabfall nach dem Reibungsmaximum bei anderen Bedingungen ist bei Temperaturen unterhalb ϑ_G durch das sich Einstellen des Gleichgewichtsgleitflächenzustandes mit möglicherweise zusätzlich reibungssenkender Wirkung von Verschleißpartikeln, Bild 4.47, zu erklären, während bei Anstieg der Temperatur über ϑ_G weitere Werkstoffauflockerung das tribologische Verhalten mitbestimmt, vgl. Bild 4.12. Bis zum Erreichen des kontaktflächenbedingten Reibungsmaximums, ist die Einglättung mit einer relativ großen linearen Verschleißrate W_L verbunden, falls plastische Verformung durch Kriechvorgänge unter statischer Last nicht bereits zum großteiligen Abbau der Erhebungen geführt hat. Die während des Gleitens in Abhängigkeit vom Gleitweg zu erwartende, als Maß für den Verschleiß anzusehende Dickenabnahme

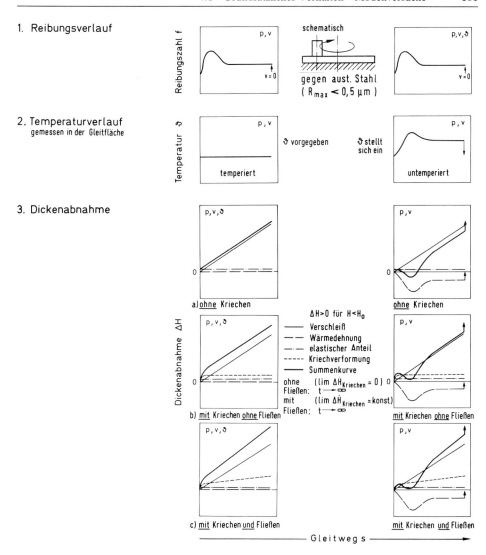

Bild 4.20: Analytische Darstellung der als Funktion des Gleitweges bei vorgegebenem Reibungsverlauf zu erwartenden Dickenabnahmekurven von Thermoplasten mit unterschiedlichen viskoelastischen Eigenschaften [4.12]

eines Thermoplasten läßt sich für einen charakteristischen Reibungsverlauf aus verschiedenen, auch von der Probengeometrie abhängigen Anteilen analytisch zusammensetzen, *Bild 4.20*. Im einzelnen sind Kriechen, elastische Deformation, Wärmedehnung und Verschleiß zu berücksichtigen. Wegen der Ausdehnung der Werkstoffe unter Reibungswärme ist zwischen temperierten (konstante Temperatur) und untemperierten (wechselnde Temperatur durch Reibung) Versuchen zu unterscheiden. Die Darstellung für eine über den gesamten Gleitweg als konstant angesetzte Verschleißrate läßt sich für verschiedene Verschleißstadien umkonstruieren. Die im Experiment (Stift/Scheibe-Versuche) beobachteten Dickenabnahmekurven, *Bild 4.21*, stehen in Übereinstimmung mit den gezeigten analytischen

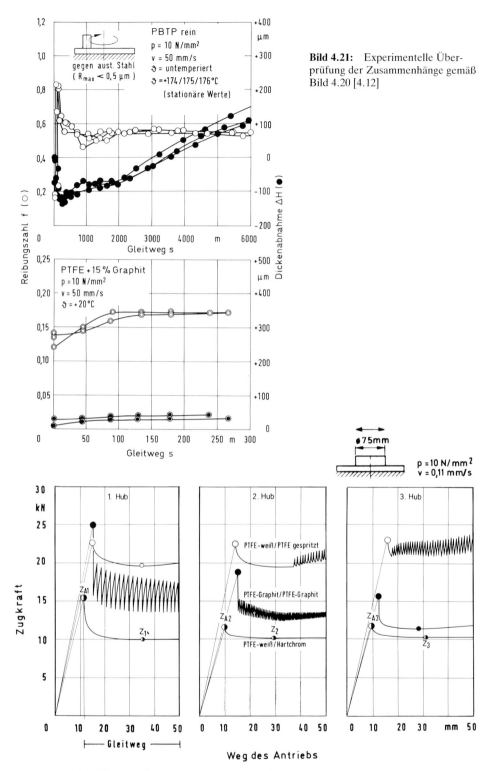

Bild 4.21: Experimentelle Überprüfung der Zusammenhänge gemäß Bild 4.20 [4.12]

Bild 4.22: Stick-Slip-Erscheinungen bei Gleitsystemen [4.7]

Verläufen, woraus zu schließen ist, daß die Werkstoffveränderungen im Einlaufbereich ungeschmierter Paarungen nur unmittelbar bei Versuchsbeginn von Kriechvorgängen merklich beeinflußt werden.

Die bisher geschilderten Einlaufcharakteristika setzen voraus, daß die Beanspruchungsbedingungen einen kontinuierlichen Gleitvorgang gewährleisten. Häufig wird in Abhängigkeit vom Unterschied zwischen Ruhe- und Bewegungsreibungskraft jedoch auch diskontinuierliches Gleiten mit Ruckgleit (Stick-Slip)-Erscheinungen beobachtet, *Bild 4.22*, das mitunter nur auf eine Übergangsphase des Einlaufbereiches beschränkt ist, sich aber auch verstärken („aufschaukeln") kann [4.7]. Die Steifigkeit des Prüfsystems ist dabei von besonderer Bedeutung, weil gespeicherte elastische Energie ab einer Maximalkraft in kinetische Bewegungsenergie umgesetzt wird. Da Ruckgleit-Vorgänge – wie bei einem Feder-Masse-System [4.16] – mit elastischen Werkstoffeigenschaften in Verbindung gebracht

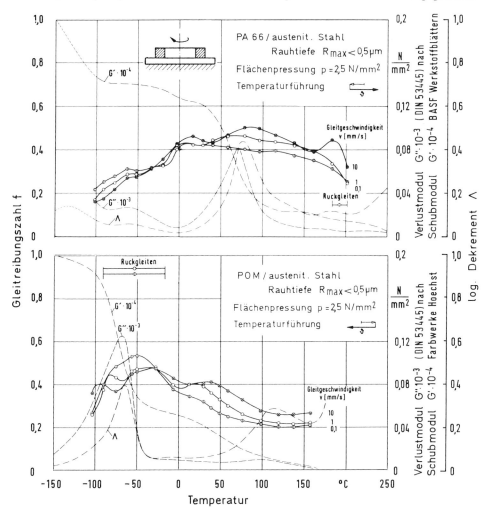

Bild 4.23: Gegenüberstellung von Reibungs-, Speichermodul- und Dämpfungsverläufen von Gleitsystemen mit Kennzeichnung stick-slip-gefährdeter Bereiche [4.17]

werden können, stellen Haupterweichungsgebiete von Thermoplasten besonders gefährdete Bereiche dar [4.17], *Bild 4.23* und *Bild 4.24*, zumal die hohe Reibungszahl dort mit zunehmender Gleitgeschwindigkeit meist absinkt. Im Einlaufbereich von Gleitpaarungen müssen oft relativ große Streuungen von Versuchsergebnissen in Kauf genommen werden, da schon kleine Änderungen im nur in Grenzen reproduzierbaren Ausgangszustand sich stark auswirken. Bei jeder Änderung der Prüfbedingungen ist grundsätzlich mit einem erneuten Einlaufvorgang und möglicherweise höherem Verschleiß als bei konstanten Bedingungen zu rechnen, was für die praktische Anwendung unter wechselnden Beanspruchungskollektiven und für den Ansatz praxisorientierter Versuche von Bedeutung ist.

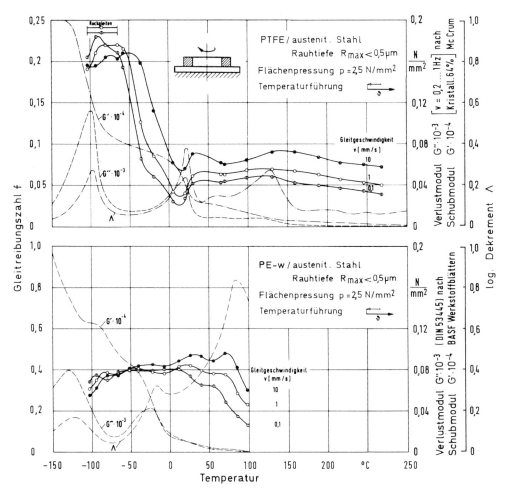

Bild 4.24: Gegenüberstellung von Reibungs-, Speichermodul- und Dämpfungsverläufen von Gleitsystemen mit Kennzeichnung stick-slip-gefährdeter Bereiche [4.17]

4.1.2.3 Stationärer Zustand

Die im stationären Zustand im Mittel gleichbleibenden Werte bezüglich Reibung, Verschleißrate und Temperatur, Bild 4.11, sind eine Folge des dynamischen Gleichgewichtszustandes im Kontaktbereich und der durch tribologische Vorgänge beeinflußten Zone der Elemente. Wegen der Reproduzierbarkeit der Größen, vgl. Bild 4.21, bietet es sich an, Gesetzmäßigkeiten der Meßkurven in diesem Bereich zu untersuchen, falls aus praktischen Gründen nicht gerade das Übergangsverhalten zu Bewegungsbeginn bzw. bei Änderung des Beanspruchungskollektivs von Interesse ist. Alle im folgenden dargestellten Parameterabhängigkeiten wurden im stationären Zustand in Modellversuchen ermittelt.

4.1.2.4 Ergebnisse bei Variation des Beanspruchungskollektivs

4.1.2.4.1 Temperatur

Die Einsatzgrenze von Thermoplasten wird überwiegend durch die thermische Belastbarkeit dieser Werkstoffe bestimmt. Neben der Systemtemperatur aufgrund äußerer Einflüsse (Aufheizung, Kühlung) ist bei technischen Systemen insbesondere die infolge Belastung

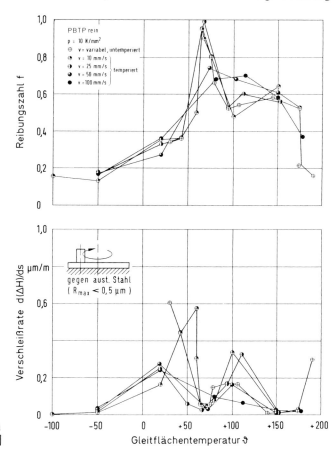

Bild 4.25: Temperaturabhängigkeit von Reibung und Verschleiß einer Gleitpaarung PBTP/austenitischer Stahl bei verschiedenen Gleitgeschwindigkeiten [4.12]

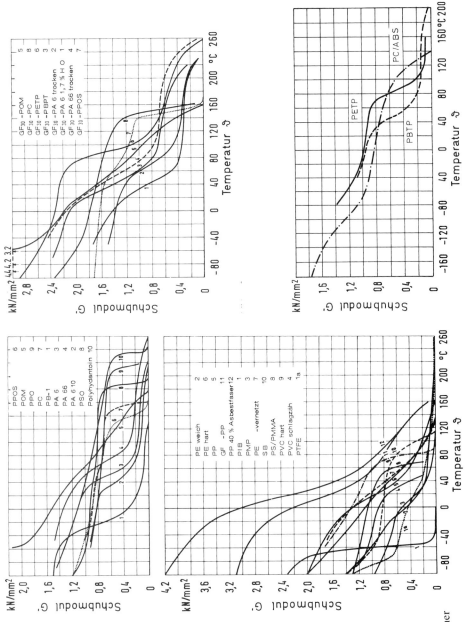

Bild 4.26:
Lage von Dispersionsgebieten unterschiedlicher Thermoplaste [4.12]

und Relativgeschwindigkeit entstehende Reibungswärme zu berücksichtigen, zumal Polymere in der Regel geringe Wärmeleitfähigkeiten besitzen.

In Abhängigkeit von der Systemtemperatur wird bei Thermoplast/Gegenstoff-Paarungen eine ausgeprägte Änderung des tribologischen Verhaltens beobachtet [4.12]. In Temperaturbereichen, in denen der Thermoplast hartelastisch ist, nehmen Reibung und Verschleiß mit steigender Temperatur zu, wobei die Absolutwerte für ein vorgegebenes System werkstoffspezifisch sind, *Bild 4.25*. In Haupt- und Nebenerweichungsgebieten ist offensichtlich mit Maximalwerten der Reibung zu rechnen, vgl. auch Bild 4.23 und Bild 4.24, während die Verschleißrate in Haupterweichungsgebieten minimal wird. Im gezeigten Fall, Bild 4.25, verschieben sich die Temperaturabhängigkeiten beider Kenngrößen gleichsinnig bei Variation der Gleitgeschwindigkeit. Bei Durchlauf von Nebenerweichungsgebieten kann vorübergehend eine Anhebung des Verschleißes erfolgen, vgl. 4.1.2.5. Im Schmelzbereich amorpher oder kristalliner Werkstoffbereiche nehmen Reibung und Verschleiß zunächst relativ kleine Werte an, bei weiterer Temperatursteigerung ist jedoch starke Verschleißzunahme zu verzeichnen, Bild 4.25. Je nach Beanspruchungsbedingungen sind schwache Nebenmaxima von Dämpfungsverläufen nur bei Betonung der Deformationskomponente im Experiment, z.B. Rollreibungsversuche, im Reibungsverlauf erkennbar [4.21, 4.22], während bei Gleitreibung keine deutliche Abhängigkeit vorhanden ist.

Wegen der je nach molekularem Aufbau der Polymere unterschiedlichen Lage der Dispersionsgebiete [4.18], *Bild 4.26,* kann sich in einem Temperaturintervall die Bewährungsfolge von Thermoplasten bezüglich Reibung und Verschleiß ändern [4.19, 4.20], *Bild 4.27* und *Bild 4.28.* Mit unterschiedlichen Prüfsystemen und unter werkstoffspezifisch angemessenen Prüfbedingungen, vgl. u.a. 4.1.2.6.1, ergeben sich Anhaltspunkte für temperaturbedingte Einsatzgrenzen einiger Thermoplaste [4.1], *Bild 4.29.*

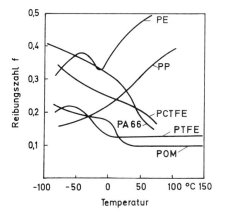
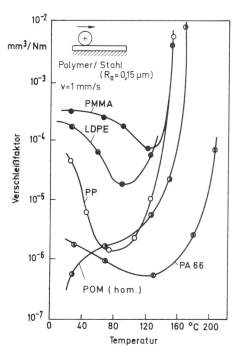

Bild 4.27: Einfluß der Temperatur auf Reibung und Verschleiß verschiedener Thermoplaste [4.19]

108 4 Thermoplaste

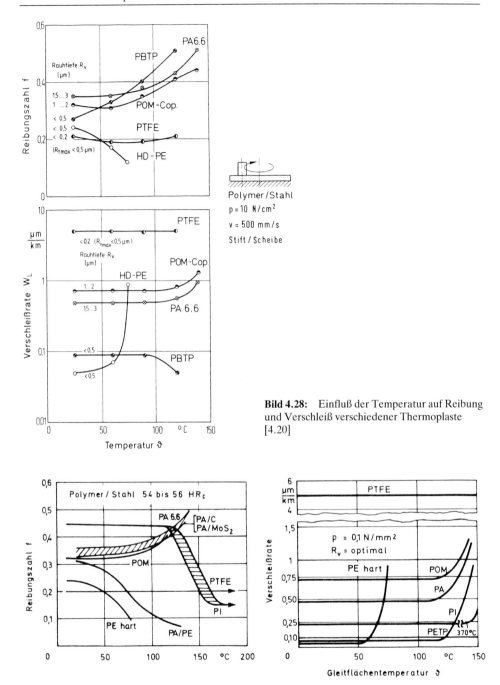

Bild 4.28: Einfluß der Temperatur auf Reibung und Verschleiß verschiedener Thermoplaste [4.20]

Bild 4.29: Anhaltspunkte für temperaturbedingte Einsatzgrenzen einiger Thermoplaste nach [4.1]

4.1.2.4.2 Geschwindigkeit

Die Reibung von Thermoplasten zeigt in Abhängigkeit von der Gleitgeschwindigkeit mehr oder weniger ausgeprägte Maximalwerte, wobei Höhe und Lage offensichtlich von der Temperatur bestimmt werden [4.23, 4.24], *Bild 4.30*. In manchen Fällen liegt das Maxi-

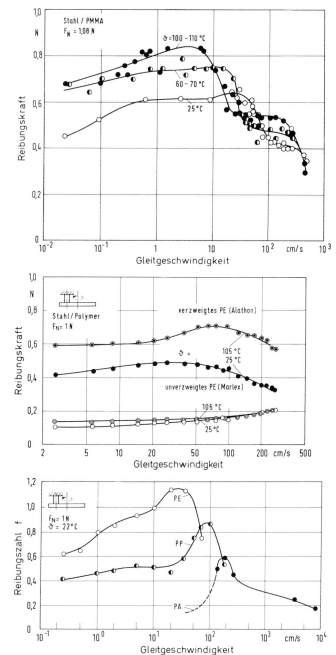

Bild 4.30: Einfluß der Gleitgeschwindigkeit auf das Reibungsverhalten bei verschiedenen Temperaturen sowie Thermoplasten nach [4.23, 4.24]

110   4 Thermoplaste

mum bei höheren Geschwindigkeiten, wenn die Temperatur gesteigert wird. Das führt dazu, daß die Temperaturabhängigkeit je nach Geschwindigkeit entsprechend verschoben wird [4.6], *Bild 4.31,* vgl. auch Bild 4.23 und Bild 4.24. Bei unterschiedlichen Prüftemperaturen ergeben sich in einem untersuchten Geschwindigkeitsbereich repräsentative Aus-

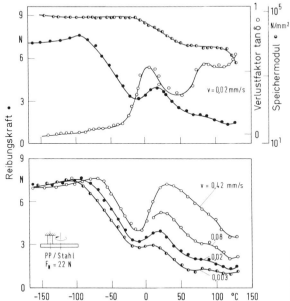

Bild 4.31: Temperaturabhängigkeit der Reibungszahl von PP bei verschiedenen Gleitgeschwindigkeiten im Vergleich zu mechanischen Kennwerten nach [4.6]

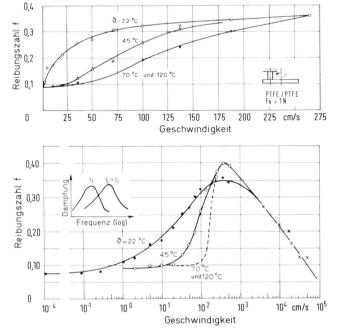

Bild 4.32: Einfluß der Gleitgeschwindigkeit auf das Reibungsverhalten von PTFE bei verschiedenen Temperaturen nach [4.24]

schnitte aus der jeweiligen Gesamtkurve [4.24], *Bild 4.32,* wobei die Steigung durch die relative Lage zum zu erwartenden Maximum bestimmt wird. Während mit Beginn des Haupterweichungsgebietes und im gummielastischen Werkstoffzustand des Polymeren allgemein ein bedeutender Geschwindigkeitseinfluß zu beobachten ist, erweist sich die Abhängigkeit im hartelastischen Bereich als schwächer [4.6], Bild 4.31, wobei sich gegenüber dem weichelastischen Zustand der Tendenz nach eine umgekehrte Reihenfolge der Reibungszahlen bei den verschiedenen Geschwindigkeiten einstellt.

Wegen des Zusammenhanges zwischen Reibung und Verschleiß, Bild 4.25, ändern sich auch die Verschleißraten von Thermoplasten in Abhängigkeit von der Gleitgeschwindigkeit charakteristisch, was sich, wie im Fall der Temperatur, auf deren relative Bewährungsfolge auswirken kann [4.19], *Bild 4.33*. Die mitunter große lokale Erwärmung in den Kontaktzonen als Folge hoher Bewegungsgeschwindigkeiten hat im allgemeinen zur Folge, daß der zu erwartende Geschwindigkeitseinfluß auf Reibung und Verschleiß durch veränderte Temperaturverhältnisse verfälscht oder überdeckt wird, so daß im Extremfall Abhängigkei-

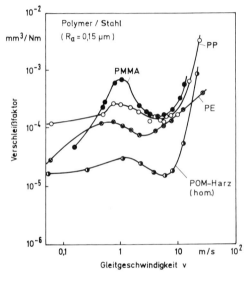

Bild 4.33 (oben): Einfluß der Gleitgeschwindigkeit auf den Verschleiß verschiedener Thermoplaste nach [4.19]

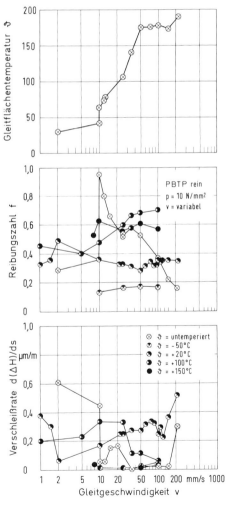

Bild 4.34 (rechts): Durch Reibungswärme beeinflußte Geschwindigkeitsabhängigkeit von Reibung und Verschleiß am Beispiel von PBTP [4.12]

ten entsprechend den bei Temperaturveränderungen mit gleichem Prüfsystem festgestellten gemessen werden [4.12], *Bild 4.34,* vgl. Bild 4.25.

Die Versuchsergebnisse bestätigen im wesentlichen die mit Hilfe von Modellvorstellungen hergeleiteten Abhängigkeiten, vgl. 3.2.

4.1.2.4.3 Pressung

Thermoplaste zeigen nur in werkstoffspezifisch begrenzten Bereichen Pressungsabhängigkeiten der Reibungszahl, die gem. Gleichung (3.28) zu erwarten sind [4.19], *Bild 4.35.* Es werden vielmehr unterschiedliche Verläufe beobachtet, die zuweilen Minima aufweisen [4.20], *Bild 4.36,* wobei der Anstieg auf überlagerten Temperatureinfluß zurückzuführen sein dürfte. Die bei hohen Lasten verstärkt einsetzenden Kriechvorgänge, die unter Kontaktflächenvergrößerung zu einem Abfall der wirksamen Flächenpressung führen, können durch geeignete Kammerung des Thermoplasten begrenzt werden, vgl. 4.2.4, so daß sich in der Regel ein der Theorie entsprechender Reibungsabfall in Abhängigkeit von der Nennpressung mit negativem Exponenten einstellt, Bild 4.80.

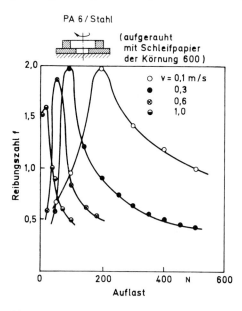
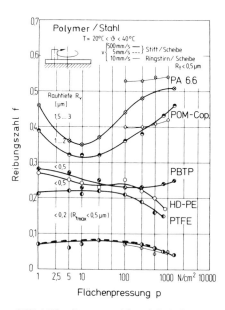

Bild 4.35: Belastungsabhängigkeit des Reibungsverhaltens von Polyamid bei verschiedenen Gleitgeschwindigkeiten [4.35]

Bild 4.36: Pressungsabhängigkeit des Reibungsverhaltens verschiedener Thermoplaste [4.20]

Die Verschleißrate steigt im allgemeinen mit zunehmender Pressung linear an, *Bild 4.37,* bis bei einem von der Kriechfestigkeit des Polymeren mitbestimmten kritischen Wert Versagen eintritt [4.19], *Bild 4.38.* Der lineare Verlauf entspricht der gem. Gleichungen (3.63) und (3.67) zu erwartenden Abhängigkeit. Die Verwendung bezogener Meßgrößen für Reibung und Verschleiß ist nur bei linearen Abhängigkeiten von den Bezugsgrößen sinnvoll. Verschleißkoeffizienten, die meist pressungsbezogen sind, lassen Vergleiche daher nur unterhalb der aufgezeigten, vom jeweiligen Polymeren abhängigen Grenzbelastung zu.

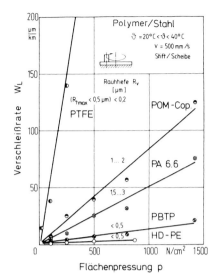

Bild 4.37: Pressungsabhängigkeit der Verschleißrate verschiedener Thermoplaste [4.20]

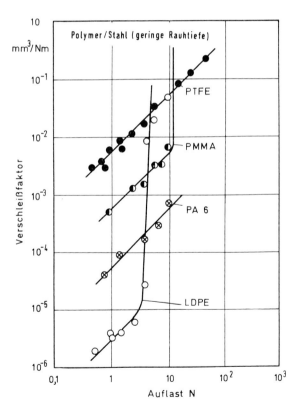

Bild 4.38: Versagen von Thermoplasten bei kritischen Belastungen nach [4.19]

Der Einfluß der Flächenpressung auf Temperaturerhöhungen in der Kontaktzone ist im allgemeinen nicht so groß wie der der Geschwindigkeit. Dennoch kann die zu erwartende lastbedingte Veränderung tribologischer Kenngrößen je nach Gesamtbeanspruchung und

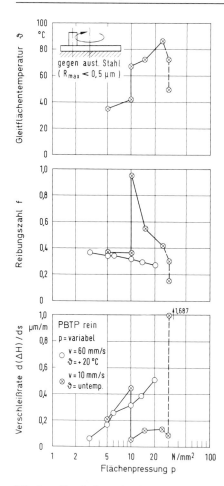

Bild 4.39: Durch Reibungswärme beeinflußte Pressungsabhängigkeiten von Reibung und Verschleiß am Beispiel von PBTP [4.12]

Werkstoffverhalten durch zusätzliche Reibungswärme verfälscht werden, wodurch im Extremfall Kurvenzüge beobachtet werden, die weitgehend von der Temperaturabhängigkeit geprägt sind [4.12], *Bild 4.39*, vgl. *Bild 4.25*. In diesem Sinne sind die mit verschiedenen Prüfsystemen gewonnenen Anhaltspunkte für die Pressungsabhängigkeit des Reibungs- und Verschleißverhaltens häufig verwendeter Thermoplaste bezüglich ihrer Gültigkeit insbesondere durch die Systemtemperatur begrenzt [4.1], *Bild 4.40* und *Bild 4.41*. Die Ergebnisse gelten unter werkstoffspezifisch angemessenen Prüfbedingungen.

P·v-Werte zur Charakterisierung der Grenzbelastbarkeit von Polymerwerkstoffen, vgl. 4.2.1, können wegen der unterschiedlichen, also in den wenigsten Fällen kompatiblen Auswirkungen von Pressung und Geschwindigkeit auf das tribologische Verhalten, vgl. 4.1.2.4.2, nur in relativ engen Bereichen unter Vorbehalt als aussagekräftig angesehen werden. Mitursache hierfür ist die große Temperaturempfindlichkeit von Polymerwerkstoffen, insbesondere Thermoplasten, wobei der Absolutwert einer pressungs- bzw. geschwindigkeitsbedingten Werkstofferwärmung systemabhängig ist. Der Bewertung von p·v-Diagrammen ist daher vor der des p·v-Wertes der Vorzug zu geben, falls nicht gleichzeitig die begrenzende Größe bekannt ist. Möglicherweise gewinnt der p·v-Wert an Aussagekraft, wenn die Reibungswärme infolge der Probenabmessungen bzw. der Wärmeleitfähigkeit des

Systems von untergeordneter Bedeutung ist oder das Beanspruchungskollektiv nur eine vernächlässigbare Eigenerwärmung der Elemente zur Folge hat. Der p·v-Wert enthält keinerlei Angaben über die zu erwartende Reibleistung und damit Energieumsetzung im System.

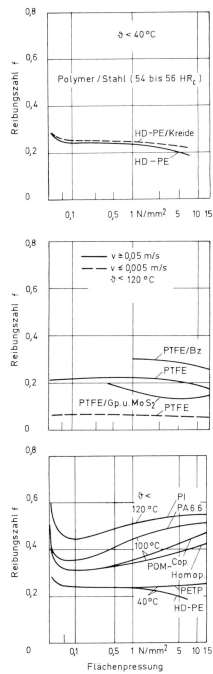

Bild 4.40: Anhaltspunkte für die Pressungsabhängigkeit des Reibungsverhaltens unterschiedlicher Thermoplaste nach [4.1]

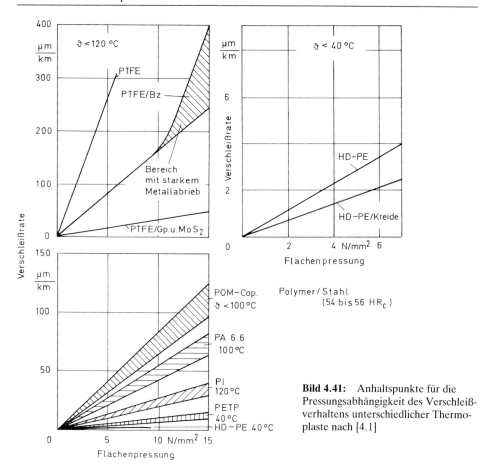

Bild 4.41: Anhaltspunkte für die Pressungsabhängigkeit des Verschleißverhaltens unterschiedlicher Thermoplaste nach [4.1]

4.1.2.5 Deutung der Ergebnisse

Die Deutung tribologischen Verhaltens von Polymer/Gegenstoff-Paarungen setzt die Messung von Parameterabhängigkeiten in großen Bereichen unter Einschluß von Grenzbeanspruchungen voraus, da nur unter dieser Voraussetzung Tendenzen eindeutig erkennbar sind. Bezüglich des Polymerwerkstoffes sollten möglichst viele Werkstoffzustände und -reaktionen durch das Beanspruchungskollektiv realisiert werden. Unter diesem Gesichtspunkt erfolgten weitreichende Untersuchungen von Gleitpaarungen Polybutylenterephthalat (PBTP)/und Polytetrafluorethylen (PTFE)/Austenitischer Stahl mit einem Prüfsystem gemäß Bild 2.11 [4.12], die zur Deutung allgemeingültiger Zusammenhänge zwischen tribologischem und viskoelastischem Stoffverhalten herangezogen werden.

Die im stationären Zustand in Abhängigkeit von der Prüftemperatur gemessenen Reibungsverläufe von Thermoplasten entsprechen im wesentlichen den während des Einlaufvorganges in untemperierten Versuchen bei gleichem System beobachteten Abhängigkeiten, vgl. z. B. Bild 4.17 und Bild 4.25. Da bei Erhöhung der Gleitgeschwindigkeit phasenverschoben für den Einlauf untemperierter wie auch den stationären Zustand untemperier-

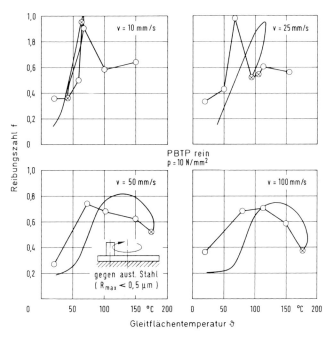

Bild 4.42: Temperaturabhängigkeit der Reibungszahl von PBTP bei untemperierten und temperierten Versuchen bei verschiedenen Gleitgeschwindigkeiten [4.12]

ter und temperierter Versuche Abbau und Verschiebung des Reibungsmaximums in praktisch gleicher Weise erfolgen, *Bild 4.42,* liegt der Schluß nahe, daß die in der Grenzschicht der Elemente ablaufenden Vorgänge einander entsprechen, wobei wegen der gleichsinnigen Veränderung des Verschleißminimums, Bild 4.25, ein direkter Zusammenhang zu den Verschleißvorgängen zu vermuten ist. Die Parallelen zwischen Einlaufvorgängen untemperierter Versuche und stationär durch Fremdtemperierung gewonnenen Ergebnissen können nur dann in Gänze erkannt werden, wenn aufgrund des strukturbedingten Reibungsniveaus, vgl. 4.1.2.6.2, durch Geschwindigkeitserhöhung bei Selbsterwärmung ein genügend großer Temperaturbereich überdeckt wird. Bei PTFE beispielsweise bewirkt eine höhere Gleitgeschwindigkeit nur unbedeutende Temperaturerhöhung, so daß bei der genannten Prüfmethode ein Bereich von etwa rd. 30 °C durch untemperierte Versuche erfaßt werden und der Gesamtverlauf auch bei erhöhten Temperaturen ausschließlich durch Fremderwärmung ermittelt werden kann.

Bei tribologischen Vorgängen wird die Grenzschicht des Polymeren, in geringerem Maße auch die eines härteren Gegenstoffs mehr oder weniger stark verändert, wobei Beanspruchung und Struktur des Werkstoffs Art und Tiefenerstreckung bestimmen, *Bild 4.43.* Die Verformungen bzw. Fließerscheinungen sind in Mikrotomschnitten leicht dann zu erkennen, wenn die Schnittebene in Gleitrichtung liegt [4.25]. Obwohl sich triboinduzierte Werkstoffveränderungen auf ein beanspruchungsbestimmtes Volumen erstrecken, kann schon die Oberflächenausbildung wichtige Hinweise für eine Deutung geben [4.12]. Wie aus *Bild*

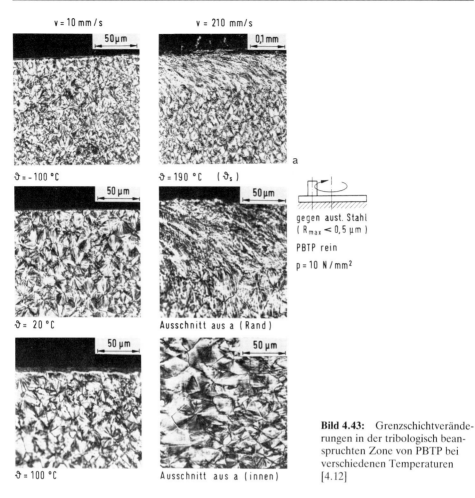

Bild 4.43: Grenzschichtveränderungen in der tribologisch beanspruchten Zone von PBTP bei verschiedenen Temperaturen [4.12]

4.44 für PBTP zu ersehen, sind Reibungs- und Verschleißwerte im dynamischen Gleichgewichtszustand bei unterschiedlichen Temperaturen mit charakteristischen Oberflächenstrukturen verbunden. Im hartelastischen Werkstoffzustand, Bild 4.16, werden die Meßwerte offensichtlich durch die speichermodulbedingte Größe der wahren Kontaktfläche bestimmt, was mit steigender Temperatur zu höheren Reibungs- und Verschleißwerten führt, vgl. (3.19), (3.67) und Bild 3.44. Die Gleitfläche des Polymeren hat ein zunehmend glattes Aussehen, wobei die im Ausgangszustand vorhandene Struktur nur bei sehr tiefen Temperaturen trotz vergleichbarer Gleitwege sichtbar bleibt, Bild 4.43. Wie während des Einlaufens, Bild 4.12, wird die größte Ebenheit bei spiegelnd glänzender Oberfläche im Bereich der Glastemperatur beobachtet. Große wahre Kontaktflächen und innere Dämpfung bewirken maximale Reibungszahlen, während die große Elastizitätszunahme und offensichtlich die wegen größerer Berührungsflächen im Mittel geringere Belastung jedes einzelnen Werkstoffsegmentes zu minimalem Verschleiß führen. Bestand der Abrieb unterhalb ϑ_G aus mehr oder weniger großen, flächenhaften Verschleißpartikeln, *Bild 4.45*, die auch auf den Gegenstoff aufgetragen waren, so entstehen jetzt pulverige Teilchen ohne sichtbaren Übertrag. Die niedrige Scherfestigkeit der Matrix, Bild 3.44, bei großer Kon-

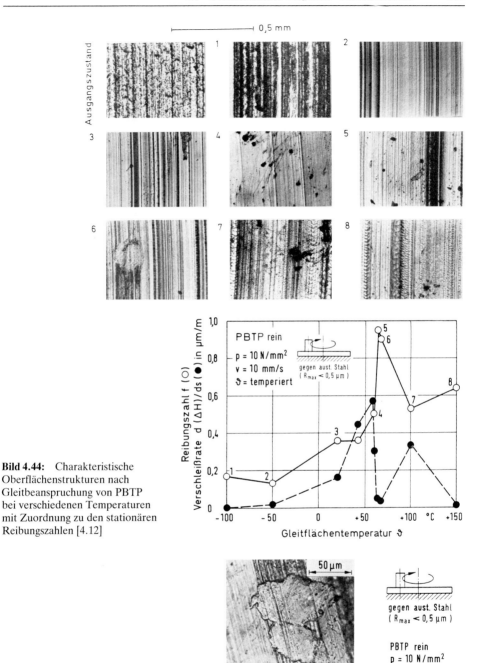

Bild 4.44: Charakteristische Oberflächenstrukturen nach Gleitbeanspruchung von PBTP bei verschiedenen Temperaturen mit Zuordnung zu den stationären Reibungszahlen [4.12]

Bild 4.45: Flächenhafte Verschleißpartikel bei PBTP [4.12]

taktfläche sowie die in diesem Bereich vorhandene f-v-Abhängigkeit mit negativer Steigung begünstigen Stick-Slip-Vorgänge, die sich in lauten, quietschenden Laufgeräuschen äußern, vgl. dazu Bild 4.24 und 4.25. Im weichelastischen Zustand entstehen durch plastische

Verformung und Verschleiß wellige Muster senkrecht zur Gleitrichtung, *Bild 4.46*, die an Abrasionsmuster bei Gummi, Bild 3.39 und Bild 3.40, erinnern [4.25]. Die Werkstoffauflockerung bewirkt zunächst wieder Verschleißanstieg und, unterstützt durch die als Zwi-

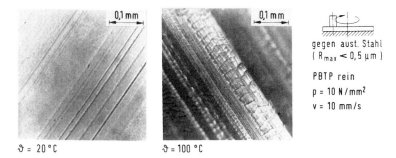

Bild 4.46: Verschleißerscheinungsform in der Grenzschicht von PBTP nach Gleitbeanspruchung im hart- und weichelastischen Zustand [4.12]

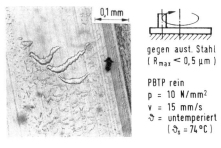

Bild 4.47: Zusammengerollte Verschleißpartikel nach Gleitbeanspruchung von PBTP [4.12]

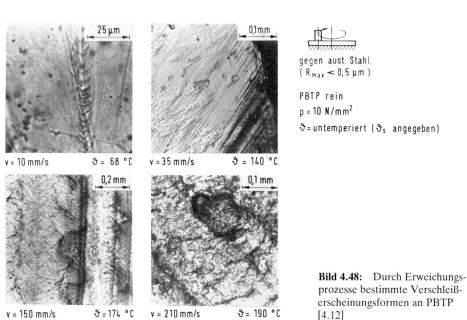

Bild 4.48: Durch Erweichungsprozesse bestimmte Verschleißerscheinungsformen an PBTP [4.12]

schenstoff wirkenden Verschleißpartikel [4.27, 4.12], *Bild 4.47*, die teilweise zusammengerollt sind, Reibungsabfall. Der weitere Kurvenverlauf ist durch verstärkt einsetzende Erweichungsprozesse geprägt, die bei höheren Gleitgeschwindigkeiten und untemperierten Versuchen besonders ausgeprägt werden, *Bild 4.48*. Wegen des viskosen Zustandes der Polymergrenzschicht im Schmelzbereich kommt es zu Reibungs- und vorübergehenden Verschleißabfall, *Bild 4.49*, bevor schließlich, begleitet von Zersetzungserscheinungen, Versagen eintritt, Zustand 9. Der Wechsel der Grenzschichtstruktur infolge Temperatur- und Geschwindigkeitserhöhung zeigt sich in Mikrobereichen besonders deutlich bei elektronenmikroskopischer Betrachtung, wobei die relativ glatte Oberfläche unterhalb ϑ_G im weichelastischen Zustand zunächst durch plastische Verformung welliger, dann wegen weiterer Erwärmung wieder ebener, aber rissig wird, *Bild 4.50*. Ursachen hierfür dürften eine durch zyklische Wechsel-Beanspruchung in den Kontaktzonen eintretende Werkstoffermüdung, hohe Dehnung in der Grenzschicht auch verbunden mit Thermoschock sein, Bild

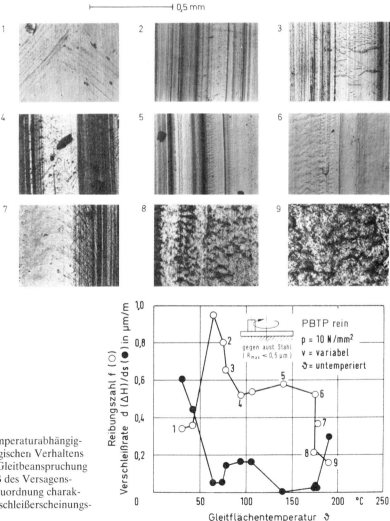

Bild 4.49: Temperaturabhängigkeit des tribologischen Verhaltens von PBTP bei Gleitbeanspruchung unter Einschluß des Versagensbereiches mit Zuordnung charakteristischer Verschleißerscheinungsformen [4.12]

3.51. Im Schmelzbereich herrschen langgestreckte, teilweise Poren einschließende Werkstoffsegmente vor, *Bild 4.51*. Der Grad der Fließerscheinungen richtet sich sowohl nach den Wärmeableitungsverhältnissen des tribologischen Systems als auch nach der Struktur des Werkstoffs [4.25]. Während bei PE bedingt durch Reibungswärme eine deutliche Zunahme von Erweichungsgängen in der Grenzschicht bei Geschwindigkeitssteigerung beobachtet wird, treten solche bei PTFE wegen des höheren Schmelzpunktes (327 °C gegenüber 142 °C) und der geringeren Reibungswärme offensichtlich nicht ein [4.28], *Bild 4.52*. Als

$\vartheta = 30\ °C$

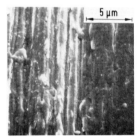

gegen aust. Stahl
($R_{max} < 0{,}5\ \mu m$)

PBTP rein

$p = 10\ N/mm^2$

ϑ = untemperiert
(ϑ_s angegeben)

$\vartheta = 74\ °C$

$\vartheta = 175\ °C$

Bild 4.50: Veränderung der Grenzschicht von PBTP durch Gleitbeanspruchung bei verschiedenen Temperaturen [4.12]

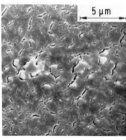

gegen aust. Stahl
($R_{max} < 0{,}5\ \mu m$)

PBTP rein
$p = 10\ N/mm^2$
$v = 210\ mm/s$
ϑ = untemperiert
($\vartheta_s = 190\ °C$)

Bild 4.51: Porenbildung bei Gleitbeanspruchung von PBTP im Schmelzbereich [4.12]

Nachweis für eine Art Anlaßbehandlung in der Grenzschicht kann die Differentialthermoanalyse verwendet werden, da der Schmelzpunkt des Werkstoffs nach der Wärmebehandlung niedriger liegt [4.28]. Ein derartiger Effekt lag in diesem Fall nur bei PE, nicht aber bei PTFE vor.

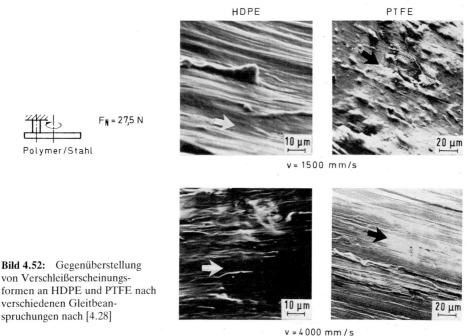

Bild 4.52: Gegenüberstellung von Verschleißerscheinungsformen an HDPE und PTFE nach verschiedenen Gleitbeanspruchungen nach [4.28]

PTFE hat gegenüber PBTP eine gänzlich andersartige Molekülstruktur, vgl. Bild 1.12, so daß bezüglich des Reibungs- und Verschleißmechanismus zum Teil erhebliche Unterschiede zu verzeichnen sind [4.12]. Wie für den Einlauf gezeigt, vgl. 4.1.2.2, ermöglicht die glatte Kettenform Abgleitvorgänge [4.9], *Bild 4.53*, die wegen der geringen Scherfestigkeit im Werkstoffinneren zu Ausbildung hochorientierter Filme in der Grenzschicht und einem Werkstoffübertrag auf dem Gegenstoff führt, vgl. Bild 4.9. Werkstoffbänder werden über die Unebenheiten der Probe „gespannt", *Bild 4.54*, wobei die Kristallite in Gleitrichtung

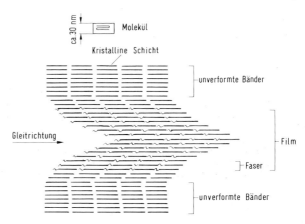

Bild 4.53: Schematische Darstellung von Abgleitvorgängen im Fall „glatter" Kettenmoleküle wie bei PTFE nach [4.9]

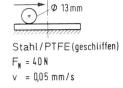

Stahl / PTFE (geschliffen)
$F_N = 40\,N$
$v = 0,05\,mm/s$

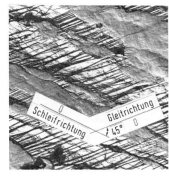

Stahl / PTFE (geschliffen)
$F_N = 16,7\,N$
$v = 4000\,mm/s$

Bild 4.54: Ausbildung von Werkstoffbändern bei Gleitbeanspruchung von PTFE bei unterschiedlichen Gleitrichtungen relativ zu den Oberflächenrauheiten [4.29]

orientiert sind [4.29]. Bei ähnlich gebauten Thermoplasten, wie PE, werden entsprechende Vorgänge beobachtet, die in jedem Fall zu einer niedrigen Reibungszahl führen. Die geschilderten Abgleitprozesse sind nur bei genügend langsamer Gleitgeschwindigkeit möglich [4.27], so daß bei temperaturbezogen zu hoher Schergeschwindigkeit größere Partikel aus dem Verband herausgerissen werden. Eine Verstärkung dieses Effektes wird beobachtet, wenn die Abgleitmöglichkeit durch Vernetzen infolge Bestrahlung behindert wird [4.30].

Trotz der unter tribologischer Beanspruchung bei PTFE gegenüber PBTP zum Teil anderen Mikroprozesse sind bestimmte Parallelen zu sehen, die die Grundsätzlichkeit der Zusammenhänge zwischen Grenzschichtveränderungen und tribologischem Verhalten vor Augen führen. Da die Glastemperatur von PTFE bei rd. $-100\,°C$ (bei PBTP ϑ_G rd. $+60\,°C$), Bild 4.24, und die Schmelztemperatur über $+300\,°C$ (bei PBTP ϑ_s rd. $+220\,°C$) liegt, erstreckt sich der Untersuchungsbereich (-100 bis $+150\,°C$) nahezu ausschließlich auf den weichelastischen Zustand. Das gesamte Reibungsniveau ist strukturbedingt weit niedriger als bei PBTP, *Bild 4.55*. Die Veränderungen des Ausgangszustandes unterhalb der Glastemperatur entsprechen im wesentlichen den bei PBTP im korrespondierenden Gebiet gezeigten, wobei auch hier die relativ glatteste Oberfläche bei ϑ_G beobachtet wird. Hierdurch nimmt die Reibungszahl bei zusätzlich hoher innerer Dämpfung maximale Werte an. Im gummielastischen Zustand werden Reibung und Verschleiß durch zunehmende Werkstoffauflockerung und leichten Verschleißanstieg bestimmt, was mit einem Abfall der Reibungszahl bis knapp unter den Raumtemperaturbereich verbunden ist. Die Beanspruchung ist offensichtlich zu hoch, um bis hierher die beschriebene Bildung von Orientierungsschichten zu gestatten, so daß mehr oder weniger große, auch auf den Gegenstoff (Stahl) übertragene, flächenhafte Verschleißpartikel entstehen, *Bild 4.56*. Das sekundäre Erweichungsgebiet (ϑ rd. $21\,°C$), in

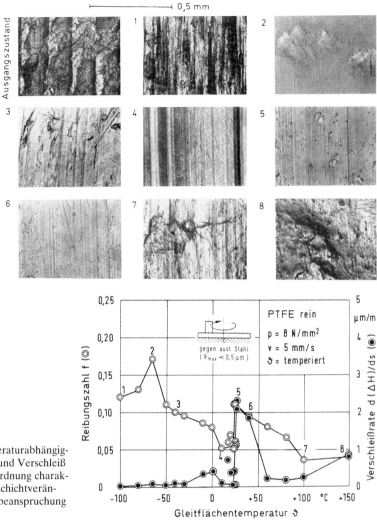

Bild 4.55: Temperaturabhängigkeit von Reibung und Verschleiß bei PTFE mit Zuordnung charakteristischer Grenzschichtveränderung nach Gleitbeanspruchung [4.12]

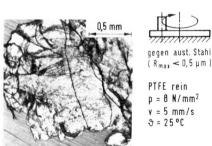

Bild 4.56: Flächenhafte Verschleißpartikel auf dem Gegenstoff einer Gleitpaarung mit PTFE als Grundkörper [4.12]

dem eine Lockerung der Struktur des Werkstoffs erfolgt [4.31], bewirkt aufgrund des steilen Speichermodulabfalls und hoher innerer Dämpfung ein neuerliches Reibungsmaximum, Bild 4.55. Der Verschleiß wird durch weiter sinkende Scherfestigkeit der Matrix

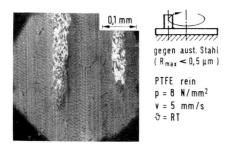

gegen aust. Stahl
($R_{max} < 0{,}5 \mu m$)

PTFE rein
$p = 8$ N/mm²
$v = 5$ mm/s
$\vartheta = RT$

Bild 4.57: Plastische Werkstoffverschiebungen quer zur Gleitrichtung in der Grenzschicht von PTFE [4.12]

kräftig angehoben. Wiederum werden plastische Werkstoffverschiebungen quer zur Gleitrichtung beobachtet, *Bild 4.57*. Die mit steigenden Temperaturen weiter zunehmende Erweichung des PTFE drückt sich im Erscheinungsbild der Grenzschicht aus, Zustand 7 und 8 in Bild 4.55. Es entstehen zunächst fadenförmige Verschleißpartikel, und die Verschleißrate fällt vorübergehend. Temperaturbedingte Verformungsfähigkeit des Werkstoffs und Gleitgeschwindigkeit stehen nun offensichtlich in einem Verhältnis, das Abgleitprozesse

gegen aust. Stahl
($R_{max} < 0{,}5 \mu m$)

Bild 4.58: Werkstoffübertrag auf den Gegenstoff von Gleitpaarungen PBTP bzw. PTFE/austenitischer Stahl bei verschiedenen Prüftemperaturen [4.12]

erlaubt, was sich bei der angewendeten Prüfmethode (Stift/Scheibe) mit weiter steigender Temperatur allerdings nicht in einem Übertrag auf den Gegenstoff äußert, sondern wegen der diskontinuierlichen Eingriffsverhältnisse von Stoff und Gegenstoff den Abtransport dünner, zusammenhängender Schichten aus der Gleitfuge auf der bewegungsabgewandten Seite des Stiftes führt. Bei hin- und hergehender Bewegung unter bereichsweise ständiger Überdeckung werden ebenfalls folienartige Verschleißpartikel beobachtet [4.32], die jedoch nicht zusammenhängend aus der Gleitfuge treten müssen. Bei noch kleinerer Gleitgeschwindigkeit und gleicher Pressung wird diese Verschleißerscheinungsform schon bei tieferer Temperatur beobachtet.

Bei PBTP und PTFE nimmt der Werkstoffübertrag beim Wechsel vom hart- in den weichelastischen Werkstoffzustand und bei PTFE zusätzlich nach vorübergehendem Wiederanstieg auch beim Überschreiten des Nebenerweichungsgebietes mit steigender Temperatur ab, wobei wegen der durch das Prüfsystem gegebene Temperaturgrenze nur das Schmelzgebiet von PBTP erreicht wird. Aus diesem Grunde erfolgt dort nochmals eine Zunahme des Werkstoffübertrages, der aus wiedererstarrten Polymerbestandteilen besteht, *Bild 4.58*. Die bei PBTP gezeigten Risse in der Oberfläche oberhalb ϑ_G, Bild 4.50, werden bei PTFE entsprechend der Lage der Glastemperatur schon bei $-40\,°C$ beobachtet,

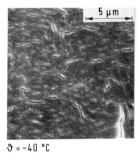

$\vartheta = -40\,°C$

gegen aust. Stahl
($R_{max} < 0{,}5\,\mu m$)

$p = 8\,N/mm^2$
$v = 5\,mm/s$

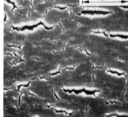

$\vartheta = 40\,°C$

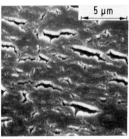

Bild 4.59: Gegenüberstellung von Verschleißerscheinungsformen an PTFE nach Gleitbeanspruchung bei verschiedenen Temperaturen [4.12]

$\vartheta = 100\,°C$

128   4 Thermoplaste

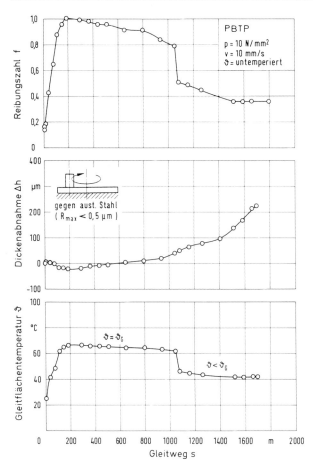

Bild 4.60: Zusammenhang zwischen Werkstoffzustand und tribologischem Verhalten bei PBTP [4.12]

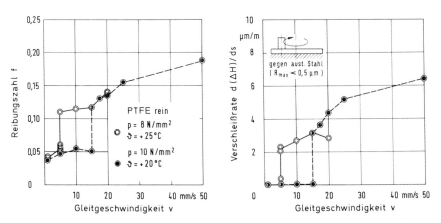

Bild 4.61: Zusammenhang zwischen Werkstoffzustand und tribologischem Verhalten bei PTFE [4.12]

ändern sich jedoch mit dem Entstehen des kontinuierlichen Verschleißfilmes erwartungsgemäß praktisch nicht mehr, *Bild 4.59*. Der direkte Zusammenhang zwischen Werkstoffzustand und tribologischem Verhalten kann sowohl bei PBTP, *Bild 4.60*, als auch bei PTFE, *Bild 4.61*, gezeigt werden. Sobald die Bedingungen das Überschreiten einer Dispersionsstufe bezüglich der Grenzschicht-Temperatur bewirken, ändert sich das Reibungs- und Verschleißniveau entsprechend den Parameterabhängigkeiten fast sprunghaft, wie schon aus Bild 4.44 und Bild 4.55 zu entnehmen war.

4.1.2.6 Einfluß der Tribostruktur

4.1.2.6.1 Oberflächenrauheit

Während die Oberflächentopographie des Thermoplasten im stationären Zustand für die tribologischen Meßwerte im allgemeinen (weniger in der Feinwerktechnik) von untergeordneter Bedeutung ist, hat die eines härteren Gegenstoffs einen oft beachtlichen Einfluß. Die Charakterisierung von Gegenstoffoberflächen anhand eines Kennwertes für die Oberflächenrauheit ist insofern problematisch, als wichtige Informationen (z.B. Form und Schärfe der Erhebungen) in bezug auf die Beeinflussung des tribologischen Verhaltens der Polymere verloren gehen. Gemittelte Rauheitswerte (z.B. gemittelte Rauhtiefe R_z, gebildet als arithmetischer Mittelwert der maximalen Rauhtiefen in 5 Intervallen der Gesamtmeß-

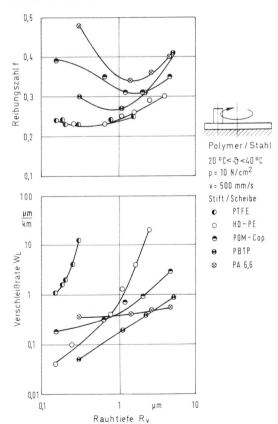

Bild 4.62: Einfluß der Rauhtiefe des Gegenstoffs auf das Reibungs- und Verschleißverhalten verschiedener Thermoplaste [4.20]

strecke) sind in bezug auf die meisten Polymerwerkstoffe am ehesten aussagekräftig. Bei besonders rauheitsempfindlichen Werkstoffen (z. B. PTFE) ist die zusätzliche Angabe der maximalen Rauhtiefe R_{max} (größter Wert der Gesamtmeßstrecke) sinnvoll [4.1]. Der Mittenrauhwert R_a gibt das arithmetische Mittel der Absolutwerte aller Profilordinaten der Meßstrecke an. Die Beurteilung von Profilverläufen, wie von Kragelsky bei der Berechnung des Deformationsvolumens angewandt, vgl. Bild 3.52, gewährleistet einen breiteren Einblick in die Oberflächenstruktur und ist daher als wertvolle Ergänzung anzusehen.

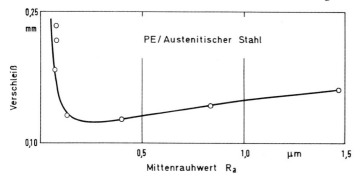

Bild 4.63: Ausbildung eines Verschleißminimums bei PE in Abhängigkeit von der Rauhtiefe des Gegenstoffs nach [4.3]

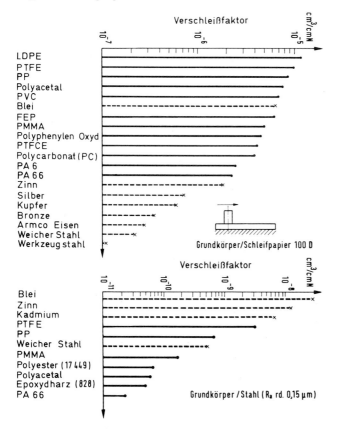

Bild 4.64: Gegenüberstellung des Gleitverschleißes verschiedener Polymere auf rauher und glatter Oberfläche des Gegenstoffs bei einmaligem Übergleiten nach [4.33]

4.1 Grundsätzliches Verhalten – Modellversuche 131

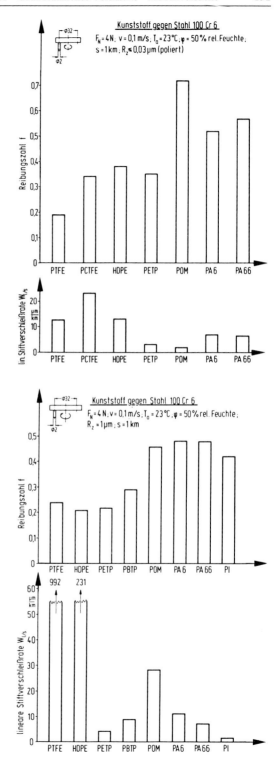

Bild 4.65: Gegenüberstellung des Reibungs- und Verschleißverhaltens unterschiedlicher Thermoplaste beim Gleiten gegen einen Stahl mit zwei verschiedenen Oberflächenrauheiten [4.4]

Allgemein wird beginnend bei außerordentlich glatten Oberflächen – zunächst ein Abfall der Reibungszahlen mit steigender Rauhtiefe beobachtet [4.20], *Bild 4.62*, bis nach einem Minimum bei mittleren Werten ein Anstieg erfolgt; der Verschleiß nimmt in der Regel mit großen Rauhtiefen zu, durchläuft aber mitunter auch ein Minimum [4.3, 4.8], *Bild 4.63*. Die Minima resultieren offensichtlich aus dem Übergang vom überwiegenden Mechanismus der Adhäsion bei kleinen Rauhtiefen zu dem der Abrasion und der Ermüdung bei größeren Rauhtiefen. Ein zusätzlicher Effekt könnte sein, daß durch glatte Flächen der Werkstoffübertrag begünstigt wird, diese dadurch rauher wirken und so den Verschleiß des Thermoplasten anheben.

Wie schon aus Bild 3.42 und insbesondere Bild 3.43 hervorging, kann sich die Verschleißbewährungsfolge verschiedener Polymerwerkstoffe in Abhängigkeit von der Rauhtiefe des Gegenstoffes verändern, vor allem dann, wenn damit auch ein Wechsel des Mechanismus verbunden ist. Bei einmaligem Gleiten unter Schmierung zeigt sich, *Bild 4.64*, daß Polymere unter Bedingung der Abrasion (große Rauhtiefe) im Vergleich zu metallischen Werkstoffen zu hohem Verschleiß neigen, bei kleinen Rauhtiefen aber selbst gegenüber (weicheren) Metallen vorteilhafter sind [4.33]. Die Ursache hierfür ist, daß bei der kleinen Rauhtiefe der Mechanismus der Ermüdung dominiert und somit das günstige elastische Verhalten der Polymere gegenüber (weicheren) metallischen Werkstoffen zum Tragen kommt, vgl. Bild 3.43. Ähnliche Zusammenhänge bezüglich unterschiedlich großer Rauhtiefe wurden bei Stift/Scheibe-Versuchen über längere Gleitwege festgestellt [4.4], *Bild 4.65*. Die mit unterschiedlichen Prüfsystemen erlangte Gegenüberstellung der Kurven für Reibung, *Bild 4.66*, und Verschleiß, *Bild 4.67*, gibt Hinweise für das Verhalten verschiedener Polymerwerkstoffe bei unterschiedlichen Oberflächenrauheiten [4.1], wobei die als Grenze an-

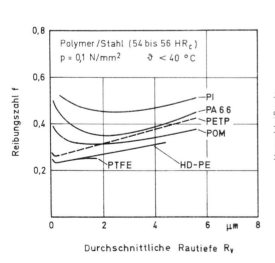
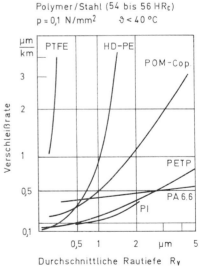

Bild 4.66: Anhaltspunkte für den Einfluß der mittleren Rauhtiefe (entspricht etwa der gemittelten Rauhtiefe R_z) auf das Reibungsverhalten verschiedener Thermoplaste nach [4.1]

Bild 4.67: Anhaltspunkte für den Einfluß der mittleren Rauhtiefe (entspricht etwa der gemittelten Rauhtiefe R_z) auf das Verschleißverhalten verschiedener Thermoplaste nach [4.1]

Tafel 4.1: Günstige Rauhtiefen des metallischen Gegenstoffs für verschiedene Thermoplaste bei Gleitbeanspruchung nach [4.1]

Werkstoff	optimale Rauheit R_V /µm/
PA 6,6; PA 6; PI	1,5 bis 3
POM : POM/PTFE; POM und PA mit Graphit oder MoS_2; PA 6,6/PE	1 bis 2
PTFE mit Zusatzstoffen; PA 12; PA 11; GF-PA; GF-POM	0,5 bis 1
HDPE; PETP	$<0,5$
PTFE	$<0,2$ und $R_{max}<0,5$

Unter optimaler Rauheit wird in diesem Zusammenhang eine Rauheit verstanden, die ein gleichmäßiges Gleiten (stick-slip-freie Bewegung) bei kleinstmöglichem Verschleiß gestattet.

gegebene Gleitflächentemperatur, vgl. 4.1.2.4.1, zu beachten ist. Daraus sind werkstoffspezifisch günstige Rauhtiefen zu entnehmen, *Tafel 4.1,* die bei der Messung von Parameterabhängigkeiten zugrundegelegt wurden, Bild 4.29, Bild 4.40, Bild 4.41.

Außer der Rauhtiefe sind auch Riefenorientierungen im Gegenstoff für das Verschleißverhalten des Polymeren von Bedeutung, da hierdurch der Stofftransport beeinflußt wird. In dieser Beziehung sind Orientierungen in Gleitrichtung vorteilhafter als solche senkrecht dazu. Der höchste Verschleiß resultiert beim Gleiten in der Regel dann, wenn die Riefen unter 45 Grad zur Gleitrichtung angeordnet sind.

4.1.2.6.2 Polymerstruktur

Reibung und Verschleiß von Polymerwerkstoffen werden in ausgeprägter Weise durch die intermolekularen Kräfte, die Kristallinität und den Kettenaufbau, insbesondere die Art der Seitengruppen an der Kohlenstoff-Kette beeinflußt. In der Regel zeigen Polymerwerkstoffe mit schwachen internen Wechselwirkungskräften, vgl. Bild 1.5, und solche mit kleinen, symmetrischen Seitengruppen niedrigere Reibung, aber höheren Verschleiß als diejenigen mit großen sekundären Bindungskräften und sperrigen Substituenten, vgl. Bild 1.12. Auch die Polarität der Seitengruppen ist von Bedeutung, da sie u. a. die adhäsiven Wechselwirkungen mit dem Gegenstoff bestimmen. Die Reihenfolge bezüglich Reibung und Verschleiß in Bild 4.27 bis Bild 4.29 bestätigt im wesentlichen diese Tendenzen, jedoch können triboinduzierte Werkstoffveränderungen in der Grenzschicht des beanspruchten Thermoplasten die physikalischen Eigenschaften in bezug auf das Werkstoffinnere entscheidend verändern. So werden Zustände beobachtet, die bis zur Amorphisierung kristalliner Gebiete reichen [4.35].

PTFE hat eine relativ glatte symmetrische Molekülstruktur, Bild 1.12, und unter anderem deshalb ein niedriges Reibungsniveau, aber hohen Verschleiß, Bild 4.36 und Bild 4.37. Wird schrittweise durch Copolymerisation mit Hexafluorpropylen (HFP) in unterschied-

Tafel 4.2: Einfluß der Polymerstruktur auf die Reibungszahl zu Bewegungsbeginn bzw. im stationären Zustand im Vergleich zu mechanischen Kennwerten (S: Scherfestigkeit des Reibungskontaktes) bei verschiedenen Temperaturen nach [4.11]

Polymer/Glas
F_N = 10 N
v = 1 mm/s

Stoff	Temperatur °C	f statisch	f dynamisch	S statisch N/mm²	Innere Scherfestigkeit S_b N/mm²	Verhältnis S_b/S_s
PTFE	Raum	0,17	0,060	6,1	23,2	3,8
	150	0,14	0,024	1,8	6,0	3,3
PTFE-FEP	Raum	0,22	0,19	6,9	18,0	2,6
(9,0 Mol % HFP)	50	0,22	0,20	4,6	14,4	3,1
	100	0,23	0,21	2,7	7,7	2,8
	150	0,24	0,21	1,4	4,4	3,1
Andere TFE-HFP Kopolymere (Mol % HFP)						
0,4	Raum	0,12	0,04	6,1		
	150	0,13	0,02	1,6		
2,4	Raum	0,18	0,09	7,0		
	150	0,17	0,04	2,0		
12,0	Raum	0,25	0,19	7,5		
	150	0,25	0,20	2,2		
PCTFE	Raum	0,28	0,28	14,0		
	50	0,42	0,40	14,0		
	100	0,50	0,48	12,5		
	150	0,36	0,36	4,5		

lichen prozentualen Anteilen ein Fluoratom durch sperrige CF_3-Gruppen ersetzt [4.11], so steigen sowohl die Reibung bei Bewegungsbeginn als auch die dynamische Reibung mit dem Grad des Austausches, *Tafel 4.2*. Bereits der Ersatz eines Fluoratoms durch Chlor pro Basiseinheit bei Polychlortrifluorethylen (PCTFE) bewirkt einen Reibungsanstieg. Bei Polyethylen (PE), das entgegen den erwähnten Fluorkohlenstoffen, die alle eine Helixstruktur aufweisen, vgl. Bild 3.31, eine planare Zick-Zack-Struktur hat, zeigt sich ebenfalls eine Zunahme der Reibung mit der Anzahl der Seitengruppen, *Tafel 4.3*. Die Beobachtungen stehen im Einklang mit den Ergebnissen in Bild 4.30b, wo das unverzweigte PE „Marlex" gegenüber dem verzweigten „Alathon" die niedrigere Reibung aufweist.

Da die Form der Molekülketten auch die Scherfestigkeit des Polymeren und daher den Verschleiß mitbestimmt, der beim Mechanismus der Adhäsion vom Verhältnis zwischen Scherfestigkeit der Bindungen zum Gegenstoff und der im Werkstoffinneren abhängt, erfolgt je nach Struktur erst dann eine Werkstoffübertragung auf den Gegenstoff, wenn infolge Erweichens des Werkstoffs der innere Zusammenhalt kleiner wird, *Bild 4.68*. Der

Tafel 4.3: Einfluß der Polymerstruktur auf die Reibungszahl zu Bewegungsbeginn bzw. im stationären Zustand im Vergleich zu mechanischen Kennwerten (S: Scherfestigkeit des Reibungskontaktes) bei verschiedenen Temperaturen nach [4.11]

Polymer/Glas
F_N = 10 N
v = 1 mm/s

Stoff	Gegenstoff	Temp. °C	f statisch	f dynamisch	S statisch N/mm²	S dynamisch N/mm²	Innere Scherfestigkeit S_b N/mm²	Verhältnis S_b/S_s
LDPE (viele Seitengruppen)	Glas	20	0,30	0,30	3,8	3,8	11,7	3,1
		50	0,36	0,36	2,7	2,7	7,3	2,8
		80	0,32	0,32	1,7	1,7	4,7	2,8
	Stahl (abgerieben)	20	0,28	0,28				
HDPE (wenige Seitengruppen)	Glas	20	0,13	0,08	6,5	4,1	24,5	3,8
		50	0,18	0,11	4,6	2,8	18,1	3,9
		100	0,20	0,125	3,0	1,9	10,9	3,7
	Stahl (abgerieben)	20	0,15	0,15				
PE mit gestreckten Ketten	Glas	20	0,12	0,07	6,0	3,6		
		50	0,17	0,10	4,3	2,5		
		100	0,20	0,12	3,0	1,7		
PP	Glas	20	0,27	0,27	15			
		50	0,33	0,33	15			
		100	0,34	0,34	12			

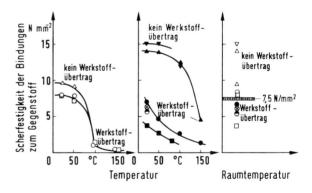

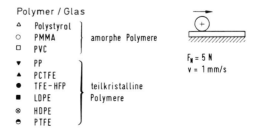

Bild 4.68: Zusammenhang zwischen Scherfestigkeit adhäsiver Bindungen zum Gegenstoff und Werkstoffübertrag für verschiedene Thermoplaste in Abhängigkeit von der Temperatur nach [4.11]

Kettenaufbau bestimmt auch die Flexibilität von Thermoplasten. Lineare kristalline Polymere haben wegen relativ großer Festigkeit und hoher Bruchdehnung die größte Flexibilität, so daß gegenüber spröderen amorphen Thermoplasten ein stärkerer Einfluß der Beanspruchungsbedingungen auf Reibung und Verschleiß beobachtet wird, solange nicht die Glastemperatur überschritten ist.

Bei Reckung eines Polyamids (PA 6) auf 300% – es handelt sich um einen stark polaren Werkstoff – ist bei Polymer/Polymer-Paarung die Reibung dann am größten, wenn beide Elemente unorientiert sind und am kleinsten, wenn die Orientierungsrichtungen beim Gleitvorgang senkrecht zueinander liegen. Absolut noch niedrigere Werte werden erzielt, wenn einer der Partner ein Stahl ist, wobei die übrigen Tendenzen erhalten bleiben. Die Härte nimmt mit Verstreckung des Materials zu und die wahre Kontaktfläche dadurch nachweislich ab [4.34]. Die Anisotropie verstreckter Polymerwerkstoffe wirkt sich erwartungsgemäß auch auf den mechanischen Verlustfaktor und damit auf Reibung und Verschleiß aus [4.14].

Die Beobachtung, daß orientierte Polymerbereiche wie z.B. sogenannte Spritzhäute von Bauteilen besondere tribologische Eigenschaften besitzen, wurde experimentell bestätigt. In tribometrischen Untersuchungen an Polymer-Dünnschnitten mit Hilfe eines Gleiters ergibt sich [4.34], daß aufgrund des in orientierten Bereichen höheren Elastizitätsmoduls die Reibungszahl sinkt. Ein höherer Elastizitätsmodul hat zur Folge, daß die wahre Kontaktfläche und das Deformationsvolumen abnehmen. Wachstumsbedingt gestörte Grenzbereiche in sphärolitischen Strukturen ergeben beim Gleiten eines Aluminiumoxidstiftes kleinere Reibungszahlen als die Sphärolite selbst, *Bild 4.69*. Die Tatsache, daß allgemein

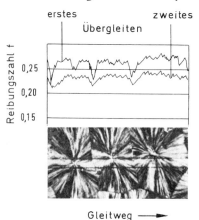
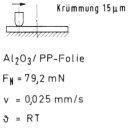

Bild 4.69: Beeinflussung des Reibungsverhaltens Polymer/Metall durch die Mikrostruktur des Polymeren (Sphärolite, Sphärolitgrenzen) nach [4.34]

Bänderstrukturen niedrigere Reibungs- und Verschleißwerte zeigen als sphärolitische Strukturen [4.35], macht man sich durch geeignete Abkühlbedingungen zunutze, so daß sich an der Oberfläche infolge (kristalliner) Bänderstrukturen günstigeres Verschleißverhalten als in dem sonst sphärolitischen Grundwerkstoff ergibt, *Bild 4.70*.

Bei teilkristallinen Thermoplasten hat sowohl der Kristallisationsgrad als auch die Größe der Kristallite einen Einfluß auf das tribologische Verhalten. Die mechanischen Eigenschaften, insbesondere der Elastizitätsmodul, ändern sich zum Teil erheblich [4.22], so daß sich nicht zuletzt infolge der Beeinflussung des Dämpfungsverlaufes Änderungen in den Parameterabhängigkeiten von Reibung und Verschleiß ergeben. Durch Reckung von Thermoplasten kann die Kristallinität gesteigert werden. Bei Polypropylen (PP) fällt die Reibungs-

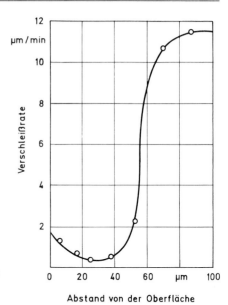

Penton/Stahl (HR$_c$ 49 bis 50)
p = 5 N/mm^2
v = 1 mm/s
A$_0$ = 3 mm x 3 mm

Bild 4.70: Verschleiß eines Polymeren mit vom Werkstoffinneren abweichender Oberflächenstruktur (Randschicht) in Abhängigkeit vom Abstand von der Oberfläche nach [4.35]

zahl mit steigendem Durchmesser der Sphärolite bei gleichzeitigem Anstieg der Reißfestigkeit [4.34]. Dieser Umstand dürfte auch darauf zurückzuführen sein, daß entsprechend vorher gezeigter Ergebnisse die bei größeren Sphäroliten geringere Dichte gestörter Bereiche eine integrale Senkung des Reibungsniveaus bewirkt.

Bestrahlung kann zu Zersetzungseffekten in Thermoplasten führen, so daß der Kettenaufbau und die gesamte Polymerstruktur verändert wird [4.35]. Das tribologische Verhalten wird entsprechend den Auswirkungen auf die beschriebenen Werkstoffmerkmale zum Teil erheblich beeinflußt.

4.1.2.7 Füll- und Verstärkungsstoffe

Unter Füllstoffen werden solche Zusätze verstanden, die weicher und unter Verstärkungsstoffen solche, die härter als der Matrixwerkstoff sind, wobei beide gezielt zur Veränderung des tribologischen oder sonstigen Verhaltens des Thermoplasten dienen. Die meisten kommerziellen Thermoplaste indes enthalten bereits Wirkstoffe, vgl. 1.3, die für den Verarbeitungsprozeß erwünscht bzw. erforderlich sind und unbeabsichtigt Reibungs- und Verschleißvorgänge beeinflussen.

Als schmierende Zusätze, d.h. Füllstoffe, die eine direkte adhäsive Wechselwirkung zwischen Stoff und Gegenstoff mindern oder vermeiden, werden hauptsächlich Graphit (oder andere Modifikationen des Kohlenstoffs), Molybdändisulfid (MoS_2), Wolframdisulfid (WS_2), PTFE, PE und auch Flüssigschmierstoffe wie Mineralöle oder synthetische Öle verwendet.

Die nicht thermoplastischen Festschmierstoffe besitzen meist eine Schichtgitterstruktur, *Bild 4.71*, die dadurch, daß die Bindungen in einer Gitterrichtung schwächer sind, ein Abgleiten in definierten Ebenen gestatten, *Bild 4.72* [4.36]. Einige Kennwerte und Merk-

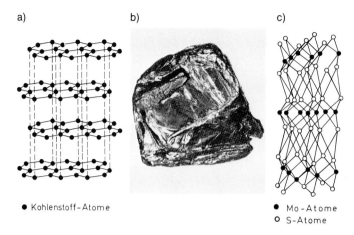

Bild 4.71: Schichtgitterstruktur von Festschmierstoffen [4.36]
a) Kristallstruktur Grafit; b) Molybdändisulfid-Kristall; c) Kristallstruktur Molybdändisulfid

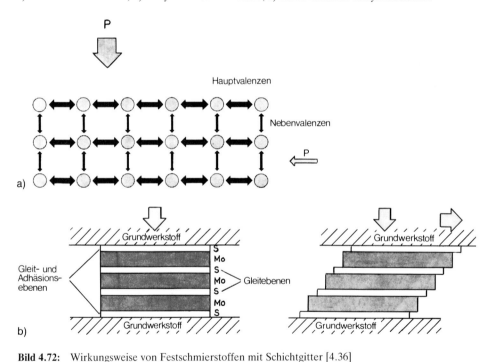

Bild 4.72: Wirkungsweise von Festschmierstoffen mit Schichtgitter [4.36]
a) Aufbau von Festschmierstoffen mit Schichtgitterstruktur (Lamellenstruktur)
b) Wirkungsweise von Festschmierstoffen mit Schichtgitterstruktur, schematisch dargestellt an MoS_2

male solcher Stoffe im Vergleich zu PTFE sind in *Bild 4.73* zusammengestellt. Der Temperatureinsatzbereich der Zusätze ist begrenzt. Die obere Grenze liegt jedoch allgemein höher als die Grenzbelastbarkeit von Thermoplasten. Graphit hat in feuchter und geschmierter Umgebung günstigere Gleiteigenschaften. Molybdändisulfid zeigt auch im Vakuum vorteilhaftes Verhalten, auf seine Korrosionsanfälligkeit, insbesondere in feuchter

4.1 Grundsätzliches Verhalten – Modellversuche 139

Eigenschaften	Festschmierstoff			PTFE
	Grafit	MoS$_2$	WS$_2$	
Farbe	grauschwarz	grauschwarz	grauschwarz	weiß bis transparent
Spez. Gew. [g/cm^3]	1,4–2,4	4,8–4,9	7,4	2,1–2,3
Mohs'sche Härte	1-2	1-2	5	–
Reibungszahl	0,1–0,2	0,04 –0,09	0,08–0,2	0,04–0,09
Einsatztemperaturbereich [°C]	–18 bis 450	–180 bis 400	–180 bis 450	–250 bis 260
Beständigkeit gegen				
Chemikalien	sehr gut	gut	gut	gut
Korrosion	gut	schlecht	schlecht	gut
Strahlung	gut	gut	gut	schlecht
Oxidationsprodukte/ Zerfallsprodukte	CO, CO$_2$	MoO$_3$, SO$_2$	WO$_3$, SO$_2$	C$_2$F$_4$

Bild 4.73: Kennwerte von Festschmierstoffen im Vergleich zu PTFE [4.36]

Atmosphäre sei jedoch hingewiesen. Metallpulverzusätze wie Bronze (Bz) oder Blei (Pb) haben je nach Grundwerkstoff bereits eine Stützwirkung und senken wie Glasfasern, Glaskugeln, Gewebe oder Keramikpulver die Kriechrate und den Verschleiß der Matrix. Die mechanische Tragfähigkeit des Zusatzes beeinflußt die Belastbarkeit des Werkstoffs. Zuweilen ist eine Optimierung bezüglich Art und Menge von Verstärkungsstoffen erforderlich, da Reibung und Verschleiß mitunter gegensätzlich beeinflußt werden, und zudem die Verschleißbeständigkeit des Polymeren oft mit verstärktem Abrieb des Gegenstoffs erkauft werden muß. Da in der Praxis das Verhalten der Paarung maßgebend ist, muß die durch das Verhältnis von Härte der betreffenden Partikel zu der des Gegenstoffs mitbestimmte abrasive Wirkung auf den Gleitpartner berücksichtigt werden.

Füll- und Verstärkungsstoffe bewirken in der Regel gegenüber dem reinen Werkstoff eine Veränderung des Einlaufverhaltens, [4.12], *Bild 4.74*, und eine Nivellierung der Abhängigkeiten im stationären Zustand, *Bild 4.75* und *Bild 4.76*. Für das thermische Versagen ist jedoch offensichtlich weiterhin der Werkstoffzustand der Matrix von Bedeutung, *Bild 4.77*. Meist erwünschte Verschleißminderung gegenüber dem reinen Matrixwerkstoff erfolgt nicht bei allen Beanspruchungen, wie aus der bereichsweisen Überschneidung der Abhängigkeiten in Bild 4.75 und Bild 4.77 hervorgeht. Bei Stoffen mit relativ niedrigem Rei-

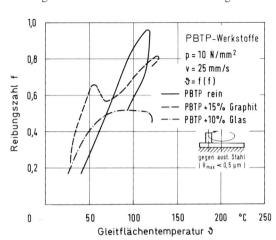

Bild 4.74: Veränderung des Einlaufverhaltens von PBTP durch Füll- und Verstärkungsstoffe [4.12]
(Glas in Form von Faserstücken)

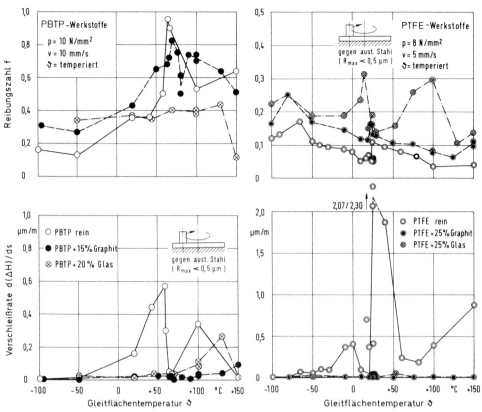

Bild 4.75: Veränderung der Temperaturabhängigkeit des Reibungs- und Verschleißverhaltens von PBTP durch Füll- und Verstärkungsstoffe [4.12]
(Glas in Form von Faserstücken)

Bild 4.76: Veränderung der Temperaturabhängigkeit des Reibungs- und Verschleißverhaltens von PTFE durch Füll- und Verstärkungsstoffe [4.12]
(Glas in Form von Faserstücken)

bungsniveau (in reiner Form) erfolgt meist eine Anhebung der Reibungszahl durch alle Füllstoffe, Bild 4.76, während bei Stoffen mit höherem Reibungsniveau je nach Zusatz entgegengesetzte Tendenzen vorzufinden sind [4.1], *Bild 4.78* und *Bild 4.79*. Auch bei Einsatz schmierwirksamer Zusätze erfolgt in der Regel keine ideale Trennung von Stoff und Gegenstoff, so daß Art und Oberflächenstruktur sowie Anordnung von Gleitelementen weiterhin von Bedeutung bleiben [4.7, 4.37], *Bild 4.80*. Ist der Füllstoff wie die Matrix ein Thermoplast, so bestimmen auch dessen Erweichungsgebiete das tribologische Verhalten [4.1], *Bild 4.81*. Im Bereich des starken Absinkens der Reibungszahl von PA/PE ist wegen des infolge Erweichens aus der Gleitfuge transportierten PE mit hoher Verschleißrate zu rechnen.

Allgemein wird beobachtet, daß wie bei reinen Stoffen die Verschleißrate gefüllter oder verstärkter Polymerwerkstoffe vom jeweilig wirksamen Mechanismus abhängt [4.33]. Während unter abrasiven Bedingungen bei einmaligem Übergleiten des Gegenstoffs oft der Werkstoff ohne Zusatz vorteilhaft ist, kehrt sich dieser Zusammenhang im stationären Zustand nach wiederholtem Übergleiten um, *Bild 4.82*. Im stationären Zustand lagert sich der Thermoplastverschleiß auf dem abrasiven Gegenstoff ab, so daß sich eine Polymer/Poly-

4.1 Grundsätzliches Verhalten – Modellversuche 141

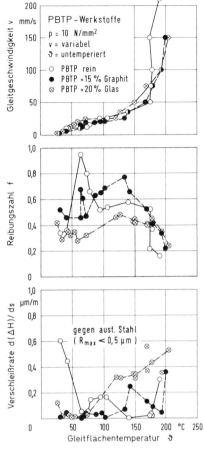

Bild 4.77: Reibung und Verschleiß von PBTP-Werkstoffen in Abhängigkeit von der Temperatur unter Einschluß des Versagensbereiches [4.12] (Glas in Form von Faserstücken)

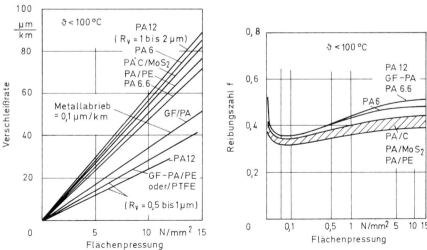

Bild 4.78: Beeinflussung der Pressungsabhängigkeiten von Reibung und Verschleiß bei PA durch Zusatzstoffe nach [4.1]

142   4 Thermoplaste

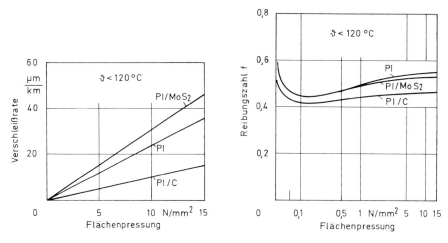

Bild 4.79: Beeinflussung der Pressungsabhängigkeiten von Reibung und Verschleiß bei PI durch Zusatzstoffe nach [4.1]

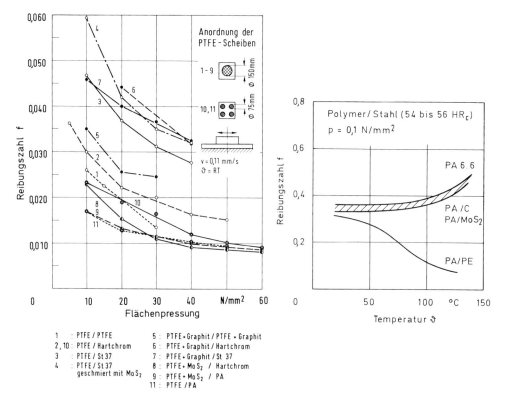

1 : PTFE / PTFE	5 : PTFE + Graphit / PTFE + Graphit
2, 10 : PTFE / Hartchrom	6 : PTFE + Graphit / Hartchrom
3 : PTFE / St 37	7 : PTFE + Graphit / St 37
4 : PTFE / St 37 geschmiert mit MoS$_2$	8 : PTFE + MoS$_2$ / Hartchrom
	9 : PTFE + MoS$_2$ / PA
	11 : PTFE / PA

Bild 4.80: Pressungsabhängigkeit der Reibungszahlen beim jeweiligen Bewegungsbeginn für verschiedene Paarungen mit PTFE-Werkstoffen bei hin- und hergehender Gleitbeanspruchung nach [4.7]

Bild 4.81: Einfluß des thermoplastischen Zusatzstoffes in einem Polymeren auf die Temperaturabhängigkeit der Gleitreibungszahl nach [4.1]

mer-Wechselwirkung mit adhäsivem Charakter überlagert. Andererseits setzt der Füllstoff infolge der Einlagerung die inneren Bindungskräfte des reinen Werkstoffs herab, so daß unter vorwiegend abrasiver Beanspruchung Schneid-, Furchungs- und Reißprozesse erleichtert werden können. Infolge Kerbwirkung werden – insbesondere bei milder Abrasion – auch Ermüdungsprozesse begünstigt.

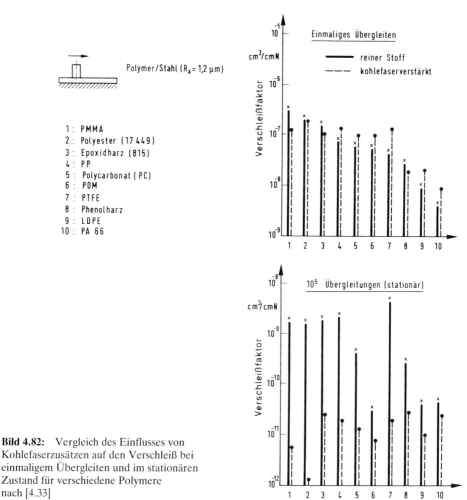

Bild 4.82: Vergleich des Einflusses von Kohlefaserzusätzen auf den Verschleiß bei einmaligem Übergleiten und im stationären Zustand für verschiedene Polymere nach [4.33]

Der gleiche Verstärkungsstoff kann sich bei unterschiedlichen Matrixwerkstoffen unter Umständen grundsätzlich anders auf den Gegenstoff auswirken. Entsprechend der unterschiedlichen Lage der Glastemperaturen von PBTP und PTFE (ϑ_G rd. $+60\,°C$ und $-100\,°C$) findet die Einbettung und Überdeckung von Glasfasern mit einem schützenden Film des Matrixwerkstoffes bei PTFE schon bei vergleichsweise niedriger Temperatur statt, so daß die abrasive Wirkung gemindert wird. Bei PBTP ist unmittelbarer Kontakt zwischen Glas und Gegenstoff bis zum Erweichen der Matrix vorhanden [4.12]. In Abhängigkeit von der Temperatur wird daher bei PBTP bis zum Erweichen der Matrix eine relativ konstante, hauptsächlich die Paarung Glas/Gegenstoff (Stahl) charakterisierende Reibungszahl beob-

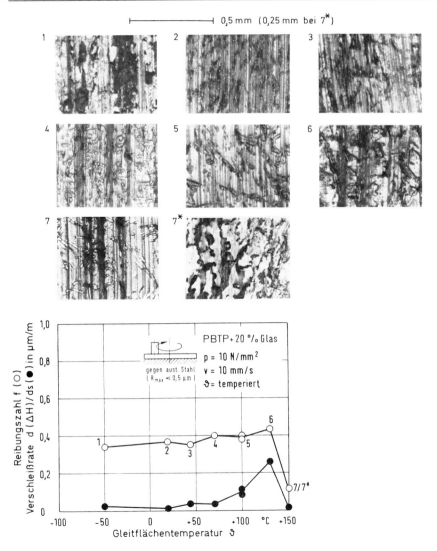

Bild 4.83: Reibung und Verschleiß von glasverstärktem PBTP in Abhängigkeit von der Temperatur mit Zuordnung charakteristischer Verschleißerscheinungsformen [4.12] (Glas in Form von Faserstücken)

achtet, *Bild 4.83*, während sich bei PTFE die Erweichungsgebiete des Thermoplasten deutlich im Reibungsverlauf abbilden, *Bild 4.84*. Ein relativ weicher, feindispersiver Graphitzusatz jedoch behindert offensichtlich in beiden Fällen den Matrix/Gegenstoff-Kontakt in geringerem Maße, *Bild 4.85* und *Bild 4.86*. Aus diesem Grunde treten wahrscheinlich die bei reinem PBTP quer zur Gleitrichtung beobachteten Oberflächenverschiebungen, Bild 4.46, oberhalb der Glastemperatur auch bei graphitgefülltem PBTP auf. Die Einlaufkurven der gefüllten PBTP-Werkstoffe, Bild 4.74, haben bei unverändertem Prüfsystem wiederum im wesentlichen den gleichen Verlauf wie die Parameterabhängigkeiten in Bild 4.83 und Bild 4.85.

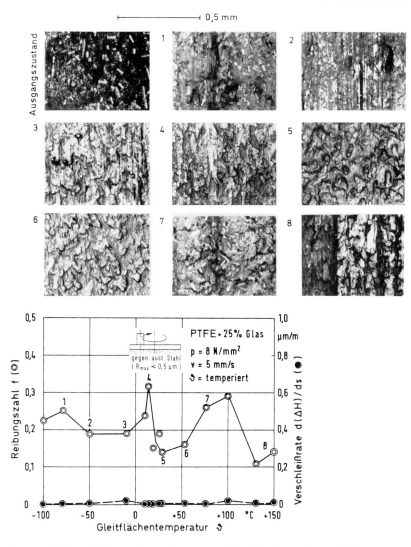

Bild 4.84: Reibung und Verschleiß von glasverstärktem PTFE in Abhängigkeit von der Temperatur mit Zuordnung charakteristischer Verschleißerscheinungsformen [4.12] (Glas in Form von Faserstücken)

146   4 Thermoplaste

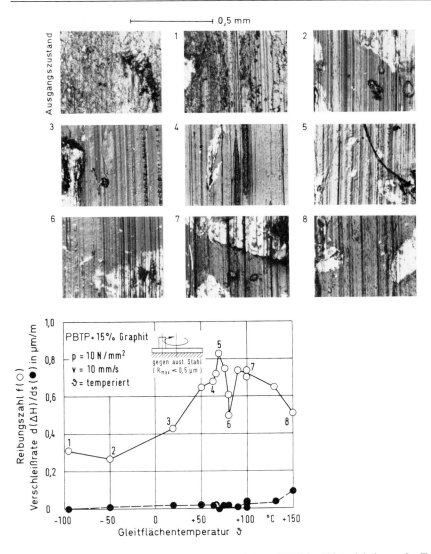

Bild 4.85: Reibung und Verschleiß von graphitgefülltem PBTP in Abhängigkeit von der Temperatur mit Zuordnung charakteristischer Verschleißerscheinungsformen [4.12]

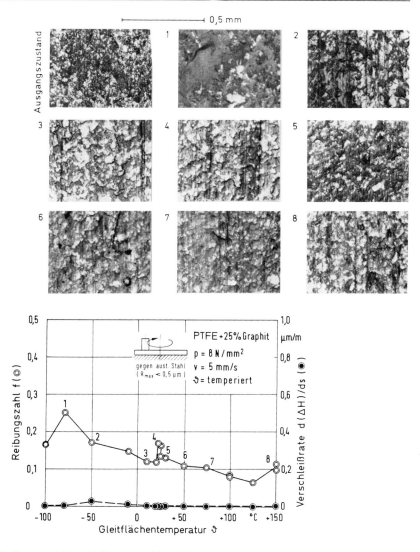

Bild 4.86: Reibung und Verschleiß von graphitgefülltem PTFE in Abhängigkeit von der Temperatur mit Zuordnung charakteristischer Verschleißerscheinungsformen [4.12]

Bei Laminaten ist die Orientierung der Fasern relativ zur Gleitrichtung von Bedeutung. In Gleitreibungsversuchen mit glasfaserverstärktem PTFE mit verschiedenen anteiligen Orientierungen der Glasfasern, *Bild 4.87,* zeigt sich, daß der niedrigste Verschleiß dann erreicht wird, wenn der größte Teil der Fasern (⅔) senkrecht zur Gleitrichtung mit Längsachse normal zur Gleitfläche orientiert ist [4.38]. Stehen keine Fasern normal zur Gleitfläche, wird der geringste Verschleißwiderstand verzeichnet, *Bild 4.88.* Die Reibungszahl ändert sich praktisch nicht, möglicherweise spielt auch MoS_2 als zusätzlicher Füllstoff eine Rolle. Reibung und Verschleiß richten sich auch nach den Haftungsverhältnissen zwischen Matrix und inkorporierten Partikeln, die sich je nach Orientierung insbesondere bei Fasern unterschiedlich stark auswirken können, *Bild 4.89.*

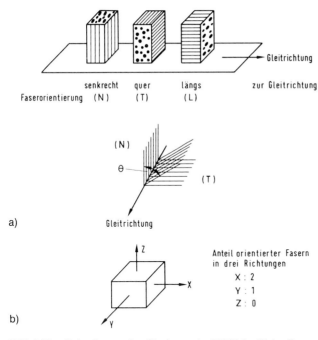

Bild 4.87: Orientierung der Glasfasern in PTFE in Gleitreibungsversuchen gemäß Bild 4.88 nach [4.38]
a) Uniaxiale Kompositions-Werkstoffe
b) Biaxiale Kompositions-Werkstoffe

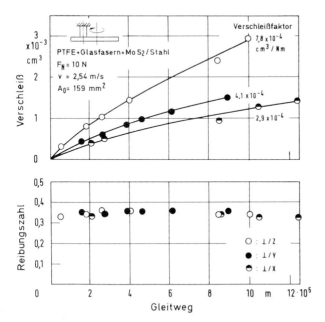

Bild 4.88: Einfluß der Glasfaserorientierung auf das Reibungs- und Verschleißverfahren von glasfaserverstärktem PTFE mit MoS_2-Zusatz bei Gleitbeanspruchung nach [4.38], vgl. Bild 4.87

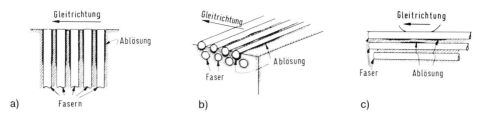

Bild 4.89: Einfluß der Haftungsverhältnisse zwischen Fasern und Matrix auf das Verschleißverhalten von faserverstärkten Polymeren bei unterschiedlichen Faserorientierungen nach [4.38]
a) Faserorientierung senkrecht zur Gleitrichtung
b) Faserorientierung quer zur Gleitrichtung
c) Faserorientierung in Gleitrichtung

Die veränderte Wechselwirkung zwischen den Elementen einer Gleitpaarung durch Zusatzstoffe hat in der Regel auch Einfluß auf die Versagensmechanismen gegenüber dem reinen Matrixwerkstoff. Bei Glasverstärkung können infolge Kerbwirkung Spannungskonzentrationen im Bereich der Partikel Rißbildung begünstigen und zum vollständigen Lösen der eingelagerten Teilchen führen [4.39], wobei örtlich hohe Temperaturen im Glas/Gegenstoff-Kontakt auch die Matrix zersetzen bzw. aufschmelzen. Bei Glas- und Graphitzusätzen werden gelegentlich schuppenförmige Ausbrechungen beobachtet [4.12], die bei den reinen Thermoplasten (z. B. PBTP, PTFE) meist nicht vorgefunden werden. Bei Vorhandensein von in Nestern eingelagerten schmierwirksamen Füllstoffen wie auch bei Ausbrechen von Verstärkungsstoffen ist vorübergehend der Verschleiß der Matrix erforderlich, um Schichten des Werkstoffs mit den gewünschten Eigenschaften freizulegen. Es kann dabei zu einem ungleichmäßigen Verlauf der Reibungszahl in Abhängigkeit vom Gleitweg kommen.

Ergebnisse von Vergleichsversuchen an PTFE-Verbundwerkstoffen, Kunstkohlewerkstoffen und Polyimid mit einem Modellprüfstand nach dem System Stift (Verbundwerkstoff)/ Walze (Chromguß R_{max} rd. 1,5 µm) zeigen die Verschleißbeständigkeit dieser Werkstoffgruppe [4.40], *Tafel 4.4*. Es sind die relativen Verschleißraten mit Bezug auf die Komposition Ri 220 angegeben, die den geringsten Verschleiß aufweist. Die durch Zusätze von Kohle, Koks, Glasfasern, Bronze und Molybdändisulfid erreichbaren Werte liegen in der Größenordnung des Polyimid und sind zum Teil wesentlich günstiger als die der Kunstkohlewerkstoffe. Gegenüber reinem PTFE wird unter diesen Bedingungen eine Steigerung der Verschleißbeständigkeit bis um drei Größenordnungen erreicht. Das Reibungsniveau der PTFE-Verbundwerkstoffe, geprüft in einem System Welle (Chromstahl R_{max} rd. 1 µm)/ Lagerschale (Verbundwerkstoff in Folienform) liegt wiederum erwartungsgemäß höher als das des reinen PTFE, ist aber vergleichbar mit dem der Kohleverbundwerkstoffe und kann durch Ölschmierung, vgl. 4.1.2.8, noch gesenkt werden, so daß das Niveau ölgetränkten Sintereisens (MKE) bzw. ölgetränkter Sinterbronze (MKZ) erreicht wird, *Bild 4.90*. Die Geschwindigkeitsabhängigkeit im Trockenlauf ist leicht steigend, die Pressungsabhängigkeit leicht fallend. Die Lagertemperatur ändert sich bei p = 0,5 N/mm² als Funktion der Geschwindigkeit um rd. 40 °C und der Pressung bei v = 1 m/s um rd. 100 °C, *Bild 4.91*. Die Absolutwerte sind zum Teil erheblich niedriger als die der Vergleichswerkstoffe. Entsprechend den kleineren Reibungszahlen bewirkt zusätzliche Ölschmierung eine geringere Erwärmung, *Bild 4.92*, so daß sich insgesamt gesehen in einem größeren Pressungs-/Geschwindigkeitsbereich, wenn man eine Grenztemperatur von 120 °C vorgibt, eine vergleichbare Grenzbelastbarkeit in bezug auf Kunstkohle-Werkstoff ergibt, jedoch eine geringere

Tafel 4.4: Verschleiß von PTFE-Verbundwerkstoffen im Vergleich zu anderen Werkstoffen [4.40]

Grundkörper/Chromguß (R_{max} rd. 1,5 μm)
$p = 0,5$ N/mm^2
$v = 1000$ mm/s

Marken-bezeichnung	Angaben zur Zusammensetzung	Verschleiß-rate (Verschleißge-schwindigkeit) μm/100 h	relativer Verschleiß-faktor[+]
Ri 100	reines PTFE ohne Zusatz	80 000	2870,0
kohlenstoffhaltige PTFE-Werkstoffe			
T 48	30 % Spezialkohlenstoff	87	3,2
Ri 150	25 % Spezialkohlenstoff	117	4,3
Ri 140	25 % Petrolkoks	167	6,2
glasfaser- und glasfaser-kohlenstoff-haltige PTFE-Werkstoffe			
T 21	15 % Glasfaser und 10 % Spezialkohlenstoff	67	2,5
T 22	15 % Glasfaser und 15 % Spezialkohlenstoff	67	2,5
Ri 170	20 % Glasfaser und 5 % Graphit	70	2,6
Ri 190	25 % Glasfaser	317	11,8
bronzehaltige PTFE-Werkstoffe			
Ri 220	50 % Bronze und 15 % Graphit	27	1,0
T 19	55 % Bronze und 5 % Molybdändisulfid	43	1,6
Ri 200	60 % Bronze	70	2,6
Vergleichskunststoff			
Kinel-5505	Polyimid mit 25 % Graphit[o]	67	2,5
Kunstkohle-Werkstoffe			
EK 10	Hartbrandkohle mit PTFE-Tränkung	175	6,5
EK 300	Elektrographitkohle mit Weißmetalltränkung	180	6,7
EK 200	Elektrographitkohle mit Kunstharztränkung	360	13,0
EK 40	Elektrographitkohle mit PTFE-Tränkung	380	14,0

[+] bezogen auf die Verschleißgeschwindigkeit von Ri 220
[o] Erzeugnis einer französischen Firma

4.1 Grundsätzliches Verhalten – Modellversuche 151

Grundkörper / Chromguß
($R_{max} = 1{,}5\ \mu m$)
ϑ = untemperiert

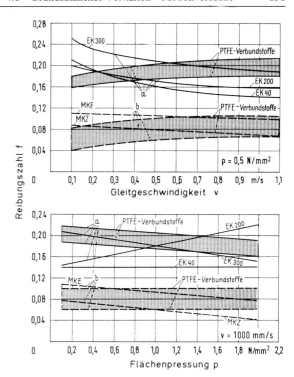

Bild 4.90: Reibungsverhalten der Werkstoffe nach Tafel 4.4 in Abhängigkeit von Gleitgeschwindigkeit und Pressung ohne und mit Schmierung [4.40]
oben: ungeschmiert;
unten: geschmiert mit Öl (Aral E 300, extra)

Grundkörper / Chromguß ($R_{max} = 1{,}5\ \mu m$)
ungeschmiert

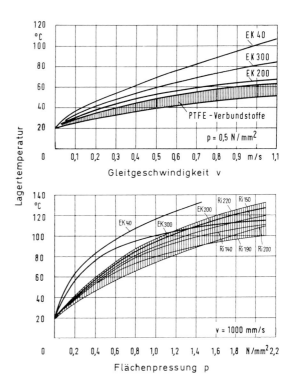

Bild 4.91: Lagertemperatur in Abhängigkeit von Gleitgeschwindigkeit und Pressung bei Verwendung von Werkstoffen gemäß Tafel 4.4 im ungeschmierten Zustand [4.40]

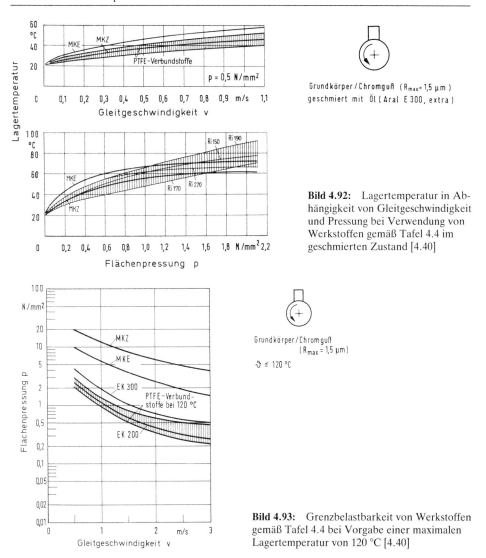

Bild 4.92: Lagertemperatur in Abhängigkeit von Gleitgeschwindigkeit und Pressung bei Verwendung von Werkstoffen gemäß Tafel 4.4 im geschmierten Zustand [4.40]

Bild 4.93: Grenzbelastbarkeit von Werkstoffen gemäß Tafel 4.4 bei Vorgabe einer maximalen Lagertemperatur von 120 °C [4.40]

im Vergleich zu den metallischen Sinterwerkstoffen, *Bild 4.93*, was offensichtlich auf die kleinere thermische Leitfähigkeit zurückzuführen ist.

Fette und Öle als Füllstoffe für eine inkorporierte Schmierung bewirken gleiche Effekte in der Gleitfuge wie Fremdschmierstoffe, vgl. 4.1.2.8. Der wesentliche Unterschied jedoch ist, daß nach Verbrauch des Schmierstoffs neue Nester mit Schmierstoffzusätzen durch Verschleiß der Matrix freigelegt werden müssen. Während bei Verwendung von Schmierstoffen unter Aufbau einer hydrodynamischen Schmierung Verschleiß vermieden werden kann, ist dieser bei „interner Schmierung" nicht auszuschließen bzw. erforderlich. Bei einem angestrebten möglichst verschleißarmen Lauf sind Schmierstoffe als Füllstoffe nicht sinnvoll. Bei Langzeitschmierung und insbesondere Schwingungsbeanspruchung besteht oft das Problem des Schmierstofftransportes in die Kontaktfläche. Hier allerdings haben Polymere mit inkorporiertem Schmierstoff Vorteile. Die wichtigsten Thermoplaste zur Herstellung von

Gleitwerkstoffen mit Schmierstoffzusätzen sind Polyacetale, Polyamide, Polyterephthalate, Polytetrafluorethylen und Polyethylen, wobei Vor- und Nachteile gegenüber anderen Gleitlagerwerkstoffen abzuwägen sind [4.36], *Tafel 4.5*.

Tafel 4.5: Vor- und Nachteile von Gleitwerkstoffen mit Schmierstoffzusätzen [4.36]

Vorteile	Nachteile
schmierungsfreier Einsatz	geringere Wärmeleitfähigkeit
Einbettung von Verschleißpartikeln und Fremdkörpern	elektrostatische Aufladung
Korrosionsbeständigkeit	hoher Ausdehnungskoeffizient
relativ gute Chemikalienbeständigkeit	geringere thermische Stabilität
Geräuschdämpfung	geringere Druckbelastbarkeit
teilweise wesentlich preiswerter	

Wegen der häufig nur partiellen Schmierwirkung von Zusatzstoffen ist mit einer stärkeren, reibungsbedingten Erwärmung in der Grenzschicht des Thermoplasten als im Fall eines gleichzeitig wärmeabführenden Schmierstoffumlaufes zu rechnen [4.41], was je nach Beanspruchung, Matrixwerkstoff und Zusätzen zu einem mehr oder weniger frühen Versagen der Paarung führen kann. Auch bei in der UdSSR entwickelten hochbeanspruchbaren Werkstoffen vom Typ SAM, *Tafel 4.6*, zeigen sich in Temperaturstufenversuchen mit dem Stift/Scheibe-System gemäß Bild 2.11 diese Grenzen, *Bild 4.94*. Das Versagen einer Paarung tritt in der Regel dann ein, wenn in einer Temperaturstufe die thermische Belastbarkeitsgrenze des Matrix-Werkstoffes überschritten wird. Ein entsprechendes Ergebnis wird

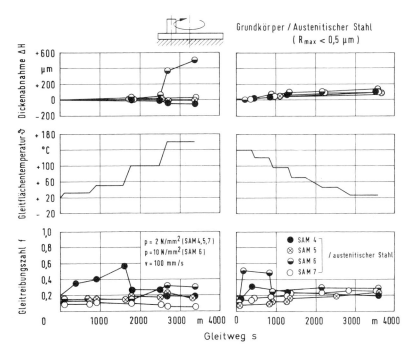

Bild 4.94: Reibungs- und Verschleißverhalten einiger Werkstoffe vom Typ SAM gemäß Tafel 4.6 in Temperaturstufenversuchen bei Gleitbeanspruchung [4.41]

Tafel 4.6: Zusammensetzung und mechanische Kennwerte der Werkstoffe vom Typ SAM [4.41]

Werkstoff	PA 6	POM	SAM 3	SAM 4	SAM 5	SAM 6	SAM 7
Matrix: PA 6 [1) POM [2)			×	×	×	×	×
Füllstoffe: Mineralöl Zinkstearat Phenolharz Phosphorgips HDPE PTFE andere Schmier- stoffe			× ×	 × × ×	× × ×	× × 	× × ×
Rohdichte kg/m^3	1130	1410	1300	1150	1300	1500	1510
Reißfestigkeit N/mm^2	45 bis 60	65 bis 70	80 bis 100	44 bis 50	44 bis 50	63 bis 65	55 bis 60
Druckfestigkeit N/mm^2	70 bis 90	145	90 bis 100	70 bis 90	80 bis 90	110 bis 120	80 bis 90
Härte bei Auflast 358 N in N/mm^2	110 bis 150	110	140 bis 170	110 bis 120	90 bis 100	110 bis 120	110 bis 120
E-Modul N/mm^2	1000 bis 1200	2500	1250 bis 1900	-	600 bis 800	2000 bis 3000	1200 bis 2800
Wärmebeständigkeit nach Weak in °C	150 bis 200	-	220 bis 230	100 bis 120	190 bis 200	150 bis 160	115 bis 120
maximale Feuchtigkeitsaufnahme in %	7	0,5	-	4,2	5,8	1,2	3

1) (OST-06-09-76)
2) Copolymer des Formaldehyds mit Dioxalan (Tu-06-05-1543-72)

bei untemperierten Versuchen und hoher Beanspruchung infolge von Reibungswärme festgestellt. Inkorporierte Mineralöle bewirken bei diesen Kompositionen relativ gesehen vor Festschmierstoffen günstigere Paarungseigenschaften, was sich auch in der weit höheren Beanspruchbarkeit über größere Gleitwege ausdrückt, *Bild 4.95,* vgl. 4.94. Auch hier ist jedoch in einem Fall ersichtlich, daß nach Verbrauch des in der Gleitfuge befindlichen Schmierstoffs vorübergehend hohe Erwärmung und großer Verschleiß resultieren, bis erneut Öl in die Gleitfläche gelangt [4.41].

Vergleichende Anhalte für den Einsatz unverstärkter und verstärkter Thermoplaste sind aus *Tafel 4.7* zu entnehmen [4.18], wobei die Werte nur unter den erwähnten Voraussetzungen Gültigkeit haben. Weitere Informationen gehen aus *Tafel 4.8* hervor. Der angegebene Verschleißfaktor bezieht sich auf die relative Veränderung des Verschleißes durch Zusätze im Vergleich zum reinen Werkstoff PA 6. Für thermisch höhere Belastung sind andere Polymere, z. B. verstärkte Duroplaste, erforderlich. Zusätze oder Verbundkonstruktionen, die eine Steigerung der Wärmeleitfähigkeit im Vergleich zu reinen Polymeren bewirken, können die Beanspruchbarkeit erhöhen.

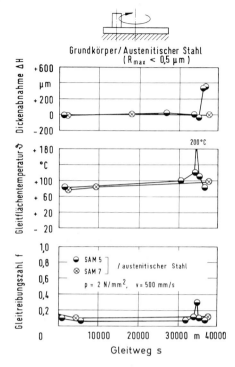

Bild 4.95: Einfluß inkorporierter Mineralöle auf das tribologische Verhalten der Werkstoffe SAM 5 und SAM 7 gemäß Tafel 4.6 bei Gleitbeanspruchung [4.41]

Tafel 4.8: Anhaltspunkte für den Einsatz von PA 6 sowie PTFE ohne und mit Zusatzstoffen [4.18]

Zusätze (Gew.-%) zu PA 6				Relativwerte: $p \cdot v$-Wert Gleitgeschwindigkeit v m/s			dyn. Reibungszahl	Verschleiß-faktor
Schmierstoffe		Verstärkungsstoffe		0,05	0,5	5		
PTFE	Silikon	Glasfasern	Kohlefasern					
-	-	-	-	1	1	1	1	1
20	-	-	-	5	10	4	0,7	0,075
-	2	-	-	1,5	2	5	0,5	0,25
18	2	-	-	5	12	7	0,4	0,055
-	-	30	-	4	4	4	1,2	0,45
15	-	30	-	7	10	9	1	0,085
15	2	30	-	8	8	10	0,8	0,05
-	-	-	30	7	11	5	0,8	0,15

Zusätze (Gew.-%) zu PTFE				Polymer/Stahl				
Glasfasern	Bronze	Graphit	MoS_2					
-	-	-	-	1	1	1	1	
15	-	-	-	8	7	6	1,2	
25	-	-	-	8	7	6	1,3	
-	60	-	-	12	9	11	1,2	
20	-	5	-	9	8	9	1,3	
15	-	-	5	9	8	7	1,2	

Tafel 4.7: Anhaltspunkte für den Einsatz verschiedener Thermoplaste ohne und mit Zusatzstoffen [4.18]

Werkstoff (Zusätze in Gew.-%)	Gleitreibungszahl f bei R_V optimal und p=0,1 N/mm² 3)	Gleitverschleißrate $W_{L/S}$ / Flächenpressung p µm/km / N/mm² 2)	max. Gleitflächentemperatur ϑ_F °C	Optimale Rauhtiefe R_V (Maximale Rauhtiefe R_{max}) µm 1)
HD-PE	0,24	0,57 / 7	55	< 0,5
HD-PE / Kreide	0,26	0,36 / 7	55	-
PTFE	0,22 (v ≥ 50 mm/s)	51,5 / 6	> 150	< 0,2 (< 0,5)
PTFE/Bronze (68)	0,065 (v ≤ 5 mm/s)	16,4 / 10	> 150	0,5 bis 1
PTFE/Glaspulver/MoS₂ (15/20/5)	0,3 (p=1 N/mm²)	1,8 / 15	> 150	0,5 bis 1
	0,17			
POM-Homop.	0,31	6,5 / 15	120	1 bis 2
POM-Cop.	0,31	7,6 / 15	120	1 bis 2
POM/Graphit	0,29	7,4 / 15	100	1 bis 2
POM/PTFE-Fasern (22)	0,26	-	100	1,5 bis 2
GF-POM	-	-	-	0,5 bis 1
PETP	0,24	0,93/15	120	~ 0,5
PA 6	0,36	5,8/15	95	1,5 bis 3
PA/PE (ca. 10)	~ 0,33	5,1/15	105	1 bis 2
PA/Graphit	~ 0,33	-	100	-
PA/MoS₂	~ 0,33	-	100	-
PA/Graphit/MoS₂	-	5,6/15	100	1 bis 2
GF-PA (20-40)	0,36	3,5/15	95	0,5 bis 1
GF-PA/PE oder PTFE	-	2,9/15	100	0,5 bis 1
PA 11	-	- , -	-	0,5 bis 1
PA 12	0,36	2,5/15	95	0,5 bis 1
PA 66	0,35	5,3/15	95	1,5 bis 3
PI th.	0,45	2,3/15	> 150	1,5 bis 3
PI/Graphit (15)	0,41	1,0/15	> 150	1,5 bis 3
PI/MoS₂	0,45	3,1/15	> 150	1,5 bis 3

1) Polymer/Stahl (16 MnCr 5, 54 bis 56 HRc)
1) Verschleiß minimal, kein stick-slip
2) Bis p steigt Verschleiß mit p linear
3) v: Gleitgeschwindigkeit

4.1.2.8 Schmierstoffe (Zwischenstoffe)

4.1.2.8.1 Anwendung

Die Funktion von Schmierstoffen besteht darin, relativ zueinander bewegte Bauteile durch Schmierschichten voneinander zu trennen, und die Last ohne Festkörperberührung zu übertragen. Diese als Flüssigkeitstreibung bezeichnete Schmierart (Hydrodynamik bzw. Elastohydrodynamik), *Bild 4.96,* wird durch Scherkeilbildung bewirkt [4.42, 44.43] und

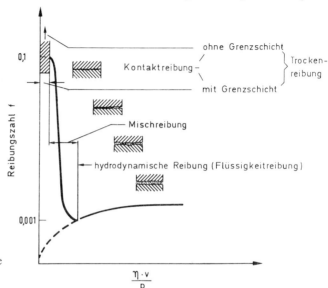

Bild 4.96: Reibungszustände (schematisch) [4.44]

geht bei kleinen Geschwindigkeiten, Bewegungsumkehr oder Lastspitzen in die Mischreibung über, bei der die Last zusätzlich durch Festkörperkontakt übertragen wird, vgl. Bild 2.4. Entsprechend der Funktion werden Schmierstoffe hauptsächlich eingesetzt, um Reibung und/oder Verschleiß von Stoff und Gegenstoff tribologischer Systeme zu senken, wobei auch ein kontinuierlicher Bewegungsablauf in beanspruchungsspezifisch stick-slip-anfälligen Paarungen erzielt werden kann. Verschleiß in Lagern wirkt sich insbesondere auch nachteilig aus, wenn er zur Bildung von Werkstoffübertragung führt, der das Reibungsverhalten ungünstig beeinflußt und möglicherweise zum Verklemmen führt. Hochviskose Schmierstoffe dämpfen Laufgeräusche, die bei Trieben und Verzahnungen aus fertigungstechnisch unumgänglichen Spielen (z. B. Schwindung von Spritzgußteilen) oder materialspezifisch erforderlichen Toleranzen (z. B. Quellen aufgrund Feuchte bei PA) resultieren.

4.1.2.8.2 Schmierverfahren

Schmierwirksame Stoffe stehen als Öle und Fette zur Verfügung, wobei letztere die öligen Bestandteile in einem Konsistenzgeber binden, vgl. 4.1.2.8.3.2. Im Fall der herkömmlichen Schmierung werden diese einmalig oder periodisch in den Kontaktbereich der Paarung gebracht. Eine einmalige Schmierung mit Fett setzt die Reibungszahl von Thermoplasten werkstoffspezifisch mehr oder weniger stark herab, wobei mit dem allmählichen Verbrauch des Schmierstoffs ein adäquater Anstieg beobachtet wird [4.7]. Bei Polymeren erfolgt teilweise Adsorption an der Oberfläche bzw. Speicherung in Poren. Eine dauerhaftere Schmierung wird erreicht, wenn Schmierstoff ständig in den Kontaktbereich der Elemente nachgespeist wird. Bei Vorliegen bestimmter Dichtungseigenschaften des Polymeren kann die Speicherung von Schmierstoffen (meist Fett) in Form eines Schmierkissens (einzelnes großes Reservoir) oder in Schmiertaschen (mehrere kleinere Reservoirs) in der Polymeroberfläche von Gleitpaarungen erfolgen, so daß die öligen Bestandteile des Fettes während der Bewegung in die Gleitfuge abgegeben werden [4.8]. Das Grundprinzip dieser Schmierung beruht auf dem durch die Plastifizierung des Polymeren entstehenden Druckaufbau im mikroskopischen Bereich (Poren des Polymeren) und im makroskopischen Bereich (Kalotten oder Schmierkissen). Infolge der selbsttätigen Wirkung spricht man von autohydrostatischer Schmierung. Mit diesem Prinzip wird bei Paarungen PTFE/Austenitischer Stahl durch Speicherung von Siliconfett in kalottenförmigen Schmiertaschen insbesondere für kleine Gleitgeschwindigkeiten gegenüber dem ungeschmierten Zustand ein praktisch verschleißloser Zustand über lange Laufwege erreicht [4.32], *Bild 4.97,* vgl. auch Bild 4.161 a. Die

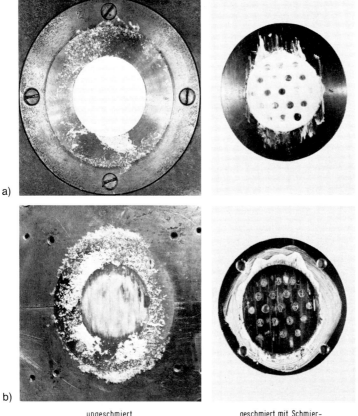

Bild 4.97: Veränderung des Verschleißverhaltens von PTFE durch Einsatz von Schmierstoffen mit Speicherung in kalottenförmigen Schmiertaschen nach [4.32]
a) Grundkörper
b) Gegenkörper

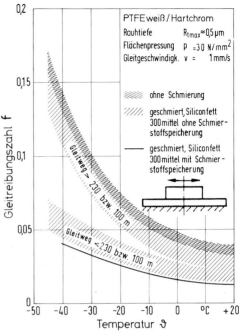

Bild 4.98: Veränderung des Reibungsverhaltens von PTFE/Hartchrom durch Schmierung in Abhängigkeit von der Temperatur nach [4.45]

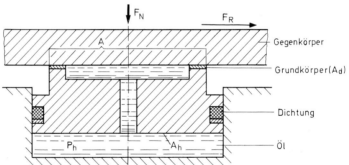

Bild 4.99: Prinzip eines autohydrostatischen Lagers mit Schmierkissen nach [4.46]

Gleitreibungszahl nimmt auch bei tiefen Temperaturen relativ kleine Werte an [4.45], *Bild 4.98*. Bei einer besonderen Ausführung des Schmierkissen, *Bild 4.99*, wird in den Hohlraum der Gleitfläche Öl gepreßt, so daß eine hydrostatische Schmierung entsteht, die äußerst niedrige Reibungszahlen gewährleistet [4.46], *Bild 4.100*. Dem PTFE kommen außer Dichtungs- insbesondere Notlaufeigenschaften zu, die bei Absinken des Öldrucks wirksam werden. Das durch den Spalt zwischen Stoff und Gegenstoff kriechende Öl wird durch eine äußere Dichtung aufgefangen. Eine Variante dieses Verfahrens wird technisch genutzt, vgl. 4.2.7. Der autohydrostatische Schmiermechanismus besteht auch bei natürlichen Gelenken, vgl. 4.2.8. Bei der inkorporierten Schmierung [4.47] werden neben flüssigen Substanzen (z. B. Siliconöl, Mineralöl) auch Festschmierstoffe in das Basismaterial eingearbeitet (z. B. MoS_2, PTFE, Graphit). Sie wird nur dann voll wirksam, wenn nennenswerter Verschleiß auftritt, die Konstruktion muß also im Einzelfall diesen Verschleiß zulassen [4.41], vgl. 4.1.2.7.

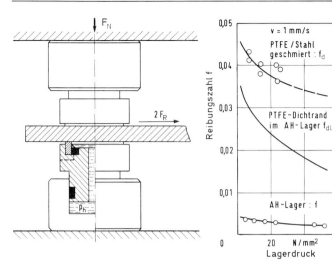

Bild 4.100: Reibungszahlen eines autohydrostatischen Versuchslagers im Vergleich zu einem PTFE-Gleitlager [4.46]

Insbesondere bei komplizierten Teilen und teuren Schmierstoffen ist ein einfacher Weg zur Einbringung des Schmierstoffs, diesen in geeigneter Konzentration in einem inerten Lösungsmittel aufzunehmen, das sich gegen alle Teile des Systems neutral verhalten und rückstandsfrei aus dem Schmierstoff verdampfen lassen muß. Durch Eintauchen des Bauteils (Tauchschmieren) gelingt es, eine definierte Schmierschicht an alle Gleitstellen zu bringen. Durch Epilamisierung wird erreicht, daß ein auf dem chemischen Aufbau des Polymeren und der Art des Schmierstoffs beruhendes (im Gegensatz zu Metallen relativ rasches) Kriechen und Breitlaufen des verwendeten Öles [4.48], *Bild 4.101,* behindert wird

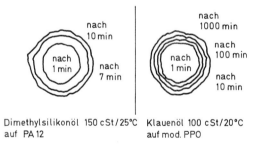

Bild 4.101: Breitlaufen von Ölen auf Thermoplasten nach [4.48]

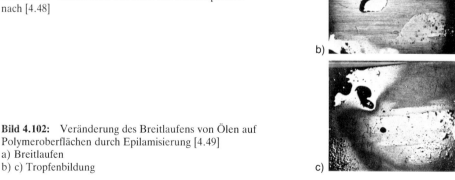

Bild 4.102: Veränderung des Breitlaufens von Ölen auf Polymeroberflächen durch Epilamisierung [4.49]
a) Breitlaufen
b) c) Tropfenbildung

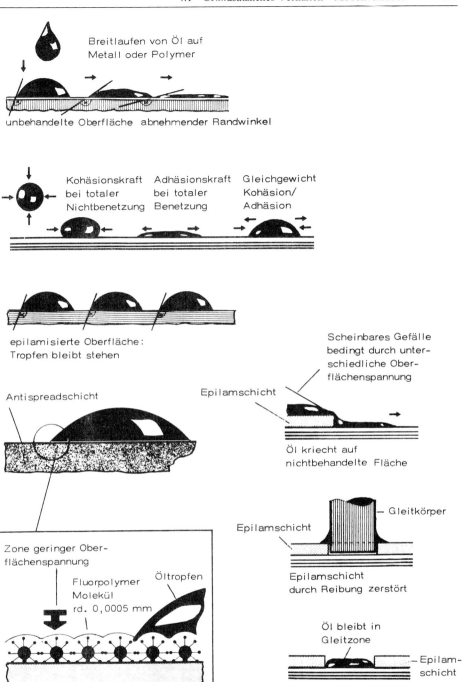

Bild 4.103: Wirkungsweise der Epilamisierung (schematisch) [4.50]

[4.49], *Bild 4.102*. Der Schmierstoff wird also nicht durch konstruktive Maßnahmen, sondern durch chemische Spezialverfahren in einer Gleitstelle gehalten. Durch Aufbringen einer geeigneten Zwischenschicht wird die Oberflächenenergie der festen Elemente definiert verändert und somit ein Haften des Schmieröles an der Reibstelle gewährleistet [4.50], *Bild 4.103*. Das Verfahren wird z. B. in der Uhren- und Feinwerktechnik angewendet.

4.1.2.8.3 Auswahl der Schmierstoffe

Bei der Auswahl geeigneter Schmierstoffe für die Verwendung bei Polymer/Gegenstoff-Gleitpaarungen sind Tribostruktur und Beanspruchungskollektiv des betreffenden Systems gleichermaßen zu berücksichtigen. Die Entscheidung, ob Öl oder Fett einzusetzen ist, wird im wesentlichen durch den Anwendungszweck, vgl. 4.1.2.8.1, und das konstruktiv mögliche Schmierverfahren, vgl. 4.1.2.8.2, beeinflußt. Der chemische Aufbau, die in Wechselwirkung tretenden Elemente, die aktuelle Viskosität des Schmierstoffes sowie der durch Vis-

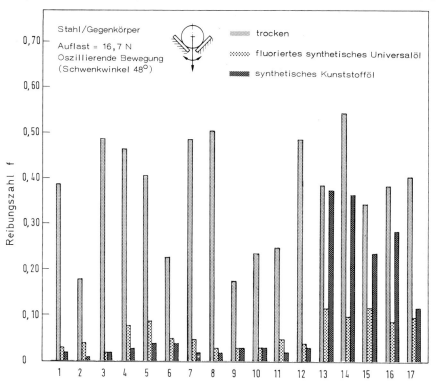

Gegenköper:

1: PTMT
2: PA 6 (Durethan)
3: PA 6 (Durethan BKV)
4: PPO (Noryl)
5: ABS (Novodur)
6: POM (Delrin)
7: PC (Makrolon)
8: PA 66 (Zytel)
9: PA 11 (Rilsan B)
10: PA 12 (Rilsan A)
11: POM (Hostaform C)
12: PA (Trogamid T)
13: Saphir
14: Stahl MuSt3K60
15: Messing Ms58F68
16: Aluminium
17: Zink

Bild 4.104: Reibungsverhalten verschiedener Polymere gegen Stahl ohne und mit Schmierung [4.49]

kosität und Beanspruchungskollektiv erzeugte Schmierungszustand bestimmen die Wirksamkeit der Schmierung. Im Bereich der Kontaktreibung mit Grenzschicht sowie der Mischreibung, Bild 4.96, kann die Reibungszahl durch geeignete Schmierung bei Polymer/Gegenstoff-Paarungen in der Regel leichter als bei Metall/Metall-Paarungen abgesenkt werden, zumal diese schon bei technisch trockenen Systemen häufig niedriger liegt, *Bild 4.104*. Im optimalen Fall wird ein verschleißfreier, zumindest aber verschleißarmer Zustand erreicht [4.32], Bild 4.97. Bei falscher Auswahl des Schmierstoffes sind gegenteilige Effekte zu erwarten. *Bild 4.105* zeigt Ergebnisse, nach denen mit Wasser generell höherer Verschleiß in Kauf genommen werden muß, während Hexadecan in den meisten Fällen eine Verschleißminderung herbeiführt [4.51].

Der Einfluß des Schmierstoffs auf das Reibungs- und Verschleißverhalten von Polymer/Gegenstoff-Paarungen steht in direktem Zusammenhang mit der Beständigkeit des Polymeren gegen die betreffende chemische Stoffklasse des Grundöles, *Tafel 4.9*. Bei Einsatz von Fetten kommt die Wechselwirkung mit dem Konsistenzgeber hinzu. Falls es sich um ein

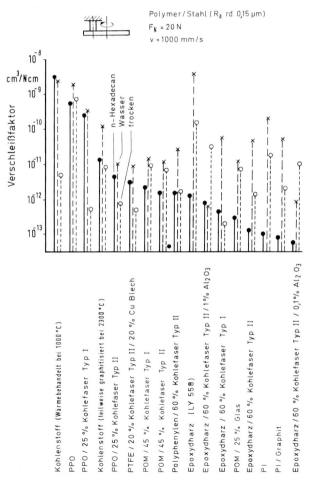

Bild 4.105: Verschleiß verschiedener Polymere im Trockenlauf und bei Schmierung mit Wasser sowie Hexadecan nach [4.51] (Fortsetzung nächste Seite)

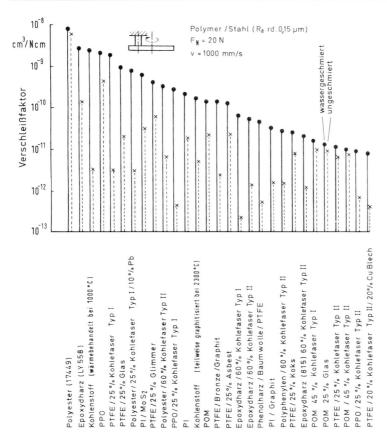

Bild 4.105 (Fortsetzung): Verschleiß verschiedener Polymere im Trockenlauf und bei Schmierung mit Wasser sowie Hexadecan nach [4.51]

Seifenfett handelt, ist ein Eindiffundieren der Metallseife in den Polymerwerkstoff möglich, und es kann zur Zerstörung sowohl von Fett als auch Polymer kommen [4.52]. Die Minderung der Schmierwirksamkeit durch Reaktion mit dem Polymeren ist nicht mit der ohnehin bei Ölen erfolgenden Alterung in Verbindung zu bringen [4.53, 4.54]. Die wechselwirkungsbedingte Veränderung von Schmierstoff und Polymer wird mit gesonderten Prüfverfahren untersucht [4.55]. Die Eigenschaften von Grundölen, *Tafel 4.10* (Seite 167), und Konsistenzgebern, *Tafel 4.11* (Seite 166), bedingen, daß trotz stofflicher Eignung Umgebungs- und Beanspruchungsbedingungen zu einer anderen Schmierstoffauswahl zwingen [4.56].

Tafel 4.9: Beständigkeit von Polymeren gegen verschiedene als Schmierstoffe eingesetzte chemische Stoffklassen nach [4.54]

Beständigkeit	Chemische Stoffklasse					
	Mineralöle	Klassische Öle	Alkohole und Polyglykole	Ester	Siliconöle und Derivate	Kunststofföle
sehr gut	PA66 PC	PA11 POM PPO	PA66	PA66 (Nylatron; Ultramid)	PC PPO PTP	ABS (Novodur) PA66 PA11 PC PE POM PPO PTP
gut	PA11 PTP	PC PTP	PA6-3T PC POM PPO PTP	PA11 POM	ABS (Urtal) PA66 (Zytel) PA11 PA6-3T POM (Hosta- form)	PC bei mecha- nischer Bean- spruchung
bedingt	ABS (Novodur) PA12 PA6-3T POM (Hostaform)	ABS (Novodur) PA66 (Zytel) PA12 PA (Grilamid)	ABS PA11 PE	ABS (Novodur) PA66 (Zytel) PA12 PA6-3T PC PPO PTP	PA12 POM (Delrin) TPU	ABS (Urtal) PA12 PA6-3T PA (Grilamid) TPU
ungenügend	ABS (Urtal) POM (Delrin) PPO	ABS (Urtal) PA6-3T TPU	PA12 PA (Grilamid)	ABS (Urtal) PA (Grilamid) PE PS TPU	PA (Grilamid)	

Tafel 4.11: Eigenschaften von Fetten mit unterschiedlichen Konsistenzgebern [4.56]

Fettart		Eigenschaften						geeignet für		Besondere Hinweise
Verdicker	Grundöl	Temperatur-anwendungs-bereich in °C	Tropf-punkt in °C	Wasser-bestän-digkeit	Korro-sions-schutz	Druck-belast-barkeit	Preisre-lation*	Wälz-lager	Gleit-lager	
Bentonite	Mineralöl	−20 160	ohne	+ +	−	+	6 bis 10	+ +	+	für höhere Temperaturen bei niedrigen Drehzahlen
Aerosil		−20 130/150	ohne	−	−	−	5	+ +	+	für höhere Temperaturen bei niedrigen Drehzahlen
Polyharnstoff		−25 150	> 250	+ + +	+	+ +	6	+ +	+	Wälzlagerfett für höhere Temperaturen und mittlere Drehzahlen
Polyharnstoff	Silikonöl	−40 200	> 250	+ + +	+	−	35 bis 40	+ +	+	Fette für hohe und tiefe Temperaturen, geringe Belastungen
PTFE oder FEP	Alkoxy-fluoröle	−50 220/250	ohne	+ + +	+	+ + +	80	+ + +	+ +	Hochtemperaturfette mit sehr guten Tieftemperatur-eigenschaften und sehr hoher Lösemittelstabilität

* bezogen auf Lithiumseifenfett/Mineralölbasis, NLG1 = 2 (= 1)

(− kein, + bedingt, + + gut, + + + sehr gut)

Tafel 4.10: Eigenschaften von Grundölen [4.56]

Öle Eigenschaften	Mineralöle	Esteröle	Polygly-koläther	Phenyl-äther	Silikone	Alkoxy-fluoröle
Dichte in g/cm³ bei 20 °C	0,9	0,9	0,9 bis 1,1	1,2	0,9 bis 1,05	1,9
Viskosität in mm²/s						
+ 40 °C	65 bis 175	12 bis 15	20 bis 40	75 bis 1850	80 bis 170	16 bis 520
+100 °C	8 bis 17	3,4 bis 3,8	4,6 bis 70	6,5 bis 22	25 bis 30	3 bis 40
Viskositätsindex (VI)	80 bis 100	140 bis 175	150 bis 270	−20 bis −74	190 bis 500	50 bis 140
Stockpunkt in °C	−40 bis −10	−70 bis −37	−56 bis −23	−12 bis +21	−80 bis −30	−70 bis −30
Flammpunkt in °C	< 250	200 bis 230	150 bis 300	150 bis 340	150 bis 350	nicht entflammbar
Oxidationsbeständigkeit	mäßig	gut	gut	ausgezeichnet	ausgezeichnet	ausgezeichnet
Thermische Stabilität	mäßig	gut	gut	ausgezeichnet	ausgezeichnet	ausgezeichnet
Hydrolysenbeständigkeit	gut	gut	gut bis ausgezeichnet	ausgezeichnet	ausgezeichnet	ausgezeichnet
Flüchtigkeit	gut	gut	mittel	gut	gut	gut
Schmierfähigkeit	ausgezeichnet	ausgezeichnet	gut	gut	schlecht bis mäßig	gut
Verträglichkeit mit Elastomeren, Farben usw	gut	schlecht	schlecht bis gut	schlecht	gut	gut

Die Viskosität eines Schmierstoffs wird im wesentlichen durch den chemischen Aufbau und die Temperatur bestimmt. Bei Dimethylsilikonöl kann die Viskosität durch Verändern der Kettenlänge beeinflußt werden, so daß die Wirkung dieses Parameters auf das tribologische Verhalten geschmierter Gleitpaarungen ohne Veränderung der übrigen Tribostruktur untersucht werden kann. Bei konstantem Beanspruchungskollektiv werden Reibung und Verschleiß von POM/POM-Gleitpaarungen unter oszillierender Bewegung deutlich durch die Viskosität geprägt [4.48], *Bild 4.106*. Neben der temperaturabhängigen Viskosität des Schmierstoffs bestimmen Pressung und Relativgeschwindigkeit den Schmierungszustand des Systems, Bild 4.96. Im Mischreibungsgebiet bedingt die direkte Wechselwirkung zwischen Polymer und Gegenstoff, daß Tendenzen bezüglich der Auswirkung von Beanspruchung und Tribostruktur auf tribologische Kenngrößen im Vergleich zu ungeschmierten

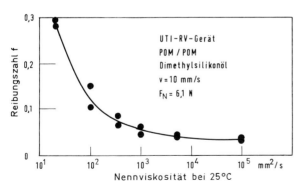

Bild 4.106: Einfluß der Ölviskosität auf das Reibungs- und Verschleißverhalten (gekennzeichnet durch das Oberflächenprofil) einer POM/POM-Paarung bei oszillierender Bewegung nach [4.48]

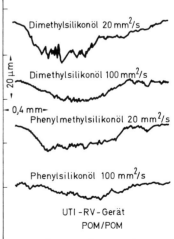

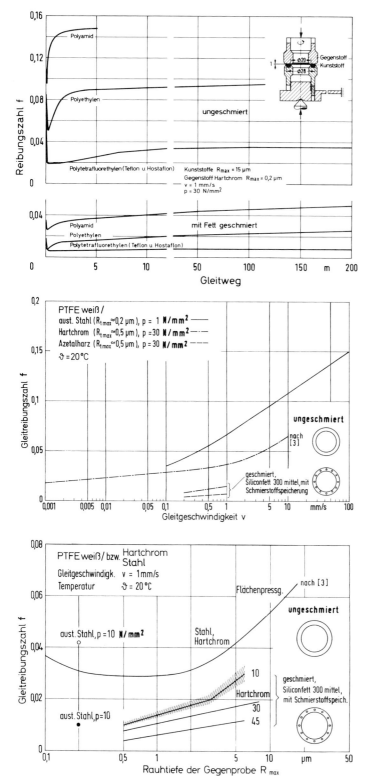

Bild 4.107: Geschwindigkeits-, Rauhtiefen- und Gleitwegabhängigkeit der Reibungszahl von PTFE/Gegenkörper-Systemen ohne und mit Schmierung [4.45]

Paarungen weitgehend erhalten bleiben [4.95], Bild 4.98 und *Bild 4.107*. Wenn bezüglich des Schmierverfahrens keine besonderen Vorkehrungen getroffen werden, vgl. 4.1.2.8.2, ist das Mischreibungsgebiet bei wiederholtem An- und Abfahren eines ansonsten im hydrodynamischen Gebiet arbeitenden Systems im Hinblick auf die Auswirkungen auf die Lebensdauer zusätzlich zu berücksichtigen.

4.1.2.8.4 Charakterisierung verschiedener Schmierstoffe

Die chemische Strukturen gebräuchlicher Grundöle, die für die Schmierung von Polymer/ Gegenstoff-Paarungen in Frage kommen, sind in *Bild 4.108* zusammengestellt [4.57]. Bei Mineralölen handelt es sich chemisch um Schmierstoffe auf der Grundlage von Kohlenwasserstoffen, die paraffinbasisch, naphtenbasisch, olefinisch oder aromatisch sind, aber auch synthetisch hergestellt werden (z. B. Polyalphaolefin, Alkylate). Die Beständigkeit von Polymeren gegen Mineralöle bzw. die der Öle gegen Polymere ist je nach überwiegender chemischer Zusammensetzung unterschiedlich.

Kohlenwasserstoff-Fettölgemische sind preisgünstige druckaufnahmefähige Schmierstoffe, die sich als sogenannte klassische Uhrenöle seit langem bewährt haben. Durch Additivierung ist ihre Alterungsbeständigkeit wesentlich verbessert worden. Bei Langzeit- und Lebensdauerschmierung wirken sich katalytisch schädliche Stoffe (z. B. Schwermetallionen, Säurespuren, Reinigungsmittel bzw. Bearbeitungsmittelrückstände, Metalle in feinster Verteilung) nachteilig aus. Auch Viskositätszunahmen durch Oxidation bzw. Polymerisations- und Vernetzungsreaktionen bedingen in diesem Einsatzfall unkalkulierbare Unsicherheiten.

Ester sind im Gegensatz zu Mineralölen in chemisch definierter, reiner Form herstellbar. Bei günstigem Temperaturverhalten (u. a. flache Viskosität-Temperatur-Kurve) sind der Anwendung für die Polymerschmierung dadurch Grenzen gesetzt, daß diese Stoffgruppe gleichzeitig als Weichmacher für manche Polymere wirkt. Chemisch gesehen handelt es sich auch bei Fettölen um Ester und zwar Verbindungen aus Glycerin mit Fettsäuren. Dicarbonsäure-, Polycarbonsäure- sowie Polyolester werden als synthetisch organische Verbindungen zur Schmierung eingesetzt; Phosphorsäureester reagieren oft mit den Polymeren.

Polyalkylenglykole (Etheralkohole und Derivate) sind synthetische Schmierstoffe mit ausgezeichnetem Reibungsverhalten. Die chemische Beständigkeit in Verbindung mit verschiedenen Polymeren, Bild 4.103, und die Weichmacherwirkung begrenzen jedoch wiederum die Anwendung. Polyphenylether werden für Hydraulikanlagen bei hohen Temperaturen, zur Wärmeübertragung und als Schmierstoff verwendet. Sie besitzen eine bemerkenswerte thermische Stabilität, Oxidationsbeständigkeit, Eigenschaften zur Reibungsminderung und Strahlenresistenz. Das Viskositäts-Temperatur-Verhalten genügt jedoch strengen Anforderungen nicht.

Alkoxyfluoröle (Perfluorpolyether) werden im allgemeinen dort eingesetzt, wo andere Schmierstoffe auf Grund der hohen Temperatur und der Reaktivität der Materialien versagen. Sie finden verbreitete Anwendung in Apparaturen, die mit flüssigen und gasförmigen, aggressiven Substanzen (z. B. Sauerstoff, Halogene) in Kontakt kommen.

Silikonöle (Polysiloxane) und deren Derivate sind bezüglich ihrer chemischen Stabilität für die Polymer-Schmierung geeignet, haben jedoch geringe Scherstabilität, niedrige Druckaufnahmefähigkeit und neigen zum Breitlaufen, vgl. 4.1.2.8.2. Silicönöle sind elektrische „Kontaktgifte" (Bildung von nichtleitendem SiO_2 auf Flächen von Kontakten) und daher in

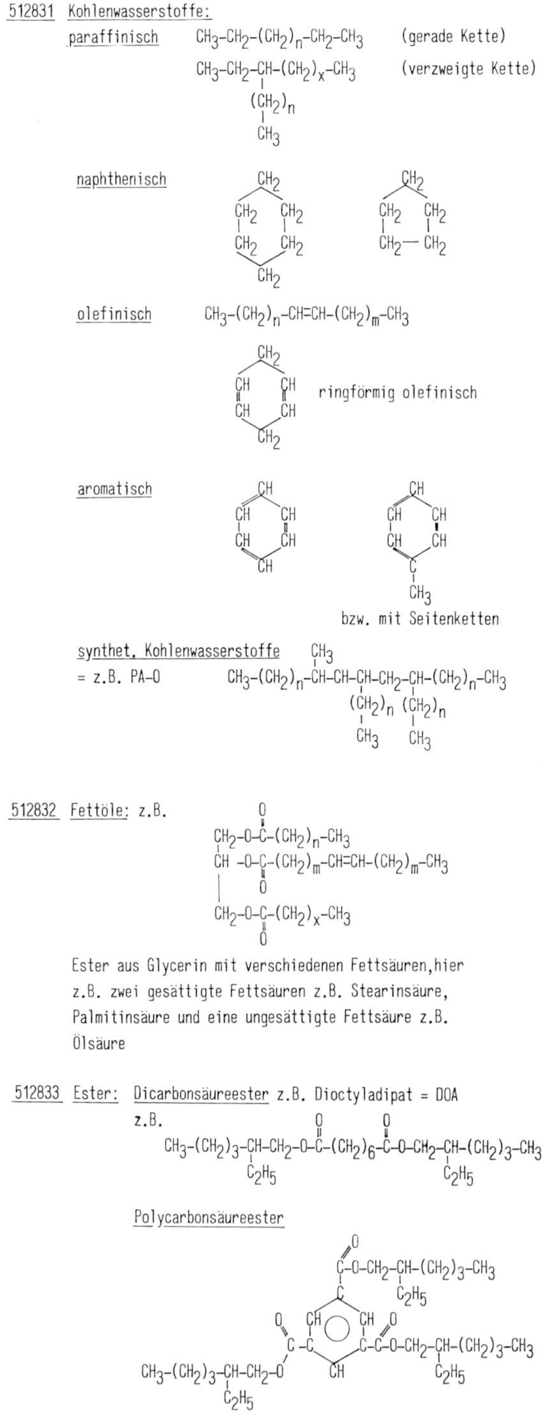

512831 Kohlenwasserstoffe:

paraffinisch $CH_3-CH_2-(CH_2)_n-CH_2-CH_3$ (gerade Kette)

$$CH_3-CH_2-CH-(CH_2)_x-CH_3 \quad \text{(verzweigte Kette)}$$
$$\underset{CH_3}{\overset{|}{(CH_2)_n}}$$

naphthenisch

olefinisch $CH_3-(CH_2)_n-CH=CH-(CH_2)_m-CH_3$

ringförmig olefinisch

aromatisch

bzw. mit Seitenketten

synthet. Kohlenwasserstoffe
= z.B. PA-O $CH_3-(CH_2)_n-\overset{CH_3}{\underset{(CH_2)_n}{\overset{|}{CH}}}-CH-CH-CH_2-CH-\underset{CH_3}{\overset{(CH_2)_n}{|}}-(CH_2)_n-CH_3$

512832 Fettöle: z.B.

$$CH_2-O-\overset{O}{\overset{\|}{C}}-(CH_2)_n-CH_3$$
$$CH\ -O-\overset{\|}{C}-(CH_2)_m-CH=CH-(CH_2)_m-CH_3$$
$$CH_2-O-\overset{\|}{\underset{O}{C}}-(CH_2)_x-CH_3$$

Ester aus Glycerin mit verschiedenen Fettsäuren, hier z.B. zwei gesättigte Fettsäuren z.B. Stearinsäure, Palmitinsäure und eine ungesättigte Fettsäure z.B. Ölsäure

512833 Ester: Dicarbonsäureester z.B. Dioctyladipat = DOA
z.B.
$$CH_3-(CH_2)_3-\underset{C_2H_5}{\overset{|}{CH}}-CH_2-O-\overset{O}{\overset{\|}{C}}-(CH_2)_6-\overset{O}{\overset{\|}{C}}-O-CH_2-\underset{C_2H_5}{\overset{|}{CH}}-(CH_2)_3-CH_3$$

Polycarbonsäureester

Bild 4.108: Chemische Strukturen gebräuchlicher Grundöle nach [4.57]

Polyolester:

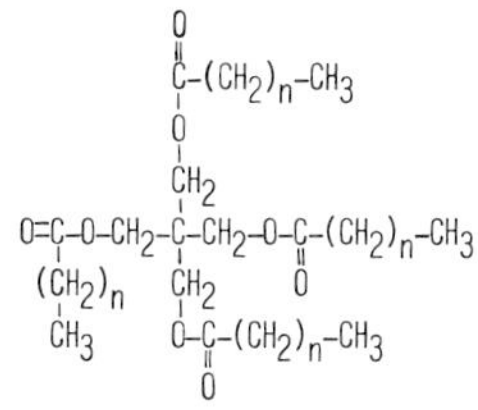

$$\begin{array}{c} O \\ \| \\ C-(CH_2)_n-CH_3 \\ | \\ O \\ | \\ CH_2 \\ | \\ O=C-O-CH_2-C-CH_2-O-C-(CH_2)_n-CH_3 \\ | \quad\quad\quad | \quad\quad\quad \| \\ (CH_2)_n \quad CH_2 \quad O \\ | \quad\quad\quad | \\ CH_3 \quad O-C-(CH_2)_n-CH_3 \\ \quad\quad\quad \| \\ \quad\quad\quad O \end{array}$$

Phosphorsäureester:

$$O=P-\left(O-C\!\!\left\langle\!\!\begin{array}{c}CH-CH\\ \\ CH=CH\end{array}\!\!\right\rangle\!\!CH\right)_3$$

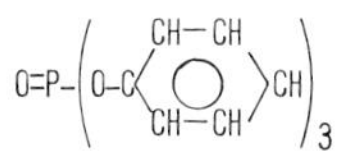

512834 Polyalkylenglykole (Etheralkohole und Derivate)

$$R-\left[O-CH_2-CH_2\right]_n-O-R' \qquad R,R'= \text{z.B. } -H, -CH_3, -\underset{\underset{CH_3}{|}}{\overset{\overset{CH_3}{|}}{C}}-CH_3$$

512835 Polyphenylether
z.B.

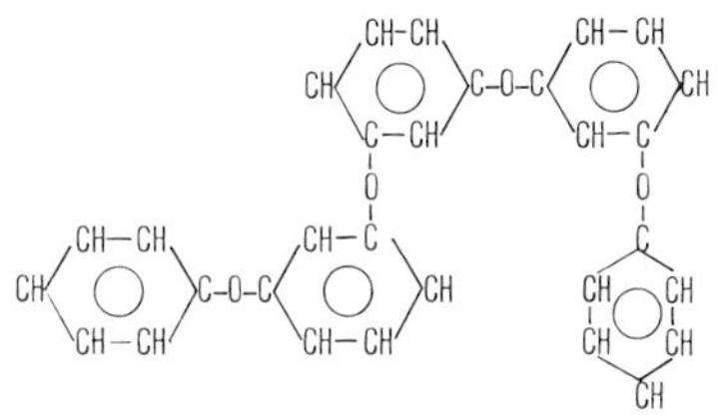

(Strukturformel mit verknüpften Phenylringen über -C-O-C- Brücken)

512836 Alkoxyfluorole:

$$R-\left[\begin{array}{c}F\;\;F\\ |\;\;|\\ O-C-C-\\ |\;\;|\\ F\;\;F\end{array}\right]_n-OR' \qquad R,R' = \text{z.B. } -CF_3$$

512837 Siliconöle und deren Derivate (Kieselsäureester)

$$R-O\left[\begin{array}{c}R\\ |\\ -Si-O-\\ |\\ R'\end{array}\right]_n-R \qquad \begin{array}{l}R = \text{z.B. } -CH_3\\ \\ R'= \text{z.B. } -C\!\!\left\langle\!\!\begin{array}{c}CH-CH\\ \\ CH-CH\end{array}\!\!\right\rangle\!\!CH\end{array}$$

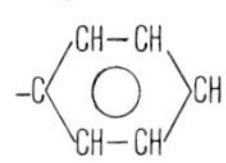

Bild 4.108 (Fortsetzung): Chemische Strukturen gebräuchlicher Grundöle nach [4.57]

manchen Gebieten der Technik nicht einsetzbar. In Brückenlagern leisten sie als Fette bewährte Dienste, vgl. 4.2.4. Fette enthalten außer den genannten Grundölen Konsistenzgeber. Als solche kommen z. B. Metallseifen wie Calzium-, Lithium-, Aluminium-Salze höherer Fettsäuren, aber auch anorganische Stoffe wie Betonite, hydrophobierte Kieselsäure, weiterhin Polyharnstoff sowie Polymere in feiner Verteilung in Frage, vgl. Tafel 4.11.

4.1.3 Schwingungsverschleiß

Schwingungsbeanspruchung von Elementen eines tribologischen Systems ist dann gegeben, wenn die Bewegung in Form oszillierenden Gleitens vorliegt und die Schwingungsweite Δx kleiner als eine charakteristische Länge l der Kontaktfläche in Bewegungsrichtung ist [4.58], *Bild 4.109*. Bezüglich der Eingriffsverhältnisse liegt eine bereichsweise ständige Überdeckung der Gleitpartner vor. Es können Bewegungen unterschiedlicher Richtung und verschiedener Schwingungsweite (häufig unter 1 mm) auftreten oder gleichzeitig überlagert sein. Hin- und Herbewegungen mit $\Delta x > l$ werden im allgemeinen als reversierendes Gleiten, Bewegungen in einer Richtung als Gleiten bezeichnet.

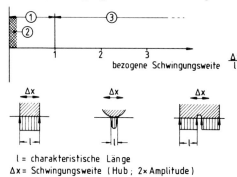

① Schwingungsverschleiß
② Gebiet des klassischen Reibrostes bei Metallen
③ reversierender Gleitverschleiß

l = charakteristische Länge
Δx = Schwingungsweite (Hub; 2× Amplitude)

Bild 4.109: Begriffliche Abgrenzung des Schwingungsverschleißes gegenüber dem reversierenden Gleitverschleiß [4.58]

Typisch für schwingungsbeanspruchte tribologische Systeme ist der behinderte Abtransport der gebildeten Verschleißpartikel aus der Kontaktfläche. In Abhängigkeit von der jeweils vorliegenden Schwingungsbewegungsform erzeugen die aufgestauten Verschleißpartikel besondere Verschleißerscheinungsformen auf den Kontaktflächen. Bei Metall/Metall-Paarungen findet sich besonders häufig Reibrost, gekennzeichnet durch in beide Oberflächen eingepreßte Metalloxidpartikel. Andere Verschleißerscheinungsformen wie Narbenbildung, Riffelbildung und Wurmspuren werden sowohl bei Kombinationen Metall/Metall als auch bei Polymer/Metall beobachtet. Der besondere Vorteil von Polymer/Metall-Systemen ist der häufig auf das Polymer beschränkte Verschleiß, so daß kein Formschluß der beiden Körper auftritt und von der Funktion her erforderliche Relativbewegungen nicht behindert werden.

In Modellversuchen mit einfachen Probekörpern, *Bild 4.110*, werden je nach Paarungsauswahl unterschiedliche Parametereinflüsse bezüglich des Schwingungsverschleißes unter Einbeziehung des reversierenden Gleitverschleißes und des Gleitverschleißes erkannt [4.58]. Bei Polymer/Metall-Paarungen (z.B. verschiedene Thermoplaste auf der Basis von Polyamid 66 gegen 100 Cr 6 H oder C 15) wirkt sich die Schwingungsweite offensichtlich nur dann aus, wenn auf den Gegenkörper abrasiv wirkende Verstärkungsstoffe in das Polymer eingebettet sind, *Bild 4.111*. Ursache der mit abnehmender Schwingungsweite kleiner werdenden Verschleißrate ist in diesem System der erschwerte Abtransport der Verschleißpartikel. Der Verstärkungsstoff führt im Schwingungsverschleiß-Bereich und im anschließenden reversierenden Gleitverschleiß-Bereich nach einer bestimmten Zeit zu Abrasion des metallischen Gegenkörpers mit entsprechender Verschleißhochlage.

Wird durch PTFE-Zusätze die abrasive Wirkung der in diesem Fall vorliegenden Kohlefasern gemindert, so ergeben sich niedrigere Verschleißwerte in der Verschleißhochlage bei

4.1 Grundsätzliches Verhalten – Modellversuche

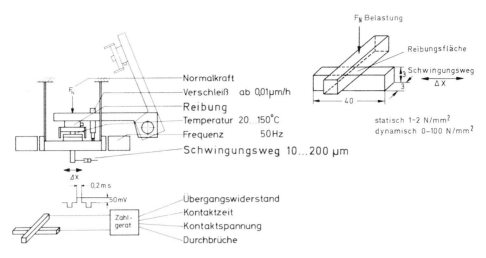

Bild 4.110: Modellprüfsysteme für Schwingungsbeanspruchung [4.58]

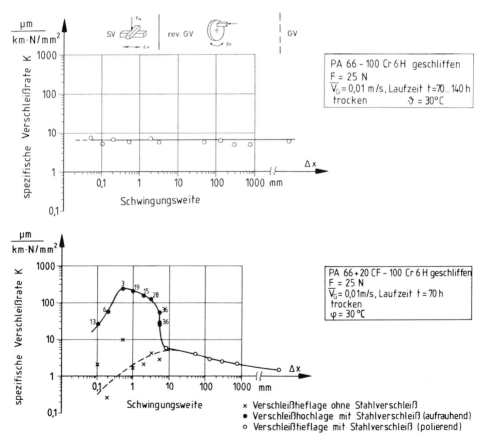

Bild 4.111: Einfluß der Schwingungsweite auf den Verschleiß von reinem und kohlefaserverstärktem PA 66 [4.58]

174 4 Thermoplaste

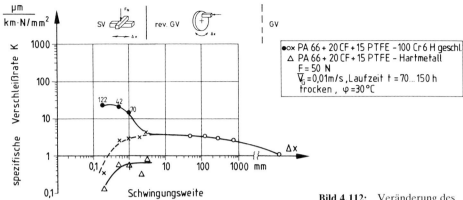

× Verschleißtieflage ohne Stahlverschleiß
• Verschleißhochlage mit Stahlverschleiß (aufrauhend)
  Verschleißtieflage mit Stahlverschleiß (polierend)

Bild 4.112: Veränderung des Verschleißverhaltens von kohlefaserverstärktem PA 66 durch PTFE-Zusatz [4.58]

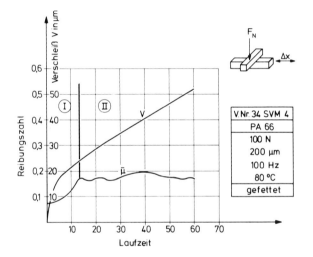

Bild 4.113: Reibungs- und Verschleißverlauf bei reinem PA 66 [4.58]

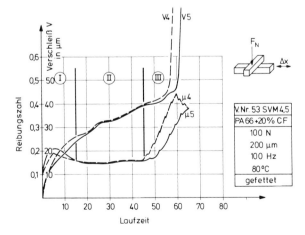

Bild 4.114: Reibungs- und Verschleißverlauf bei kohlefaserverstärktem PA 66 [4.58]

deutlich längerer Laufzeit bis zu Beginn dieser Hochlage, *Bild 4.112*. Zusätze von Graphit (20 bis 30%) haben sich bei Schwingungsverschleiß nicht bewährt, da diese den Zusammenhalt des Polymeren (z.B. PA 66) deutlich schwächen, vgl. 4.1.2.7 und 4.2.8. Hat der Gegenstoff eine größere Härte als der Verstärkungsstoff, so tritt keine Verschleißhochlage ein. Es wird also bei verstärkten Thermoplasten (Verstärkungsstoff härter als Gegenkörper), im Gegensatz zu unverstärkten Thermoplasten ein zusätzliches Reibungs- und Verschleißstadium durchlaufen, *Bild 4.113* und *Bild 4.114*. Zu dem durch Einglättung bestimmten Einlaufbereich I und dem stationären Zustand II kommt das abrasionsbedingte Gebiet III des Reibungs- und Verschleißanstieges hinzu. Abrasiver Verschleiß kann allerdings auch bei unverstärkten Thermoplasten auftreten, wenn z.B. harte Staubteilchen in die

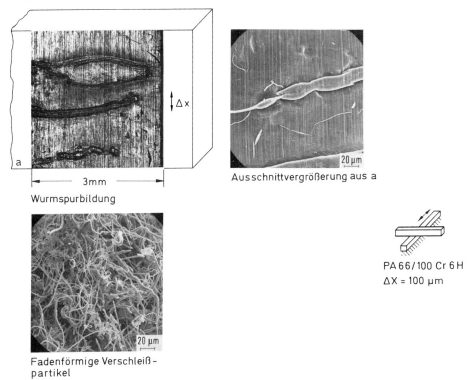

Bild 4.115: Zusammengerollte Verschleißpartikel und Wurmspuren bei kleinen Schwingungsweiten [4.58]

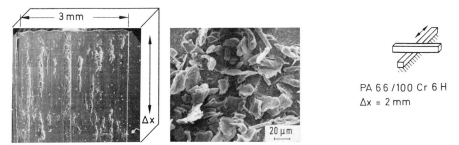

Bild 4.116: Schuppenartige Verschleißpartikel bei großen Schwingungsweiten [4.58]

Kontaktfläche gelangen oder auf der Gesamtfläche eine sich lockernde Oxidschicht befindet. Bei kleinen Schwingungsweiten werden bei PA 66/Stahl fadenförmig zusammengerollte Verschleißpartikel in die Thermoplastoberflächen gedrückt, so daß nach seitlichem Austritt aus der Gleitfuge Wurmspuren zurückbleiben, *Bild 4.115*. Große Schwingungsweiten bewirken schuppenartige Partikel, die in Bewegungsrichtung die Beanspruchungszone verlassen, *Bild 4.116*. Bei überlagerter Bewegung in zwei aufeinander senkrecht stehenden Richtungen mit kleiner Amplitude ergibt sich keine Vorzugstransportrichtung, und es entstehen Grübchen in der Polymeroberfläche, in denen Verschleißpartikel gesammelt sind, *Bild 4.117*, die sich infolge örtlich turmartigen Aufbaues weitgehend auf die Ausgangszone

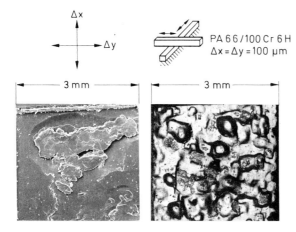

Bild 4.117: Grübchenbildung mit Verschleißansammlung bei zwei überlagerten Schwingungsrichtungen [4.58]

beschränken. In diesem Fall sind die gemessenen Verschleißraten kleiner als bei Schwingungsbewegungen nur in einer Richtung. Kohle- oder glasfaserverstärktes PA 66 zeigt keine Wurmspuren oder Riefen, da die Fasern einen freien Abtransport des PA 66-Verschleißes behindern. Es werden Ermüdungserscheinungen zwischen Faser und Matrix beobachtet, der Faser- und Polymerabrieb preßt sich teilweise grübchenartig in den Grundwerkstoff ein.

Bei der angewandten Prüfmethode ergibt sich aus den Modellversuchen eine bestimmte Bewährungsfolge verschiedener Polymerwerkstoffe unter Schwingungsbeanspruchung, *Bild 4.118*, die meist von der bei Gleitbeanspruchung, ermittelt im Stift/Scheibe-Verfahren, abweicht, *Bild 4.119*. Insbesondere bei PBTP wurde bei Gleitverschleiß ein schuppenförmiger Polymerübertrag auf die Stahlscheibe beobachtet, was einer Aufrauhung der Scheibe gleichkommt und den Verschleiß erhöht. Bei Gleitverschleiß ist die Rauhigkeit des Gegenkörpers von deutlich größerem Einfluß als bei Schwingungsverschleiß. Werden die Polymer/Metall-Paarungen mit Fett geschmiert, so liegen Reibung und Verschleiß deutlich niedriger, *Bild 4.120*. In diesen Fällen kommen die Reibungs- und Verschleißeigenschaften der einzelnen Thermoplaste im Gegensatz zum Gleitverschleiß, vgl. Bild 4.119, kaum zur Wirkung. Im Trockenlauf werden mit geeigneten Polymer/Polymer-Paarungen z.T. ebenfalls günstige Ergebnisse erzielt, *Bild 4.121*. Wegen des Einflusses der Temperatur auf die Werkstoffeigenschaften kann sich die Bewährungsfolge ändern, *Bild 4.122*. Unstetigkeiten sind hauptsächlich im Bereich der Erweichungsgebiete der Polymere zu verzeichnen. Im übrigen können überlagerte stoßartige Belastungen zu anderen Bewertungen führen.

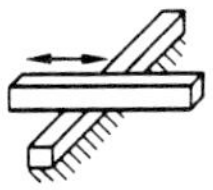

Polymer / 100 Cr 6 H
(längs geschliffen)
$\Delta x = 2$ mm , $v = 2,5$ Hz
$F_N = 10$ N , $\vartheta = 30\,°C$
trocken

Grundkörper	spezifische Verschleißrate K $\dfrac{\mu m}{km \cdot N/mm^2}$	Reibungs-zahl
PA 66 (Ultramid A 3 W)	5,5	0,7
PA 12 (Vestamid L 1941)	2,2	0,4
PA 66 + 20 CF (Thermocomp RC 1004 Hs)	4 1)	0,7
PA 66 + 20 CF + 15 PTFE (Thermocomp RCL 4034)	3,3	0,4
PA 66 + 20 CF + 13 PTFE + 2 Silikonöl (Thermocomp RCL 4536)	2,5	0,3
POM-C (Hostaform 9021)	1	0,4
POM + chem. Schmierstoff (Delrin 500 CL)	0,83	0,22
PBTP (Ultradur B 4500)	1,5	0,54
PI (Vespel SP 1)	1,5	0,44

1) vor Beginn des Stahlverschleißes

Bild 4.118: Bewährungsfolge verschiedener Werkstoffe bei Schwingungsbeanspruchung gegen Stahl nach [4.58]

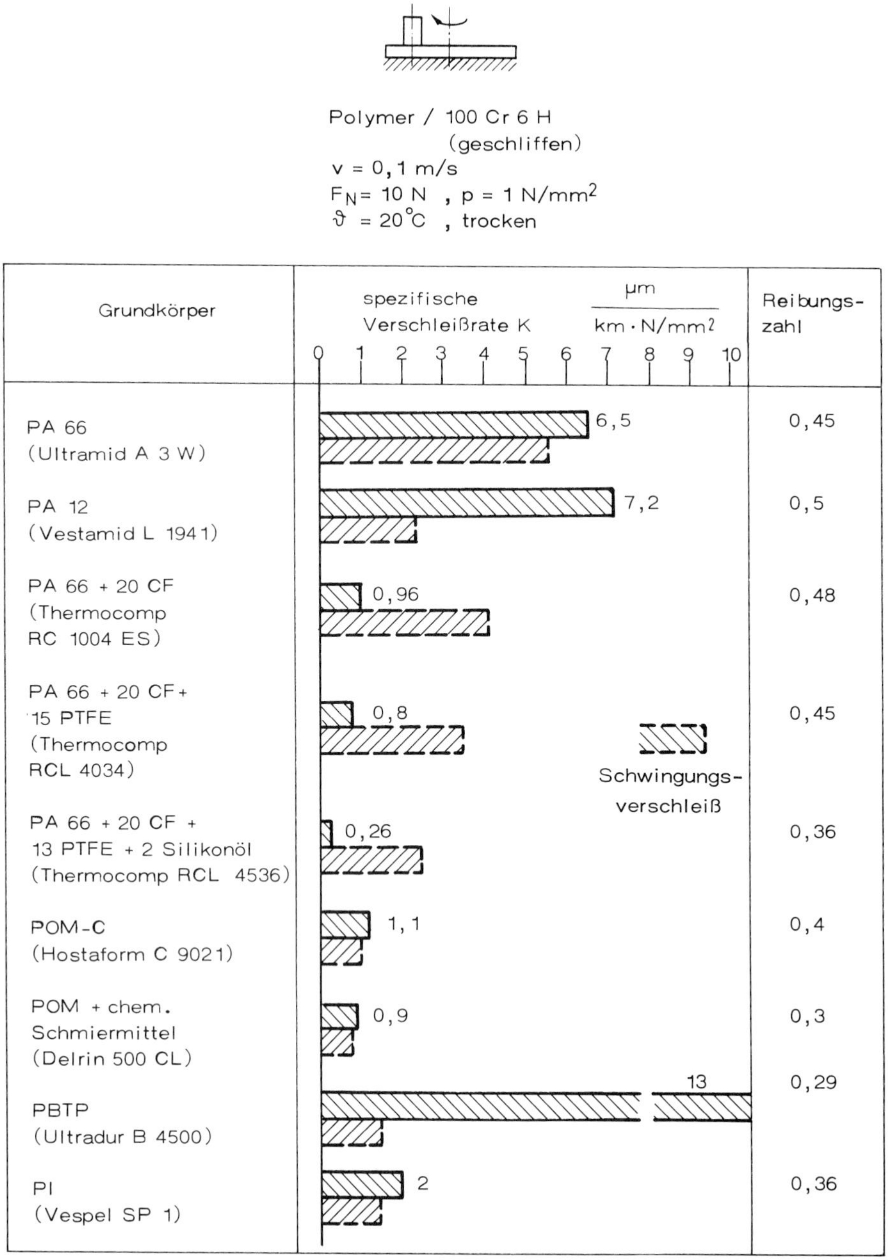

Polymer / 100 Cr 6 H
(geschliffen)
v = 0,1 m/s
F_N = 10 N , p = 1 N/mm²
ϑ = 20 °C , trocken

Grundkörper	spezifische Verschleißrate K $\frac{\mu m}{km \cdot N/mm^2}$	Reibungs-zahl
PA 66 (Ultramid A 3 W)	6,5	0,45
PA 12 (Vestamid L 1941)	7,2	0,5
PA 66 + 20 CF (Thermocomp RC 1004 ES)	0,96	0,48
PA 66 + 20 CF + 15 PTFE (Thermocomp RCL 4034)	0,8	0,45
PA 66 + 20 CF + 13 PTFE + 2 Silikonöl (Thermocomp RCL 4536)	0,26	0,36
POM-C (Hostaform C 9021)	1,1	0,4
POM + chem. Schmiermittel (Delrin 500 CL)	0,9	0,3
PBTP (Ultradur B 4500)	13	0,29
PI (Vespel SP 1)	2	0,36

Schwingungs-verschleiß

Bild 4.119: Bewährungsfolge verschiedener Werkstoffe bei Gleitbeanspruchung gegen Stahl nach [4.58]

Polymer / 100 Cr 6 H
(geschliffen)
Δx = 100 µm, v = 100 Hz
F_N = 100 N, ϑ = 80 °C
gefettet

Grundkörper	spezifische Verschleißrate K $\frac{\mu m}{km \cdot N/mm^2}$ 0 1 2 3 4 5 6 7 8 9 10	Reibungszahl
PA 66 (Ultramid A 3 K)	0,34	1)
PA 66 (Ultramid A 3 W)	0,34	
PA 66 + 20 CF (Thermocomp RC 1004 HS)	0,22	
PA 66 + 20 CF + 15 PTFE (Thermocomp RCL 4034)	0,16	
PA 12 (Vestamid L 1941)	1	
PA 12 + 20 CF (Thermocomp SC 1004 HS)	0,21	
PA 12 + 20 C Mischung 1 : 1 (Vestamid X 1933 Vestamid L 1901)	0,4	
PA 12 + 40 C (Vestamid X 1933)	0,6	
POM-C (Hostaform C 9021)	0,3	
PBTP (Ultradur B 4500)	0,5	

1) Die Reibungszahlen liegen zwischen 0,1 und 0,15

Bild 4.120: Schwingungsverschleißverhalten verschiedener Werkstoffe gegen Stahl bei Einsatz eines Fettes nach [4.58]

Grundkörper/Gegenkörper
$\Delta x = 2$ mm, $\nu = 2,5$ Hz
$F_N = 25$ N, $\vartheta = 30\,°C$
trocken

Grundkörper/ Gegenkörper	spezifische Verschleißrate K $\dfrac{\mu m}{km \cdot N/mm^2}$	Reibungszahl
POM-C/PBTP	8,33	0,48
POM-C/PBTP + 10 GF	1,4 1)	0,38
POM-C/PBTP + 30 GF	2,6 2)	0,28
POM-C + chem. Schmierstoff (Delrin 500 CL)/ PBTP + 30 GF	1 1)	0,4
POM-C/PBTP + 30 GK (Vestadur B GK 30)	2,5 1)	0,46
POM-C/PA 66	0,1 3)	0,36
POM-C/PA 66 + 20 GF	0,1 3)	0,22
PA 12 + 15 PTFE (Thermocomp SL 4030)/ PTBP + 30 GF	1,67	0,16
PTFE/PBTB + 30 GF	0,7	0,116
POM/C-PBTP + 30 GF	0,24 4)	0,036

1) Tendenz zur Verschleißhochlage
2) Nach 43 h Verschleißhochlage, K=50
3) $F_N = 50$ N, bei 25 N nach 80 h noch kein Verschleiß >1 µm
4) gefettet

Bild 4.121: Schwingungsverschleißverhalten verschiedener Polymer/Polymer-Paarungen nach [4.58]

Polymer / 100 Cr 6 H
(geschliffen)
$\Delta x = 2$ mm , $\nu = 10$ Hz
$F_N = 25...50$ N
trocken

Grundkörper	spezifische Verschleißrate K $\dfrac{\mu m}{km \cdot N/mm^2}$	Reibungszahl
PA 12 + 20 CF (Thermocomp SC 1004 HS)	6,9 (30°C) 1,9 (80°C) 6,3 (120°C) 1)	0,36 0,36 0,24
PA 12 + 15 PTFE (Thermocomp SL 4030)	2 6,3 22 2)	0,24 0,36 0,24
PA 12 + 30 GF + 15 PTFE (Thermocomp S FL 4036)	0,06 1,8 3) 8,8 3)	0,14 0,36 0,34
PI (Vespel SP 1)	1,5 3 4,4	0,44 0,42 0,42
PI + 15 C (Vespel SP 21)	0,8 0,25 0,25	0,38 0,28 0,32
PI + 12 C + 3 PTFE (Polyamidimid) (Torlon 4301)	1 0,94 2,5	0,46 0,32 0,36

1) Bevor Stahlverschleiß eintritt
2) Verschleißhochlage mit Stahlverschleiß
3) Tendenz zur Verschleißhochlage durch Stahlverschleiß

Bild 4.122: Beeinflussung des Schwingungsverschleißverhaltens verschiedener Werkstoffe gegen Stahl durch die Temperatur nach [4.58] (Fortsetzung nächste Seite)

Polymer / 100 Cr 6 H (geschliffen)
$\Delta x = 2$ mm, $v = 10$ Hz
$F_N = 25...50$ N
trocken

Grundkörper	spezifische Verschleißrate K [$\mu m / (km \cdot N/mm^2)$]	Reibungszahl
POM-C (Hostaform C 9021)	1 (30 °C); 0,7 (80 °C); 0,63 (120 °C)	0,4; 0,32; 0,32
POM-C + 30 GF (Hostaform C 9021 GV 1/30)	22,5 1); 81 1); 100 1)	0,6; 0,66; 0,7
POM-Hom pol. + 2 Silikonöl (Fulton 441 D + 2 Silikonöl)	0,63; 0,41; 3,1	0,4; 0,36; 0,44
POM-C + PTFE-Pulver (Hostaform C 9021 TF)	0,25	0,18; 0,08; 0,06
POM + 5 % Mineralöl (Railko PV 80)	0,55; 0,38; 0,8	0,28; 0,22; 0,28
POM + chem. Schmierstoff (Delrin 500 CL)	0,83; 0,5; 1,9	0,22; 0,16; 0,22
PBTP (Ultradur B 4500)	1,7; 2,5; 3,5	0,72; 0,6; 0,6
PBTP + 30 GF (Ultradur B 4300 G6)	2,5 2); 5 2); 12,5 2)	0,44; 0,6; 0,56
PBTP + 15 CF Mischung 1 : 1 (Ultradur B 4500 + Thermocomp WC 1006)	2,5 2); 3,1 2); 3,8 2)	0,44; 0,3; 0,38

1) Verschleißhochlage mit Stahlverschleiß
2) Tendenz zur Verschleißhochlage durch Stahlverschleiß

Bild 4.122 (Fortsetzung): Beeinflussung des Schwingungsverschleißverhaltens verschiedener Werkstoffe gegen Stahl durch die Temperatur nach [4.58]

Polymer / 100 Cr 6 H (geschliffen)
Δx = 2 mm , ν = 10 Hz
F_N = 25...50 N
trocken

Grundkörper	spezifische Verschleißrate K $\frac{\mu m}{km \cdot N/mm^2}$ (0–10)	Reibungszahl
PA 66 (Ultramid A 3 W)	10 (30°C); 7 (80°C); 3 (120°C)	0,7; 0,7; 0,7
PA 66 (Technyl A 216)	7,5; 3; 5	0,72; 0,64; 0,64
PA 66 + 20 CF (Thermocomp RC 1004 HS)	4; 3 1); 5,6	0,7; 0,4; 0,5
PA 66 + 20 CF + 15 PTFE (Thermocomp RCL 4034)	3,3; 2,1 1); 3,4	0,4; 0,4; 0,4
PA 66 + 20 CF + 13 PTFE + 2 Silikonöl (Thermocomp RCL 4534)	2,5; 2 2); 3,5	0,3; 0,36; 0,25
PA 66 + 10 CF (Mischung 1 : 1 aus Thermocomp 1004 HM + Ultramid A 3 W)	6; 6,3 2); 10	0,64; 0,6; 0,4
PA 66 + 30 CF + 13 PTFE + 2 Silikon (Thermocomp RCL 4536)	0,8; 10 3); 3,75 3)	0,5; 0,34; 0,36
PA 66 + 20 CF + 2 Silikonöl (Thermocomp RCL 4414 HS)	7,5 1); 3,75 2); 5,25 2)	0,4; 0,2; 0,14
PA 66 + 10 CF (Thermocomp RC 1004 HM + Ultramid A 3 W; Mischung 1 : 1)	6 2); 6,25 2); 10	0,64; 0,58; 0,4

1) Bevor Stahlverschleiß eintritt, spez. Verschleißrate unabhängig von Schwingungsweite
2) Tendenz zur Verschleißhochlage durch Stahlverschleiß
3) Mit Stahlverschleiß

Bild 4.122 (Fortsetzung): Beeinflussung des Schwingungsverschleißverhaltens verschiedener Werkstoffe gegen Stahl durch die Temperatur nach [4.58]

Um die Korrelation des Verhaltens einer Paarung im Modellversuch und im Betrieb zu prüfen, ist es erforderlich, eine Prüfkette unter Nutzung der Kategoriendenkweise, Bild 2.7, aufzubauen, vgl. 2.3, die unter anderem Bauteilversuche enthält [4.59]. Die Aussagefähigkeit der Modellversuche richtet sich u. a. danach, wie es gelingt, Beanspruchungskollektiv und Konstruktion auf die Anwendung abzustimmen. Bei relativ einfachen Systemen, wie sie bei schwingungsbeanspruchten Polymer/Metall-Paarungen vorliegen, in welchen außerdem bei Schmierung lineare Zusammenhänge zwischen Belastung, Frequenz und Verschleißrate gelten, *Bild 4.123*, führen Modellversuche im allgemeinen der Tendenz nach zu richtigen Voraussagen bezüglich des Betriebes, *Bild 4.124*.

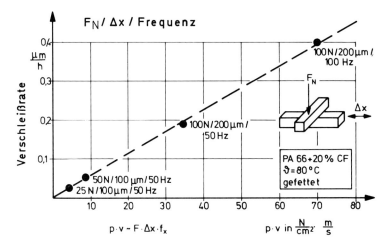

Bild 4.123: Linearer Zusammenhang zwischen Belastung, Frequenz und Verschleißrate bei einem schwingungsbeanspruchten System [4.58]

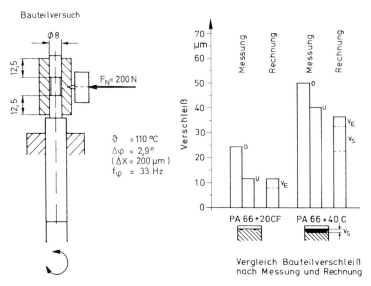

Bild 4.124: Vergleich von Verschleißergebnissen aus dem Betrieb und gemäß Rechnung nach Ergebnissen aus Modellversuchen nach [4.58]

4.1.4 Tribologische Beanspruchung und mechanische Deformation

In dem Bestreben, die aufgezeigten tribologischen Eigenschaften auch bei Thermoplasten, wie für Elastomere bereits bekannt (vgl. 5.1), bestimmten viskoelastischen Stoffeigenschaften zuzuordnen und so zu einer besseren Deutung der Ergebnisse bzw. besseren Voraussage zu gelangen, wurde die Gültigkeit des Zeit-Temperatur-Verschiebungs-Gesetzes, vgl. 1.2, experimentell vielfach mit mehr oder weniger großem Erfolg festgestellt.

Bei Variation der Geschwindigkeit in Reibungsexperimenten, insbesondere für Gleitvorgänge, erwächst die Schwierigkeit, die tatsächliche Temperatur in der tribologisch beanspruchten Zone der Elemente zu erfassen, vgl. 4.1.2.2 und Bild 4.18, so daß die Meßergebnisse nur schwer den richtigen Beanspruchungsbedingungen zugeordnet werden können. Die Aussagen bezüglich des Geschwindigkeitseinflusses beim Gleiten von Polymeren sind daher recht unterschiedlich. Während teilweise eindeutige Reibungsmaxima durch direkte Messung nachgewiesen werden [4.23, 4.24], Bild 4.30 und Bild 4.32, ist zwar bei unterschiedlichen Prüftemperaturen ein starker Einfluß der Geschwindigkeit auf die Reibungsverläufe zu verzeichnen, eine Transformation der Meßkurven in Anlehnung an das Zeit-Temperatur-Verschiebungs-Gesetz ist jedoch nicht möglich oder ergibt bei Anwendung komplizierter Verfahren wie im Fall der Meßwerte in *Bild 4.125*, flach verlaufende „Masterkurven" [4.60], *Bild 4.126*. Die Vermutung, den tribologischen Vorgängen lägen die gleichen Mikroprozesse zugrunde wie unter Verformung bei Zug, Scherung oder Torsion wird in diesen Fällen wegen des Fehlens eines viskoelastischen Peaks nicht bestätigt. Aufgrund eines umfangreichen Untersuchungsprogramms, das Ergebnisse von Scherexperi-

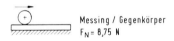

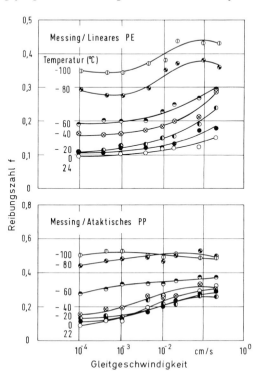

Bild 4.125: Einfluß der Gleitgeschwindigkeit auf die Reibungszahl von PE und PP bei unterschiedlichen Temperaturen nach [4.60]

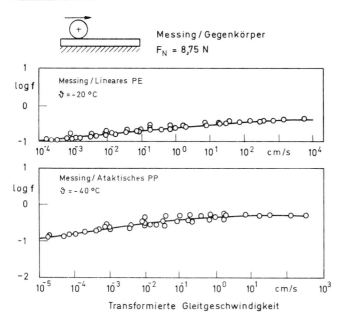

Bild 4.126: Master-Kurven für die Geschwindigkeitsabhängigkeit der Reibungszahl von PE und PP bei jeweils einer Temperatur, erhalten aus Transformation der Meßwerte gemäß Bild 4.125 nach [4.60]

menten sowie ungeschmierten und geschmierten Gleitreibungsversuchen mit näherungsweiser Messung der wahren Kontaktfläche umfaßt [4.60], kann zwar nicht zuletzt wegen der Transformationsmöglichkeit aller in Gleichung (3.4) stehenden Einflußgrößen und der ähnlichen, aus den Kurvensteigungen gewonnenen Aktivierungsenergien der unterschiedlichen Prozesse ein enger Zusammenhang zwischen Reibungskraft, wahrer Kontaktfläche und Scherfestigkeit nachgewiesen werden; die direkte Verbindung jedoch zu den viskoelastischen Daten geht aus den Meßergebnissen, Bild 4.125, nicht hervor. Das Fehlen der charakteristischen Kurvenformen wird in diesen Fällen darauf zurückgeführt, daß beim Gleitvorgang sehr hohe Schergeschwindigkeiten in der Grenzschicht auftreten und daher im allgemeinen keine Beziehung mehr zu rein mechanischer Deformation vorhanden sei.

Bei Annahme eines Berührungskreisdurchmessers von 1 mm im Fall des Kontaktes einer kugelförmigen Erhebung mit einer Polymerebene und einer Gleitgeschwindigkeit von 10 mm/s ergibt sich für die Beanspruchungsfrequenz der Wert $10\,s^{-1}$, denn Be- und Entlastung des Polymeren erfolgen in der Zeit, die die Kugel braucht, um die dem Kontaktdurchmesser entsprechende Entfernung zurückzulegen [4.22]. Unter der Voraussetzung, daß Scherung in einer Grenzschicht von 10^{-6} cm Dicke erfolgt, beträgt die Schergeschwindigkeit $10^6\,s^{-1}$, d.h. Gleitgeschwindigkeit und Schergeschwindigkeit sind um den Faktor 10^5 gegeneinander verschoben. Bei dieser hohen Schergeschwindigkeit bestehen die Elementarprozesse in der Regel nicht mehr aus Abgleitvorgängen der Molekülketten, wie es bei mechanischer Deformation unter geringerer Beanspruchung der Fall ist. Bei experimenteller Verwirklichung praktisch reiner Deformation ohne Schervorgänge durch Schmieren der Gleitfläche oder Rollbewegung [4.22, 4.23] findet man auch wegen der praktisch vernachlässigbaren Eigenerwärmung in der Regel Übereinstimmung zwischen mechanischen Kenngrößen und Reibungsverhalten, *Bild 4.127*.

4.1 Grundsätzliches Verhalten – Modellversuche 187

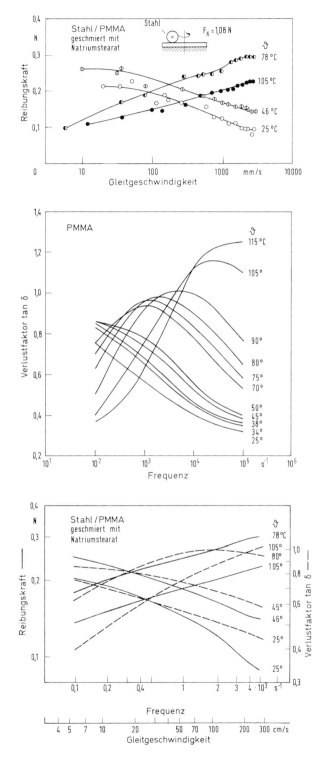

Bild 4.127: Zeit-Temperatur-Verschiebung von Reibungskraft und mechanischer Dämpfung am Beispiel von PMMA nach [4.23]

Wie aus Bild 4.30 und Bild 4.32 ersichtlich, werden die Maxima bei gegenüber Bild 4.125 und Bild 4.126 höheren Gleitgeschwindigkeiten beobachtet, wo zum Teil auch Erweichungsprozesse auftreten und dadurch den Reibungsabfall hervorrufen könnten. Andererseits jedoch weisen sowohl Verschiebung und Höhe der Maxima als Folge der Temperatur wie auch die aus der Frequenz des Maximums kalkulierbaren entsprechenden Molekülketten Auslenkungen (zwischen 10 und $100 \cdot 10^{-8}$ cm) nach den Adhäsionstheorien, vgl. 3.2.2, auf einen molekularkinetischen Prozeß hin.

Auch die in Bild 4.30 sichtbare Tendenz, daß unverzweigtes PE gegenüber verzweigtem PE ein niedrigeres Reibungsniveau aufweist, deutet eine direkte Verbindung zu dem Dämpfungseigenschaften an, da diese für beide Werkstoffe gleichsinnig verschieden sind. Die scheinbar widersprüchlichen Ergebnisse können auch aus der Unsicherheit resultieren, bei welcher Temperatur/Gleitgeschwindigkeits-Kombination das jeweilige Maximum zu erwarten ist.

Im Fall des PTFE, das aufgrund seiner Struktur am ehesten intermolekulare Abgleitprozesse auch bei hohen Schergeschwindigkeiten vermuten läßt, kann die Gültigkeit eines Ver-

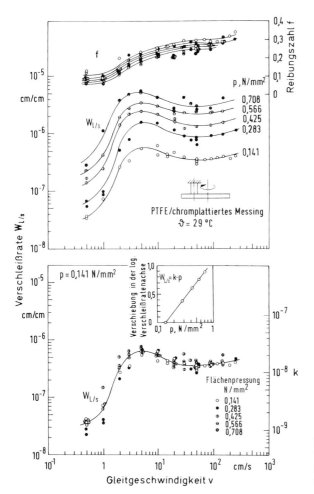

Bild 4.128: Transformation der Verschleißkurven von PTFE bei unterschiedlichen Flächenpressungen zu einer Master-Kurve [4.61]

schiebungsgesetzes für die Reibungszahl, Bild 4.32, und für den Verschleiß gezeigt werden [4.61], wobei sowohl Meßkurven bei unterschiedlichen Flächenpressungen, *Bild 4.128,* als auch solche bei unterschiedlichen Temperaturen, *Bild 4.129* transformierbar sind und bei im Vergleich zu Bild 4.128 höherer Temperatur die nach der Theorie zu erwartende Verschiebung, vgl. Bild 1.10, zu höherer Geschwindigkeit erfolgt, *Bild 4.130.*

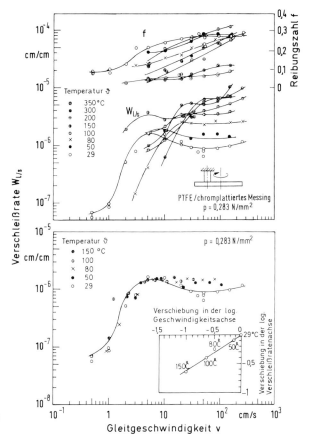

Bild 4.129: Transformation der Verschleißkurven von PTFE bei unterschiedlichen Temperaturen zu einer Master-Kurve [4.61]

Wählt man die Temperatur als Parameter und prüft bei jeweils einer Gleitgeschwindigkeit, so wird die Unsicherheit der unterschiedlichen lokalen Selbsterwärmung ausgeschlossen, wodurch in der Regel Korrelation zwischen viskoelastischen Stoffeigenschaften und dem Reibungsverlauf hergestellt werden kann. Für den Fall relativ kleiner Geschwindigkeitsänderungen erfolgt auch eine modellgerechte Verschiebung der Kurve [4.6], Bild 4.31. Wie ersichtlich ist der Geschwindigkeitseinfluß auf das Reibungsverhalten im hartelastischen Bereich relativ gering, was auch durch Variation der Gleitgeschwindigkeit in unterschiedlichen Temperaturbereichen nachgewiesen wurde. Diese Beobachtung steht im wesentlichen in Einklang mit den Meßwerten in Bild 4.23 und Bild 4.24 [4.17]. Trotz der zuweilen festgestellten Zusammenhänge in Haupterweichungsgebieten werden mitunter Nebenmaxima der inneren Dämpfung als Funktion der Temperatur in Gleitreibungsverläufen je nach Versuchsbedingung nicht oder nur schwach abgebildet, Bild 4.23 und Bild 4.24. Bei Rollvorgängen jedoch wird der Einfluß des Dämpfungsmaximums auf den Deformationsanteil

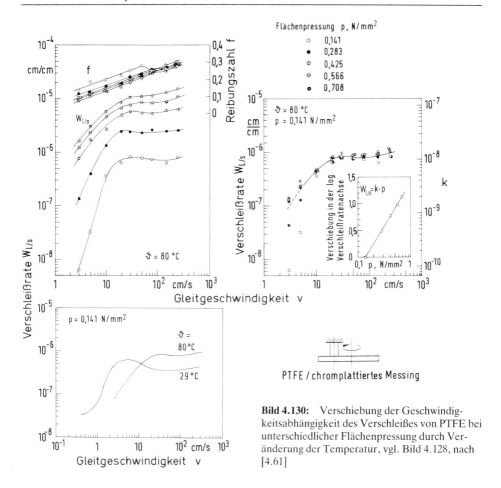

Bild 4.130: Verschiebung der Geschwindigkeitsabhängigkeit des Verschleißes von PTFE bei unterschiedlicher Flächenpressung durch Veränderung der Temperatur, vgl. Bild 4.128, nach [4.61]

der Reibungskraft deutlich sichtbar. Auch das Nebenerweichungsgebiet von PTFE bei rd. + 20 °C, das in Gleitreibungsversuchen gemäß Bild 4.55 zum Ausdruck kommt, wird unter anderen Prüfbedingungen nur bei Rollbewegung festgestellt, wobei sich der enge Zusammenhang zwischen Struktur und Deformationskomponente der Reibung bei Verwendung verschieden kristalliner Werkstoffe äußert [4.22]. Der Vergleich von Meßverläufen aus Gleitreibungs- und Rollreibungsexperimenten zeigt, daß, selbst bei kalkulierbaren Erwärmungsverhältnissen in der Polymergrenzschicht aufgrund Variation von Pressung oder Gleitgeschwindigkeit, die viskoelastischen Stoffeigenschaften des Thermoplasten einen um so größeren Einfluß auf die tribologischen Kenngrößen haben, je ausgeprägter die Deformationskomponente der Reibungskraft ist. Bewirkt die Beanspruchung aufgrund der Werkstoffstruktur eine starke Veränderung der Werkstoffeigenschaften, so werden die festgestellten Parameterabhängigkeiten häufig vorwiegend durch die Temperatur bestimmt, vgl. Bild 4.34 und Bild 4.39.

4.2 Anwendungen

4.2.1 Gleitlager im Maschinenbau und in der Feinwerktechnik

Gleitlager aus Thermoplasten bieten besondere Vorteile dann, wenn

- Trockenlauf oder Mischreibung vorliegt
- spezielle Eigenschaften der Polymere gefordert werden
- die wirtschaftliche Verarbeitbarkeit genutzt werden kann,

wobei für die Festlegung des Werkstoffes oft bestimmte Eigenschaften des Lagers (z.B. hohe Belastbarkeit, konstante Reibungsverhältnisse) vorrangig gefordert werden [4.62].

Vergleicht man Trockengleitlager auf Thermoplastbasis mit anderen Lagertypen, so wird deutlich, daß diese ihre größte Tragfähigkeit bei relativ kleinen Gleitgeschwindigkeiten besitzen [4.63], *Bild 4.131*. Verbundgleitlager zeichnen sich durch höhere Beanspruchbarkeit im Vergleich zu Voll-Thermoplast-Gleitlagern aus, *Bild 4.132*. Die Zusammenhänge

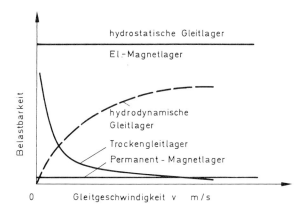

Bild 4.131: Vergleich der Belastbarkeit verschiedener Gleitlagertypen nach [4.63]

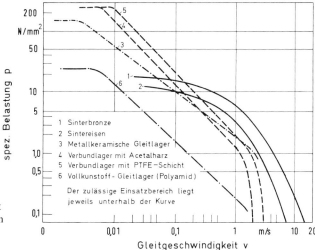

Bild 4.132: Beanspruchbarkeit verschiedener Gleitlagertypen in Form eines p·v-Diagrammes [4.63]

Tafel 4.12: Wichtige Eigenschaften wartungsfreier und selbstschmierender Gleitlager [4.63]

	Sintergleitlager Ölgetränkt		Metallkeramische Lager	Vollkunststofflager		Gleitlager aus Verbundwerkstoffen		Lager aus Kunstkohle
				Thermoplaste	Duroplaste	Laufschicht PTFE + Zus.	Laufschicht Acetalharz	
	Eisensinter	Bronzesinter		(Polyamid)	(Polyimid)			
Druckfestigkeit p_o in N/mm²	80...180		250	70	110	250	250	100...200
max. Gleitgeschwindigkeit V in m/s	15	20 (30)	2	2	2 (3)		3	10
normale spez. Belastung p in N/mm²	1...4 (10)		bis 100	bis 25	bis 15	20...50	20...50	bis 50
max. (p·v) in N/mm²·m/s	20		0,5...2,5	0,05	0,2	1,5...2,0		0,4...1,8
zul. Betriebstemperatur °C kurzzeitig	-60 / 180 / 200		-200 / 700 / 1000	-130 / 100 / 120	-50 / 250 / 300	-200 / 280	-40 / 100 / 130	-200 / 350 / 500
Reibungszahl ohne Schmierung	0,04...0,12		0,09...0,15	0,2...0,35	0,07...0,15	0,08...0,25	0,07...0,20	0,1...0,25
Wärmeleitfähigkeit in W/mK	20...40		50...60	0,3	0,4...1,0	46	2	10...65

4.2 Anwendungen   193

	Sintergleitlager Ölgetränkt		Metallkeramische Lager	Vollkunststofflager		Gleitlager aus Verbundwerkstoffen		Lager aus Kunstkohle
	Eisensinter	Bronzesinter		Thermoplaste (Polyamid)	Duroplaste (Polyimid)	Laufschicht PTFE + Zus.	Laufschicht Acetalharz	
Schmierung	nicht erforderlich	nicht erforderlich	nicht erforderlich	nicht erforderlich	nicht erforderlich	nicht erforderlich	Initialschmierung	nicht erforderlich
Korrosionsbeständigkeit	ausreichend	gut	gut	sehr gut	sehr gut	gut	gut	sehr gut
chemische Beständigkeit	nein	nein	(Seewasser)	sehr gut	sehr gut	bedingt	bedingt	gut
Verschleißdicke in mm	nicht begrenzt	nicht begrenzt	nicht begrenzt	nicht begrenzt	nicht begrenzt	0,2	0,3	nicht begrenzt
erforderliches Lagerspiel d = Wellen-⌀	(0,05...0,15)% d		0,1...0,3% d	(0,5...1,0)% d		(0,1...0,5)% d		0,3...0,5% d
Kantenbelastbarkeit	schlecht	schlecht	schlecht	gut	gut	weniger gut	gut	schlecht
Einbettfähigkeit von Schmutz + Abrieb	weniger gut		weniger gut	gut	gut	weniger gut	gut	weniger gut
verwendbar für Längsbewegung	nein	nein	gut	gut	gut	weniger gut	gut	gut
erforderliche Oberflächenqualität d. Gleitpartner R_{max}	geschliffen (superfinish) 1 μm		geschliffen 1...4 μm	gezogen geschliffen 1...4 μm	gezogen geschliffen 1...4 μm	geschliffen (gezogen) 1...2 μm	gezogen geschliffen 2...3 μm	geschliffen (gezogen nur bedingt)
mögliche Genauigkeit der Lagerung	sehr hoch		sehr hoch	weniger hoch	weniger hoch	hoch	weniger hoch	weniger hoch

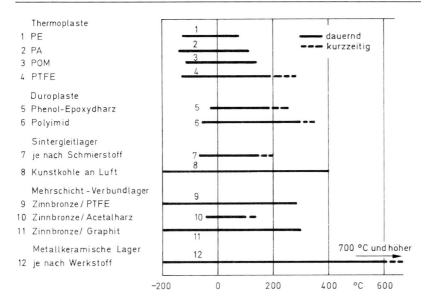

Bild 4.133: Zulässige Betriebstemperaturen für unterschiedliche Gleitlagertypen [4.63]

deuten darauf hin, daß der Einsatz von Thermoplasten in Gleitlagern durch die thermische Belastbarkeit begrenzt ist. Die Gegenüberstellung verschiedener Lagerwerkstoffe zeigt, daß die zulässige Betriebstemperatur von Thermoplastgleitlagern in der Regel unter 130 °C liegt, *Bild 4.133*. Wichtige Eigenschaften wartungsfreier und selbstschmierender Gleitlager sind in *Tafel 4.12* zusammengestellt. Wegen der relativ schlechten Wärmeleitfähigkeit reiner thermoplastischer Kunststoffe und der andererseits großen Auswirkung einer Temperaturerhöhung auf das tribologische Verhalten, vgl. 4.1.2.2, ist bei der Auslegung von Gleitlagern also besondere Aufmerksamkeit der Abschätzung beanspruchungsbedingter Erwärmungen in der Gleitfuge zu widmen.

Geht man davon aus, daß bei einem Radiallager die Wärme zu unterschiedlichem Anteil nur über die Lagerschalenoberfläche (Q_O) und die Welle (Q_W) abgeführt wird, so kann die aus Reibung resultierende Wärmemenge geschrieben werden als [4.62]

$$Q_R = Q_O + Q_W \tag{4.2}$$

wobei die pro Sekunde umgesetzte Reibungswärme Q_R als Produkt aus Wellendurchmesser d_W, Lagerbreite b, mittlerer Flächenpressung p, Gleitgeschwindigkeit v und Reibungszahl f

$$Q_R = d_W\, b\, p\, v\, f \tag{4.3}$$

sowie die anteilig je Sekunde abgeleiteten Wärmemengen als

$$Q_O = \frac{d_W\, b\, \pi}{s_K} \lambda_K K_1 \Delta \vartheta \tag{4.4}$$

bzw.

$$Q_W = \frac{d_W\, \pi}{2} \lambda_M K_2 \Delta \vartheta \tag{4.5}$$

auszudrücken sind. Ferner sind s_K die Lagerwanddicke des Polymeren, λ_K sowie λ_M die jeweilige Wärmeleitfähigkeit und K_1, K_2 von der Lagerkonstruktion abhängige Konstanten.

Damit ergibt sich die Temperaturerhöhung zu

$$\Delta \vartheta = \frac{p\,v\,f}{\pi \left(\dfrac{\lambda_K K_1}{s_K} + \dfrac{\lambda_M K_2}{2\,b} \right)} \tag{4.6}$$

Für bestimmte Lagerausführungen, *Bild 4.134,* ist eine empirische Bestimmung der mittleren Lagertemperatur bekannt [4.62], wobei die Oberflächenrauheit der Stahlwelle durch einen Riefenrichtungsfaktor ϱ berücksichtigt wird und die Umgebungstemperatur $\vartheta_U <$ 80 °C sowie die Wärmeleitfähigkeit des Polymeren mit 0,24 W/Km angesetzt werden:

$$\vartheta_{L_R} = \frac{\vartheta_U + \dfrac{318{,}3\,p\,v^{\varkappa}}{(0{,}18/s_K) + (1{,}36/b)}\, f\,\varrho_1}{1 + \dfrac{318{,}3\,p\,v^{\varkappa}}{(0{,}18/s_K) + (1{,}36/b)}\, a} \tag{4.7}$$

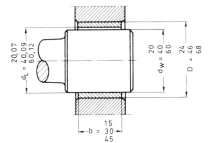

Bild 4.134: Aufbau von Radiallagern bei Berechnung der Lagertemperatur gemäß Gleichung (4.7) [4.62]

Tafel 4.13: Werte zur Berechnung von Lagertemperaturen gemäß Gleichung (4.7) [4.62]

Korrekturverfahren ϱ_1 für die Gleitreibungszahl und ϱ_2 für den Gleitverschleiß beim Gleiten in Richtung der Bearbeitungsriefen									
Rauheit senkrecht zur Richtung der Bearbeitungsriefen (μm)	PA		PA/PE		POM		PETP PBTP		HDPE	
	ϱ_1	ϱ_2	ϱ_1	ϱ_2	ϱ_1	ϱ_2	ϱ_1	ϱ_2	ϱ_1	ϱ_2
< 0,5	1,2	1,0	1,1	1,0	1,1	0,9	1,0	0,8	1,0	0,8
0,5 bis 1	1,2	0,9	1,1	0,9	1,1	0,6	0,9	0,6	0,9	0,4
1 bis 2	1,2	0,8	1,1	0,7	1,1	0,3	0,85	0,4	0,85	0,2
2 bis 4	1,1	0,8	1,0	0,6	1,0	0,2	0,85	0,3	0,85	
4 bis 6	1,0	0,8	0,95	0,6	0,9	0,2	0,8	0,3	0,8	

$\varkappa$ = 1,4 für Radiallager mit rotierender Bewegung

$\varkappa$ = 1,3 für Radiallager mit oszillierender Bewegung, Schwenkwinkel $\alpha > 45°$

$\varkappa$ = 1,2 für Radiallager mit oszillierender Bewegung, Schwenkwinkel $25° < \alpha < 45°$

$\varkappa$ = 1,0 für Radiallager mit oszillierender Bewegung, Schwenkwinkel $< 25°$ und für Axiallager

Die jeweiligen Werte für $\varkappa$ und ϱ gehen aus *Tafel 4.13* hervor, wobei ϱ nur bei Übereinstimmung von Bearbeitungs- und Gleitrichtung zu berücksichtigen ist. Entgegen (4.6) ist $\varkappa$ offensichtlich nur im Sonderfall gleich 1.

Ähnliche Überlegungen ergeben für Axiallager eine Temperaturerhöhung

$$\Delta \vartheta_{L_A} = \frac{p \, v \, f \, \varrho_1}{\left(\dfrac{K_4 \lambda_K}{s_K} + \dfrac{d_a^2}{d_a^2 - d_i^2} \dfrac{K_5 \lambda_M}{s_M} \right)} \tag{4.8}$$

Bei Axiallagern gemäß *Bild 4.135* und Paarungen Polymer/Stahl gilt für die Lagertemperatur

$$\vartheta_{L_A} = \vartheta_U + \frac{p \, v \, f \, \varrho_1}{\left(\dfrac{2}{s_K} + \dfrac{d_a^2}{d_a^2 - d_i^2} \right)} \tag{4.9}$$

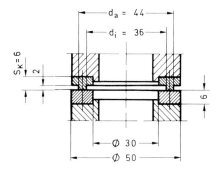

Bild 4.135: Aufbau von Axiallagern bei Berechnung der Lagertemperatur gemäß Gleichung (4.9) [4.62]

Werden nur Polymere mit gleicher Wärmeleitfähigkeit λ_K und Wanddicke s_K eingesetzt, vereinfacht sich der Ausdruck (4.8) für die mittlere Lagertemperatur zu

$$\vartheta_{L_A} = \vartheta_U + (p \, v \, f \, \varrho_1 \, s_K) \tag{4.10}$$

Die tatsächliche Gleitflächentemperatur ϑ_F ergibt sich aus der mittleren Lagertemperatur und der Umgebungstemperatur empirisch zu

$$\vartheta_F = \vartheta_U + \left(1{,}15 + \frac{\vartheta_L}{170}\right)(\vartheta_L - \vartheta_U) \tag{4.11}$$

Ein Vergleich mit den zulässigen Grenztemperaturen nach *Tafel 4.14* zeigt, ob Belastung und Werkstoff in Einklang stehen. Bei Trockenlauf ist f gemäß der mittleren Flächenpressung p einzusetzen, die in grober Näherung aus

$$p = \frac{F}{d_W \, b} \tag{4.12}$$

berechnet werden kann, wobei sich in der Regel ein zu kleiner Wert ergibt, da die gesamte Projektion der Welle auf das Lager als Fläche angesetzt wird. Tatsächlich ist die Kontaktfläche A zunächst wesentlich kleiner und wächst bei umlaufender Welle im Laufe des Betriebes mit der Zapfeinsenkung, *Bild 4.136*. Bei stillstehender Welle und rotierender Lagerscheibe wird das Lagerspiel jedoch durch Verschleiß der Schale größer, so daß die tragende Fläche kleiner und die wirksame Flächenpressung größer wird [4.64].

Tafel 4.14: Richtwerte für die Grenzbelastbarkeit gebräuchlicher thermoplastischer Gleitlagerwerkstoffe [4.62]

Werkstoff	Kurz-zeichen	Wärmeleit-fähigkeit W/K·m	zul. Grenz-temperatur ϑ_{Fzul} °C	pv-Richt-wert [+)] N/mm² m/s
Polyamid 66	PA 66	0,23 bis 0,25	95	0,05
Polyamid 6	PA 6	0,26 bis 0,29	95	0,05
Polyamid 12	PA 12	0,23	95	0,05
Polyamid/Polyethylen	PA/PE	0,23	105	0,25
Polyamid mit Glasfasern	GF-PA	0,26	95	0,05
Polyamid mit Molybdän-disulfid	PA/MoS$_2$	0,28	100	0,06
Polyoxymethylen	POM	0,23 bis 0,3	120	0,08
Polybuthylenterephthalat	PBTP	0,23	110	0,08
Polyethylen hoher Dichte (hochmolekular)	HDPE	0,33	55	0,02
Polytetrafluorethylen	PTFE	0,23		0,03
Polytetrafluorethylen mit Bronze	PTFE/Bz	0,38		0,5
Polyimid	PI	0,37 bis 0,48		1,0

[+)] Radiallager im Durchmesserbereich von 20 bis 60 mm und Wanddicken um 3 mm (trocken)

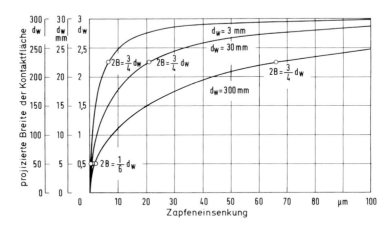

Bild 4.136: Tatsächliche Kontaktfläche zwischen Lagerschale und Welle verschiedener Radiallager in Abhängigkeit von der Zapfeneinsenkung [4.62]

Unter Voraussetzung elastischen Kontaktes können die Hertzschen Gleichungen für

$$2B < d_W/6 \tag{4.13}$$

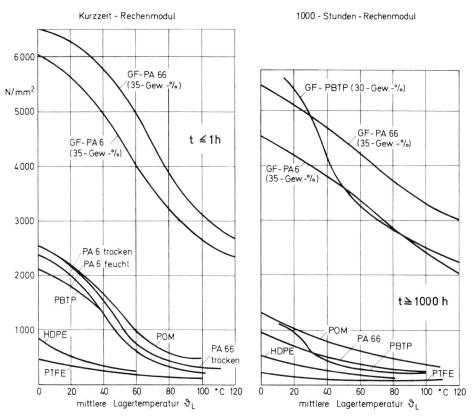

Bild 4.137: Kurzzeit-Rechenmodul bzw. 1000-Stunden-Rechenmodul einiger unverstärkter und verstärkter Thermoplaste [4.62]

oder

$$F \leq 0{,}12\, E_K\, b\, h_0 \tag{4.14}$$
$$h_0 = d_L - d_W$$

zugrunde gelegt werden, wobei der Kurzzeit-Rechenmodul E_K für verschiedene Thermoplaste ohne und mit Zusatzstoffen aus *Bild 4.137* hervorgeht. Die Berührungsbreite und die maximale Pressung in der Mittellinie der Berührungsfläche $p_{H\max}$ ergibt sich dann zu

$$2B = 1{,}52\, d_W \left(\frac{F}{h_0\, E_K\, b}\right)^{\frac{1}{2}} \tag{4.15}$$

$$p_{H\max} = 0{,}836 \left(\frac{F\, h_0\, E_K}{b\, d_W^2}\right)^{\frac{1}{2}} = 0{,}836 \left(p\, E_K\, \frac{h_0}{d_W}\right)^{\frac{1}{2}} \tag{4.16}$$

$p_{H\max}$ sollte kleiner als die Druckfestigkeit des Thermoplasten bleiben, vgl. Tafel 4.12. Die mit den Kurzzeitmodulen – die Module von Polymeren sind abhängig von der Beanspruchungszeit – errechneten Pressungen liegen auf der sicheren Seite.

Ist Bedingung (4.13) nicht erfüllt, so kann die maximale Pressung bei Annahme einer sinusförmigen Pressungsverteilung näherungsweise berechnet werden zu

$$p_{s\,max} = \frac{\pi}{2} \frac{F}{d_W b} \tag{4.17}$$

oder

$$p_N = \frac{16}{3\pi} \frac{F}{d_W b} \quad \text{(Näherungslösung)} \tag{4.18}$$

Unter der Voraussetzung, daß die Druckfestigkeit wie vorher nicht überschritten werden darf, ergibt sich mit (4.18) und einem Sicherheitsfaktor S

$$F_{Zul} = \frac{F_{max}}{S} = \frac{3\pi}{16} p_0 d_W b \frac{1}{S} \tag{4.19}$$

Da durch Verschleiß des Lagers bald eine relativ große Berührungsbreite entsteht, vgl. Bild 4.136, ist häufig die Verwendung der Näherungslösungen (4.17) bis (4.19) auch für Erfüllung von (4.13) ausreichend. Die Zapfeneinsenkung wird mit *Bild 4.138* vereinfachend errechnet [4.62]:

$$\Delta h = \frac{4F}{\left(\dfrac{2B}{s_K} + \sin 45°\right) b \pi E_K} \tag{4.20}$$

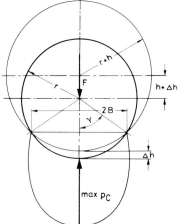

Bild 4.138: Geometrische Verhältnisse und Pressungsverteilung bei Radiallagern mit großer Berührungsbreite [4.62]

Nach Bild 4.136 gilt schon für kleine Einsenkungen

$$2B \approx 0{,}7 \text{ bis } 0{,}8 \, d_W \tag{4.21}$$

also

$$\Delta h = \frac{1{,}8 F}{\left(\dfrac{d_W}{s_K} + 1\right) b E_K} \tag{4.22}$$

Dynamisch belastete Lager müssen außer reinen Vertikal- auch Tangentialkräfte aufnehmen, wobei sie bei erhöhter Stick-Slip-Anfälligkeit größerer Erwärmung und ausgeprägterem Verschleiß unterworfen sind. Eine Bemessung solcher Lager erfolgt im allgemeinen nach dem p·v-Wert, *Bild 4.139,* wobei dieser jedoch nur als grober Anhalt anzusehen ist, da beide Größen eigentlich nicht kompatibel sind, vgl. 4.1.2.4.3 und Bild 4.131. Pressung und Geschwindigkeit haben im allgemeinen nicht den gleichen Exponenten, vgl. (4.7), außerdem ergibt sich erst bei Berücksichtigung der jeweiligen Reibungszahl eine für das Lagerversagen maßgebliche Reibleistungsdichte. Die Temperaturberechnung erfolgt bei den entsprechenden Abmessungen des Lagers nach (4.7) und (4.9).

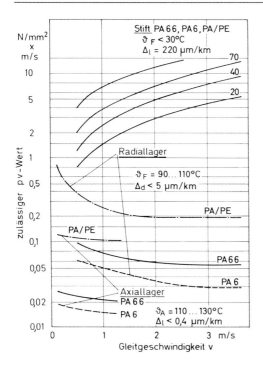

Bild 4.139: Belastbarkeit ungeschmierter Gleitlager, charakterisiert durch den p·v-Wert bei verschiedenen Geschwindigkeiten (Lagerwanddicke $s_k = 3$ mm, Umgebungstemperatur $\vartheta_u = 20$ bis 30 °C, Gegenkörper: Stahl 56 HRc, $R_v = 1{,}5$ bis $2{,}0$ μm) [4.62]

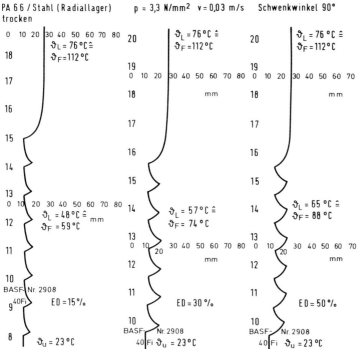

Bild 4.140: Temperaturverlauf in einem ungeschmierten Radiallager aus PA 66 bei Aussetzbetrieb [im Bild] [4.62]

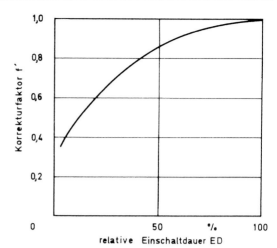

Bild 4.141: Korrekturfaktor für die Berechnung der Lagertemperatur bei Aussetzbetrieb in Abhängigkeit von der relativen Einschaltdauer [4.62]

Bei Aussetzbetrieb tritt wechselweise Aufheizen und Abkühlen der Paarung ein, *Bild 4.140*, wobei die relative Einschaltdauer ED aus der Gesamtzeit T und der jeweiligen Betriebszeit t errechnet wird.

$$ED = \frac{t}{T} 100\% \tag{4.23}$$

Der danach sich ergebende Korrekturfaktor f', *Bild 4.141*, wird zur Näherungsberechnung der Gleitflächentemperatur und des ermittelten p·v-Wertes verwendet

$$\vartheta_{F_{ED}} = (\vartheta_F - \vartheta_U) f' + \vartheta_U \tag{4.24}$$

$$p\,v_{ED} = \frac{p\,v}{f'} \tag{4.25}$$

Für Radiallager wird eine empirische Näherungslösung für die Zapfeneinsenkung infolge Verschleißes angegeben, die auf Versuchen an Lagern mit Durchmessern zwischen 20 und 60 mm beruht [4.62].

$$\Delta S = 10\,p_{N_{max}}(S_0 + S_1 R_v + S_2 R_v^2)\left[1 - \frac{\vartheta_F}{\vartheta_0} + 400^{(\vartheta_F - \vartheta_0)/\vartheta_0}\right]\varrho_2\gamma \tag{4.26}$$

S_0, S_1, S_2, ϑ_0 und γ sind Erfahrungswerte, *Tafel 4.15*, ϱ_2 ist aus Tafel 4.13 zu entnehmen und dann einzusetzen, wenn Bearbeitungs- und Gleitrichtung übereinstimmen. γ wird als Glättungsfaktor bezeichnet und berücksichtigt Glättung von Rauheiten und Ablagerungen. Mit ΔS kann unter Vorgabe eines zulässigen Spieles Δh_{Zul} und bei Berücksichtigung der nicht auf Verschleiß beruhenden Zapfeneinsenkung Δh und des ohnehin vorhandenen Lagerspieles h_0 die Lebensdauer H des Lagers abgeschätzt werden

$$H = \frac{\Delta h_{Zul} - \Delta h - h_0/2}{\Delta S\,v\,3{,}6} \tag{4.27}$$

Δh wird nach (4.22) berechnet.

Das Ausgangslagerspiel h_0 wird durch Einpressen von Buchsen in Metallhülsen und Feuchteaufnahme des Lagers (besonders bei PA) verändert.

Tafel 4.15: Erfahrungswerte für die Berechnung des Gleitverschleißes gemäß Gleichung (4.26) [4.62]

Werkstoff	S_0	S_1	S_2	ϑ_0	γ
PA 66	0,375	0,043	0	120	0,7
PA 6	0,267	0,134	0	120	0,7
PA 12	0,102	0,270	0,076	110	0,7
PA/PE	0,291	0,122	−0,006	120	0,6
POM-Cop.	0,042	0,465	0,049	120	0,8
PBTP	0,020	0,201	−0,007	110	0,8
HDPE	1,085	−4,160	4,133	60	0,7
PTFE	1,353	−19,43	117,5	200	0,6

Ein anderes Verfahren zur Auswahl von Lagerwerkstoffen besteht darin, aus einer Palette möglicher reiner und verstärkter Polymerewerkstoffe durch Ausschluß denjenigen einzugrenzen, der für den Einsatz in Radial- oder Axiallagern unter den aktuellen Bedingungen geeignet ist [4.65]. Für eine Vielzahl von Werkstoffen wurden unter „milden" Bedingungen mittlere Verschleißfaktoren beim Lauf gegen Stahl- oder Hartchrom-Gegenstoffe ermittelt, *Tafeln 4.16,* die eine Abstufung von Werkstoffgruppen relativ zueinander erlaubt, *Bild 4.142.* Diese Werte wurden im Hinblick auf die geforderte Lebensdauer ausgewertet. Mittlere angegebene Reibungszahlbereiche ermöglichen eine Abschätzung, bei Verwendung welchen Werkstoffes die Unterschreitung des zulässigen Reibungsmomentes gewährleistet ist, *Bild 4.143.* Temperatureinsatzgrenzen und Verträglichkeit mit umgebenden Medien sind weitere Auswahlkriterien, *Tafel 4.17.* Mit Hilfe von Pressung-Geschwindigkeits-Diagrammen, *Bild 4.144,* bzw. Temperatur-Pressunggrenzkurven, *Bild 4.145, Bild 4.146* und *Bild 4.147* werden die Werkstoffe bezüglich der Beanspruchung eingegrenzt. Bei den Betrachtungen sind Oberflächenrauheit des Gegenstoffes und Wärmeleitung des Systems zu

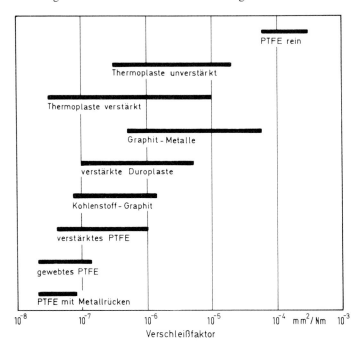

Bild 4.142: Gegenüberstellung des Verschleißfaktors von Werkstoffgruppen gemäß Tafel 4.16 nach [4.65]

berücksichtigen. Vor- und Nachteile der einzelnen Werkstoffgruppen sind in *Tafel 4.18* in qualitativer Wertung zusammengestellt. Polyimid (PI) zeichnet sich als Gleitlagerwerkstoff dadurch aus, daß es thermisch relativ hoch belastbar ist, Bild 4.133. Günstige tribologische Eigenschaften werden strukturbedingt jedoch zum Teil erst bei hohen Temperaturen erzielt [4.64], *Bild 4.148*. Als Folge des Reibungsverhaltens ergibt sich bei gleicher Belastung im Modellversuch eine Verschleißminderung mit Zunahme der Gleitgeschwindigkeit, *Bild 4.149*.

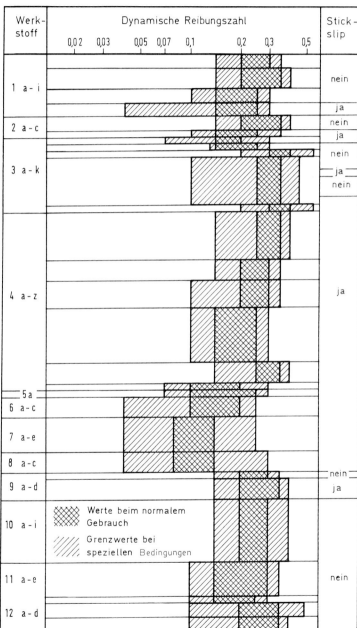

Bild 4.143: Gegenüberstellung dynamischer Reibungszahlbereiche von Werkstoffen gemäß Tafel 4.16 nach [4.65]

Tafel 4.16: Bezeichnung und Kennwerte verschiedener Werkstoffgruppen nach [4.65]

Werkstoff [1]	Bezeichnung	Verschleißfaktor (milde Bedingungen) $(m^2/N) \times 10^{-15}$	Maximale Gleit- geschwindigkeit [2] m/s	Zulässiger Abtrag mm
Unverstärkte Thermoplaste:				
Polyacetalharz	1a	1,4	2	[3]
	1b	1,4	2	
Polyamid (Nylon)	1c	3,0	2,5	
	1d	3,0	2,5	
	1e	4,4	2	
Polyethylen	1f	0,36	1,5	
	1g	0,52	1,5	
PTFE	1h	–	3	
	1i	60	–	
Verstärkte Thermoplaste (außer PTFE)				
Polyamid (Nylon) + MoS$_2$ spezielle Stoffe	2a	2,3	2,5	[3]
	2b	3,0	2,5	
Polyacetalharz + PTFE + anorganische Stoffe	2c	0,08	4	
Hochtemperaturbeständige Thermoplaste				
Aromatischer Polyester 25 % PTFE	3a	0,03	4	[3]
20 % Graphit	3b	0,12	4	
Polyimid unverstärkt	3c	1,9	8	
15 % Graphit	3d	0,65		
40 % Graphit	3e	0,4		
15 % Graphit, 10 % PTFE	3f	0,5		
15 % MoS$_2$	3g	2,0		
40 % Graphit	3h	0,5		
30 % Asbest, 20 % Graphit	3i	0,9		
20 % PTFE, MoS$_2$	3j	0,18	8	
Polysulfon + PTFE anorganische Stoffe	3k	0,05	4	

4.2 Anwendungen

Verstärktes PTFE					
PTFE	Glas[6]	4a	–	–	
5 % Glasfasern		4b	0,08	4	3)
15 % Glasfasern		4c	0,3	–	
25 % Glasfasern		4d	–	–	
5 % Glas, 5 % MoS$_2$		4e	0,7	–	
15 % Glas, 5 % MoS$_2$		4f	0,3	–	
12,5 % Glas,		4g	0,3	–	
12,5 % MoS$_2$		4h	0,3	–	
		4i	0,2	–	
		4j	0,15	–	
40 % Bronze		4k	0,14	–	
70 % Bronze		4l	0,13	–	
40 % Bronze		4m	0,14	–	
5 % MoS$_2$					
55 % Bronze		4n	0,11	–	
5 % MoS$_2$, Bronze[6]		4o	–	–	3)
20 % Bronze, Graphit		4p	0,06	4	
20 % Graphit		4q	0,2	4	3)
40 % Graphit[6]		4r	–	–	3)
15 % Graphit		4s	0,65	–	
10 % Kohle/Graphit		4t	0,18	–	
25 % Kohle/Graphit		4u	0,18	–	
Kohle[6]		4v	–	–	
Glimmer		4w	1,0	4	3)
Keramik/Minerale		4x	0,08	4	
		4y	0,04	4	
25 % aromatischer Polyester		4z	0,16	4	

1) Hersteller gemäß [4.65]
2) Katastrophaler Verschleiß durch hohe Blitztemperatur
3) Nicht durch Materialeigenschaften begrenzt (homogen)
4) Bei Schwingungsbeanspruchung kleiner Amplitude
5) Verschleißraten sinken erheblich im Laufe des Verschleißfortschritts (Mittelwert für 0,2 mm Verschleiß des Stiftes)
6) Physikalische Eigenschaften hängen vom Füll-, Verstärkungsstoffgehalt ab
7) Eigenschaften hängen von Metallmatrix ab

(Fortsetzung nächste Seite)

Tafel 4.16 (Fortsetzung): Bezeichnung und Kennwerte verschiedener Werkstoffgruppen nach [4.65]

Werkstoff[1]	Bezeichnung	Verschleißfaktor (milde Bedingungen) $(m^2/N) \times 10^{-15}$	Maximale Gleit-geschwindigkeit[2] m/s	Zulässiger Abtrag mm
Verstärktes PTFE mit Metallrücken	5a	–	–	–
Kohleverstärktes PTFE mit Stahlrücken				
Gefülltes und verstärktes PTFE mit Metallrücken				
PTFE/Blei imprägnierte poröse Bronze mit Stahlrücken	6a	0,03	12,5	0,05
Verstärktes PTFE in Metallgewebe	6b	0,05	6,5	[3]
Glasverstärktes PTFE in Phosphor-Bronze-Gitter	6c	0,08	6,5	0,125
PTFE-Fasern mit Trägermaterial Duroplast-Einlage und Metallrücken				
PTFE/Glasfaser-Gewebe mit Duroplastrücken	7a	0,04[4])[5]		0,15-0,20
PTFE/Baumwoll-Gewebe mit Duroplastrücken	7b	0,02[4]		0,15
	7c	0,06[4])[5]	2	0,5
PTFE/Vinyl-Phenol-Klebstoff auf Polyestergewebe	7d	0,04[4]		0,15
PTFE (Faserstücke) gefüllter Duroplast auf Nomex-Gewebe-Rücken	7e	0,2[4]		0,3
PTFE mit umwobenem Glasfaser und Epoxidharz-Rücken				
Lauffläche mit PTFE-Fasern	8a	0,06[4]		0,25
Lauffläche mit PTFE/Nomex-Verbund	8b	0,06		0,25
Lauffläche mit Streifen aus verstärktem PTFE	8c	0,06[4]	4	0,25
Thermoplast-Streifen-Einlagen im Metallgehäuse				
MoS_2-gefülltes Acetalharz (Copolymer)	9a	–	–	
Polyamid	9b	–	2,5	
	9c	0,08	4	
Keramikverstärktes PTFE	9d	0,04	4	[3]

4.2 Anwendungen

Duroplast-Gewebe mit Verstärkungsstoffen			
Polyestergebundenes Textillaminat mit MoS$_2$ oder Graphit	10a	–	1,5
Asbest-Gewebe/Kresolharz-laminat mit Graphit	10b	–	1,5
Phenolharz - imprägniertes Stofflaminat mit Graphit	10c	–	1,5
	10d	–	1,5
Schmelzbares Duroplast-Laminat mit Oberflächenschicht auf PTFE-Basis	10e		2,5
Textil-Duroplast-Laminat mit Oberflächenschicht auf PTFE-Basis	10f		2,5
Phenol-Laminat auf Cellulose-Basis mit PTFE (gleichmäßig verteilt)	10g		2,5
Phenol-Laminat auf Cellulose-Basis mit Graphit (gleichmäßig verteilt)	10h		2,5
	10i		1,5
Werkstoffe auf Kohle/Graphit-Basis			
Elektrographit	11a	1,3	4
Amorpher Kohlenstoff/Graphit	11b	0,66	33
Metallimprägnierter Kohlenstoff/Graphit	11c	0,66	33
Harzimprägnierter Kohlenstoff/Graphit	11d	0,50	25
	11e	–	
Epoxidgebundener Kohlenstoff mit PTFE und MoS$_2$	11f	0,38	8
Graphitimprägnierte Metalle			
Graphit in Metallmatrix	12a	7,4	1
	12b	60	4[7]
Graphitgefüllte Gußbronze	12c	–	2,5
			0,15
			0,25
Graphitgefüllte Gußlegierung	12d	–	–

1) Hersteller gemäß [4.65]
2) Katastrophaler Verschleiß durch hohe Blitztemperatur
3) Nicht durch Materialeigenschaften begrenzt (homogen)
4) Bei Schwingungsbeanspruchung kleiner Amplitude
5) Verschleißraten sinken erheblich im Laufe des Verschleißfortschritts (Mittelwert für 0,2 mm Verschleiß des Stiftes)
6) Physikalische Eigenschaften hängen vom Füll-, Verstärkungsstoffgehalt ab
7) Eigenschaften hängen von Metallmatrix ab

Tafel 4.17: Abgrenzung des Einsatztemperaturbereiches und Verträglichkeit mit verschiedenen Umgebungsmedien von Werkstoffen gemäß Tafel 4.16 nach [4.65]

Werkstoff	Gebrauchtemperatur (−200 ... 0 ... 200 °C ... 400)	Vakuum	Wasser	Öle	Säuren Stark	Säuren Schwach	Basen Stark	Basen Schwach	Strahlung	Abrasion
1 a–i		4	2	5	1	2	1	3	1	3
			3					4		
			5	4	2	4	4			
			4		3	5	5	5		
2 a–c			3	5	1	2		4		
3 a–k		1				3		3	3	2
		4	4	4	3	4	1	1		
		1								
		2								
		4								
		1								
			5	1	2		3			
4 a–t		4	4	4	3	5	5	5	1	3
			2	4	4	4				
			4		1	2	1	2		
		2	5	5						
			4							
		1	3		4	5	5	5		

1. Starke Wechselwirkung; Gebrauch nicht empfohlen
2. Wechselwirkung; Bewährung nicht voraussagbar
3. Geringe Wechselwirkung; im Normalfall akzeptabel
4. Gute Widerstandsfähigkeit; keine merkliche Wechselwirkung
5. Ausgezeichnete Widerstandsfähigkeit; möglicherweise positive Beeinflussung

Tafel 4.17 (Fortsetzung): Abgrenzung des Einsatztemperaturbereiches und Verträglichkeit mit verschiedenen Umgebungsmedien von Werkstoffen gemäß Tafel 4.16 nach [4.65]

Werk-stoff	Gebrauchtemperatur (200 – 0 – 200 °C – 400)	Vakuum	Wasser	Öle	Säuren Stark	Säuren Schwach	Basen Stark	Basen Schwach	Strahl-ung	Abra-sion
4 u–z		1 / 4	3 / 5	5 / 4 / 5 / 4	4 / 3	5 / 3	5	5	1	3
5 a		1		5						2
6 a–c					2		2		3	
7 a–e		4	4	4 / 1	4 / 2 / 3	1	4 / 2 / 3		2	
8 a–c					4		4			3
9 a–d				5 / 4 / 5	2 / 3 / 2		2 / 4 / 4		1 / 4 / 1	
10 a–i		3 / 1 / 4	5 / 4	1 / 4	1		1 / 2		2 / 3	
11 a–f		1 / 2	4 / 5 / 4	3		4 / 3 / 4	5 / 4 / 5	5 / 4	2 / 5 / 2	3
12 a–d		1	4 / 3 / 4	5	3 / 4 / 3	5 / 5 / 4	5	5	4 / 3	

1. Starke Wechselwirkung; Gebrauch nicht empfohlen
2. Wechselwirkung; Bewährung nicht voraussagbar
3. Geringe Wechselwirkung; im Normalfall akzeptabel
4. Gute Widerstandsfähigkeit; keine merkliche Wechselwirkung
5. Ausgezeichnete Widerstandsfähigkeit; möglicherweise positive Beeinflussung

Tafel 4.18: Vorteile und Einsatzgrenzen verschiedener Werkstoffgruppen nach [4.65]

	Werkstoff	Vorteile	Grenzen
Thermoplaste – unverstärkt	Polyamid	billig, ruhig, abrasionsbeständig, kleine Verschleißraten, leicht schmelzbar, gießbar oder bearbeitbar mit engen Toleranzen	einige Sorten absorbieren Wasser und Quellen
	Polyacetalharz	billig, geringe Feuchteaufnahme, gute Maßhaltigkeit unter feuchten Bedingungen	säureempfindlich
	Polyethylen	große Abrasionsbeständigkeit und Schlagfestigkeit, kleine Reibungszahl ohne Stick-Slip, gute chemische Beständigkeit	relativ niedrige Erweichungstemperatur
	PTFE	sehr kleine Reibungszahl insbesondere bei kleiner Geschwindigkeit, stick-slip-frei, gute chemische Beständigkeit, große Anwendungstemperaturbereiche	großer Verschleiß, relativ teuer, weich und kriechanfällig, kann nicht spritzgegossen werden
Thermoplaste – verstärkt	PTFE-Gewebe	große Tragfähigkeit, ermüdungsbeständig unter Schockbelastung, großer Verschleißwiderstand bei kleiner Geschwindigkeit	Flüssigkeiten können Eigenschaften schwächen, relativ teuer, nur für kleine Geschwindigkeiten
	verstärkt	Füll- und Verstärkungsstoffe verbessern mechanische Eigenschaften, Verschleißwiderstand und oben Temperatur-Einsatzgrenze	Abrasionsbeständigkeit möglicherweise kleiner als bei reinen Stoffen
	mit Metallrücken	Verbesserte Tragfähigkeit und Wärmeleitung, Kriechbeständigkeit	Schutz bei korrosiver Umgebung erforderlich

			Eigenschaften	Einschränkungen
Duroplaste	verstärkt	Epoxide	Festigkeit und Steifigkeit oft weit größer als bei verstärkten Thermoplasten, beständig bis zu hohen Betriebstemperaturen, kurzzeitig höhere Temperaturbelastbarkeit, Flüssigschmierung gewöhnlich nützlich	Verschleißrate gewöhnlich größer als bei den besseren verstärkten PTFE-Werkstoffen, teuere Herstellung, große Wärmedehnung, enge Toleranzen schwer einzuhalten
		Polyester	starke Bindungskräfte als Matrix für Stoffe geringer Reibung (PTFE) sowie Kohlefasern, für spezielle extreme Belastungsfälle geeignet	teuere Herstellung
		Phenole	geringer Schmelzverarbeitungsdruck, billige Fertigung großer Stückzahlen gebräuchlichste Duroplast-Matrix	nur in gefüllter oder faserverstärkter form einsetzbar, niedrige obere Temperaturgrenze
		Polyimide	hochtemperaturbeständig, kriechstabil	relativ teuer, einige Sorten absorbieren Feuchtigkeit
Kohlenstoff-Graphite		umfassen Kohlenstoff, Graphit, Metall-Graphite, Elektro-Graphite	hochtemperaturbeständig (in Luft durch Oxidation begrenzt), hohe Geschwindigkeiten, gute elektrische, und thermische Leitfähigkeit, enge Toleranzen einhaltbar	kleine Flächenpressung, geringe thermische Ausdehnung erfordert Einschrumpfen in Käfige, spröde, sehr niedrige Zugfestigkeit
		mit Duroplast	erhöhte Festigkeit und Verschleißbeständigkeit	Temperatureinsatzgrenzen durch Harzgehalt bestimmt

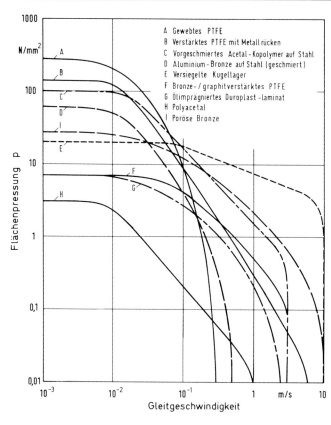

Bild 4.144: Einsatzgrenzen von Werkstoffgruppen im p·v-Diagramm beruhend auf einer Betriebszeit von 1000 h bei Umgebungstemperatur und einem maximalen Verschleiß von 0,25 mm nach [4.65]

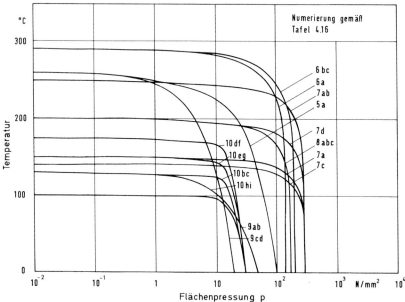

Bild 4.145: Einsatzgrenzen von Werkstoffen gemäß Tafel 4.16 im ϑ-p-Diagrammen nach [4.65]

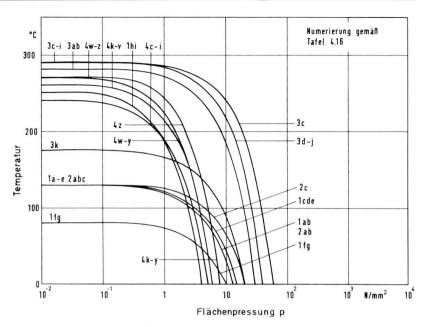

Bild 4.146: Einsatzgrenzen von Werkstoffen gemäß Tafel 4.16 im ϑ-p-Diagrammen nach [4.65]

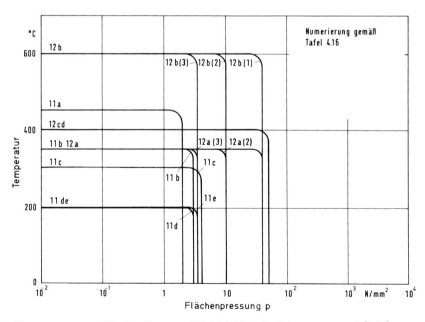

Bild 4.147: Einsatzgrenzen von Werkstoffen gemäß Tafel 4.16 im ϑ-p-Diagrammen nach [4.65]

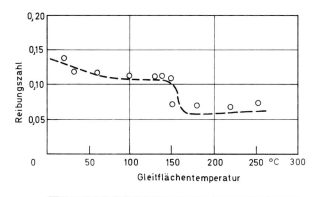

Bild 4.148: Einfluß der Gleitflächentemperatur auf die Reibungszahl von PI

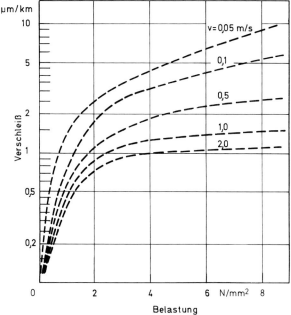

Bild 4.149: Abhängigkeit des Verschleißes von PI von der Flächenpressung bei verschiedenen Gleitgeschwindigkeiten

Allgemein sind die Wanddicken von Thermoplast-Gleitlagern möglichst klein zu wählen, um eine gute Wärmeableitung aus dem Lager zu gewährleisten. In dieser Beziehung bewähren sich Metallringe mit aufgesinterten Polymeren als Gleitwerkstoffe (z. B. PTFE, PA, PI) [4.62]. Verbundwerkstoffe haben auch eine geringere Erwärmung, so daß relativ hohe Flächenpressungen und p·v-Werte ertragen werden, Beispiel PTFE/Blei, *Bild 4.150*. PTFE/Kupfer-Gewebe in Kunstharz kann bis $p = 50$ N/mm^2, POM auf Bronze mit Stahlrücken bis $p = 140$ N/mm^2 – p·v-Werte vgl. *Tafel 4.19* – und PTFE oder PA/PE in Kunstharz bis auf p·v = rd. 0,8 N/mm^2 · mm/s beansprucht werden.

Eine gleitlagerähnliche Wirkung und eine weitverbreitete Anwendung haben auch Beschichtungen. PTFE dient als Tiefziehhilfe im Sinne eines leistungsfähigeren und wirtschaftlicheren Arbeitsprozesses [4.66], wobei das Beschichtungsverfahren wegen zu niedriger Abriebfestigkeit und Standzeit der Schicht modifiziert wird. Das Werkzeug, das nach dem Beschichten sehr geringem Verschleiß unterliegt, wird mit einer Chromschicht versehen und dann so geätzt, daß in dieser Öffnungen mit einer Dichte von 15000 pro cm^2 entstehen.

4.2 Anwendungen

Belastung	zulässige mittlere Flächenpressung N/mm^2
Punktlast ruhend; keine oder nur sehr langsame Bewegung	140
Punktlast ruhend; rotierende oder oszillierende Bewegung	56
Schwellbeanspruchung durch Punkt- oder Umfangslast Lastwechsel während der Lebensdauer unter 10^5 über 10^7	28 14

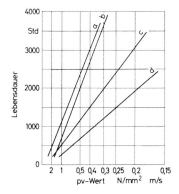

Bild 4.150: Belastbarkeit von Verbundlagern auf PTFE/Blei-Basis [4.62]
a) Buchse mit Umfangslast, Welle aus ungehärtetem Stahl, b) Buchse mit Punktlast, verchromte Stahlwelle,
c) Buchse mit Punktlast, Welle aus ungehärtetem Stahl,
d) Anlaufscheibe

Tafel 4.19: Belastbarkeit von Verbundlagern auf POM/Bronze-Basis bei unterschiedlichen Schmierungsverhältnissen [4.62]

Verbundlager auf Basis POM/Bronze	
pv-Wert $N/mm^2 \cdot m/s$	Schmierintervall h
0,1	ohne Schmierung
0,36	2000 bis 5000
1,4	500 bis 1000
>1,4	stetige Ölschmierung

Auf die erwärmte Oberfläche wird unterkühltes PTFE-Pulver gebracht, das wegen des großen Wärmeausdehnungskoeffizienten in den Poren bei Wiedererwärmen expandiert, so mit der Oberfläche fest verhaftet ist und schmierend wirkt, ohne dem sonstigen Abrieb zu unterliegen. Dadurch konnte die Werkzeugstandzeit bei verbesserter Oberflächenqualität des Ziehgutes um das 400fache erhöht werden.

4.2.2 Wälzlager, Rollen, Scheiben

Ringe von Wälzlagern werden meist aus POM, Wälzkörper aus Glas, PA 66 oder Stahl und Käfige zur Führung der Wälzkörper aus PA 66 oder POM gefertigt. Die Tragfähigkeit von Polymerwälzlagern beträgt rd. 3 bis 5% der eines Stahllagers, wobei wegen der Wärmedehnung ein größeres Lagerspiel zugelassen werden muß. Weil meist geschmiert wird, sind weniger Erwärmung und Verschleiß Schadensursachen als vielmehr Verformungen der Laufrinnen, die im wesentlichen bei punktförmiger, statischer Last im unteren Scheitelpunkt auf der inneren Wälzbahn entstehen. Die statischen Tragfähigkeiten betragen zwischen rd. 400 und 500 N [4.62]. PA-Käfige teilweise mit Glasfaserverstärkung werden in Kraftfahrzeuggetrieben bis $\vartheta \leq 140\,°C$ beansprucht. Für höhere Temperaturen ist Polyimid (PI) trotz erschwerter Fertigung erforderlich ($\vartheta \leq 260\,°C$).

Laufrollen (z.B. bei Tischen, Büromaschinen) werden vorwiegend aus PA, POM, PBTP, Polyethylenterephthalat (PETP) und HDPE gefertigt, wobei der Kern aus Metall, aber auch aus z.B. als Stegrolle ausgebildeten Thermoplasten bestehen kann. Laufrollen sind häufig einem Wechsel aus Lauf und Stillstand unterworfen, wobei während der Ruhezeit eine Abplattung im Kontaktbereich durch Kriechen unter Last eintritt. Da während der vorhergehenden Laufperiode durch zyklische Deformation meist eine mehr oder weniger ausgeprägte Erwärmung des Polymeren stattfindet, wird eine Abplattung noch unterstützt. Die nach der Bewegungsunterbrechung folgende Wälzbewegung gleicht die Deformation zwar teilweise wieder aus, aber durch Schlupf bei unrundem Lauf erwärmt sich das Bauteil noch stärker, bis durch den ständigen Wechsel ein Versagen durch Loswalken oder Aufschmelzen erfolgt, *Bild 4.151*. Die oben genannte Grenzbelastbarkeit, die sich nach Hertz

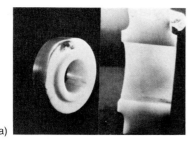
a)

b)

Bild 4.151: Aufgeschmolzene (a) bzw. losgewalkte (b) Polymerschichten an Laufrollen aufgrund dynamischer Überlastung im Inneren bzw. zu dünnwandiger Rollenbandagen [4.62]

berechnen läßt [4.62], wird aus den genannten Gründen durch die Umgebungstemperatur sowie die Eigenerwärmung aufgrund der Wälzgeschwindigkeit bestimmt, *Bild 4.152, Bild 4.153, Bild 4.154*. Die zyklische Deformation in der Lauffläche führt zu Ermüdungsverschleiß, wobei an Stegrollen auch Rißbildung an den Stellen der Spannungskonzentration hinzukommt. Seitenkräfte und insbesondere mangelhafte Fluchtung wirken sich durch er-

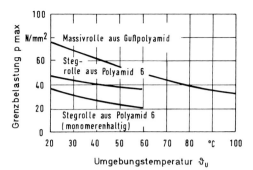

Bild 4.152: Grenzbelastbarkeit von Laufrollen aus PA unter statischer Last [4.62]

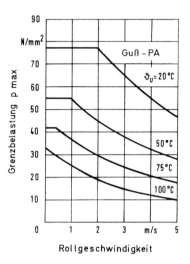

Bild 4.153: Grenzbelastbarkeit kugelgelagerter Massivrollen aus Gußpolyamid unter dynamischer Belastung [4.62]

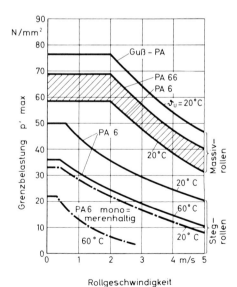

Bild 4.154: Grenzbelastbarkeit kugelgelagerter PA-Rollen unterschiedlicher Bauart unter dynamischer Belastung [4.62]

höhte Gleitanteile stark lebensdauermindernd aus. Antriebsrollen zeigen wegen erhöhten Schlupfes größeren Verschleiß. Wegen der erforderlichen Antriebsleistung ist die zu erwartende Reibung von Interesse. Der Gesamtfahrwiderstand ergibt sich aus der Wälzreibung und der Lagerreibung der Rollenachse

$$W = W_{Lager} + W_{Rolle} = \frac{F}{R}(h + f_L r_L) \tag{4.28}$$

wobei h der Hebelarm der Rollreibung ist

$$h = fR \tag{4.29}$$

f_L ist je nach Lagerart im Bereich von 0,0045 für Nadellager bis rd. 0,4 für trocken laufende Kunststoffgleitlager einzusetzen. Das Verhältnis f/R ist stark temperaturabhängig, Beispiel für PA in *Bild 4.155* [4.62].

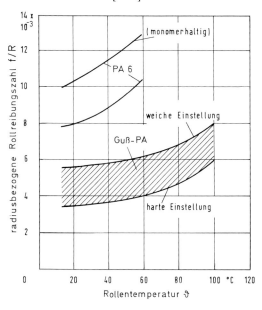

Bild 4.155: Bezogene Rollreibungszahl von PA/Stahl (Rollendurchmesser 100 mm, Geschwindigkeit 3 m/s) [4.62]

Bei Riemenscheiben erfolgt die Kraftübertragung durch Reibschluß und ist deshalb ebenfalls mit Schlupf verbunden. Wegen der relativ großen Erwärmung sind Thermoplaste gefährdet, wobei jedoch auch der Antriebsriemen, meist ein Elastomer, geschädigt werden kann. Für Riemenscheiben werden meist PA, POM oder PBTP verwendet. Bei Seilrollen schmilzt unter Verwendung von Stahlseilen im Versagensfall der Thermoplast auf.

4.2.3 Zahnräder, Schraubenräder, Bewegungsmuttern

Polymerzahnräder werden meist aus PA, POM, PBTP oder HDPE gefertigt, wobei die Paarung untereinander oder mit gehärtetem Stahl (nicht zuletzt wegen der Geräuschminderung) erfolgt [4.62], *Tafel 4.20*. Das treibende Ritzel sollte wegen der höheren Beanspruchung insbesondere aufgrund der höheren Eingriffsfrequenz zur Herabsetzung von Ver-

Tafel 4.20: Günstige Werkstoffpaarungen für Zahnräder [4.62]

breiteres Rad	schmäleres Rad
Stahl	Kunststoff
PA	POM
GF-PA	PA/PE
GF-PBTP	PA/PE

Bild 4.156: Verschleißerscheinungsformen an den Zahnflanken eines Thermoplast-Zahnrades [4.62]

schleiß, *Bild 4.156*, infolge örtlicher Gleitbewegungen bei hohen Geschwindigkeiten aus dem verschleißbeständigerem Polymer bzw. Stahl bestehen. Die Standzeiten werden erheblich durch Glasfaser und Polyolefinzusätze – diese wirken reibungssenkend – erhöht. Auch Schmierung wirkt sich äußerst vorteilhaft aus, wobei wegen Schmirgelwirkung Fett in staubiger Umgebung vermieden werden sollte. Die Rauhtiefe eines Stahlpartners ist auf das betreffende Polymer abzustimmen. Typische Zahnschäden sind in *Tafel 4.21* zusammengestellt. Neben Gleitverschleiß und Grübchenbildung werden häufig Zahnfußanrisse beobachtet. Wie am Beispiel von Schraubenrädern, die allgemein einen hohen Gleitanteil aufweisen, dargestellt, *Bild 4.157*, entspricht die Grenzbelastbarkeit in Abhängigkeit von der Temperatur im wesentlichen den Schubmodulverläufen des verwendeten Polymeren. Ummantelungen von Stahlzahnrädern sind zwar bezüglich der Wärmeableitung und Stützwirkung günstiger, Haftungsprobleme und Loswalken ähnlich wie bei Laufrollen führen jedoch mitunter zum Versagen.

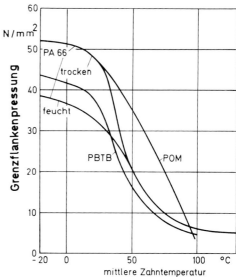

Bild 4.157: Grenzflankenpressung von Zahnrädern aus verschiedenen Thermoplasten bei verschiedenen Temperaturen [4.62]

Tafel 4.21: Typische Zahnschäden und ihre Ursachen [4.62]

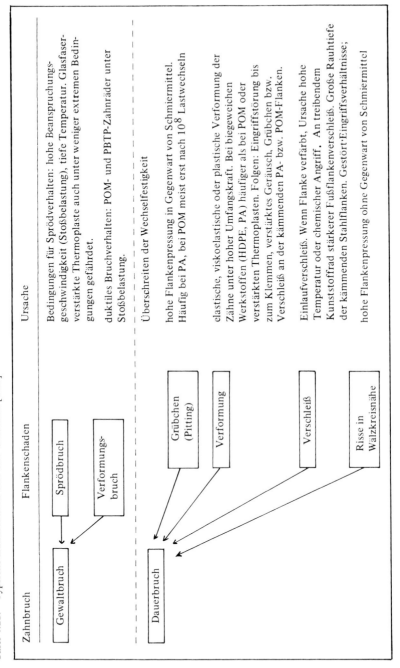

Zahnbruch	Flankenschaden	Ursache
Gewaltbruch	Sprödbruch	Bedingungen für Sprödverhalten: hohe Beanspruchungsgeschwindigkeit (Stoßbelastung), tiefe Temperatur. Glasfaserverstärkte Thermoplaste auch unter weniger extremen Bedingungen gefährdet.
	Verformungsbruch	duktiles Bruchverhalten: POM- und PBTP-Zahnräder unter Stoßbelastung.
Dauerbruch		Überschreiten der Wechselfestigkeit
	Grübchen (Pitting)	hohe Flankenpressung in Gegenwart von Schmiermittel. Häufig bei PA, bei POM meist erst nach 10^8 Lastwechseln
	Verformung	elastische, viskoelastische oder plastische Verformung der Zähne unter hoher Umfangskraft. Bei biegeweichen Werkstoffen (HDPE, PA) häufiger als bei POM oder verstärkten Thermoplasten. Folgen: Eingriffstörung bis zum Klemmen, verstärktes Geräusch, Grübchen bzw. Verschleiß an der kämmenden PA- bzw. POM-Flanken.
	Verschleiß	Einlaufverschleiß. Wenn Flanke verfärbt, Ursache hohe Temperatur oder chemischer Angriff. An treibendem Kunststoffrad stärker Fußflankenverschleiß. Große Rauhtiefe der kämmenden Stahlflanken. Gestört·Eingriffsverhältnisse;
	Risse in Wälzkreisnähe	hohe Flankenpressung ohne Gegenwart von Schmiermittel

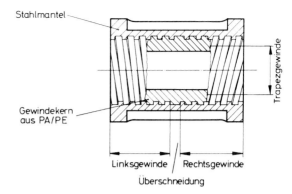

Bild 4.158: Konstruktiv optimierter Aufbau einer Bewegungsmutter [4.62]

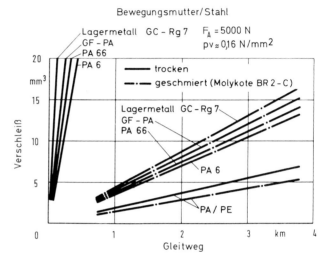

Bild 4.159: Gleitverschleiß von Gewindegängen einer Bewegungsmutter aus verschiedenen Werkstoffen (Gewindedurchmesser d = 30 mm, z = 10, h = 120 mm, l = 80 mm, F_N = 5000 N, p·v = 0,16 N/mm m/s) [4.62]

Bei Bewegungsmuttern, *Bild 4.158,* erfolgt die Relativbewegung ausschließlich durch Gleiten, wobei die Gleitreibbelastung berechnet werden kann [4.62]. PA/PE, POM und PBTP in geschmierter Form eignen sich für solche Bauteile, wobei die Standzeit im wesentlichen durch den Verschleiß bestimmt wird, *Bild 4.159.* Eine Paarung mit Metall, insbesondere gehärtetem Stahl ist wiederum wegen der Wärmeableitung von Vorteil, Bild 4.158.

4.2.4 Brückenlager

Im Zuge moderner Brückenkonstruktionen mit geschwungenen Brückenzügen [4.64], *Bild 4.160,* können die an die Lagerungen solcher Bauteile gestellten Anforderungen in der Regel nicht mehr mit konventionellen Rollenlagern erfüllt werden, die meist nur eine Bewegungsrichtung zulassen. Auch die Ausrichtung nach den verschiedenen Theorien (Polstrahl- oder Tangentiallagerung) [4.67], führen zu keiner zwängungsfreien Lösung, da ins-

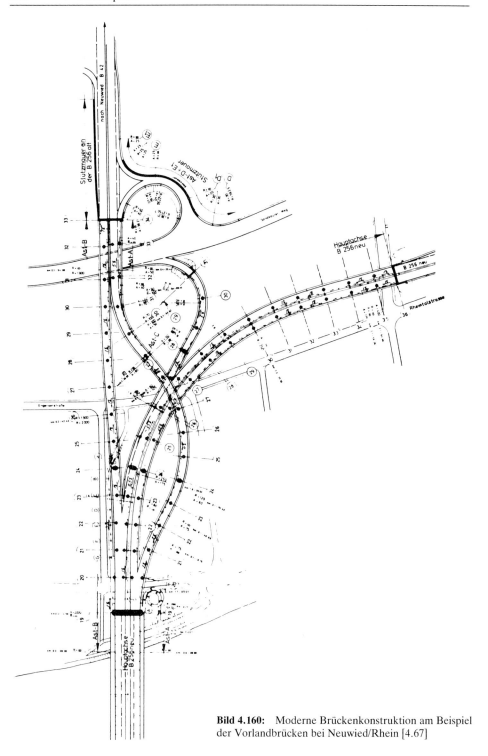

Bild 4.160: Moderne Brückenkonstruktion am Beispiel der Vorlandbrücken bei Neuwied/Rhein [4.67]

besondere die temperatur- und lastbedingten Überbaubewegungen nicht exakt vorausbestimmbar sind. Bei der neuen Generation von Brückenlagern werden vertikale und horizontale Kräfte großflächig über verformungsfähige Polymere in die Auflagerbank übertragen [4.32]. Während der zur Aufnahme von Verdrehungen erforderliche Kippteil, falls ein Polymer integriert ist, mit Ausnahme von Kalotten-Kipp-Gleitlagern ein Elastomer enthält, werden in Gleitteilen ausschließlich Thermoplaste verwendet, *Bild 4.161*. Als

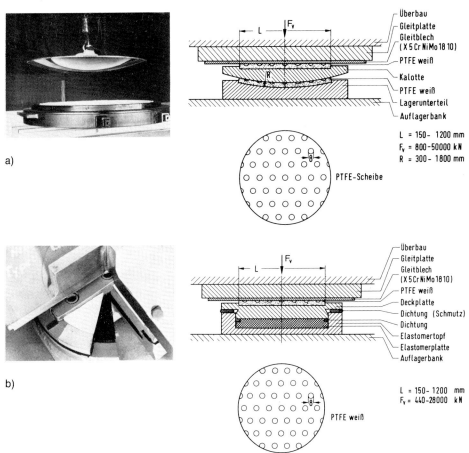

Bild 4.161: Aufbau moderner Brückengleitlager mit PTFE als Gleitwerkstoff
a) Kalottenlager
b) Gummitopf-Gleitlager

Grundkörper ist ausschließlich PTFE zulässig, POM wurde bei älteren Lagern als Gegenstoff eingesetzt, während heute austenitischer Stahl oder Hartchrom bevorzugt wird. Außer der hauptsächlich verschleißbedingten Lebensdauer des Lagers ist für die Praxis die Höhe des Reibungsniveaus unter den zu erwartenden Betriebsbedingungen von Bedeutung, da die Reibungszahl für die Bemessung der angrenzenden Bauteile (Pfeiler, Widerlager) ausschlaggebend ist. Bezüglich der Beanspruchung sind vom Einbauort und der Bauwerkskonstruktion abhängige Temperaturwechsel, daraus folgende langsame Dehnbewegungen und überlagerte, hauptsächlich aus Verkehrslast resultierende kurzhubige, schnellere Bewegungen zu berücksichtigen. Weitere Einflußgrößen sind die um eine Grundlast schwankenden Lastspiele, aber auch die Witterung, gegen die zwar PTFE praktisch resistent ist, das gesamte System jedoch nicht. Bei Betonbrücken kommt, bedingt durch Aushärtevorgänge, eine einmalige Schwindungsphase hinzu, die durch eine Voreinstellung, d. h. vorgegebene Verstellung des Lagers aus der Nullposition, in die dem Festpunkt entgegengesetzte Richtung berücksichtigt wird. Nach Schwinden und Kriechen soll die mittlere Betriebslage wieder mit der Nullposition übereinstimmen.

Das günstige Reibungsniveau von PTFE ist im Trockenlauf gegen Stahl gerade im Raumtemperaturbereich mit einer größeren Verschleißrate verbunden [4.12], vgl. Modellversuche Bild 4.55, was mit dazu Veranlassung gegeben hat, Schmierstoff einzusetzen, der nicht nur die Lebensdauer des PTFE drastisch erhöht, sondern auch die Gleitreibungszahl um noch eine Größenordnung herabsetzt, vgl. 4.1.2.8. Besonders wirksam ist auf Dauer die Verwendung von Siliconfett (Polysiloxanfett) in Verbindung mit Schmierstoffspeicherung in kalottenförmigen Schmiertaschen in der Gleitfläche des freigesinterten Polymeren, Bild 4.97 und Bild 4.161. Bei einem Kalottenkippteil wird die Kippung in ein Gleiten der Paarung PTFE/Hartchrom geschmiert mit Schmierstoffspeicherung umgesetzt, vgl. Bild 4.161. Die Dichtungseigenschaften des PTFE verhindern u. a. das Eindringen von Schmutz in die Gleitfläche, wobei trotz angebrachter Schutzvorrichtungen sich auf der Gleitfläche abgesetzte Partikel zur Seite geschoben werden.

Behördlich ausgesprochene Zulassungen für Brückenlager fordern nicht zuletzt wegen der Sicherheitsrelevanz ständig zu überwachende Mindestqualitäten der verwendeten Gleitelemente, regeln konstruktive Anforderungen und begrenzen praxisorientiert die durch das Belastungskollektiv gegebene Beanspruchung. Bezüglich der Mindestqualitäten werden außer eng begrenzten mechanisch-technologischen Kennwerten u. a. besondere Anforderungen im Hinblick auf die Oberflächenbeschaffenheit des Gegenstoffs gestellt, wobei z. B. nur maximale Rauhtiefen ≤ 1 µm bzw. ≤ 3 µm für austenitischen Stahl bzw. Hartchrom zulässig sind. Die konstruktiven Anforderungen beziehen sich auch auf Fertigungstoleranzen, die hauptsächlich bezüglich der Ebenheit des Gleitbleches, der Parallelität des Zusammenbaues und der Einpassung der PTFE-Scheiben in die absolut scharfkantig auszubildende PTFE-Aufnahme des Stahles sehr eng sind. Die letztgenannte Forderung ist zur Begrenzung des Kaltflusses der PTFE-Scheibe notwendig. Das Beanspruchungskollektiv ist nach oben limitiert. Entsprechend dem Lastfall I aus Eigengewicht, Vorspannung, Schwinden, Kriechen, Temperatur und wahrscheinlicher Baugrundbewegung sind Flächenpressungen von 30 N/mm^2 bei zentrischer Lasteinleitung und 40 N/mm^2 für aus Überbauverschiebungen resultierenden Kantenpressungen zugelassen. Für den Lastfall II, der Zusatzlasten (z. B. Wind) berücksichtigt und als nicht ständig wirkende Maximallast anzusehen ist, erhöhen sich die Werte auf 45 bzw. 60 N/mm^2. Festgelegte Reibungszahlen sind bis -35 °C nachzuweisen, wobei von den in der Praxis vorkommenden relativ langsamen Gleitgeschwindigkeiten ausgegangen wird, *Bild 4.162*. Entsprechend der Problematik des Bemessens angrenzender Bauteile sind die höchsten Reibungszahlen bei der jeweiligen Temperatur des Lagers ausschlaggebend. Aus diesem Grunde sind weniger die dynamischen Reibungswerte als vielmehr die größeren Haftreibungswerte bei der ersten sowie den folgenden Relativbewegungen im Lager von Interesse, da in unterschiedlichen Zeitabständen eine Umkehr der Bewegungsrichtung stattfindet. Die „Freigabe-Versuche", die zur Ermittlung des Reibungsverhaltens aller Gleitelemente (PTFE, austenitischer Stahl bzw. Hartchrom, Siliconfett) jeweils getrennt von der Übernahme in die Brückenlagerfertigung dienen, werden mit einer speziellen Prüfeinrichtung [4.68, 4.69], Bild 2.10, und lediglich kleineren PTFE- und

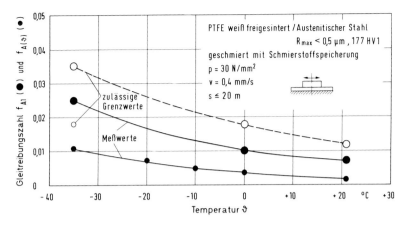

Bild 4.162: Zulässige Reibungszahlen einer Gleitpaarung für die Verwendung bei Brückenlagern in Abhängigkeit von der Temperatur und Beispiel für Meßwerte im Modellagerversuch, vgl. Bild 4.163.

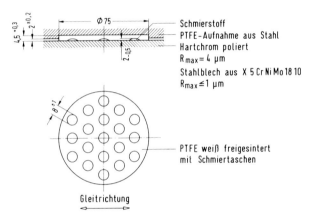

Bild 4.163: Gleitpaarung im Modellagerversuch für die Überwachung und Freigabe von Stoffen vor dem Einsatz in Brückengleitlagern

Gegenstoffdimensionen (Modellagerkörper) bei unveränderter Ausbildung der Schmiertaschen, *Bild 4.163,* durchgeführt. Die Prüfmethode ist in Kategorie IV einzuordnen [4.2], vgl. 2.3. Die langsamen Temperaturbewegungen werden mit einem Spindeltrieb (v = 0,4 mm/s), die schnelleren mit einem Kurbeltrieb ($\bar{v}$ = 2 mm/s) nachgeahmt, wobei die Prüftemperatur u. a. programmgesteuert in einem Bereich von + 21 bis − 35 °C stufenweise während der Hin- und Herbewegung unter Last variiert wird. Die Gleitreibungszahl der Paarung ändert sich dadurch charakteristisch [4.64], *Bild 4.164* (Seite 228). Werden wechselweise Tieftemperaturversuche mit dem Spindeltrieb über 20 m und Raumtemperaturversuche mit dem Kurbeltrieb über 1000 m zum Zweck der Aufsummierung größerer Gleitwege durchgeführt, so entwickelt sich das Reibungsniveau in der im *Bild 4.165* gezeigten Weise [4.32]. Bei einem Vergleich der Ergebnisse mit solchen ungeschmierter Paarungen, *Bild 4.166,* geht die reibungssenkende Wirkung des Siliconfettes bis zu tiefen Temperaturen deutlich hervor. Die reproduzierbaren Maximalwerte steigen mit fallender Temperatur, Bild 4.162, wobei jeweils die Haftreibungszahl bei der ersten Relativbewegung, in

226 4 Thermoplaste

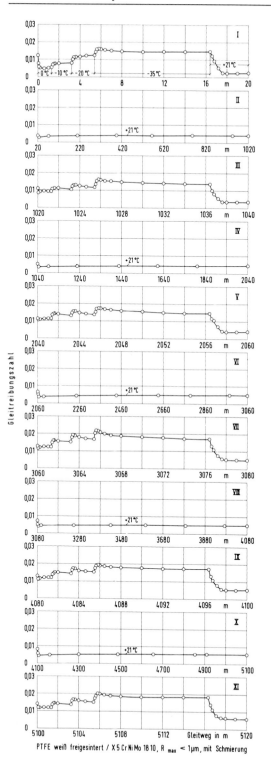
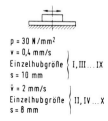

$p = 30 \text{ N/mm}^2$
$v = 0,4 \text{ mm/s}$
Einzelhubgröße $\left.\right\}$ I, III ... IX
$s = 10 \text{ mm}$

$\bar{v} = 2 \text{ mm/s}$
Einzelhubgröße $\left.\right\}$ II, IV ... X
$s = 8 \text{ mm}$

Bild 4.165: Gleitreibungscharakteristik eines PTFE/Hartchrom-Modellagers geschmiert mit Schmierstoffspeicherung bei Aufaddieren langer Gleitwege in wechselweisen Versuchen mit Spindeltrieb (Tieftemperaturprogrammversuche) und Kurbeltrieb (Raumtemperaturversuche) [4.62]

4.2 Anwendungen 227

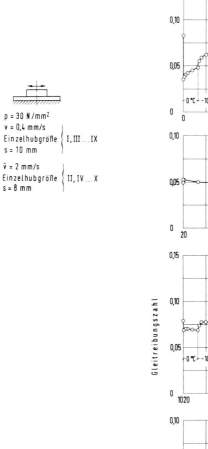
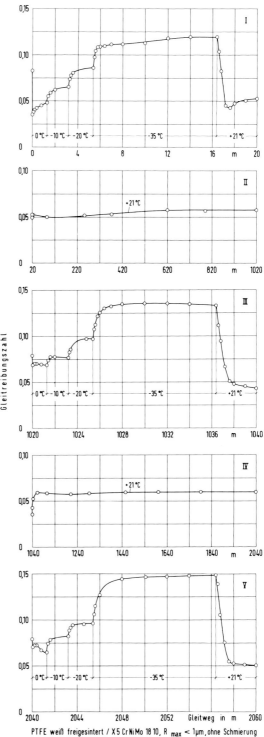

Bild 4.166: Gleitreibungscharakteristik eines PTFE/Hartchrom-Modellagers „ohne Schmierung" bei Aufaddieren langer Gleitwege in wechselweisen Versuchen mit Spindeltrieb (Tieftemperaturprogrammversuche) und Kurbeltrieb (Raumtemperaturversuche) [4.62]

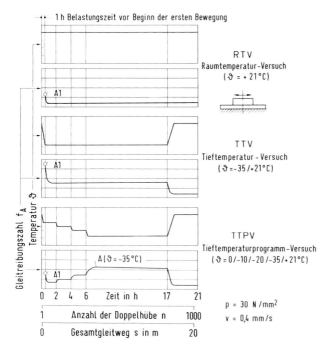

Bild 4.164: Schematische Darstellung der Versuchsabläufe für die Prüfung von Stoffen im Hinblick auf die Verwendung in Brückengleitlagern und zwar im Raumtemperatur-Versuch (RTV), Tieftemperatur-Versuch (TTV) und Tieftemperaturprogramm-Versuch (TTPV) [4.32]

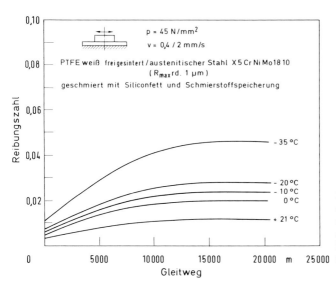

Bild 4.167: Änderung der maximalen Reibungszahlen eines Modellagers in verschiedenen Temperaturstufen bei langen aufaddierten Gleitwegen [4.70]

Bild 4.165 und 4.166 nur für 0 °C gemessen, deutlich höher als die Folgewerte bei gleicher Temperatur liegen. Versuche über 20000 m aufaddiertem Gleitweg zeigen, daß das Reibungsniveau zunächst stärker, dann deutlich degressiv in jeder Temperaturstufe ansteigt, *Bild 4.167,* ein Versagen der Paarung ist wegen der offensichtlichen Notlaufeigenschaften

4.2 Anwendungen   229

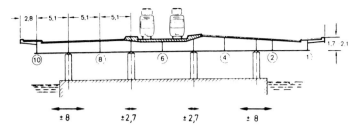

rechnerische Querverschiebewege (bei $\Delta\vartheta$ rd 90°C) in mm

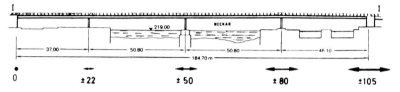

rechnerische Längsverschiebewege (bei $\Delta\vartheta$ rd. 90°C) in mm

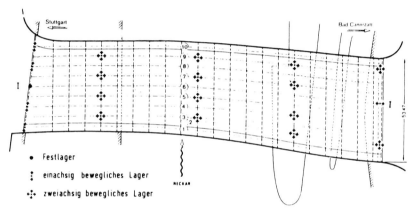

König-Karls-Brücke in Stuttgart-Bad Cannstatt

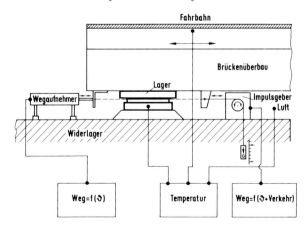

Bild 4.168: Bauwerkübersicht und Meßanordnung zur Erfassung aufaddierter Gleitwege von Brückengleitlagern [4.71]

des Konsistenzgebers Lithiumseife im Siliconfett trotz Verbrauch der öligen Bestandteile noch nicht abzusehen [4.70]. Messungen an der stählernen Konstruktion (Länge rd. 180 m) einer vielbefahrenen, mehrspurigen Straßenbrücke [4.71], *Bild 4.168*, ergeben jährliche aufaddierte Gleitwege im Lager deutlich unter 200 m wobei jahreszeit-, ferien- sowie feiertagsbedingt unterschiedliche Verkehrsdichten in der Wegzunahme pro Zeiteinheit zum Ausdruck kommen [4.72]. Dies würde bedeuten, daß bei gleichen, relativ harten Beanspruchungsbedingungen bezüglich Temperatur und Pressung (45 N/mm^2 in dem genannten Dauerversuch) erst nach rd. 100 Jahren ein ähnlicher Lagerzustand zu erwarten wäre, sofern sich die zahlreichen, durch Verkehr ausgelösten schnell wechselnden Gleitbewegungen nicht negativ auswirken. Die kurzhubigen, aus Verkehr resultierenden Bewegungen bedingen gegenüber der langsamen Grundbewegung infolge Kontraktion und Expansion

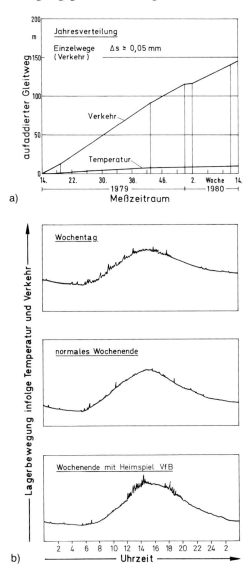

Bild 4.169: Charakteristische Bewegungsabläufe in einem Brückengleitlager (Bauwerk und Meßanordnung Bild 4.168) aus a) Temperatur und Verkehr (überlagert) sowie b) aufaddierte Gleitwege im Laufe eines Jahres (1979/80) [4.73]

aus Temperatur den anteilig weit größeren aufaddierten Gleitweg im Lager, obwohl die tageszeitabhängig unterschiedlich häufigen überlagerten Einzelhübe gemessen an der vorgenannten Amplitude der Überbaugesamtbewegung relativ klein sind [4.73], *Bild 4.169.*

Durch das niedrige Reibungsniveau der verwendeten Paarung sind auch vollkommen neue Bauverfahren, wie z. B. das Taktschiebeverfahren für Spannbetonbrücken möglich geworden [4.74]. Die Fertigung von Brückensegmenten erfolgt in diesem Fall auf der Seite eines der beiden Widerlager, und von hier aus wird der gesamte Brückenzug über Taktschiebelager auf den Pfeilern abschnittsweise zum anderen Widerlager geschoben. Ein Takt besteht aus Fertigen eines Segmentes sowie anschließendem Verschieben um die gleiche Länge und dauert rd. eine Woche. Um eine Beeinträchtigung der Funktionsfähigkeit der Brückenlager für den späteren Betrieb zu vermeiden, sollten hierfür zunächst gesondert ausgeführte Verschiebelager verwendet werden, die dann auch konstruktiv einfacher ausgeführt werden können.

In zwei Großversuchen wurden Reibungszahlen für den Längsverschub der Brücke über die B 42 in Schierstein in einem Abstand von 5 Jahren ermittelt [4.75]. Bei Verschiebung auf 8 Kipp-Gleitlagern mit der Gleitpaarung PTFE/Hartchrom in ungeschmiertem Zustand ergaben sich bei einer Flächenpressung von 16,2 bzw. 17,8 N/mm^2 Reibungszahlen von 0,0222 bei Erstmessung bzw. 0,0243 nach 5 Jahren bei annähernd vergleichbarer Temperatur.

Neben dem Längsverschub wurde auch der Querverschub gesamter Brücken möglich, was hauptsächlich für die Aufrechterhaltung des Verkehrsflusses auf zu ersetzenden Brücken während des Baus der neuen Bauwerke von Bedeutung ist, *Bild 4.170,* [4.76]. Die Brücke Düsseldorf-Oberkassel wurde auf einem unter innerem Fettdruck stehenden Pylonenfußlager mit 79 000 kN Auflast, unterstützt durch ein weiteres Außenlager mit 12 000 kN Auflast in der Hauptverschubbahn und kleineren Lagern in den Nebenverschubbahnen jeweils mit PTFE als Gleitwerkstoff, querverschoben, *Bild 4.171.* In der Hauptverschubbahn bestand der Gegenstoff aus planeben geschliffenen Blechen ($R_{max} < 3\,\mu m$) einer Dicke von 18 mm, während in den Nebenverschubbahnen 1 mm dicke Edelstahlbleche verwendet wurden. Bei einer Gleitgeschwindigkeit von 1 mm/s wurden an den beiden Zugstationen Reibungszahlen (Ruhereibungswert/dynamischer Wert), von 0,0172/0,0080 in der Hauptachse 106 bzw. 0,0215/0,0183 in der Nebenachse 107 ermittelt, wobei kontinuierliches Gleiten erfolgte. Die Schwankungsbreite betrug im dynamischen Fall $0,0050 \leq f \leq 0,0080$ bzw. $0,0160 \leq f \leq 0,0183$. Die Ruhereibungswerte beziehen sich auf die 1. Bewegung, die zu Versuchszwecken am Vorabend des eigentlichen Verschiebens gemessen wurden. Beim Wiederanfahren am nächsten Tag waren diese merklich niedriger.

Meßwerte liegen auch für den Querverschub der Rheinbrücke Neuwied-Weißenthurm vor, *Tafel 4.22,* wobei die Reibungsmessung an 4 Verschiebebahnen erfolgte und die Gleitgeschwindigkeit 1 mm/s betrug [4.67]. Die Brücke wurde auf zwei PTFE beschichteten Elastomerlagern mit Stahloberteil und Schmiertaschen in der PTFE-Gleitfläche, ausgelegt für eine mittlere Pressung von 15 N/mm^2, an beiden Uferpfeilern bzw. zwei PTFE beschichteten, geschmierten Gleitschuhen auf den beiden Strompfeilern verschoben, wobei die mittlere Pressung 24 N/mm^2 betrug.

Alle genannten Reibungszahlen (Kategorie I) stimmen nicht zuletzt wegen gleicher Schmiermechanismen, vgl. 4.1.2.8, mit Ergebnissen aus Modellagerversuchen (Kategorie IV) und Modellversuchen mit einfachen Probekörpern (Kategorie VI) überein, vgl. Bild 2.10, wenn die jeweiligen Beanspruchungsverhältnisse unter Kenntnis der Parametereinflüsse berücksichtigt werden [4.12].

Bild 4.170: Querverschub am Beispiel der Rheinbrücke Düsseldorf-Oberkassel [4.76]
a) Vor dem Verschub, b) nach dem Verschub

Achse		101/1	106/6		107/7	108/8
PTFE-Scheiben		⌀400	Außenlager ⌀1190, 200	Pylonenfußlager ⌀2120, 200, 50	⌀480	⌀550
A_{PTFE}	cm²	1257	8720	2913	1810	2376
F_V	kN	2500	12000	79000	5500	4000
p_{PTFE}	N/mm²	19,9	13,8	27,1	30,4	16,8

Bild 4.171: Auslegung der Verschiebelager für das Bauwerk gemäß Bild 4.170 [4.76]

Tafel 4.22: Reibungszahlen beim Querverschub der Rheinbrücke Neuwied-Weißenturm für die verschiedenen Achsen [4.67]

Achse	16	17	18	19
Zugkraft kN	165	1100	1250	50
mittlere Reibungszahl	0,025	0,025	0,020	0,035
maximale Reibungszahl (Haftreibungszahl)	0,120	0,075	0,030	0,250
minimale Reibungszahl	0,015	0,015	0,015	0,020

4.2.5 Hochbaulager

Schäden an Bauwerken, die sich vorwiegend in der Bildung von Rissen im Mauerwerk äußern, [4.77], *Bild 4.172*, haben zu einer Ursachenforschung und schließlich zu der Erkenntnis geführt, daß aneinander grenzende Bauabschnitte meist durch Lager getrennt werden müssen. Wärmedehnungen, Verdrehungen, bei Betonteilen zusätzlich Schwindungsvorgänge nach der Fertigung, führen bei festverbundenen Bauwerksteilen, deren Größtabmessungen meist senkrecht zueinander stehen, zu Schäden [4.78, 4.79], *Bild 4.173* und *Bild 4.174*. Diese Gefahr gilt insbesondere, wenn die Wärmeausdehnungskoeffizienten unterschiedlich sind. Die Bewegungen in einer Betondecke vom Betoniertag an infolge der Witterungsverhältnisse sind in *Bild 4.175* skizziert. Die Summe aller Verlängerungen und Verkürzungen ist je nach Jahreszeit der Erstellung verschieden. Die Temperaturgradienten in einer Betondecke, *Bild 4.176*, und die Temperaturänderungen im Laufe der Jahreszeiten, *Bild 4.177*, nehmen direkten Einfluß auf die Relativbewegungen. Für ein Bauwerk mit rechteckigem Grundriß ist die Längenänderung einer Betondecke in bezug auf die Diago-

Bild 4.172: Schäden an Bauwerken ohne Hochbaulager [4.77]

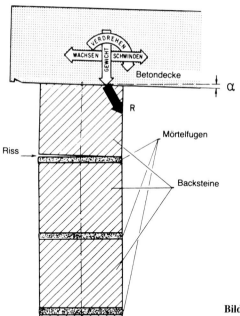

Bild 4.173: Rißentstehung durch Relativbewegung ungelagerter angrenzender Bauwerkabschnitte [4.79]

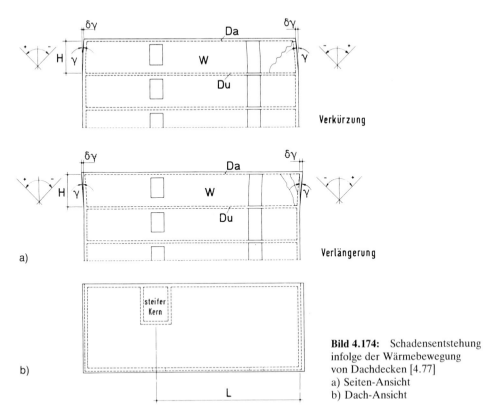

Bild 4.174: Schadensentstehung infolge der Wärmebewegung von Dachdecken [4.77]
a) Seiten-Ansicht
b) Dach-Ansicht

4.2 Anwendungen   235

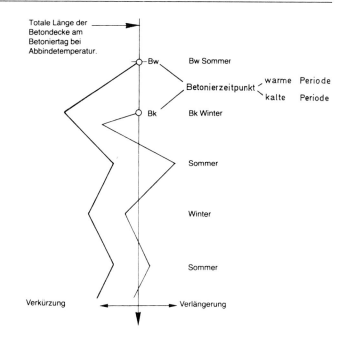

Bild 4.175: Bewegungen in einer Betondecke ab dem Betoniertag (zwei Zeitpunkte) [4.79]

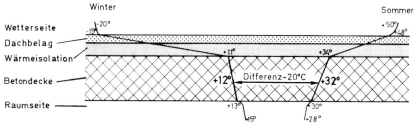

Bild 4.176: Temperaturgradient in einem Betondach mit Belag [4.79]

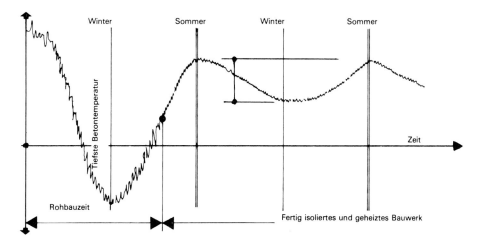

Bild 4.177: Temperaturänderungen in einer Betondecke im Laufe der Jahreszeiten [4.79]

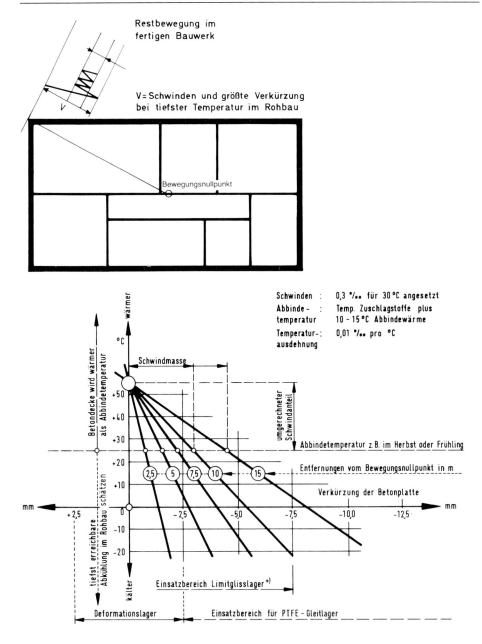

Bild 4.178: Lageänderung einer Betondecke und Grafik zur Ermittlung größtmöglicher Bewegungen [4.79]

nallänge in *Bild 4.178* schematisch dargestellt. Für andere Baustoffe gelten sinngemäß die gleichen Überlegungen, wobei allerdings der schwindungsbedingte, einsinnig gerichtete Bewegungsanteil nicht vorhanden ist. Auch großflächig aufeinander liegende Bauelemente,

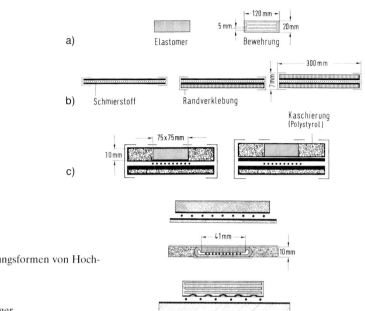

Bild 4.179: Ausführungsformen von Hochbaulagern nach [4.78]
a) Verformungslager
b) Gleitfolie
c) Verformungsgleitlager

z. B. Kunsteisbahn auf einem Fundament, sind bestrebt, Relativbewegungen gegeneinander auszuüben, die bei zu hohem Reibschub zum Versagen an kritischen Stellen führen.

Hochbaugleitlager dienen dazu, richtungsunverträgliche Längenänderungen angrenzender Bauteile mit möglichst geringer unerwünschter Kraftwirkung auf das jeweils angrenzende Teil zu ermöglichen. Es gibt unterschiedliche Ausführungsformen, *Bild 4.179,* wobei die Gleitpaarung meist aus ungeschmierten oder geschmierten Thermoplastfolien mit einer Dicke von 0,1 bis 0,5 mm besteht [4.78].

Die gebräuchlichsten thermoplastischen Gleitwerkstoffe in Hochbaulagern sind PE, PVC, POM und PTFE, wobei Stoff und Gegenstoff gleiche oder verschiedene Polymere sein können. Das Gleitlager wird auf fertige Wände, Mauerwerk oder Beton gelegt, bevor die zu lagernde Decke überbetoniert oder als Fertigteil aufgesetzt wird. Diese Vorgehensweise hat für das Lager besondere Konsequenzen. Die Anschlußflächen des Lagers sind relativ rauh, so daß dünne Gleitfolien ohne Schutz durchgedrückt werden, zumindest aber uneben liegen und damit unerwünschter Formschluß entsteht. Das planmäßige Gleiten in der Gleitfuge kann nur erfolgen, wenn der Reibschluß zu den angrenzenden, meist mit losen Baustoffpartikeln versehenen Flächen größer als die Gleitreibungszahl des Lagers ist. Während des Baus kann Schmutz, insbesondere im Fall des Überbetonierens, in die Gleitfuge gelangen.

Ungeschützte, zudem noch ungeschmierte Folienpaare erfüllen die Anforderungen in der Regel nicht [4.78]. Unter Belastung neigen infolge von Unebenheiten lokal hoch belastete Thermoplaste zum Verschweißen. Die Gleitreibungszahl liegt in der Größenordnung 0,5 und darüber. Je nach Pressung können die Folien zerreißen, bzw. das Gleiten erfolgt zwischen Mauerwerk und Außenseite. Obwohl durch Schmierung die Reibungszahl herabgesetzt werden kann, besteht in keinem Fall die Möglichkeit, Verdrehungen, Bild 4.173, aufzunehmen. Aus den verschiedenen genannten Gründen ist eine Kaschierung unvermeidlich, es sei denn, das Lager hat nur die einmalige Funktion, die Bewegung infolge Schwindens zu ermöglichen. Kaschierungen bestehen z. B. aus Kork, Vlies, Polystyrolschäumen

(Styropor) oder Elastomeren (Chloroprengummi, EPDM). Diese einseitig oder beidseitig aufgebrachten Schichten schwächen oder bauen Unebenheiten, insbesondere bei Verwendung von Elastomerkaschierungen, nahezu ganz ab. Zusätzlich wird eine begrenzte Verdrehmöglichkeit der gelagerten Teile gegeneinander je nach Art und Dicke der Schicht mehr oder weniger ermöglicht. Um die Gefahr der Verschmutzung in der Gleitfuge zu vermeiden, sind oft zusätzlich Randverklebungen, z.B. aus Kreppklebeband angebracht, die sich allerdings auf die Reibungscharakteristik des Lagers auswirken. Weiterhin werden auch Folienlager in geschlossenen Polymerhüllen angewendet. Die Wahl der geeigneten Gleitwerkstoffe und des Schmierstoffes richtet sich nach dem Beanspruchungskollektiv, den geforderten Reibungszahlen und nicht zuletzt nach den Kosten.

Zur Überprüfung der Gleitreibungscharakteristik haben sich Modellagerversuche mit Abschnitten von Originallagern unter hin- und hergehender Bewegung, versuchstechnisch angelehnt an die Prüfung von Brückenlagerelementen, als aussagefähig erwiesen. Die Anschlußplatten der Prüfmaschine, Bild 2.10, werden in diesem Fall mit grober Schleifleinwand (z.B. Körnung 80) zur Nachbildung der Bauwerksoberflächen bespannt. Das nach Hochbaulager-Typ praxisgerecht variierte Beanspruchungskollektiv wirkt sich mehr oder weniger deutlich auf das Gleitreibungsverhalten aus. Daß selbst bei gleicher Werkstoffpaarung (z.B. PE/PE) die Herstellung des Polymeren von besonderer Bedeutung für dessen Reibungsverhalten ist, zeigt eine Gegenüberstellung von Werten handelsüblicher Gleitfolien des Jahres 1974, die entsprechend den folgenden Ausführungen geprüft wurden [4.80], *Bild 4.180*.

Betrachtet man den Reibungskraftverlauf der ungeschmierten Gleitelemente, so stellt sich für Trockenlauf sowie Schmierung ohne und mit Randverklebung jeweils ein charakteristisches, sich mit der Anzahl der Hin- und Herbewegungen (Doppelhübe) änderndes Aus-

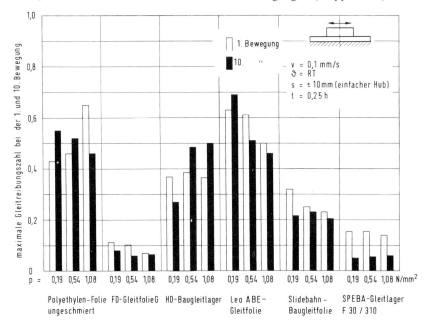

Bild 4.180: Maximale Reibungszahlen verschiedener handelsüblicher PE-Gleitfolien des Jahres 1974 nach [4.80]

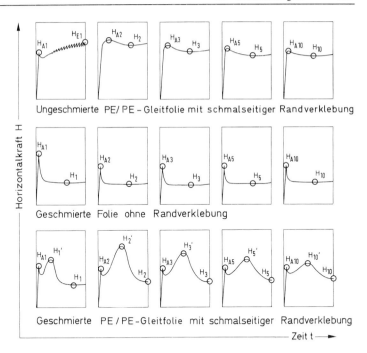

Bild 4.181: Charakteristische Reibungsverläufe verschiedener Hochbaulagertypen auf PE-Basis [4.80]

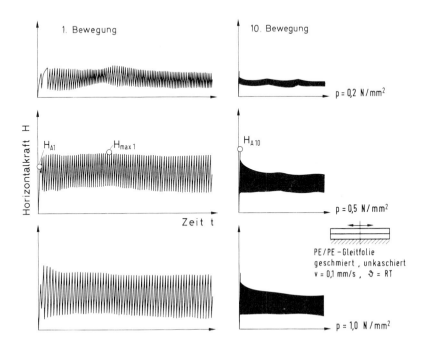

Bild 4.182: Stick-Slip-Erscheinungen bei unkaschierten Gleitfolien

sehen dar, *Bild 4.181*. Während bei ungeschmierter Paarung nach Überwinden der Haftreibung ein mit dem Gleitweg zunehmender Kraftbedarf beobachtet wird, bewirkt Schmierung niedrigere dynamische Werte, wobei sich Randverklebung in einem zusätzlichen Maximum äußert. Mitunter erfolgt diskontinuierliches Gleiten mit Stick-Slip-Erscheinungen [4.78], *Bild 4.182*. Das Reibungsniveau unkaschierter Gleitfolien auch im geschmierten Zustand liegt erwartungsgemäß deutlich höher als das kaschierter Folien gleicher Art, wobei eine Abnahme der jeweils pro Doppelhub beobachteten maximalen Reibungszahlen gem. Bild 4.181 mit Zunahme der rechnerischen Flächenpressung zu verzeichnen ist. Bei gleicher

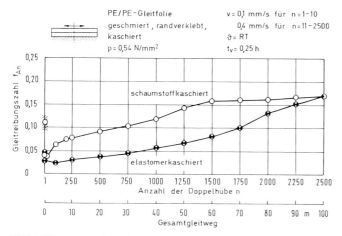

Bild 4.183: Langzeit-Reibungsverhalten verschiedener PE-Gleitfolien nach [4.80]

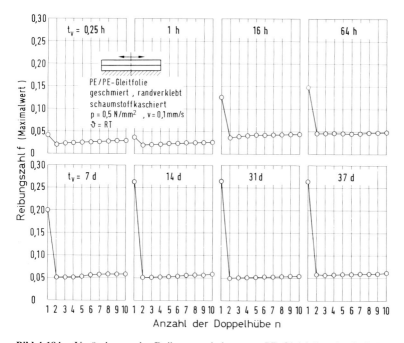

Bild 4.184: Veränderung des Reibungsverhaltens von PE-Gleitfolien durch die Vorbelastungszeit

Flächenpressung und Gleitpaarung wirkt sich die Art der Kaschierung ebenfalls auf das Reibungsniveau aus [4.78]. Auch im Langzeitverhalten sind Unterschiede festzustellen [4.80], *Bild 4.183*. Der gezeigte Anstieg ist hauptsächlich auch auf Schmierstoffverlust zurückzuführen. Wegen des Verdrängens von Schmierstoff aus der Gleitfuge unter Last ist verstärkt bei relativ gesehen kürzeren Vorbelastungszeiten vor Beginn der ersten Relativ-

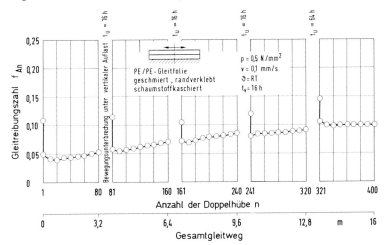

Bild 4.185: Einfluß von Bewegungsunterbrechungen auf das Reibungsverhalten von PE-Gleitfolien [4.80]

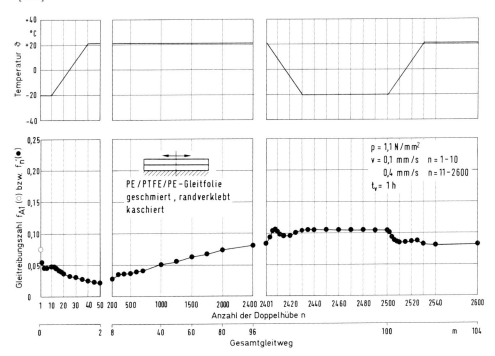

Bild 4.186: Einfluß der Lagertemperatur auf das Reibungsverhalten einer PE/PTFE/PE-Gleitfolie [4.80]

bewegung eine deutliche Zunahme der Reibungszahlen mit der Vorbelastungszeit zu sehen [4.78], *Bild 4.184*. Bei Bewegungsunterbrechung wird allerdings erst nach längeren Stillstandszeiten eine Erhöhung der Maximalreibung bei der ersten Wiederbewegung verzeichnet, wobei, wie gem. Bild 4.183 zu erwarten, die folgenden Werte eine stetig steigende

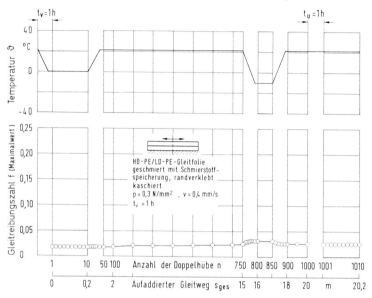

Bild 4.187: Reibungsverhalten einer Gleitfolie mit Schmierung und integrierten Schmiertaschen

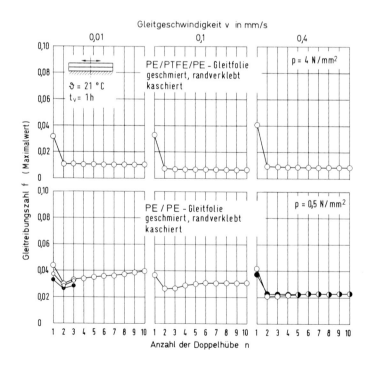

Bild 4.188: Reibungsverhalten einer Gleitfolie mit und ohne Zwischenlage aus PTFE

Tendenz haben [4.80], *Bild 4.185*. Außer den genannten Beanspruchungsparametern hat die Lagertemperatur erheblichen Einfluß auf das Reibungsverhalten, *Bild 4.186*. Die Charakteristik der Paarung wird auch entscheidend vom Temperaturverhalten des Schmierstoffs geprägt. Über lange Gleitwege besonders günstiges Reibungsverhalten zeigen Hochbaulager, die über in einer Gleitfolie integrierte Schmiertaschen verfügen, *Bild 4.187*, oder auch mit einer als reibungsmindernd anzusehenden dritten Folie als Zwischenlage aus einem geeigneten thermoplastischen Werkstoff, z. B. PTFE, versehen sind, *Bild 4.188*, vgl. Bild 4.186.

4.2.6 Lagerungen für den Rohrleitungs- und Apparatebau

Gleitlager haben, basierend auf der Paarung PTFE/Austenitischer Stahl wie bei der Brückenlagerung, auch in den Rohrleitungs- und Apparatebau Eingang gefunden. Glatte PTFE-Scheiben (mitunter einmalig geschmiert) mit unterschiedlicher Geometrie werden mit verwendungsorientiert konstruierten Gegenlagern, die an einer oder mehreren Seiten ein Gleitblech aufweisen, zu einem Gleitsystem kombiniert, das die Aufgabe hat, zwängungsfreie Relativbewegungen aneinander grenzender Bauteile zu gewährleisten [4.81], *Bild 4.189*. Bei Rohrleitungen herrschen Längenänderungen durch Temperatureinflüsse vor, die von biegungsbedingten Bewegungen überlagert werden. Es wird allseitige oder einseitige Bewegung ermöglicht, *Bild 4.190*. Lagerungen im Behälterbau gestatten zwängungsfreie Einfederungen. Die Auslegung angrenzender Konstruktionen (z. B. Pfeiler) richtet sich nach der Gleitreibungszahl der Lager. Im Gegensatz zu Brückenlagern sind oft extreme Temperaturen und auch stärkere Schwankungen zu berücksichtigen; je nach Temperatur des durchfließenden bzw. gespeicherten Mediums und Standort sind auch besonders tiefe Lagertemperatur (z. B. Flüssiggastanks rd. $-160\,°C$) oder hohe Lagertemperatur (rd. $+120\,°C$ bei Förderung heißer Medien, z. B. in Rohrleitungen für Fernwärmeversorgung) zu erwarten. Hauptsächlich bei Trockenlauf wird außer den Reibungszahlen der Verschleiß dadurch entscheidend mitbestimmt.

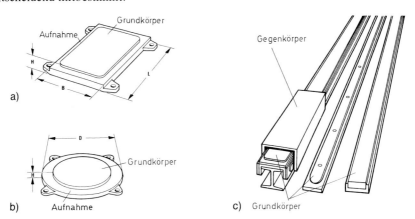

Bild 4.189: Beispiel für Ausführungsformen von Lagern für den Rohrleitungs- und Apparatebau [4.81]
a) Grundkörper in rechteckiger Ausführung
b) Grundkörper in runder Ausführung
c) Grundkörper in streifenförmiger Ausführung

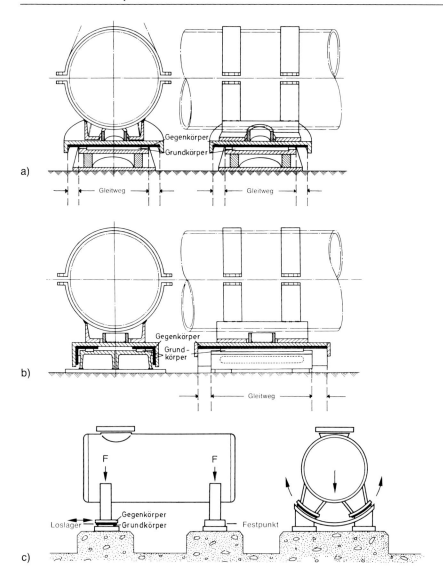

Bild 4.190: Beispiel für ein allseitig und ein einseitig bewegliches Lager im Rohrleitungsbau sowie eine Behälterlagerung [4.81]
a) Allseitig bewegliches Loslager
b) Einseitig bewegliche Führungslager
c) Behälterbau

Bei der Auslegung der über Lager angeschlossenen Bauteile ist die maximal zu erwartende Reibungszahl zu berücksichtigen. In dieser Beziehung sind insbesondere Haftreibungskräfte bei Bauteilbewegungsbeginn infolge Temperaturwechsels bei einer reibungsbezogenen ungünstigen Lagertemperatur von Bedeutung. Dieser Zustand kann dann gegeben sein, wenn ein Rohrleitungssystem bei Umgebungstemperaturen (Haftreibungszahl des Lagers f_1) mit einem heißen Medium beschickt wird. Die Haftreibungszahl f_2 des Lagers bei der dann stationär höheren Lagertemperatur ist möglicherweise kleiner als f_1, dennoch sind dann die gelagerten Bauteile entsprechend den Gegebenheiten bei niedrigerer Temperatur zu dimensionieren. Im Einzelfall kann von Wichtigkeit sein, daß zwischen Temperaturabhängigkeit der Reibungszahl beim Aufheizen und der beim Abkühlen in der Regel eine Hysterese besteht. Besonders große Änderungen des Reibungsniveaus sind dann zu erwarten, wenn Dispersionsstufen des Thermoplasten im durchlaufenden Temperaturbereich liegen, vgl. 4.1.2.4.1.

4.2.7 Lagerungen in der Offshoretechnik

Bei der Offshore-Ölförderung sind die wasserseitig strömungs- und wellenbedingten Bewegungen der schwimmenden Plattformen relativ zur Befestigung auf dem Meeresboden durch Lagerungen zu ermöglichen [4.82]. Die Verankerung erfolgt deshalb über Kugelgelenke, die auf einem Fundament, das häufig gleichzeitig als Tank dient, befestigt sind, *Bild 4.191*. Im Kugelgelenk läuft gegen die freistehende, stählerne Kugelkappe eine im Gegenstück des Pfeilers bzw. Turms eingelassene Kette aus PTFE-Gleitelementen, wobei entspre-

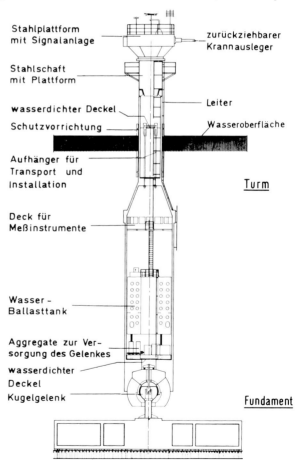

Bild 4.191: Aufbau einer Offshore-Plattform mit Lagerung (schematisch) [4.81]

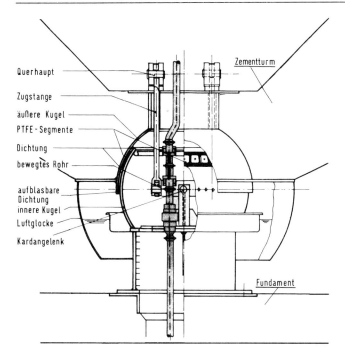

Bild 4.192: Lagerung des Pfeilers einer Offshore-Plattform (schematisch) [4.82]

chend einem Schmierkissen, vgl. 4.1.2.8.2, ein hydrostatischer Schmierungszustand erzeugt wird, *Bild 4.192.* Dazu wird in den gleitflächenseitigen Hohlraum der Gleitelemente Öl gepreßt, das durch einen äußeren Dichtungsring aufgefangen wird. Dem PTFE kommen praktisch nur noch Notlaufeigenschaften – allerdings mit dem bekannt niedrigeren Reibungsniveau – zu. Die Konstruktion gestattet alle erforderlichen Bewegungen in zwei Dimensionen bei wechselnden Gleitgeschwindigkeiten.

4.2.8 Gelenkendoprothesen

Geringe Reibung, niedriger Verschleiß und körperliche Verträglichkeit sind neben funktionsgerechter Konstruktion die Hauptmerkmale, die künstliche Gelenke aufweisen müssen. Außerdem wird ein dem Knochen ähnlicher, niedriger Elastizitätsmodul gefordert, damit Stöße gedämpft und Pfannendeformation spannungsarm übertragen werden [4.83].

Das Reibungsmoment künstlicher Gelenke [4.84], *Bild 4.193,* ist insbesondere deshalb von Wichtigkeit, weil sich bei zu hohen Reaktionskräften die in den Knochen einzementierten Prothesenschäfte lösen können, *Bild 4.194,* [4.85, 4.86, 4.87]. Bei mathematischer Betrachtung der Verhältnisse in einem Hüftgelenk zeigt sich, daß das übertragene Moment bei polarer Berührung am kleinsten und in der Äquatorlage am größten ist, *Bild 4.195.* Diese Tatsache ist insbesondere für früher gebräuchliche Ganzmetall-Prothesen von Bedeutung, während dieser Umstand im Fall heute üblicher Polymer/Metall-Paarungen aufgrund des gleichmäßigeren Tragens geringes Gewicht hat, zumal die erreichten Reibungszahlen meist sehr niedrig ($<0{,}1$) liegen. Durch eine möglichst dreh- und biegemomentenfreie Einleitung der Kräfte kann einer Lockerung von Prothesen eher begegnet werden [4.88].

4.2 Anwendungen 247

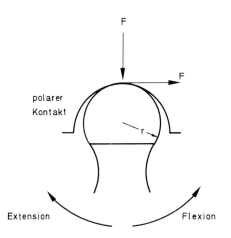

Bild 4.193: Reibungsmoment in künstlichen Gelenken bei Bewegung [4.84]

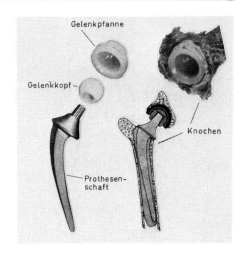

Bild 4.194: Prothesenaufbau von Hüftgelenken und Einzementierung [4.85, 4.86]

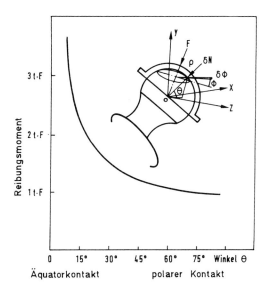

Bild 4.195: Reibungsmoment im Hüftgelenk in unterschiedlichen Stellungen [4.84]

Der Verschleiß künstlicher Gelenke ist insofern ausschlaggebend, als dadurch die Lebensdauer der Prothese mitbestimmt wird. Falls der Verschleiß eine Erhöhung des Reibungsniveaus bewirkt, kann eine Prothesenlockerung begünstigt werden. Da die Verschleißpartikel im Gewebe der Gelenkumgebung abgelagert werden, ist zusätzlich die Abwehrreaktion des Körpers zu berücksichtigen, die infolge der Wirkung der Partikel als Fremdkörper, möglicherweise verbunden mit einer örtlichen Knochenauflösung letztlich wiederum eine Prothesenlockerung begünstigt. Maßgeblich dafür ist vor allem die Erhöhung der chemischen Aktivität des Abriebmaterials infolge der mit der Partikelbildung verbundenen starken Oberflächenvergrößerung mit der Folge chemischer Reizwirkung auf das Gewebe und verstärkter Ausbildung von Fremdkörperreaktionen [4.89].

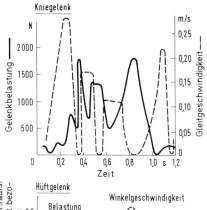

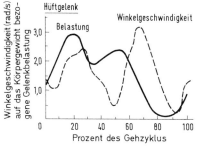

Bild 4.196: Last- und Geschwindigkeitskombinationen in einem Knie- und Hüftgelenk während der Beanspruchung im menschlichen Körper [4.84]

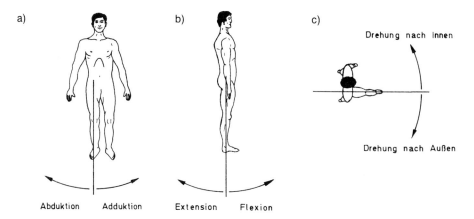

Bild 4.197: Relativbewegungen zwischen Gelenkteilen [4.84]
a) Frontalebene
b) Sagittalebene
c) Transversalebene

Das Belastungskollektiv von Gelenken variiert in weiten Bereichen. Bei Knie- und Hüftgelenken z. B. treten unterschiedliche Last/Geschwindigkeitskombinationen auf, *Bild 4.196*, wobei im Fall der Hüfte bei normalem Gehen Kräfte mindestens bis zum 3fachen des Körpergewichts zu verzeichnen sind [4.84]. Bei anderen Betätigungsformen, z. B. Laufen, Springen etc. sind noch höhere Belastungen zu erwarten. Je nach Gelenktyp ergeben sich unterschiedliche Relativbewegungen zwischen den Gelenkteilen, *Bild 4.197*, die zu gleitender, schwingender bzw. bohrender Beanspruchung führen.

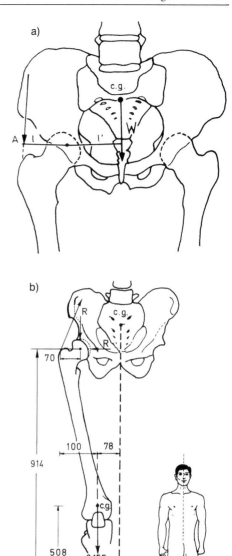

Bild 4.198: Hüftgelenkbelastung im statischen Fall (vereinfacht) [4.84]
a) Statische Belastung des Hüftgelenkes in der Frontalebene
b) Statische Belastung des Hüftgelenkes in der Frontalebene bei Berücksichtigung des Beingewichtes und der Winkel der Abduktoren

Eine quantitative Erfassung der Gelenkbelastung im statischen Zustand ist durch mehr oder weniger vereinfachte Gleichgewichtsbetrachtung am Beispiel eines Hüftgelenks möglich, *Bild 4.198,* wobei die Reaktionskraft nach zweidimensionaler Analyse das 2,5fache, nach dreidimensionaler Analyse das 2,38fache des Körpergewichts beträgt, also nur unwesentlich anders ausfällt. Im Fall dynamischer Betrachtung wird beim Gehen jeder Bewegungs-

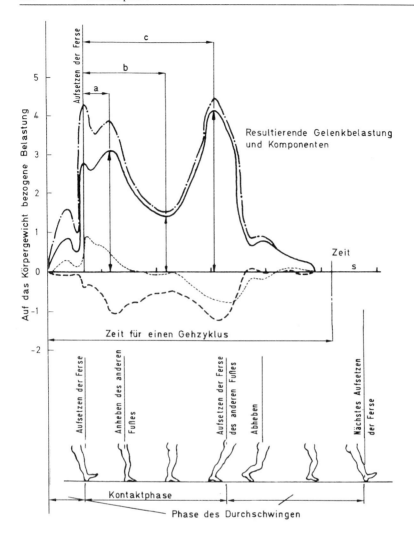

Bild 4.199: Dynamischer Belastungsablauf eines Hüftgelenkes beim Gehen [4.84]

stufe eine bestimmte Belastung des Hüftgelenks zugeordnet [4.84], *Bild 4.199*, wobei die Absolutwerte in der Literatur zum Teil erheblich differieren, vgl. Bild 4.196, aber immer höher als die statischen liegen. Trotz zeitlich im wesentlichen gleicher Belastungsverteilung ergeben sich bei Frauen niedrigere Spitzenwerte als bei Männern [4.90].

Von den mehr als 300 Gelenken im menschlichen Körper sind im folgenden solche betrachtet, welche ihre Funktion unter Schmierung mit Synovialflüssigkeit ausführen, schematischer Aufbau [4.84] *Bild 4.200*. Die Reibungszahl dieser Gelenke ist außerordentlich niedrig (f = 0,003 bis 0,015), der Verschleiß so gering, daß einwandfreie Funktion 70 Jahre und länger gewährleistet ist, falls keine abnormale Abnutzung oder Zerstörung eintritt [4.91]. Bei Entlastung wird Flüssigkeit in die nur wenige Nanometer (rd. 10 nm) tiefen „Mikroporen" der Knorpelschicht eingesaugt und bei Last unter Verformung der Knorpel-

4.2 Anwendungen 251

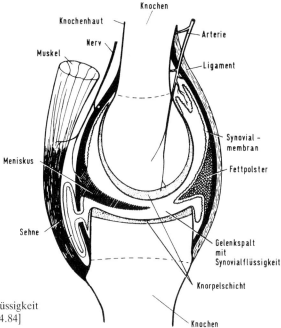

Bild 4.200: Aufbau von mit Synovialflüssigkeit geschmierten Gelenken (schematisch) [4.84]

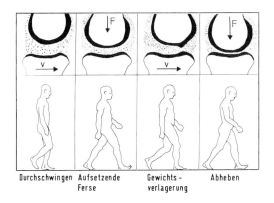

Bild 4.201: Schmiermechanismus eines rechten Kniegelenkes beim Gehen [4.84]

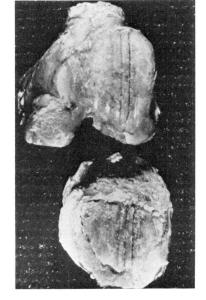

Bild 4.202 (rechts): Verschleißerscheinungsformen an einem Kniegelenk

schicht verbunden mit einem Druckaufbau allmählich herausgedrückt [4.46]. Diese autohydrostatische Schmierung, vgl. 4.1.2.8.2 gewährleistet eine relativ lange Trennung der beiden Gelenkteile, zumal die Viskosität der Flüssigkeit mit wachsendem Druck erheblich ansteigt. Beim Gehen erzeugt der Schmiermechanismus einen hydrodynamischen bzw. elastohydrodynamischen Reibungszustand, *Bild 4.201*. Bei angehobenem Bein ist zunächst ein dicker Schmierfilm vorhanden, der beim Aufsetzen der Ferse unter Belastungsanstieg im Gelenk teilweise verdrängt wird. Beim Abrollen des Fußes sinkt die Belastung, und die Geschwindigkeit steigt an, bis sich zum Zeitpunkt des Abhebens des anderen Fußes maximale Belastung bei kleiner Geschwindigkeit ergibt. Der Funktion des Gelenkes liegen also die verschiedensten, in der Technik auch genutzten Schmierarten zugrunde. Falls infolge Krankheit z. B. die Viskosität der Synovialflüssigkeit vermindert wird, ist keine Trennung der Gelenkteile gewährleistet, so daß Verschleiß auftritt, *Bild 4.202,* dargestellt am Beispiel eines Kniegelenkes.

Bei Modellversuchen bzw. Simulatorversuchen sollten die wesentlichen Merkmale praktischer Beanspruchung möglichst getreu eingehalten werden. Auf Belastungskollektiv, Bewegungsform und Schmierungszustand ist dabei besonderes Augenmerk zu richten. Übliche Prüfbedingungen sind für Modellversuche (Kategorie VI, vgl. 2.3) in *Tafel 4.23* und Gelenk-Simulation (Kategorie IV bzw. III) in *Tafel 4.24* zusammengestellt. Diese Versuchsarten sind im Rahmen einer Prüfkette als Voruntersuchungen für Tierversuche bzw. den Einsatz im menschlichen Körper zu sehen, Bild 2.12. In der Bundesrepublik Deutschland werden unterschiedliche Hüft- und Kniegelenksimulatoren betrieben, die eine mehr oder weniger praxisnahe Prüfung von Endoprothesen ermöglichen [4.92, 4.93]. Verschärfte bzw. geraffte Laboruntersuchungen (in vitro) sind im Hinblick auf eine Übertragbarkeit auf die

Tafel 4.23: Übliche Prüfbedingungen für Modellversuche im Hinblick auf Gelenkendoprothesen [4.84]

Kontaktgeometrie:	Ring/Scheibe Scheibe/Scheibe Kugel/Scheibe Zylinder/Mulde	Werkstoffauswahl der bewegten Elemente
Belastung:	Konstant und so gewählt, daß eine Nennflächenpressung von 3,45 oder 6,90 N/mm^2 erreicht wird	
Bewegungsform:	Hin- und hergehend (gerade) Oszillierend Einsinnig (rotierend)	
Geschwindigkeit oder Frequenz:	0,01 - 0,05 m/s 1 s^{-1}	
Größe eines Bewegungsablaufes:	0,01 - 0,05 m	
Zwischenstoff:	ohne destilliertes Wasser Salzlösung Ringer- oder Hank-Lösung Serum (menschlich oder tierisch) Plasma Synovialflüssigkeit (tierisch)	
Temperatur:	20 °C 37 °C	

Verhältnisse im menschlichen Körper (in vivo) problematisch [4.91]. Zur Zeit werden in bezug auf künstliche Gelenk-Prothesen im wesentlichen die in *Bild 4.203* aufgeführten Werkstoffpaarungen verwendet, wobei sich unterschiedliche Prothesentypen durch konstruktive Ausbildung und Werkstoffpaarung unterscheiden [4.87] *Tafel 4.25*. Heute sind zahlreiche Typen von Hüftgelenkendoprothesen auf dem Markt, die sich allerdings teilweise nur durch kleinere Konstruktionsvarianten (z. B. Ausbildung des Schaftes) unter-

Tafel 4.24: Anforderungen für Simulatoren zur Prüfung von Gelenkendoprothesen [4.84]

Kontaktgeometrie:	durch Prothese bestimmt
Belastung:	Variabel entsprechend bekannter Belastungskurven; eine, zwei oder drei Komponenten
Bewegungsform:	Flexion - Extension Abduktion - Adduktion nach innen - nach außen gerichtete Drehung
Geschwindigkeit oder Frequenz:	Variabel entsprechend bekannter Verläufe $1\,s^{-1}$
Zwischenstoff:	Destilliertes Wasser Salzlösung Ringer- oder Hank-Lösung Serum (menschlich und tierisch) Plasma Synovialflüssigkeit (tierisch)
Temperatur:	$37^\circ C$ $20^\circ C$

Tafel 4.25: Zuordnung von Werkstoffpaarungen zu einzelnen Hüftgelenkendoprothesen-Typen [4.87]

Werkstoffpaarungen für Totalhüftendoprothesen			
Werkstoffpaarungen		Hüftprothesen	
Pfanne	Kugel	Typ	Einsatz seit
CoCrMo-Guss	CoCrMo-Guss	Mc Kee-Farrar	1956
Polyethylen	Stahl AISI-316L CoCrMo-Guss	Charnley Mueller	1963 1965
Al_2O_3-Keramik	Al_2O_3-Keramik	Boutin	1970

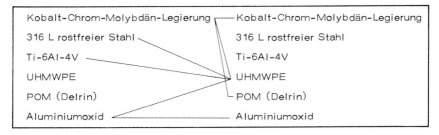

Bild 4.203: Gebräuchliche Werkstoffpaarungen für künstliche Gelenke [4.84]

scheiden, wobei auch zementfreie Implantation (z. B. Einschrauben oder natürliches Einwachsen) möglich ist.

In den sechziger Jahren wurde in künstlichen Gelenken PTFE mit rostfreiem Stahl gepaart. Wegen des hohen Verschleißes von 7-10 mm Dickenabnahme der Gelenkpfannen in 2,5 bis 3 Jahren und der Unverträglichkeit der 5 bis 50 µm großen, fadenförmigen Verschleißpartikel mit dem Körper mußte von dieser Paarung abgegangen werden [4.89]. Auch verstärktes PTFE bewährte sich trotz positivem Verlauf von Modellversuchen nicht. Polyester erwies sich wegen hoher Reibung und der Unverträglichkeit der Abriebpartikel im Körper (Lokkerung) als ungeeignet. Verschiedene Polymere, gepaart mit dem natürlichen, knorpeligen Gegenstoff wurden wegen zu hohen Verschleißes unbrauchbar.

Polyoximethylen (POM) mit dem Handelsnamen Delrin als Kugel- und Drehzapfenwerkstoff, hauptsächlich gepaart mit Kobalt-Chrom-Molybdän-Legierungen, *Bild 4.204*, hat in Einzelfällen zu Beanstandungen geführt. Im „Betrieb" wurden nach 17 Monaten nur wenige Anzeichen von Verschleiß am Drehzapfen einer Christiansen-Prothese festgestellt, *Bild 4.205*, wobei für einen gleichen Prothesentyp auch nach sechs Jahren gemäß Gewebeproben nur geringe Abwehrreaktionen des Körpers auf die Verschleißpartikel erfolgten.

Ultrahochmolekulares Polyethylen (UHMWPE) hat sich als geeigneter Polymerwerkstoff

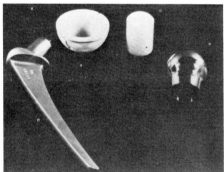

Bild 4.204: Christiansen-Hüftgelenkendoprothese mit einer Gleitpaarung POM/Kobalt-Chrom-Molybdän-Legierung [4.84]

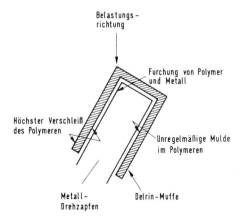

Bild 4.205: Verschleißerscheinungsformen an einer Prothese gemäß Bild 4.204 nach einem Einsatz von 17 Monaten im menschlichen Körper nach [4.84]

mit Metallen als Gegenstoff, oft Kobalt-Chrom-Molybdän-Legierung oder rostbeständiger Stahl, in jüngerer Zeit auch die Titanlegierung Ti 6 AL 4 V, sowie Keramik, für die Verwendung in künstlichen Gelenken erwiesen [4.83, 4.84]. Für den Verschleiß des Polymeren hat es sich dabei im Simulator als praktisch unmaßgeblich gezeigt, welche der genannten Legierungen verwendet wird und wie die Herstellung des Bauteiles (durch Gießen, Schmieden oder Pulvermetallurgie bei CoCrMo) erfolgt [4.91]. Heute werden gegossene Schäfte weniger verwendet. Nach mehr als 9 Jahren wurden bei einem ,,aktiven" Patienten zwei Hüftgelenkprothesen revidiert, deren Hauptbelastungsrichtungen deutlich aus dem Tragbild hervorgehen [4.94], *Bild 4.206*. Die Dickenabnahme betrug in diesem besonders günstigen Fall 1 bis 2 mm (rd. 0,1 bis 0,2 mm/Jahr), wobei übereinandergeschobene Werkstoffbereiche festgestellt wurden, *Bild 4.207*. Teilweise lagen Anzeichen von Dreikörperabrasion vor, weil Teile des als Zement zur Prothesenbefestigung verwendeten PMMA in die Gleitfuge gelangt waren, *Bild 4.208*. Diese Umstände werden häufiger bei Kniegelenken aufgefunden, wobei noch nicht geklärt ist, ob die Lebensdauer dadurch beeinträchtigt wird. Andere Untersuchungen an reoperierten Komponenten haben Verschleißwerte bis 0,4 mm/Jahr ergeben [4.91].

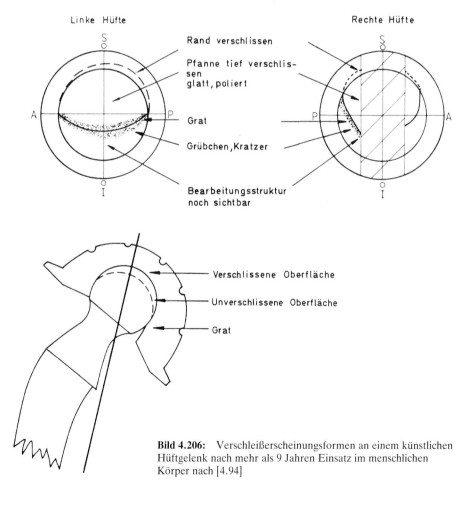

Bild 4.206: Verschleißerscheinungsformen an einem künstlichen Hüftgelenk nach mehr als 9 Jahren Einsatz im menschlichen Körper nach [4.94]

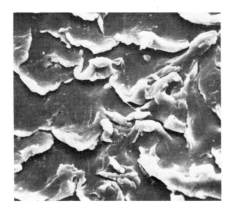 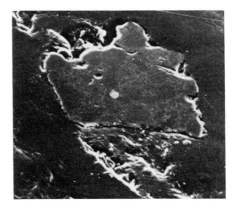

Bild 4.207: Übereinander geschobene Werkstoffbereiche in der Oberfläche des HDPE bei der Prothese gemäß Bild 4.206 [4.95]

Bild 4.208: PMMA-Partikel aus dem Knochenzement zur Prothesenbefestigung in der HDPE-Oberfläche [4.95]

Allgemein wurden bei ausgebauten künstlichen Prothesen bezüglich der Verschleißmechanismen Merkmale festgestellt, die auf Adhäsion, Abrasion und Ermüdungsvorgänge hinweisen [4.95], *Tafel 4.26*. Verschleißerscheinungsformen und Risse ähneln denen in Modellversuchen mit PBTP, Bild 4.50 und PTFE, Bild 4.59. Untersuchungen an 23 Charnley-Hüftgelenkendoprothesen haben das Vorliegen der genannten Verschleißerscheinungsformen bestätigt [4.96]. Darüberhinaus wurde festgestellt, daß entsprechend der Hauptbelastungsrichtung nach 7 bis 8 Jahren Gebrauch eine ausgeprägte Mulde in der Pfanne, insbesondere infolge von Kriechvorgängen entstanden ist. Während in dieser Zeit der Mechanismus der Adhäsion bezüglich des Verschleißes überwiegt, treten im Anschluß daran vorwiegend Ermüdungserscheinungen auf, wobei Imperfektion in Mikrobereichen (niedermolekulare Polymeranteile, Poren) in jedem Fall zu einer Anhebung der Werte führen. Auch hier wurden je nach Aktivität des Patienten Absolutwerte bis 0,4 mm/Jahr ermittelt.

Die in der Praxis festgestellte Bewährungsfolge der genannten Polymerwerkstoffe wird durch Modellversuche nach dem Stift/Scheibe-Verfahren bei Verwendung unterschiedlicher Zwischenstoffe bestätigt [4.97], *Bild 4.209*. Von allen untersuchten Kombinationen zeigt UHMWPE mit Tierserum als Schmierstoff den kleinsten Verschleiß. Bezüglich des

Tafel 4.26: Häufigkeit von Verschleißerscheinungsformen bei revidierten Prothesen [4.95]

Erscheinung	Häufigkeit
Kratzer, Mulden	17
Falten	13
Polieren	12
Grübchen, Eindrücke, Ausbrüche	11
Eingebetteter Knochenzement	9
Abrasion oder geritzte Oberfläche	5
Risse (tatsächlich oder Artifakt)	5

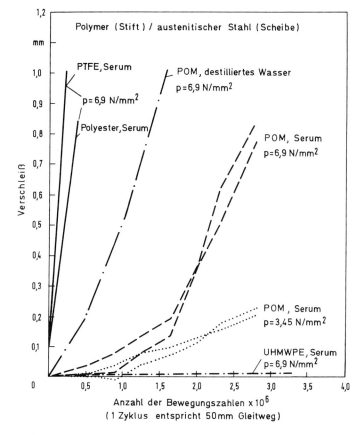

Bild 4.209: Verschleiß verschiedener Prothesenwerkstoffe im Modellversuch nach dem Stift-Scheibe-Verfahren nach [4.97]

Absolutwertes ist zu berücksichtigen, daß eine direkte Übertragbarkeit auf die Praxis deshalb nicht ohne weiteres möglich ist, weil in vitro die biologischen Einflüsse im Körper nicht bzw. über zu kurze Zeiträume simuliert werden, weshalb die Verschleißwerte bis um den

Faktor 10 differieren können [4.91]. Simulator-Versuche mit UHMWPE verschiedener Hersteller in 6 baugleichen Prothesen über 1000 Stunden bei 30 Zyklen pro Minute (entsprechend rd. 1 Lebensjahr) ergaben Dickenabnahmen von 0,035 bis 0,1 mm je nach Molmasse [4.84]. Die Auswertung der letzten 1000 von 10000 Zyklen in zwei Fällen ergab 0,003 bzw. 0,002 mm Dickenabnahme. Die Reibungszahlen von UHMWPE/Metall-Paarung unter Serum liegen unter 0,1 und betragen im Mittel etwa die Hälfte von Paarungen Metall/Metall. Mit graphitgefülltem UHMWPE wurden durchweg ungünstigere, mit kohlefaserverstärkten UHMWPE (und Haftvermittler) über die begrenzte Versuchsdauer aber bessere Ergebnisse erzielt, *Tafel 4.27*. Eine Analogie besteht hier zum Schwingungsverschleiß, wo bereits die Schwächung des Matrixzusammenhaltes durch den Verstärkungsstoff Graphit 4.1.3 nachgewiesen wurde, vgl. 5.1.3.

Tafel 4.27: Vergleich des Verschleißes verschiedener UHMWPE-Werkstoffe ohne und mit Graphit-, bzw. Kohlefasereinlagerungen nach [4.84]

Anzahl der Bewegungszyklen	Gewicht der Verschleißpartikel (g)		
	UHMWPE	graphitgefülltes UHMWPE Nr. 1	graphitgefülltes UHMWPE Nr. 1
222.080	0,0032	0,0032	0,0046
432.880	0,0039	0,0035	0,0052
674.880	0,0051	0,0046	0,0063
792.920	0,0057	0,0052	0,0069
970.800	0,0073	0,0175	0,0082
1.195.160	0,0080	0,0659	0,0087
1.320.440	0,0085	0,1159	0,0092
1.559.680	0,0089	0,2741	0,0279
1.803.600	0,0102	0,4888	0,0695

Pfannenwerkstoff	Anzahl der Bewegungszyklen	Verschleißrate (g/Zyklus)
UHMWPE	3.1×10^6	3.80×10^{-8}
UHMWPE	1.8	4.78
UHMWPE	2.2	2.00
C-PE 10 %	3.5	3.80×10^{-9}
C-PE 10 %	2.7	4.40
C-PE 10 %	1.8	4.40
C-PE 15 %	3.5	5.20
C-PE 20 %	3.5	4.80

Vergleichsversuche mit Paarungen UHMWPE/Metall, UHMWPE/Aluminiumoxidkeramik (Al_2O_3) und Al_2O_3/Al_2O_3 mit einem Gelenksimulator zeigen, daß bei nahezu gleichem Reibungsmoment durch die Einführung von Al_2O_3 als Gegenstoff für UHMWPE der Verschleiß von Prothesen noch weiter abgesenkt wird [4.87], *Bild 4.210*. Im Einzelfall ergaben sich Verschleißwerte, die rd. 1/10 solcher von UHMWPE/Metall betrugen [4.91]. Diese Ergebnisse wurden in Stift-Scheibe-Versuchen bestätigt [4.98]. Falls beide Komponenten

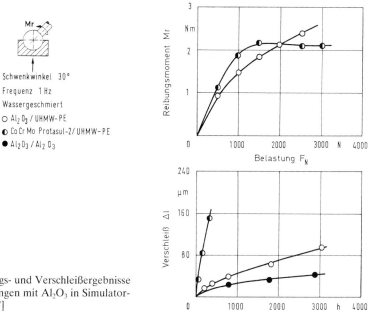

Bild 4.210: Reibungs- und Verschleißergebnisse verschiedener Paarungen mit Al_2O_3 in Simulatorversuchen nach [4.87]

aus Keramik bestehen, ergibt sich bei ähnlich kleinem Reibungsmoment – die Messungen erfolgten mit einer speziell modifizierten Drehbank – noch niedrigerer Verschleiß. Im Tierversuch hatte sich die Paarung wegen des Auftretens von Brüchen zunächst als unvorteilhaft erwiesen [4.85], heute werden jedoch so gut wie keine Ausfälle aufgrund diesbezüglichen Werkstoffversagens festgestellt. Das günstige Reibungs- und Verschleißverhalten von Aluminiumoxidkeramik wird unter anderem auf die gute Benetzbarkeit dieses Werkstoffs aufgrund in der Oberfläche nicht abgesättigter Sauerstoffatome [4.89] und auf die „kuppenförmige" Oberflächenstruktur zurückgeführt. Untersuchungen an revidierten Hüftgelenkendoprothesen (29 Stück) und Simulator- sowie Ring-Scheibe-Versuche haben jedoch gezeigt, daß bei Paarungen Aluminiumoxid/Aluminiumoxid neben gleichmäßigem Abtrag hohe lokale Flächenpressung bei Lastspitzen oder infolge ungenügender Paßform der Elemente zu einer Lockerung des Kornverbandes an den Korngrenzen führen kann und das Ausbrechen eines Partikels dann Ursache für eine erhöhte Verschleißrate ist [4.99, 4.100].

Die konstruktive Ausbildung künstlicher Gelenke ist für die Beanspruchung von besonderer Bedeutung. In einem Gelenksimulator mit einer Chrom-Kobalt-Legierung als Kugelwerkstoff (HRc 46, Rauhtiefe 0,1 bis 0,15 µm) und einer Gleitgeschwindigkeit von 0,01 bis 0,02 m/s zeigt sich, daß die Grenzbelastung des Thermoplasten bei erhöhter Belastung nur dann nicht überschritten wird, wenn der Kugelradius genügend groß gewählt wird [4.83], *Bild 4.211*. Je geringer das Spiel h zwischen den Elementen ist, desto niedriger ist die maximale Pressung, andererseits ist jedoch ein Mindestspiel erforderlich, um durch die Pumpbewegung der Kugel eine Schmierung zu gewährleisten, *Tafel 4.28*. Dauerversuche zeigen, *Bild 4.212*, daß kleinere Kugeln bei relativ geringer Last schon maximal in den Pfannenwerkstoff durch Verschleiß und Verformung eingebettet werden, so daß eine weitere Belastungszunahme nicht mehr durch Flächenzunahme kompensiert werden kann. Als

Tafel 4.28: Tribologisches Verhalten eines geschmierten künstlichen Gelenkes bei unterschiedlichen Pfannenspielen nach [4.83]

Chrom-Kobalt-Legierung /HDPE
(46 HRc, R_v = 0,1 bis 0,15 µm)

F_{max}/F_{min} = 400/300 N
v = 0,01 bis 0,02 m/s   Kugeldurchmesser d_m = 38 mm
ϑ = 38°C   Pfannengesamtspiel h_m = 0,7 mm

Untersuchungsbedingungen		Abnahme der Pfannenwanddicke (µm/km)	Gleitreibungs- zahl
ohne Pfannenspiel	ohne Kugelpump- bewegung	0,10	0,22
mit Pfannenspiel	ohne Kugelpump- bewegung	0,12	0,17
mit Pfannenspiel	mit Kugelpump- bewegung	0,07	0,09

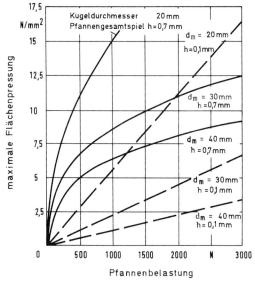

Bild 4.211: Maximale Belastung von Gelenkpfannen bei unterschiedlichen Kugeldurchmessern des Kopfes und Pfannenspielen nach [4.83]

Folge davon wird die Grenzbelastbarkeit des HDPE, vgl. Bild 4.212, in diesem Fall überschritten, was zu unvergleichlich höherem Verschleiß führt. Nach rd. 100 000 Bewegungszyklen stellt sich bei beiden Kugelgrößen belastungsbedingt eine gleichbleibende Pfannenverformung, bestehend aus einem elastischen und einem plastischen Anteil, ein, die für die kleinere Kugel erwartungsgemäß größer ist, *Bild 4.213*. Für einen Belastungsbereich von

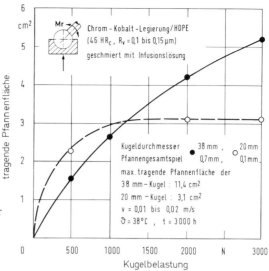

Bild 4.212: Tragende Pfannenfläche nach 3000 h Versuchszeit im Simulator in Abhängigkeit von der Kugelbelastung bei unterschiedlichem Kugeldurchmesser und Pfannenspiel nach [4.83]

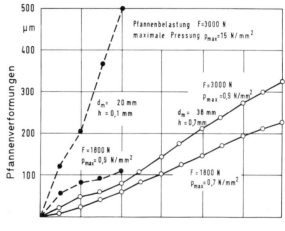

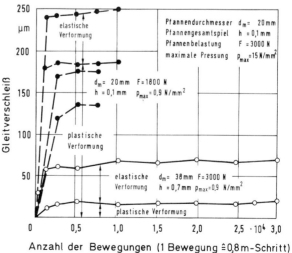

Bild 4.213: Verformungen und Verschleiß von Pfannen künstlicher Hüftgelenke bei unterschiedlicher Kugelgröße sowie verschiedenen Pfannenspielen und Belastungen in Abhängigkeit von den Bewegungszyklen im Simulator nach [4.83]

400 bis 1800 N, der für die Praxis von Bedeutung ist, kann aus den Daten bei der großen Kugelausführung eine Gehkilometerleistung von 130000 km abgeschätzt werden.

Kenntnisse und Technologie bezüglich künstlicher Gelenke haben einen Stand erreicht, der im allgemeinen sicheren Betrieb im menschlichen Körper gewährleistet. Konstruktiver Prothesenaufbau und Werkstoffkombinationen, insbesondere die Verwendung von UHMW-PE, bedingen Reibungs- und Verschleißniveaus, die eine einwandfreie Funktion über begrenzte Zeiträume gewährleisten. Die laufenden Bestrebungen nach Optimierung haben zum Ziel, unvorhersehbare Ausfälle und Risiken zu vermeiden sowie insbesondere die Standzeit von Endoprothesen zu erhöhen, zumal zunehmend auch jüngere Patienten von Implantationen betroffen werden. Es müssen dabei medizinisch gestützte werkstoffliche und konstruktive Wege gefunden werden, um den häufigsten Ausfallsursachen Infektion, Lockerung und Bruch [4.91, 4.101] zu begegnen.

4.3 Zusammenstellung tribologischer Meßwerte – Hinweise für die Werkstoffauswahl

Reibung und Verschleiß können nicht einem Element der tribologischen Systeme als Werkstoffkenngrößen zugeordnet werden, sondern ergeben sich system- und beanspruchungsspezifisch aus dem Zusammenwirken der gesamten Tribostruktur, vgl. 2.2.1. Die im folgenden aufgeführten Werte sind daher nur unter den speziell angewandten Bedingungen gültig und als Anhaltswerte für die Charakterisierung von Thermoplasten im Vergleich zueinander zu sehen. Tendenzen bezüglich deren Änderung bei abweichendem Einsatz können mit Hilfe der unter 4.1 erläuterten Einflußfaktoren abgeschätzt werden, wobei eine sichere Aussage jedoch nur durch Prüfung im jeweiligen Betriebssystem zu erlangen ist. Abgesehen von den Absolutwerten ist eine unterschiedliche Bewährungsfolge von Paarungen in verschiedenen Systemen durchaus gegeben.

Im Hinblick auf die Auswahl geeigneter Werkstoffe für den Einsatz in Verdichtern wurde das Reibungsverhalten an zahlreichen Polymer/Metall- bzw. Keramik-Gleitpaarungen, *Tafel 4.29*, mit dem Stift/Ring-Verfahren untersucht [4.102]. Bei einer Normalkraft von 0,76 N (Flächenpressung $p = 0,41$ N/mm^2) und einer Gleitgeschwindigkeit von 0,5 m/s wurden unter atmosphärischen Bedingungen (1013 mbar, 40–50% relative Feuchte) und Raumtemperatur nach einem Gleitweg von $s = 1000$ m die in *Tafel 4.30* zusammengestellten Reibungszahlen gemessen. Aufgrund der Voruntersuchungen wurden verschiedene Reibpaarungen weiterverfolgt, bei denen auch unterschiedliche Werkstoffe wie kohlefaserverstärkter Kohlenstoff (CFC) und Elektrographit (E-Graphit) höherer Festigkeit einbezogen sind. Bei Versuchen auf dem Prüfstand mit einem Druckluftlamellenmotor (Rotordurchmesser 32 mm) im Trockenlauf kann es schon bei kleineren Drücken zum Bruch der Lamellen aus Elektrographit und bei der Paarung CFC 0°45°/Cu Sn Pb zu schweren Verschleißschäden am Gehäuse kommen. Der Kondensatanfall hat bei dieser Paarung offensichtlich nicht zur genügenden Verbesserung des Schmierzustandes ausgereicht. Günstiger liegen die Verhältnisse bei CFC 0°45°/Al$_2$O$_3$-Keramik und Polyimid-amid/Ni-Schicht. Die Gehäuseoberfläche aus Keramik „bedeckt sich" mit Kohlenstoff. Der geringe Übertrag des Polymeren der Lamelle auf die Ni-Schicht des Gehäuses wird ebenfalls auf die schmierende Wirkung des anfallenden Kondensates zurückgeführt.

Tafel 4.29: Geprüfte Werkstoffpaarungen im Hinblick auf den Einsatz in Verdichtern nach [4.102]

Stiftwerkstoff	Kurzzeichen
PTFE + 35 Vol. % Koks/Graphit	TF 3236
PTFE + 27 Vol. % E-Kohle	TF 4215
PTFE + 17 Vol. % Glas + 5 Vol. % Graphit	TF 4702
Kohlenstoff + Kohlenstoffaser $0°$, $90°$	CFC $0°$, $90°$
Kohlenstoff + Kohlenstoffaser $0°$, $45°$	CFC $0°$, $45°$
Epoxidharz + Kohlenstoffgewebe $0°$	CFK $0°$
Polyamid 6,6 + thermoplastische Festschmierstoffe + Additive	NSB
Polyamid + MoS_2	M 4
glasfaserverstärktes, hitzestabilisiertes PA 6,6	A 3 HG 5
PVDF + 30 % Graphitstaub	LPNP 6/34
PVDF + 15 % Graphitstaub	LPNP 6/14
Duroplast + Graphit + Asbestgewebe	AI 2
Duroplast + Graphit + Asbestgewebe + Ölimprägnierung	AI 2 S
Polyimid/amid + 0,5 % PTFE	4203
Polyimid/amid + 12 % Graphit + 3 % PTFE	4301
Polyimid	GM 20
Polyamid 6,6 + MoS_2	GS
Epoxidharz + 75 % Glas	EPG
Epoxidharz + 65 % Glas	EPF 4
modifiziertes EPF 4	EPR 8
Phenolharz + 65 % Glas	MPF 4
Epoxidharz + 70 % Glas	EPRU 5
Polyester + 70 % Glas	UPG
PBTP + Graphit	B 4500
Graphit	V 818-V821
Graphit + Harzimprägnierung	EK 60

Ringwerkstoff	Kurzzeichen
Grauguß	GG 25
20 MnCr 5, einsatzgehärtet	Einsatzh.
Hartchromschicht, galvanisch	Hartchrom
Ni-B-Schicht, galvanisch	Ni-B
Ni + dispergiertes PTFE	Ni-PTFE
87 % Aluminiumoxid + 13 % Titandioxid	Keramik 1
45 % Chromoxid + 55 % Titanoxid	Keramik 2
50 % Aluminiumoxid + 50 % Titanoxid	Keramik 3
9 % Chromoxid	Keramik 4
Kupfer-Zinn-Bleibronze mit 1 ÷ 8 % Graphit	CuSnPb
chem. abgeschiedene Nickelschicht, ausgehärtet	Ni-P

Tafel 4.30: Reibungszahlen der Werkstoffe nach Tafel 4.29 im Modellversuch nach [4.102]

$p = 0{,}41\ \text{N/mm}^2$
$v = 0{,}5\ \text{m/s}$

Reibpaarung und gemessene Reibungszahl					
GM 20	/ Einsatzhärtung	0,35	NSB	/ Ni-PTFE	0,38
"	/ Hartchrom	0,44	"	/ Keramik 2	0,30
"	/ Ni-B	0,23	"	/ Keramik 3	0,30
"	/ Ni-PTFE	0,28	"	/ Keramik 4	0,30
"	/ Keramik 2	0,36	M 4	/ Keramik 2	0,25
"	/ Keramik 3	0,36	"	/ Keramik 3	0,31
TF 3236	/ GG 25	0,26	"	/ Keramik 4	0,32
"	/ Einsatzhärtung	0,27	A3HG5	/ GG 25	0,48
"	/ Hartchrom	0,41	"	/ Keramik 2	0,45
"	/ Ni-B	0,32	"	/ Keramik 3	0,26
"	/ Ni-PTFE	0,23	"	/ Keramik 4	0,38
TF 4215	/ GG 25	0,24	LPNP6/34	/ GG 25	0,35
"	/ Einsatzhärtung	0,32	"	/ Keramik 2	0,36
"	/ Hartchrom	0,32	"	/ Keramik 3	0,23
"	/ Ni-B	0,34	AL 2	/ Keramik 2	0,50
"	/ Ni-PTFE	0,32	"	/ Keramik 3	0,53
TF 4702	/ GG 25	0,34	4203	/ GG 25	0,51
"	/ Einsatzhärtung	0,26	4301	/ Keramik 2	0,37
"	/ Hartchrom	0,30	"	/ Keramik 3	0,22
"	/ Ni-B	0,30	"	/ Keramik 4	0,38
"	/ Ni-PTFE	0,34	"	/ Ni-P	0,35
CFC 0° 90°	/ GG 25	0,21	GS	/ Keramik 2	0,41
"	/ Einsatzhärtung	0,29	"	/ Keramik 3	0,42
"	/ Hartchrom	0,34	"	/ Keramik 4	0,37
"	/ Ni-B	0,44	EPG	/ Keramik 2	0,65
"	/ Ni-PTFE	0,34	"	/ Keramik 3	0,40
"	/ Keramik 1	0,28	EPF4	/ Keramik 2	0,48
"	/ Keramik 2	0,17	"	/ Keramik 3	0,54
"	/ Keramik 3	0,19	UPG	/ GG 25	0,28
"	/ Keramik 4	0,19	"	/ Keramik 2	0,70
CFC 0° 45°	/ GG 25	0,24	"	/ Keramik 3	0,92
"	/ Einsatzhärtung	0,33	EPR8	/ GG 25	0,33
"	/ Hartchrom	0,27	"	/ Keramik 2	0,45
"	/ Ni-B	0,39	"	/ Keramik 3	0,35
"	/ Ni-PTFE	0,46	MPF4	/ GG 25	0,51
"	/ Keramik 2	0,15	"	/ Keramik 2	0,48
"	/ Keramik 3	0,20	"	/ Keramik 3	0,61
"	/ Keramik 4	0,23	EPRU5	/ GG 25	0,31
"	/ CuSnPb	0,32	"	/ Keramik 2	0,46
"	/ Ni-P	0,25	"	/ Keramik 3	0,48
CFK 0°	/ GG 25	0,53	B 4500	/ Keramik 2	0,26
"	/ Einsatzhärtung	0,63	"	/ Keramik 3	0,30
"	/ Hartchrom	0,41	"	/ Keramik 4	0,30
"	/ Ni-B	0,66	V 818	/ GG 25	0,22
"	/ Ni-PTFE	0,65	V 819	/ GG 25	0,22
"	/ Keramik 2	0,33	V 820	/ GG 25	0,22
"	/ Keramik 3	0,39	V 821	/ GG 25	0,22
"	/ Keramik 4	0,35	LPNP6/14	/ Keramik 2	0,25
NSB	/ GG 25	0,48	"	/ Keramik 3	0,20
"	/ Einsatzhärtung	0,33	EK 60	/ Keramik 4	0,23
"	/ Hartchrom	0,38	AL2S	/ Keramik 4	0,34
"	/ Ni-B	0,48			

Bei Versuchen auf dem Prüfstand mit einem Rotationsverdichter (Rotordurchmesser 198 mm), Gehäusewerkstoff GG 25 mit Hartchromschicht oder einer chemisch abgeschiedenen Ni-Schicht brachen die Verdichterlamellen aus Elektrographit, sobald der Betriebsdruck von 1,8 bar überschritten wurde. Bei verstärkten Polymeren reicht die Festigkeit aus, die Faser- oder Gewebeverschiebung führte aber zu ungünstigerem, mit erheblichem Verschleiß verbundenen Reibungsverhalten, oft lockerte sich der Verbund zwischen Matrix und Faser bis zur Spaltung der Lamelle auf. Eine polymergerechte Konstruktion wird empfohlen [4.102], um einen wartungsfreien Betrieb zu gewährleisten.

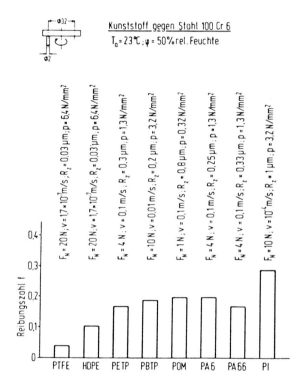

Bild 4.214: Versuchsbedingungen für niedrigere Reibungszahlen einiger Polymer/Metall-Gleitpaarungen im Modellversuch [4.4]

Ebenfalls in Stift-Scheibe-Versuchen ergeben sich bei Polymer/100 Cr 6-Gleitpaarungen Bedingungen für möglichst niedrige Reibungszahlen [4.4], *Bild 4.214*. Die Temperatur betrug + 23 °C.

Bild 4.215 beinhaltet einen qualitativen Vergleich unterschiedlicher Thermoplaste bezüglich Reibung und Verschleiß [4.103]. Zusammen mit Anhaltswerten für die Grenzbeanspruchung, *Tafel 4.31*, ist eine Vorauswahl geeigneter Thermoplaste für eine tribologische Aufgabe möglich. Von besonderer Bedeutung in diesem Zusammenhang ist auch die durch Erweichungsgebiete bestimmte Abhängigkeit des Elastizitätsmoduls von der Temperatur, *Bild 4.216*, vgl. auch Bild 4.26.

266　4 Thermoplaste

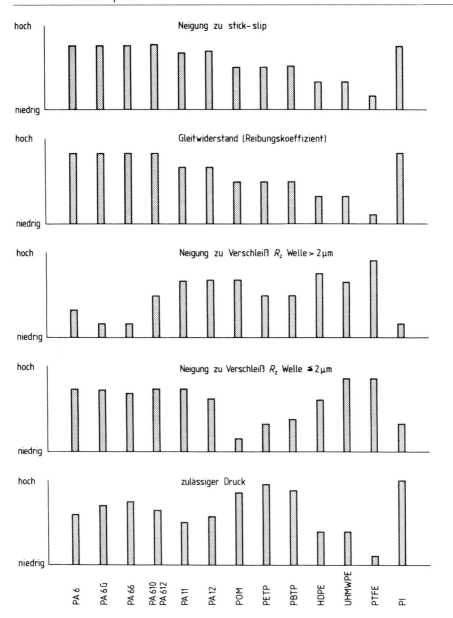

Bild 4.215: Qualitativer Vergleich verschiedener, tribologisch relevanter Größen für unterschiedliche Thermoplaste [4.103]

Tafel 4.31: Charakteristische Eigenschaften für Thermoplaste in Gleitlagern [4.103] ▶

Charakteristische Eigenschaften für ungefüllte Thermoplaste in Gleitlagern		PA 6	PA 6G	PA 66	PA 610 / PA 612	PA 11	PA 12	POM	PETP	PBTP	UHMWPE	HDPE	PTFE 1)	PI 2)
Gleitverhalten 4), 6)								siehe Bild B. 1						
Verschleißwiderstand 6)								siehe Bild B. 1						
Empfohlener Gleitpartner	Gleitpartner aus Metall	Stahl Härte HRC min.	50	50	50	50	50	50	50	50	50	50 3)	50 3)	50 3)	50 3)
		Rauheit R_z in µm	2 bis 4	2 bis 4	2 bis 4	2 bis 4	2 bis 4	2 bis 4	1 bis 3	0,5 bis 2	0,5 bis 2	0,5 bis 2	0,5 bis 2	0,2 bis 1	2 bis 4
	Gleitpartner aus Thermoplast	Thermoplast und Thermoplast modifiziert (mod 14)	POM POMmod	POM POMmod	POM POMmod	POM POMmod	POM POMmod	POM POMmod	PA PAmod	POM	POM	PA	PA	PA POM PETP PBTP	—
		Rauheit R_z in µm 5)	10	10	10	10	10	10	10	10	10	10	5	5	—
Gleichgewichts-feuchte (Vol.%)	im Normalklima (ISO 291) 12)		2,5 bis 3,5	2,2 bis 3	2,2 bis 3,1	1,2 bis 1,6	0,8 bis 1,2	0,7 bis 1,1	0,2 bis 0,3	0,3	0,2	0	0	0	1 bis 1,3
	in Wasser 20 °C 13)		9 bis 10	7 bis 9	8 bis 9	3 bis 3,6	1,6 bis 2	1,3 bis 1,7	0,6 bis 0,7	0,6	0,5	0	0	0	—
Temperatur-Grenzwerte (°C)	Schmelztemperatur (ISO 1218, ISO 3146)		215 bis 220	210 bis 220	250 bis 260	210 bis 220	180 bis 185	175 bis 180	165 bis 184	255 bis 260	220 bis 225	130 bis 178	125 bis 130	327	10)
	Vicat Erweichungstemperatur (ISO 306, Methode A)		180	—	200	170	—	165	163 173 9)	188	178	70	65	110	—
	Kurzzeit-Betriebstemperatur		140	150	160	140	140	140	120 bis 140	180	165	110	110	300	300 bis 480
	konstante Arbeitstemperatur 7)		80 bis 100	80 bis 100	80 bis 100	80 bis 100	70 bis 100	70 bis 100	80 bis 100	70 bis 100	60 bis 100	70 bis 100	70 bis 100	250	260
Druck-Grenzwerte (N/mm2) siehe auch Bild B. 1 und Fußnote 8	Kugeldruckhärte 30 s (ISO 2039) 11)		55	55	65	70	60	70	125	155	130	40	45	30	—
	Kontinuierlich (statisch)		12	13	14	13	10	11	18	19	18	8	6	1	20

1) Die Zahlen in dieser Tabelle gelten für ungefülltes PTFE. PTFE wird in dieser Form nur für Gleitlager verwendet, wo es aufgrund der Konstruktion nicht kriechen kann (gekammerte Gleitteile). Vorwiegend werden gefüllte PTFE-Mischungen verwendet. Sie sind druck- und verschleißfester.
2) Polyimide werden meist mit Füllstoffen verwendet. Deshalb und aufgrund der großen Vielfalt der Polyimid-Gruppe ist es unmöglich, diese Werkstoffe nach den Werten aus Tabelle B. 2 zu bezeichnen.
3) Siehe Anhang C. 2.3 (Gleitpartner)
4) Siehe Anhang C. 2.4 (Schmierung)
5) Siehe Anhang C. 2.3 (Paarungsrauheit)
6) Die in Bild B. 1 angegebenen Verhältnisse gelten für ungefüllte Thermoplaste. Sie können sich beträchtlich ändern, wenn den angegebenen Thermoplasten Füllstoffe beigegeben werden.
7) Siehe Anhang C. 2.7 (Temperatur)
8) Bei Gleichgewichtsfeuchte im Normalklima 23/50 (23 °C Lufttemperatur, 50 % relative Luftfeuchte). Siehe auch Anhang C. 2.5 (Druckbelastung).
9) Die obere Temperatur gilt für Homopolymerisat.
10) Schmilzt meist nicht unterhalb der Zersetzungstemperatur.
11) Da die neuen Prüfverfahren anstelle des früheren 10 und 60 s Wertes nur den 30 s Wert angeben, wird vorgeschlagen, ebenfalls den 1-Stunden-Wert zu prüfen, falls Hinweise über das Kriechverhalten wichtig sind.
12) Ein Verfahren zur Bestimmung der Gleichgewichtsfeuchte im Normalklima 23/50 ist in ISO 291 festgelegt.
13) Bestimmung der Wasseraufnahme nach ISO/DIS 62.
14) Beispiele gebräuchlicher Modifizierungszusätze: PE, PTFE, MoS2, Graphit, Kreide.

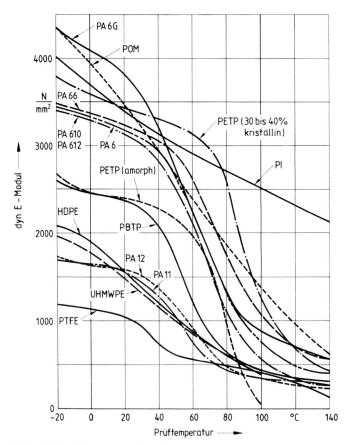

Bild 4.216: Temperaturabhängigkeit des dynamischen Elastizitätsmoduls verschiedener Thermoplaste [4.103], Anhaltswerte für charakteristische Temperaturen vgl. Bild 1.8

Umfangreiche Untersuchungen mit einem Druckscheiben-Prüfgerät (thrust washer) erleichtern die Auswahl von Werkstoffen für Radial- und Axialgleitlager [4.104], *Bild 4.217*. Unabhängig für Einlauf und stationären Zustand werden mit Hilfe des volumetrischen Verschleißes und der Beanspruchung Verschleißfaktoren ermittelt (Gleitpartner: Kohlenstoffstahl, Rauheit 0,3 bis 0,4 μm, Härte 18 bis 22 HRC). Unter den üblichen Versuchsbedingungen ($p = 0{,}27$ N/mm^2, $v = 15{,}24$ m/min, Raumtemperatur) wird die Reibungszahl im stationären Zustand ermittelt, wobei ein statistisches Mittel aus 5 Einzelmessungen zu bilden ist. Der zulässige p·v-Wert ergibt sich aus Versuchen, bei denen unter verschiedenen Geschwindigkeiten (z.B. 3, 30, 300 m/min) unterschiedliche Pressungen (z.B. 1 bis 20 N/mm^2) eingestellt werden. Jeder Gleichgewichtszustand muß 30 min aufrechterhalten bleiben. Sofern Reibung und/oder Temperatur keinen stationären Wert erreichen resultiert daraus das Versagen der Paarung. Mit den Verfahren ergeben sich tribologische Anhaltswerte für verschiedene ungeschmierte sowie silicongeschmierte Thermoplaste, *Tafel 4.32*, und graphit- sowie MoS$_2$-geschmierte Thermoplaste, *Tafel 4.33*. In gleicher Weise erfolgte die Bestimmung von Werten für Polymer/Polymer-Gleitpaarung, *Tafel 4.34*. Im Hinblick auf die Auswahl von Polymeren für Gleitlager sind die weiteren Abhängigkeiten gemäß Kapitel 4.2.1 zu beachten.

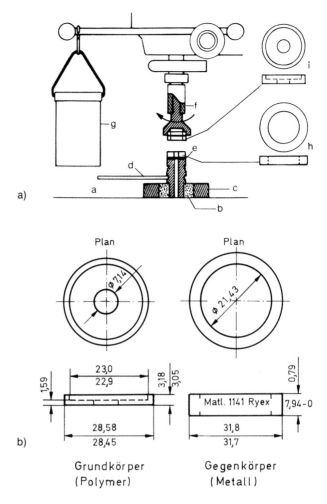

Bild 4.217: Druckscheiben-Apparat (thrust washer) (a) und Probengeometrie (b) nach [4.104]
a) Tisch, b) Lager, c) Grundplatte, d) Reibungsmomentenhebel, e) Halter, f) Halter, g) Gewicht, h) Gegenkörper (Metall), i) Grundkörper (Polymer)

Weitere hilfreiche Ergänzungen im Hinblick auf Werkstoffvergleiche sind in Abhängigkeit von der Temperatur in den Bildern 4.27 bis 4.29, von der Flächenpressung in den Bildern 4.36, 4.37, 4.39, 4.40 und 4.41, von der Oberflächenrauheit in den Bildern 4.62, 4.66, 4.67 enthalten. Bei gefüllten bzw. verstärkten Thermoplasten können zudem die Bilder 4.78 bis 4.81 zu Rate gezogen werden. Weitere Angaben sind in 4.1.2.8 (Schmierstoffe) und 4.1.3 (Schwingungsverschleißbeanspruchung) zu finden; die Ergebnisse beziehen sich auf Modellversuche mit einfachen Probekörpern (Kategorie VI).

Tafel 4.32: Tribologische Anhaltswerte für verschiedene verstärkte und geschmierte Thermoplaste, ermittelt mit einer Prüfeinrichtung gemäß Bild 4.217 nach [4.104]

Grundwerk-stoff	Füll- und Verstärkungsstoffe in Gewichtsprozent				Verschleiß-faktor 10^{-10} cm/(m·N)	Reibungszahl		zulässiger p·v-Wert 10^3 (N/mm²)·(m/s) $v = $ m/s		
	PTFE	Polysil-oxan (Silikon)	Glas-faser	Kohle-faser		statisch	dynamisch p·v=0,27 N/mm² 0,25 m/s	0,05	0,5	5
ABS	-	-	-	-	704,9	0,30	0,35	-	-	-
ABS	15	-	-	-	60,4	0,13	0,16	588	131	65
ABS	-	2	-	-	16,1	0,11	0,14	-	-	-
ABS	15	-	30	-	15,1	0,16	0,20	-	-	-
SAN	-	-	-	-	604,2	0,28	0,33	-	-	-
SAN	15	-	-	-	40,3	0,11	0,14	654	163	98
SAN	-	2	-	-	14,1	0,11	0,13	-	-	-
SAN	13	2	-	-	12,1	0,10	0,13	-	-	-
SAN	15	-	30	-	13,1	0,13	0,18	572	327	327
SAN	13	2	30	-	11,1	0,12	0,18	-	-	-
Polystyrol	-	-	-	-	604,2	0,28	0,32	25	49	16
Polystyrol	-	2	-	-	7,5	0,06	0,08	131	294	33
Polystyrol	15	-	-	-	35,2	0,12	0,14	-	-	-
Polycarbonat	-	-	-	-	502,4	0,31	0,38	25	16	<16
Polycarbonat	5	-	-	-	25,2	0,14	0,20	196	294	131
Polycarbonat	10	-	-	-	17,1	0,11	0,17	458	588	262
Polycarbonat	15	-	-	-	15,1	0,09	0,15	490	654	349
Polycarbonat	20	-	-	-	14,1	0,08	0,14	523	719	392
Polycarbonat	-	2	-	-	13,1	0,06	0,10	327	588	392
Polycarbonat	13	2	-	-	8,1	0,09	0,09	458	752	425
Polycarbonat	15	-	20	-	8,1	0,19	0,22	654	817	294
Polycarbonat	15	-	30	-	6,0	0,18	0,20	899	981	458
Polycarbonat	15	-	40	-	9,1	0,20	0,23	654	735	327
Polycarbonat	13	2	30	-	5,4	0,17	0,19	899	981	523
Polycarbonat	-	-	30	-	36,3	0,23	0,22	-	-	-
Polycarbonat	-	-	-	30	17,1	0,18	0,17	-	-	-
Polyethylen (hoher Dichte)	20	-	-	-	9,1	0,09	0,13	-	-	-

Material										
Polysulfon	-	-	-	-	302,1	0,29	0,37	163	163	98
Polysulfon	15	-	-	-	9,3	0,09	0,14	-	-	-
Polysulfon	-	-	30	-	32,2	0,24	0,22	-	-	-
Polysulfon	15	-	30	-	11,1	0,16	0,19	654	1144	490
Polysulfon	10	-	10	-	12,1	0,15	0,21	-	-	-
Polysulfon	-	-	-	30	15,1	0,17	0,14	278	278	196
Polyamid 6/12	-	-	-	-	38,3	0,24	0,31	82	65	<65
Polyamid 6/12	20	-	-	-	3,2	0,12	0,19	294	588	196
Polyamid 6/12	-	2	-	-	9,7	0,10	0,12	98	131	229
Polyamid 6/12	18	2	-	-	2,0	0,08	0,10	294	654	294
Polyamid 6/12	-	-	30	-	17,1	0,27	0,33	327	262	163
Polyamid 6/12	15	-	30	-	3,2	0,24	0,30	654	490	392
Polyamid 6/12	13	2	30	-	1,8	0,19	0,22	654	490	425
Polyamid 6/12	-	-	-	-	5,0	0,19	0,23	588	654	556
Polyäthersulfon	5	-	-	30	22,2	0,15	0,19	-	-	-
Polyäthersulfon	10	-	-	-	13,1	0,12	0,16	-	-	-
Polyäthersulfon	15	-	-	-	10,1	0,10	0,14	-	-	-
Polyäthersulfon	15	-	30	-	12,1	0,16	0,20	588	981	556
Acetal Copolymer	-	-	-	-	13,1	0,14	0,21	131	114	82
Acetal Copolymer	5	-	-	-	8,1	0,12	0,18	-	-	-
Acetal Copolymer	10	-	-	-	6,0	0,10	0,17	-	-	-
Acetal Copolymer	15	-	-	-	4,0	0,08	0,16	-	-	-
Acetal Copolymer	20	2	-	-	2,8	0,07	0,15	327	409	180
Acetal Homo-polymer	20	2	-	-	2,6	0,07	0,12	392	523	229
Acetal Copolymer	25	-	-	-	4,2	0,06	0,13	-	-	-
Acetal Copolymer	-	2	-	-	5,4	0,09	0,12	196	294	131
Acetal Homo-polymer	-	2	-	-	4,0	0,08	0,11	229	392	163
Acetal Copolymer	18	2	-	-	1,8	0,06	0,11	262	490	392
Acetal Homo-polymer	18	2	-	-	1,4	0,06	0,10	294	588	458
Acetal Copolymer	-	-	-	-	49,3	0,25	0,34	-	-	-
Acetal Copolymer	15	-	30	-	40,3	0,20	0,28	490	572	409
Acetal Copolymer	13	2	30	-	36,3	0,18	0,25	392	621	490
Acetal Copolymer	-	-	-	20	8,1	0,11	0,14	-	-	-

(Fortsetzung nächste Seite)

Tafel 4.32 (Fortsetzung): Tribologische Anhaltswerte für verschiedene verstärkte und geschmierte Thermoplaste, ermittelt mit einer Prüfeinrichtung gemäß Bild 4.217 nach [4.104]

Grundwerkstoff	Füll- und Verstärkungsstoffe in Gewichtsprozent				Verschleiß-faktor 10^{-10} cm³/(m·N)	Reibungszahl		zulässiger p v-Wert 10^3 (N/mm²)·(m/s)			
	PTFE	Polysil- oxan (Silikon)	Glas- faser	Kohle- faser		statisch p=0,27 N/mm²	dynamisch p v = 0,27 N/mm²· 0,25	v = m/s			
								0,05	0,5	5	
FEP	–	–	–	–	201,4	0,40	0,30	–	–	–	
FEP	–	–	20	–	3,0	0,28	0,18	–	–	–	
FEP	–	–	20 (Gemahlenes Glas)	–	5,6	0,32	0,22	–	–	–	
Hitzestabilisiertes Polypropylen	20	–	–	–	6,6	0,08	0,11	229	163	98	
Hitzestabilisiertes Polypropylen	15	–	30	–	7,3	0,09	0,09	458	392	245	
PPS	–	–	–	–	108,8	0,30	0,24	82	98	131	
PPS	20	–	–	–	11,1	0,08	0,10	–	–	–	
PPS	18	2	–	–	8,1	0,07	0,08	–	–	–	
PPS	–	–	40	–	48,3	0,38	0,29	425	523	458	
PPS	15	–	30	–	22,2	0,15	0,17	883	981	>981	
PPS	13	2	30	–	20,1	0,13	0,16	899	981	>981	
PPS	–	–	–	30	32,2	0,23	0,20	262	654	262	
PPS	15	–	–	30	15,1	0,16	0,15	–	–	–	
Polyamid 6	–	–	–	–	40,3	0,22	0,26	82	65	<65	
Polyamid 6	20	–	–	–	3,0	0,10	0,19	409	670	212	
Polyamid 6	–	2	–	–	10,1	0,10	0,12	114	131	245	
Polyamid 6	18	2	–	–	2,2	0,09	0,11	409	801	343	
Polyamid 6	–	–	30	–	18,1	0,26	0,32	327	278	196	
Polyamid 6	15	–	30	–	3,4	0,20	0,25	572	654	425	
Polyamid 6	13	2	30	–	2,0	0,17	0,20	654	507	490	
Polyamid 6	–	–	–	30	6,0	0,18	0,21	588	719	245	

Material										
Polyamid 6/6	–	–	–	–	40,3	0,20	0,28	98	82	82
Polyamid 6/6	5	–	–	–	12,1	0,13	0,20	–	–	–
Polyamid 6/6	20	–	–	–	2,4	0,10	0,18	458	572	262
Polyamid 6/6	–	2	–	–	8,1	0,09	0,09	98	196	294
Polyamid 6/6	18	2	–	–	1,2	0,06	0,08	458	981	392
Polyamid 6/6	–	–	10	–	16,1	0,21	0,28	–	–	–
Polyamid 6/6	–	–	20	–	16,1	0,23	0,30	–	–	–
Polyamid 6/6	–	–	30	–	15,1	0,25	0,31	409	327	245
Polyamid 6/6	–	–	40	–	14,1	0,25	0,33	–	–	–
Polyamid 6/6	–	–	50	–	12,1	0,28	0,35	–	–	–
Polyamid 6/6	15	2	30	–	3,2	0,19	0,26	572	654	572
Polyamid 6/6	13	–	30	–	1,8	0,12	0,14	556	654	621
Polyamid 6/6	–	–	–	20	8,1	0,16	0,20	686	883	262
Polyamid 6/6	–	–	–	30	4,0	0,16	0,20	–	–	–
Polyamid 6/6	–	–	–	40	2,8	0,13	0,18	948	1373	621
Polyamid 6/6	15	2	–	30	2,0	0,11	0,15	948	1406	654
Polyamid 6/6	13	2	–	30	1,2	0,10	0,11	–	–	–
Polyamid 6/6 (flammwidrig)	20	–	–	–	5,0	0,12	0,19	–	–	–
Polyamid 12	20	–	–	–	6,0	0,09	0,16	–	–	–
Polyamid 12	15	–	30	–	7,0	0,15	0,19	–	–	–
thermoplast. Polyurethan	–	–	–	–	68,5	0,32	0,37	65	49	49
thermoplast. Polyurethan	15	–	–	–	12,1	0,27	0,32	–	–	–
thermoplast. Polyurethan	–	2	–	–	11,1	0,25	0,31	–	–	–
thermoplast. Polyurethan	–	–	30	–	36,3	0,30	0,34	–	–	–
thermoplast. Polyurethan	15	–	30	–	7,0	0,20	0,25	245	327	180
thermoplast. Polyurethan	13	2	30	–	6,0	0,18	0,24	–	–	–

(Fortsetzung nächste Seite)

Tafel 4.32 (Fortsetzung): Tribologische Anhaltswerte für verschiedene verstärkte und geschmierte Thermoplaste, ermittelt mit einer Prüfeinrichtung gemäß Bild 4.217 nach [4.104]

Grundwerkstoff	Füll- und Verstärkungsstoffe in Gewichtsprozent				Verschleißfaktor 10^{-10} cm^3/(m·N)	Reibungszahl		zulässiger p·v-Wert 10^3 (N/mm^2)·(m/s)		
	PTFE	Polysiloxan (Silikon)	Glasfaser	Kohlefaser		statisch p=0,27 N/mm^2	dynamisch p·v= 0,27 N/mm^2· 0,25 m/s	v = m/s		
								0,05	0,5	5
ETFE	–	–	–	–	1007,0	0,50	0,40	–	–	–
ETFE	20	–	10	–	5,6	0,46	0,33	–	–	–
ETFE	–	–	20	–	5,0	0,42	0,29	–	–	–
ETFE	15	–	25	–	2,2	0,14	0,16	–	–	–
ETFE	–	–	30	–	5,2	0,40	0,26	–	–	–
ETFE	–	–	–	30	3,4	0,16	0,18	–	–	–
Polyester (PBTP)	–	–	–	–	42,3	0,19	0,25	409	507	229
	20	2	–	–	3,0	0,09	0,17	–	–	–
	–	2	–	–	10,1	0,09	0,16	–	–	–
	18	–	30	–	1,8	0,08	0,13	–	–	–
	–	–	30	–	18,1	0,23	0,27	654	719	327
	15	2	30	–	4,0	0,16	0,21	654	785	425
	13	2	–	–	2,4	0,11	0,12	–	–	–
	–	–	–	30	4,8	0,12	0,15	–	–	–
Amorphes Polyamid	–	–	–	–	120,8	0,23	0,32	–	–	–
Amorphes Polyamid	20	–	–	–	4,0	0,13	0,22	–	–	–
Amorphes Polyamid	–	–	30	–	70,5	0,28	0,34	–	–	–
Amorphes Polyamid	15	–	30	–	4,4	0,20	0,26	–	–	–
Amorphes Polyamid	–	–	–	30	18,1	0,19	0,24	–	–	–

4.3 Zusammenstellung tribologischer Meßwerte

Material										
Polyester-Elastomer	-	-	-	-	201,4	0,27	0,59	-	-	-
Polyester-Elastomer	-	2	-	-	6,0	0,21	0,22	-	-	-
Polyester-Elastomer	15	-	-	-	8,1	0,22	0,25	-	-	-
Polyester-Elastomer	13	2	-	-	1,0	0,20	0,21	-	-	-
Polyester-Elastomer	-	-	-	-	80,6	0,25	0,40	-	-	-
Polyester-Elastomer	-	-	-	-	5,0	0,19	0,20	-	-	-
Modifiziertes PPO	-	-	-	-	604,2	0,32	0,39	25	16	16
Modifiziertes PPO	15	-	-	-	20,1	0,10	0,16			
Modifiziertes PPO			30	-	46,3	0,26	0,27	588	719	294
Modifiziertes PPO	15	-	30	-	9,1	0,20	0,22			
PPS		20 % Glasfaser			966,7	0,17	0,14			
Polyamid 11		20 % MoS$_2$			16,5	0,15	0,15			
Polyamid 11		17 % Antimon-Oxid								
		85 % Bronze Pulver			13,1	0,12	0,12			
Ethylen-Propylen-Copolymer		83 % Bronze Pulver 3 % MoS$_2$			4,0	0,33	0,41			
Polyamid 6/10		15 % PTFE			90,6	0,23	0,20			
Bronze		83 % Barium-Ferrit			20,1	0,24	0,20			
Phenolharz		Öl getränkt Holzmehl & PTFE			6,0	0,16	0,26			
Teflon PTFE		gemahlenes Glas			1,6	0,08	0,16			

Tafel 4.34: Tribologische Anhaltswerte für verschiedene Polymer/Polymer-Gleitpaarungen, ermittelt mit einer Prüfeinrichtung gemäß Bild 4.217 nach [4.104]

Gegenkörper		Grundkörper		Verschleiß-faktor 10^{-10} cm^3/(m·N)	Reibungszahl	
Grundwerk-stoff	Füll- und Verstärkungs-stoffe in Gewichtsprozent	Grundwerk-stoff	Füll- und Verstärkungs-stoffe in Gewichtsprozent		statisch $p=0,27$ N/mm^2	dynamisch $p \cdot v=0,27$ N/mm^2· 0,25 m/s
Polycarbonat	10 % PTFE	Polyamid 6/10	15 % PTFE 30 % Glasfaser	7,0	0,04	0,06
Polycarbonat	15 % PTFE 20 % Glasfaser	Polyamid 6/10	15 % PTFE 30 % Glasfaser	3,0	0,05	0,07
Polycarbonat	20 % Glasfaser	gegen sich selbst	–	725,0	0,30	0,32
Polycarbonat	15 % PTFE 20 % Glasfaser	gegen sich selbst	–	62,4	0,09	0,08
Acetal Copolymer	–	gegen sich selbst	–	2054,2	0,19	0,15
Acetal Copolymer	–	Polyamid 6/6	–	11,1	0,04	0,05
Acetal Copolymer	20 % PTFE	gegen sich selbst	–	7,0	0,10	0,09
Acetal Copolymer	20 % PTFE	Polyamid 6/6	20 % PTFE	6,0	0,03	0,04

Material 1	Füllstoff 1	Material 2	Füllstoff 2			
PPS	10 % Graphit 30 % Glasfaser	gegen sich selbst	–	161,1	0,16	0,13
PPS	15 % PTFE 30 % Glasfaser	gegen sich selbst	–	32,2	0,08	0,07
PPS	15 % PTFE 30 % Glasfaser	PPS	10 % Graphit 30 % Glasfaser	151,0	0,13	0,12
Polyamid 6/10	15 % PTFE 30 % Glasfaser	Polycarbonat	10 % PTFE	3,0	0,04	0,06
Polyamid 6/10	15 % PTFE 30 % Glasfaser	Polycarbonat	15 % PTFE 20 % Glasfaser	3,6	0,05	0,07
Polyamid 6/6	–	gegen sich selbst	–	231,6	0,12	0,21
Polyamid 6/6	–	Acetal Copolymer	–	9,9	0,04	0,05
Polyamid 6/6	20 % PTFE	Acetal Copolymer	20 % PTFE	2,4	0,03	0,04
Polyamid 6/6	20 % PTFE	gegen sich selbst	–	6,0	0,08	0,05
Polyester (PBTP)	–	gegen sich selbst	–	503,5	0,17	0,24
"	20 % PTFE	gegen sich selbst	–	8,1	0,10	0,08

Tafel 4.33: Tribologische Anhaltswerte für verschiedene graphit- und MoS$_2$ gefüllte Thermoplaste, ermittelt mit einer Prüfeinrichtung gemäß Bild 4.217 nach [4.104]

Grundwerk-stoff	Füll- und Verstärkungsstoffe in Gewichtsprozent			Verschleiß-faktor 10^{-10} cm^3/(m·N)	Reibungszahl	
	MoS$_2$	Graphit	Sonstige		statisch p=0,27 N/mm^2	dynamisch p·v=0,27 N/mm^2· 0,25 m/s
SAN	–	10	Glaskugel 30	21,1	0,17	0,21
SAN	–	30	Mineral 10	3,6	0,20	0,18
Polysulfon	–	15	Mineral 20	106,7	0,18	0,18
Polysulfon	–	30	Mineral 10	54,4	0,20	0,16
dito, aber Abrieb u. Reibung unter Wasser ermittelt	–	–	–	2,0	0,15	0,10
Polyamid 11	–	10	Glasfaser 25	6,0	0,18	0,22
Polyamid 6/12	<5	–	–	29,2	0,33	0,33
Acetal	–	10	–	12,1	0,16	0,22
Polyamid 6	–	5	–	12,1	0,16	0,19
Polyamid 6	<5	–	–	32,2	0,28	0,30
Polyamid 6	<5	–	Glasfaser 30	16,1	0,26	0,32
Polyamid 6	<5	–	Glasfaser 40	15,1	0,28	0,34
Polyamid 6/10	<5	–	–	29,2	0,30	0,31
Polyamid 6/6	–	5	–	11,1	0,15	0,20
Polyamid 6/6	<5	–	–	30,2	0,28	0,30
Polyamid 6/6	<5	–	Glasfaser 30	15,1	0,24	0,31
Polyamid 6/6	<5	–	Glasfaser 40	14,1	0,26	0,33
Modifiziertes PPO	–	10	Glasfaser 15	2,2	0,09	0,11
Modifiziertes PPO	–	10	Glaskugel 30	29,2	0,29	0,22
dito, aber Abrieb u. Reibung unter Wasser ermittelt	–	–	–	10,1	0,21	0,18
Modifiziertes PPO	–	15	Mineral 20	171,2	0,27	0,21

Schrifttum

[4.1] *Erhard, G.,* u. *F. Strickle:* Gleitelemente aus thermoplastischen Kunststoffen, Teil 1–3. Kunststoffe 6.2 (1972), 1, 4, 5, S. 2–9, 232–234, 282–288.

[4.2] *Uetz, H., K. Sommer* u. *M. A. Khosrawi:* Übertragbarkeit von Versuchs- und Prüfergebnissen bei abrasiver Verschleißbeanspruchung auf Bauteile. VDI-Berichte Nr. 354 (1979), S. 107–124.

[4.3] *Buckley, D. H.:* Surface Effects in Adhesion, Friction, Wear and Lubrication. Elsevier, New York 1981.

[4.4] *Czichos, H.,* u. *P. Feinle:* Tribologisches Verhalten von thermoplastischen, gefüllten und glasfaserverstärkten Kunststoffen. Forschungsbericht 83 der BAM Juli 1982.

[4.5] *Ohara, K.:* Observation of Surface Profiles and the Nature of Contact between Polymer Films by Multible Beam Interferometry. Wear 39 (1976), S. 251–262.

[4.6] *Vinogradov, G. V., G. M. Bartenev, A. L. Elkin* u. *V. K. Mikhaylor:* Effect of Temperature on Friction and Adhesion of Crystalline Polymers. Wear 16 (1970), S. 213–219.

[4.7] *Uetz, H.,* u. *V. Hakenjos:* Gleitreibungs- und Gleitverschleißversuche an Kunststoffen. Kunststoffe 59 (1969) 3, S. 161–168.

[4.8] *Uetz, H.,* u. *H. Breckel:* Reibungs- und Verschleißversuche mit Teflon. Wear 10 (1967), S. 185–198.

[4.9] *Tanaka, K., Y. Uchiyama* u. *S. Toyooka:* The Mechanism of Wear of Polytetrafluorethylen. Wear 23 (1973), S. 153–172.

[4.10] *Briscoe, B. J., C. M. Pooley* u. *D. Tabor:* The Friction and Transfer of Some Polymers in Unlubricated Sliding. Amer. Chem. Soc., Div. Org. Coalings Plast. Chem. 34 (1974) 1, S. 266–273.

[4.11] *Pooley, G. M.,* u. *D. Tabor:* Friction and Molecular Structure – the Behaviour of Some Thermoplastics. Proc. R. Soc., London A 329 (1972), S. 251–274.

[4.12] *Richter, K.:* Tribologisches Verhalten von Kunststoffen unter Gleitbeanspruchung bei tiefen und erhöhten Temperaturen. Diss. Universität Stuttgart 1981.

[4.13] *Bely, V. A., O. V. Kholodilov* u. *A. J. Sviridyonak:* Acoustic Spectometry as Used for the Evaluation of Tribological Systems. Wear 69 (1981), S. 309–319.

[4.14] *Ferry, J. B.:* Viscoelastic Properties of Polymers. John Wiley, New York 1978.

[4.15] *Vinogradov, G. V., A. I. Yellkin, G. M. Bartenev* u. *S. Z. Bubman:* Frictional Properties of Elastomers at Increased Sliding Rates. Wear 32 (1975), S. 203–210.

[4.16] *Niemann, G.,* u. *K. Ehrlenspiel:* Anlaufreibung und Stick-Slip bei Gleitpaarungen. VDI-Z. 105 (1963), S. 221–222.

[4.17] *Halach, G.:* Gleitreibungsverhalten von Kunststoffen gegen Stahl und seine Deutung unter molekular-mechanischen Modellvorstellungen. Diss. Universität Stuttgart 1974.

[4.18] *Oberbach, K.:* Kunststoffkennwerte für Konstrukteure. Carl Hanser, München 1980.

[4.19] *Lancaster, J. K.:* Basis Mechanism of Friction and Wear of Polymers. Plast. Polym. 41 (1973) 156, S. 297–305.

[4.20] *Halach, G.:* Gleitreibungs- und Gleitverschleißverhalten von Kunststoffen in Abhängigkeit von verschiedenen Einflußgrößen.

[4.21] *Tabor, D.:* Friction, Adhesion and Boundary Lubrication of Polymers. in: Lee, L.H.: Advances in Polymer Friction and Wear. 5 A/B. Plenum Press, New York 1974.

[4.22] *Ludema, K. C.,* u. *D. Tabor:* The Friction and Viscoelastic Properties of Polymer Solids. Wear 96 (1966), S. 329–348.

[4.23] *Bueche, A. M.,* u. *D. G. Flom:* Surface Friction and Dynamic Mechanical Properties of Polymers. Wear 2 (1958/59), S. 168–182.

[4.24] *Mc Laren, K. G.,* u. *D. Tabor:* Friction of Polymers at Engineering Speeds-Influence of Speed, Temperature and Lubricants. Wear 8 (1965), S. 79–83.

[4.25] *Tanaka, K.,* u. *Y. Uchiyama:* Friction, Wear and Surface Melting of Crystalline Polymers. in: Lee, L.H.: Advances in Polymer Friction and Wear 5 A/B Plenum Press, New York 1974.

[4.26] *Schallamach, A.:* Friction and Abrasion of Rubber. Wear 1 (1957/58), S. 384–417.

[4.27] *Mittmann, H.-U.,* u. *H. Czichos:* Reibungsmessungen und Oberflächenuntersuchungen an Kunststoff-Metall-Gleitpaarungen. Materialprüfung 17 (1975) 10, S. 366–372.

[4.28] *Kar, M. K.,* u. *S. Bahadur:* Micromechanism of Wear at Polymer-Metal Sliding Interface. Wear 46 (1978), S. 189–202.

[4.29] *Stejn, R. P.:* The Sliding Surface of Polytetrafluorethylen: An Investigation with the Electron Microscope. Wear 12 (1968), S. 193–212.
[4.30] *Mc Laren, K. G.,* u. *D. Tabor:* The Friction and Deformation Properties of Irradiated Polytetrafluorethylen (PTFE). Wear 8 (1965), S. 317.
[4.31] *Houwink, R.,* u. *A. J. Stavermann:* Chemie und Technologie der Kunststoffe, Band I. Akademische Verlagsgesellschaft, Leipzig 1962.
[4.32] *Hakenjos, V.,* u. *K. Richter:* Dauergleitreibungsverhalten der Gleitpaarung PTFE weiß/Austenitischer Stahl für Auflager im Brückenbau. Straße Brücke Tunnel 11 (1975), S. 294–297.
[4.33] *Lancaster, J. K.:* Abrasive Wear of Polymers. Wear 14 (1969) S. 223–239.
[4.34] *Bely, V. A., V. G. Savkin* u. *A. I. Sviridyonok:* Effect of Structure on Polymer Friction. Wear 18 (1971) S. 11–18.
[4.35] *Bely, V. A.,* u. *A. I. Sviridyonok:* Role of Structure in Friction Mechanism of Polymer Materials. in: Lee, L.H. Advances in Polymer Friction and Wear 5 A/B. Plenum Press, New York 1974.
[4.36] *Wunsch, F.:* Festschmierstoffe, Theorie und Praxis. Ingenieur Digest Jahrgänge 13/14, Hefte 12/1–3, S. 10–20.
[4.37] *Uetz, H.,* u. *V. Hakenjos:* Gleitreibungsversuche mit PTFE. Wear 10 (1967), S. 261–273.
[4.38] *Sung, N.H.,* u. *N.P. Suh:* Effect of Fiber Orientation on Friction and Wear of Fiber Reinforced Polymeric Composites. Wear 53 (1979), S. 129–141.
[4.39] *Clerico, M.,* u. *V. Patierno:* Sliding Wear of Polymeric Composites. Wear 53 (1979), S. 279–301.
[4.40] *Wiemer, H.,* u. *H. Stein:* Untersuchungen über das Reibungs- und Verschleißverhalten an Polytetrafluoräthylen-Verbundstoffen im Vergleich zu Kunstkohle und Sintermetall, Teil 1 und 2. VDI-Z. 115 (1973), S. 39–47.
[4.41] *Uetz, H., K. Richter* u. *J. Wiedemeyer:* Selbstschmierende Kunststoffe – Untersuchungen über Reibung und Verschleiß. Maschinenmarkt 52 (1981), S. 1074–1077.
[4.42] *Uetz, H.:* Grunderkenntnisse auf dem Verschleißgebiet vor allem im Hinblick auf die Problematik der Verschleißprüfung. Metalloberfläche 23 (1969) 7, S. 199–211.
[4.43] *Dowson, D.:* Elastohydrodynamik in Lubrication in: Interdisciplinary Approach to the Lubrication of Concentrated Contacts. Proceedings of a NASA-sponsored symposium 15.–17. 6. 1969, Troy, New York.
[4.44] *Glaser, G.:* Lexikon der Uhrentechnik. Kempter Verlag, Ulm, 1974.
[4.45] *Halach, G.:* Gleitreibungsverhalten von PTFE geschmiert und ungeschmiert, insbesondere bei tiefen Temperaturen. Mineralöltechnik 15 (1972) 17, S. 2–18.
[4.46] *Müller, H. K.:* Konstruktionselemente mit ungewöhnlichen Reibungszahlen. Bericht 10, Institut Maschinenelemente und Gestaltungslehre Universität Stuttgart, 1983.
[4.47] *Dürr, F.:* Die Schmierung bei Kunststoffen in der Feinwerktechnik. Schmiertechnik und Tribologie 2 (1977), S. 31–36.
[4.48] *Dürr, F.:* Auswirkungen einer traditionellen Schmierung auf das Reibungs- und Verschleißverhalten von Polymerwerkstoffen, Forschungsinstitut der Forschungsgesellschaft für Uhren- und Feingerätetechnik e.V., Stuttgart.
[4.49] *Tillwich, M.:* Epilamisierungsmöglichkeiten von Kunststoffen in der Uhren- und Feinwerktechnik. DGCH 28 (1977), S. 93–118.
[4.50] *Stehr, W.:* Die Epilamisierung von Kunststoffoberflächen durch fluoraktive Grenzschichtbildner. CIC Genf 1979 Conference No. 2.9, S. 435–441.
[4.51] *Lancaster, J. K.:* Lubrication of Carbon Fibre-Reinforced Polymers, Teil 1 und 2. Wear 20 (1972), S. 315–333 und 335–351.
[4.52] *Thiel, I.:* persönliche Mitteilung 1983.
[4.53] *Tillwich, M.:* Moderne Laboratoriumsprüfmethoden für Uhrenöle. Praktische Beiträge zum Alterungsverhalten. Feinwerktechnik 5 (1955), S. 15.
[4.54] *Tillwich, M.:* Moderne Laboratoriumprüfverfahren für Uhrenöle – 20 Jahre künstliche Alterung. Vortrag „Journées de tribologies", Besançon 1973.
[4.55] *Tillwich, M.:* Probleme der Kunststoffschmierung. CIC Genf 1979, Conference No. 2.7.
[4.56] *Wunsch, F.:* Verwendung von Schmierfetten mit angepaßten Eigenschaften. Maschinenmarkt Jahrgang 84, Nr. 93, S. 1903–1906.
[4.57] *Bartz, W. J.:* Mineralölschule. Perlach Verlag, Augsburg 1979.
[4.58] *Heinz, R.,* u. *G. Heinke:* Die Vorgänge beim Schwingungsverschleiß in Abhängigkeit von Beanspruchung und Werkstoff. In: Tribologie (Reibung, Verschleiß, Schmierung) Bd. 1, S. 329–408, Springer, Berlin, Heidelberg, New York 1981.

[4.59] *Heinke, G.:* Verschleiß – eine Systemeigenschaft, Auswirkungen auf die Verschleißprüfung. Zeitschrift für Werkstofftechnik 6 (1975), Heft 5, S. 164–169.
[4.60] *Bahadur, S.,* u. *K. C. Ludema:* The Viscoelastic Nature of the Sliding of Polyethylene and Copolymers. Wear 18 (1971), S. 109–128.
[4.61] *Uchiyama, Y.,* u. *K. Tanaka:* Wear Laws of Polytetrafluorethylen. Wear 58 (1980), S. 223–235.
[4.62] *Erhard, G.,* u. *E. Strickle:* Maschinenelemente aus thermoplastischem Kunststoff. Band 2, Lager und Antriebselemente. VDI-Verlag, Düsseldorf 1978.
[4.63] *Ruß, A.G.:* Vergleichende Betrachtung wartungsfreier und selbstschmierender Gleitlager. Vortrag im Rahmen des Lehrgangs Selbstschmierende und wartungsfreie Gleitlager. Technische Akademie Esslingen, 15/16. 11. 1982.
[4.64] *Lichtinghagen, K.:* Selbstschmierende Chemiewerkstoffe für den technischen Einsatz. Vortrag im Rahmen des Lehrgangs. Selbstschmierende und wartungsfreie Gleitlager. Technische Akademie Esslingen, 15./16. 11. 1982.
[4.65] Engineering Sciences Data. Item Number 76029, November 1976. A Guide on the Design and Selection of Dry Rubbing Bearings.
[4.66] *Eikmeier, M.:* Expansion im Mikrobereich. Maschinenmarkt Industriejournal 77 (1971) 12.
[4.67] Der Bundesminister für Verkehr. Der Bundesminister für Wirtschaft und Verkehr des Landes Rheinland-Pfalz. Rheinbrücke Neuwied-Weißenthurm im Zuge der Bundesstraße 256 – Raiffeisenbrücke – Bundesanstalt für Straßenbau, Köln, 1978.
[4.68] *Eggert, H., J. Grote* u. *W. Kauschke:* Lager im Bauwesen, Band I. Wilhelm Ernst, Berlin 1974.
[4.69] *Uetz, H.,* u. *V. Hakenjos:* Gleitreibungsuntersuchung mit Polytetrafluoräthylen bei hin- und hergehender Bewegung. Die Bautechnik 5 (1967), S. 159–166.
[4.70] *Hakenjos, V., K. Richter, A. Gerber* u. *J. Wiedemeyer:* Untersuchung des Reibungsverhaltens der Paarung PTFE weiß/Austenitischer Stahl für Brücken-Gleitlager bei großen aufaddierten Gleitwegen in Abhängigkeit von der spezifischen Belastung. Forschungsbericht aus dem Forschungsprogramm des Bundesministers für Verkehr von 1981-10-26.
Veröffentlichung demnächst.
[4.71] *Müller, T.,* u. *H. Meisma:* Der Neubau der König-Karl-Brücke über den Neckar in Stuttgart. Acier Stahl Steel 3 (1975), S. 92–97.
[4.72] *Hakenjos, V., K. Richter, A. Gerber* u. *J. Wiedemeyer:* Untersuchung der Bewegung von Brückenbauwerken infolge Temperatur und Verkehrsbelastung. Forschungsbericht aus dem Forschungsprogramm des Bundesministers für Verkehr.
Veröffentlichung demnächst.
[4.73] *Hakenjos, V.:* Untersuchungen an Brückenlagern einschließlich deren Entwicklung. Vortrag in der Staatlichen Materialprüfungsanstalt Universität Stuttgart, 20. Juli 1979.
[4.74] *Andrä, L.:* Anforderungen an die Konstruktion und Bauausführung von Taktschiebebauwerken. Leonhardt, Andrä, Baur, beratende Ingenieure VBI, Stuttgart, 11. 1. 1980.
[4.75] Versuchsbericht über Verschiebung der Brücke über die B 42 in Schierstein des Hessischen Landesamtes für Straßenbau vom 2. 2. 1973.
[4.76] *Beyer, E., E. Volke, F. v. Gottstein* u. *G. Mannsberger:* Neubau und Querverschub der Rheinbrücke Düsseldorf-Oberkassel. Der Stahlbau 3 (1977), S. 65–80, 4 (1977), S. 113–120, 5 (1977), S. 148–154, 6 (1977), S. 175–188.
[4.77] *Pfefferkorn, W.:* Dachdecken und Mauerwerk. Rudolf Müller, Köln-Braunsfeld 1980.
[4.78] *Hakenjos, V.:* Gleitlager und Gleitfolien. Seminar Gleit- und Verformungslager im Hochbau. Haus der Technik, Essen 1980.
[4.79] *Kilcher, F.:* Vom Riß im Bauwerk zum begrenzten Gleitlager. Fredi Kilcher, Solothurn.
[4.80] *Hakenjos, V.,* u. *K. Richter:* Versuche an Polyäthylen-Gleitfolien. Mitteilungen Institut für Bautechnik 5 (1974) 6, S. 165–172.
[4.81] Rohrleitungsbau, Brückenbau, Stahlbau. Prospekt der Firma IBG Monforts und Reiners GmbH & Co., Mönchengladbach.
[4.82] *Arge Conat:* Conat. Flexible in Rough Elements, Prospekt 1981.
[4.83] *Buchholz, H. W.,* u. *E. Strickle:* Gleitreibverhalten von künstlichen Hüftgelenken mit Kunststoffpfannen. Der Chirurg 10 (1972), S. 453–458.
[4.84] *Dumbleton, H.:* Tribology of Natural and Artificial Joints. Elsevier, New York 1981.
[4.85] *Zichner, L., D. Geduldig, E. Dörre, P. Prussner, R. Lache* u. *H. G. Willert:* Tierexperimentelle Untersuchungsergebnisse von Verbundhüftendoprothesen verschiedener Materialpaarungen. Medizinisch-orthopädische Technik 5 (1976), S. 157–160.

[4.86] *Willert, H. G., u. M. Semlitsch:* Kunststoffe als Implantatwerkstoffe. Medizinisch-orthopädische Technik 96 (1974), S. 94–96.
[4.87] *Semlitsch, M., M. Lehmann, H. Weber, E. Dörre u. H. G. Willert:* Neue Perspektiven zu verlängerter Funktionsdauer künstlicher Hüftgelenke durch Werkstoffkombination Polyäthylen-Aluminium-Oxidkeramik-Metall. Medizinisch-orthopädische Technik 5 (1976), S. 152–157.
[4.88] *Grell, H.:* Ursachen der Lockerung von Hüftendoprothesen und konstruktive Abhilfemaßnahmen bei Verwendung biokompatibler Werkstoffe. Dissertation Universität Stuttgart 1976.
[4.89] *Dawihl, W., H. Mittelmeier, E. Dörre, G. Altmeyer u. U. Hauser:* Zur Tribologie von Hüftgelenk-Endoprothesen aus Aluminiumoxidkeramik. Medizinisch-orthopädische Technik 99 (1979), S. 114–118.
[4.90] *Paul, J. P.:* The patterns of Hip Joint Force during Walking. Digest of the 7th International Conference of Medical and Biological Engineering, Stockholm 1967, S. 516.
[4.91] *Dumbleton, J. H.:* Prothesis Materials and Devices – a Review. in: *Szycher, M.:* Society of Plastics Engineers, Inc. Technomic Publishing Co. Inc. 1983.
[4.92] *Ungethüm, M.:* Bewegungs- und Belastungssimulatoren von Endoprothesen. Orthopädie 7 (1978) S. 14–28.
[4.93] *Ungethüm, M., u. J. Hinterberger:* Münchener Hüftgelenksimulator der 2. Generation. Arch. Orth. Traum. Surg. 91 (1978), S. 233–237.
[4.94] *Dowling, J. M., J. R. Atkinson, D. Dowson u. J. Charnley:* The Characteristics of Acetubular Cups worn in the Human Body. J. B. J. S. 60 B (1978), S. 375–382.
[4.95] *Rostoker, W., E. Y. S. Chao u. J. O. Galante:* The Appearance of Wear on Polyethylen – a Comparison of in Vivo and in Vitro Wear Surfaces. J. Biomed. Mater. Res. 12 (1978), S. 317–335.
[4.96] *Dowling, J. M.:* Wear Analysis of Retrieved Protheses. in: *Szycher, M.:* Society of Plastics Engineers, Inc. Technomic Publishing Co. Inc. 1983.
[4.97] *Mc Kellop, H. A., I. C. Clarke, K. L. Markolf u. H. C. Amstutz:* Higher Wear Rates with Delrin 150 – a Clinical Hazard. ORS, Dallas 1978.
[4.98] *Dowson, D., u. R. T. Harding:* The Wear Characteristics of Ultrahigh Molecular Weight Polyethylene against a High Density Alumina Ceramic under Wet (Destilled Water) and Dry Conditions. Wear 75 (1982), S. 313–331.
[4.99] *Plitz, W., u. H. U. Hoss:* Wear of Aluminia-Ceramic Hip Joints: Some Clinical and Tribological Aspects. in: *Winter, G. D., D. F. Gibbons u. H. Plank:* Biomaterials 1980. John Wiley (1982), S. 187–196.
[4.100] *Walter, A., u. W. Plitz:* Wear of Retrieved Alumina-Ceramic Hip Joints. Ceramics in Surgery, Elsevier (1983), S. 253–259.
[4.101] *Jäger, M., u. W. Plitz:* Möglichkeiten und Grenzen der Gelenk-Endoprothetik. Medizintechnik 101 (1981) 3, S. 72–76.
[4.102] *Feller, H. G., H. Hölz u. U. Schriever:* Wartungsfreier Betrieb von Rotationsverdichtern und Drucklast-Lamellenmotoren. In: Tribologie (Reibung, Verschleiß, Schmierung), Bd. 5 S. 395–546, Springer, Berlin, Heidelberg, New York 1983.
[4.103] Entwurf DIN ISO 6691, September 1980.
[4.104] Fortified Polymers. LNP selbstschmierende verstärkte Thermoplaste. LNP-Bulletin 254–180.

5 Elastomere

5.1 Grundsätzliches Verhalten – Modellversuche

Wie bei anderen Polymeren haben Modellversuche mit einfachen Probekörpern wesentlich zum Verständnis der tribologischen Vorgänge bei Paarung dieser Werkstoffgruppe mit einem Gegenstoff beigetragen. Die unter Kapitel 3 geschilderten Modellvorstellungen, die das elastische und viskoelastische Werkstoffverhalten berücksichtigen, wurden vorwiegend zunächst experimentell mit gummiartigen Polymeren bestätigt bzw. an den beobachteten Ergebnissen entwickelt. Das Hysteresverhalten von Elastomeren wurde dabei insbesondere

Tafel 5.1: Häufig verwendete Gummimischungen für Modellversuche nach [5.1]

Mischung	NR ung	NR	SBR	IIR	NBR	BR	CR	SIR
NR (Naturkautschuk)	100	100						
SBR (Styrol-Butadien)			100					
IIR (Butylkautschuk)				100				
NBR (Nitrilkautschuk)					100			
BR (cis-Butadien)						100		
CR (Chlorkautschuk)							100	
SIR (Siliconkautschuk)								100
Russ		50	49,5	50	50	45	47	
Weichmacher		20	8,5	16,6	43	9,2	8,2	
Stearin Säure	3,76	3,76	2		2	2	0,56	
Aktivator	0,2	0,2			5,5		2,1	
ZnO	5	5	3	5		3	5,1	
Beschleuniger	0,6	0,6	1	3,5	0,8	0,6	0,56	
Alterungsschutz			1			2	3,1	
Schwefel	3	3	1,75	1,5	3	2,5		0,91

bei Rollvorgängen deutlich. Die im folgenden aufgezeigten Parametereinflüsse des tribologischen Verhaltens geben die Modellvorstellungen von allen beschriebenen Polymerwerkstoffen am deutlichsten wieder, obwohl in den meisten Fällen Gleitbeanspruchung vorliegt. Voraussetzung für die Untersuchung des unverfälschten Elastomerverhaltens ist die Verwendung extrahierter Proben [5.1], die im Gegensatz zu sonst üblichen Produkten keine Ausscheidungen überschüssiger Weichmacher oder Vulkanisationsprodukte an der Oberfläche aufweisen, vgl. 1.3. Zusammensetzungen von Gummimischungen, die im Rahmen vorgestellter Modellversuche häufig verwendet wurden, sind aus *Tafel 5.1*, Strukturen aus *Bild 1.13*, charakteristische Temperaturen aus *Bild 1.8* zu entnehmen [5.1].

5.1.1 Statische Belastung

Die Vorgänge bei Belastung eines Elastomer/Gegenstoff-Systems entsprechen der für Thermoplaste entwickelten Vorstellung, vgl. 4.1.1, wobei die in der Regel höhere Elastizität wegen der Verformungsfähigkeit in den Kontaktzonen, Bild 4.1, schon bei tiefen Temperaturen eine relativ große wahre Kontaktfläche bewirkt, Bild 3.9, zumindest wenn die üblichen Anwendungstemperaturbereiche ($\vartheta > \vartheta_G$) betrachtet werden. Bei absolut gesehen gleicher Temperatur liegen Thermoplaste dann meist im Glaszustand vor, während Elastomere gummielastisch sind. Werden Elastomere jedoch in dem Bereich ihrer Glastemperatur abgekühlt und dann belastet, so werden auch hier kleine wahre Kontaktflächen beobachtet [5.2], *Bild 5.1*. Erwartungsgemäß tritt zunächst keine Verminderung ein, wenn die Abkühlung nach Belastung erfolgt. Wird jedoch durch Kühlung unter Last die Temperatur sehr weit unter die Glastemperatur abgesenkt, so bewirken die sich infolge unterschiedlicher Ausdehnungskoeffizienten von Stoff und Gegenstoff aufbauenden Spannungen im Kontaktbereich schließlich ebenfalls ein Zusammenbrechen der ursprünglich großen wahren Kontaktfläche, *Bild 5.2*.

Bezüglich der Ausbildung des Ausgangszustandes für die tribologische Beanspruchung bei Berücksichtigung des Werkstoffzustandes ist zunächst kein prinzipieller Unterschied zu Thermoplasten zu verzeichnen, so daß ähnliche Auswirkungen auf das Verhalten bei Bewegungsbeginn und Einlaufvorgänge zu erwarten sind.

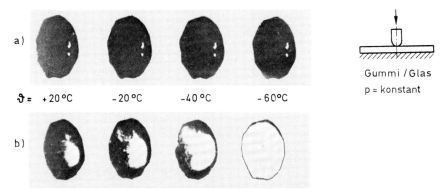

Bild 5.1: Ausbildung der wahren Kontaktfläche einer Naturgummi (NR)/Glas-Paarung bei unterschiedlichen Temperaturen
a) Belastung im weichelastischen Zustand vor Abkühlung
b) Belastung nach Abkühlung

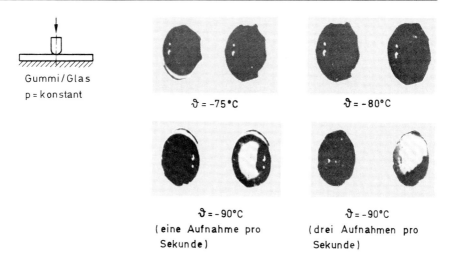

Bild 5.2: Zusammenbrechen einer ursprünglich großen wahren Kontaktfläche bei Temperaturen weit unterhalb der Glastemperatur des Elastomeren nach [5.2]

5.1.2 Tribologische Beanspruchung

5.1.2.1 Bewegungsbeginn

Entsprechend der bei statischer Belastung ausgebildeten wahren Kontaktfläche, vgl. 5.1.1, werden je nachdem ob die Temperierung des Prüfsystems vor oder nach Belastung erfolgt, Bild 5.1, unterschiedliche Reibungsverläufe im Einlaufbereich in Abhängigkeit von der Prüftemperatur beobachtet (Kurven 1,3) [5.2], *Bild 5.3*. Da im Fall der Belastung vor Abkühlung erst bei wesentlicher Unterschreitung der Temperatur des Glasübergangsbereiches ein Kontaktflächenkollaps erfolgt, Bild 5.2, bleiben die Reibungskräfte bis unter die Glastemperatur auf einem hohen Niveau, während bei dem anderen Vorgehen bereits mit Erreichen der Glastemperatur kleine Werte gemessen werden. Die im Vorgriff eingezeichneten stationären Meßwerte (Kurven 2) stimmen im wesentlichen überein, da bei Einsetzen der Relativbewegung die zunächst „eingefrorenen" Berührungsverhältnisse sehr schnell den temperaturbedingten Gleichgewichtswert annehmen.

Bei Kontakt von Gummi mit Gegenstoffen sind die sich bei Abkühlung unter Last in den Berührungsbereichen aufbauenden Spannungen umso kleiner, je geringer der Unterschied der Ausdehnungskoeffizienten und die kritische Spannung zum Zerstören der Ursprungsfläche sind. Paart man vulkanisierten Gummi mit Polytetrafluorethylen (PTFE), die Ausdehnungskoeffizienten sind vergleichbar ($\alpha_{PTFE} \approx 2\, \alpha_{Gummi}$), so bricht die Kontaktfläche erst weit unter ϑ_G des Gummis zusammen, während bei Verwendung von Eis als Gegenstoff die geringe Gleitreibungszahl den Bereich höherer maximaler Reibungskraft auf ein kleines Gebiet um ϑ_G beschränkt, *Bild 5.4*. Da bei Paarungen gleicher Elastomere keine Spannungen bei Abkühlung unter ϑ_G aufgebaut werden, bestimmt nur die mit fallender Temperatur infolge Verlangsamung der Mikrobrownschen Bewegung steigende Adhäsion zwischen den

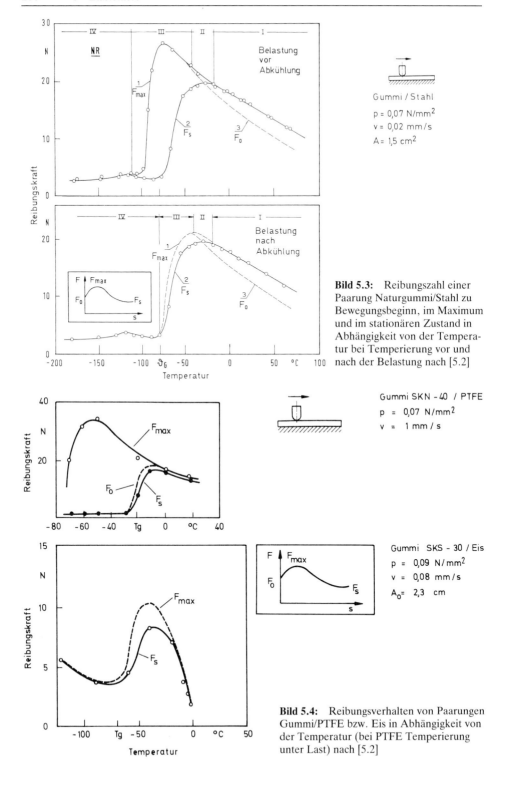

Bild 5.3: Reibungszahl einer Paarung Naturgummi/Stahl zu Bewegungsbeginn, im Maximum und im stationären Zustand in Abhängigkeit von der Temperatur bei Temperierung vor und nach der Belastung nach [5.2]

Bild 5.4: Reibungsverhalten von Paarungen Gummi/PTFE bzw. Eis in Abhängigkeit von der Temperatur (bei PTFE Temperierung unter Last) nach [5.2]

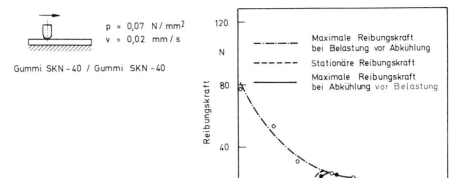

Bild 5.5: Reibungsverhalten einer Paarung Gummi/Gummi in Abhängigkeit von der Temperatur bei Temperierung vor und nach der Belastung nach [5.2]

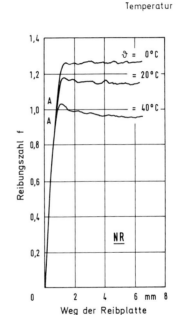

Bild 5.6: Änderung des Reibungsverhaltens einer Paarung Naturgummi/Schleifpapier zu Bewegungsbeginn durch die Prüftemperatur [5.1]

Partnern den stetigen Anstieg der Haftreibung zu tiefen Temperaturen, *Bild 5.5*. Auch bei Verwendung ungleicher Partner wird der mit sinkender Temperatur zunehmende Einfluß der Adhäsion deutlich [5.1], *Bild 5.6*.

Besonders im weichelastischen Werkstoffzustand ist das Verhalten von Elastomer/Gegenstoff-Systemen bei Bewegungsbeginn wegen der Verformungsfähigkeit des Polymeren empfindlich durch Schervorgänge vor der eigentlichen Relativbewegung geprägt. Die Probengeometrie ist aus diesem Grunde von größerer Bedeutung als bei anderen Polymeren. Obwohl bei Stift/Scheibe-Versuchen die eigentliche Haftreibungszahl bei unterschiedlichem Probenüberstand über die Probenhalterung gleich ist, bewirkt der größere Überstand ein weicheres Anfahren. Daß der steilere Anstieg tatsächlich durch geringere Scherung bestimmt wird, kann aus Vergleichsversuchen mit einer losen und einer auf den Gegenstoff aufgeklebten Probe nachgewiesen werden [5.1]. Die Scherung wirkt sich in beiden Fällen in gleicher Weise aus.

Bei einer hohen maximalen Reibungszahl ist es möglich, daß die bei Bewegung angreifenden Spannungen ein lokales Losreißen der Elastomeren vom Gegenstoff bewirken. Die durch diesen Vorgang bewirkte ,,Ausbeulung" kann unter relativ geringem Energieaufwand (Analogon zu Raupe oder Teppichfalz) als Welle durch die Kontaktfläche laufen. Diese sogenannten ,,Schallamach-Wellen" bewirken eine Relativbewegung ohne großflächiges Gleiten, vgl. 5.1.2.4.2.

5.1.2.2 Einlaufbereich

Der Einlaufbereich führt bei Elastomeren wie bei anderen Polymeren nach dem Beginn der Relativbewegung zu einem beanspruchungs- und systembedingten dynamischen Gleichgewichtszustand, wobei prinzipiell mit vergleichbaren Vorgängen in der Grenzschicht gerechnet werden muß, wie für Thermoplaste unter 4.1.2.2 beschrieben. Neben dem bei gleicher Temperatur in der Regel anderen Werkstoffzustand von Elastomeren muß berücksichtigt werden, daß aufgrund der Vernetzung, die auf Hauptvalenzbindungen zwischen den Molekülketten beruht, weder bleibende Abgleitungen (makroskopisch: Kriechen) noch Aufschmelzerscheinungen zu erwarten sind. Eine Überhitzung führt deshalb direkt zur Zersetzung des Werkstoffs, vgl. 1.1.3. Wegen der weniger tiefgreifenden Gefügeveränderungen ist der Einlaufbereich von Elastomeren im Vergleich zu Thermoplasten in der Regel wesentlich kürzer, wobei nach Überwinden der Haftreibung entsprechend der für den dynamischen, im Vergleich zum statischen Fall häufig kleineren wahren Kontaktfläche oft ein Abfall der Reibungskraft beobachtet wird [5.2], *Bild 5.7*. Temperaturbedingt lassen sich mit den Bezeichnungen aus Bild 5.7 die in *Bild 5.8* skizzierten Einlaufcharakteristika unterscheiden, deren Verlauf sich qualitativ in Bild 5.3 ausdrückt. Die sichtbaren Sägezahnverläufe der Reibungskraft bei 3 und 6 geben makroskopisch den durch das Modell in Bild

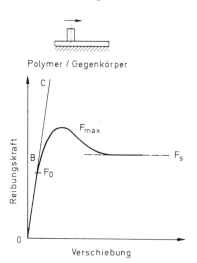

Bild 5.7: Einlaufen von Elastomeren (schematisch) nach [5.2]

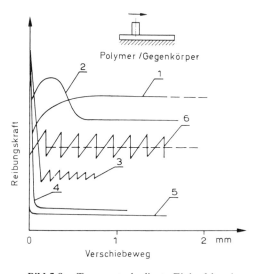

Bild 5.8: Temperaturbedingte Einlaufcharakteristika von Elastomeren nach [5.2]

3.10 und Bild 3.12 gezeigten Stick-Slip-Prozeß wieder, der in bestimmten Bereichen auch bei Thermoplasten beobachtet wird. Der steile Abfall von F_{max} auf F_S wie bei Kurve 3 wird entsprechend dem bei Bewegungsbeginn erfolgenden Zusammenbruch der ursprünglich eingefrorenen Kontaktfläche, vgl. 5.1.1, nur bei Kühlung unter ϑ_G nach Belastung des Prüfsystems verzeichnet, während bei Belastung nach Kühlung der Kurvenverlauf 6 charakteristisch ist. Der schematisch gezeichnete Verlauf ist tatsächlich nicht gleichmäßig, da die verschiedenen Kontaktstellen unterschiedlich gleiten; der makroskopische Stick-Slip-Vorgang ist auf den Bereich der Glastemperatur beschränkt.

Die Höhe des stationären Reibungswertes und daher auch der Verlauf des Einlaufbereiches wird entscheidend durch die Prüftemperatur beeinflußt, Bild 5.6. Aus diesem Grund muß eine mitunter nicht unbeträchtliche Eigenerwärmung des Elastomeren infolge Reibung berücksichtigt werden, *Bild 5.9,* zumal die bei Elastomeren oft relativ hohen Reibungszah-

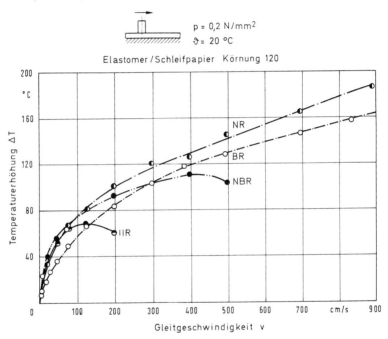

Bild 5.9: Temperaturerhöhung in einem Elastomeren infolge Reibungswärme in Abhängigkeit von der Gleitgeschwindigkeit [5.2], Mischung vgl. Tafel 5.1

len bei gleichem System eine größere Eigenerwärmung bewirken. Wie aus Vergleichsmessungen hervorgeht, ist die Temperaturerhöhung bezüglich der Ausdehnung der Probe in Gleitrichtung zunächst nicht gleichmäßig, da Kompression des Elastomeren an der Vorderkante, vgl. Bild 3.51, zu einer ungleichmäßigen Druckverteilung in der Probe führt. Dies bewirkt, daß während des Einlaufens an der betreffenden Stelle eines Stiftes erhöhter Verschleiß auftritt, bis zum stationären Zustand eine gleichmäßige Druckverteilung entstanden ist, *Bild 5.10.* Verschleißpartikel können das Einlaufverhalten insofern dabei beeinflussen, als sie möglicherweise die Reibungskraft herabsetzen. Während des Einlaufvorganges bilden sich auch Abrasionsmuster aus, vgl. Bild 3.40, die eine mögliche Verschleißerscheinungsform darstellen und, wie in Bild 3.33 und Bild 3.39 gezeigt, durch Verstrecken und Auswalzen von Unebenheiten des Gummis entstehen. Abrasionsmuster können sich entsprechend dem Mechanismus nur bei einsinniger Bewegungsrichtung ausbilden und bewirken erhöhten Verschleiß [5.3], *Bild 5.11*.

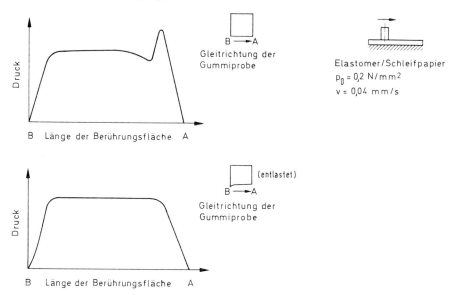

Bild 5.10: Druckverteilung und Geometrie einer neuen und einer eingelaufenen Elastomerprobe nach [5.2]

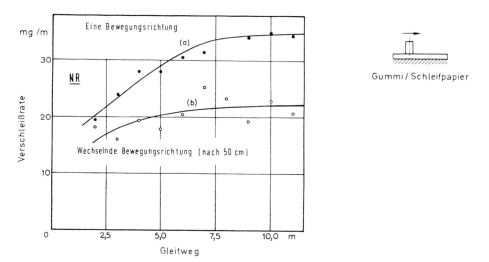

Bild 5.11: Erhöhung des Elastomerverschleißes durch bei einsinniger Bewegungsrichtung entstehende Abrasionsmuster nach [5.3]

5.1.2.3 Stationärer Zustand

Der stationäre Zustand ist durch im Mittel gleichbleibende tribologische Kenngrößen gekennzeichnet, wobei gegenüber dem Einlaufbereich geringere Streuungen der Werte vorhanden sind, vgl. 4.1.2.3. Dieser Abschnitt der Reibungs- und Verschleißkurven wird bei Elastomeren in der Regel schneller erreicht als bei Thermoplasten, vgl. 5.1.2.2. Die im folgenden beschriebenen Parameterabhängigkeiten beziehen sich vornehmlich auf den stationären Zustand.

5.1.2.4 Ergebnisse bei Variation des Beanspruchungskollektivs

5.1.2.4.1 Temperatur

Auch für das tribologische Verhalten von Elastomeren ist wegen des viskoelastischen Stoffverhaltens außer der Beanspruchungsgeschwindigkeit wiederum die Prüftemperatur von besonderer Bedeutung. Wie entsprechend den Modellvorstellungen zu erwarten, vgl. Bild 3.12, zeigt die Reibungskraft als Funktion der Gleitflächentemperatur ein ausgeprägtes Maximum, das bei umso niedrigeren Werten liegt, je kleiner die Geschwindigkeit ist [5.4], *Bild 5.12*, die Reibungszahl nimmt wegen der ausgeprägten Adhäsion des Gummis zum

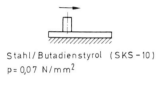
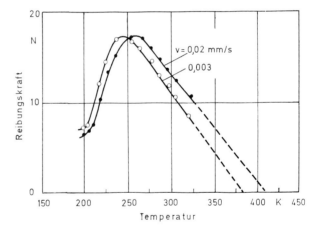

Bild 5.12: Temperaturabhängiges Reibungsmaximum eines Gummis bei unterschiedlichen Gleitgeschwindigkeiten nach [5.4]

Gegenstoff (hier Stahl) zum Teil im Vergleich zu Thermoplasten sehr große Werte (bei anderen Versuchen f bis 4) an. Der Absolutwert wird entscheidend durch die Flächenpressung beeinflußt [5.5], *Bild 5.13*. Die Lage des Reibungsmaximums im Temperaturfeld wird durch die Glastemperatur der Gummimischung bestimmt [5.1], *Bild 5.14*, die für NR außerhalb des gezeigten Temperaturbereiches ($\vartheta_G = -62$ °C) liegt und deshalb erst ab einer Gleitgeschwindigkeit von 10^{-2} cm/s zu einem sichtbaren Reibungsmaximum führt. Je nach Prüfgeschwindigkeit und untersuchtem Temperaturbereich wird nur ein Teil der zu erwartenden Gesamtkurve erfaßt.

Die prinzipiellen Abhängigkeiten im weich- und hartelastischen Werkstoffzustand des Elastomeren entsprechen im wesentlichen denen von Thermoplasten, vgl. Bilder 4.23, 4.24, 4.25, und sind mechanismenbezogen ebenso zu deuten, vgl. 4.1.2.5. Da Elastomere nicht

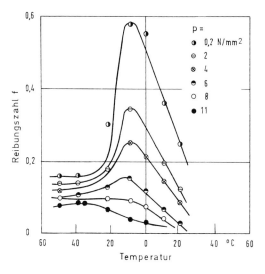
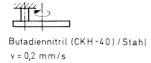

Butadiennitril (CKH-40) / Stahl
v = 0,2 mm/s

Bild 5.13: Veränderung der Temperaturabhängigkeit der Reibungszahl eines verstärkten Elastomeren durch die Flächenpressung nach [5.5]

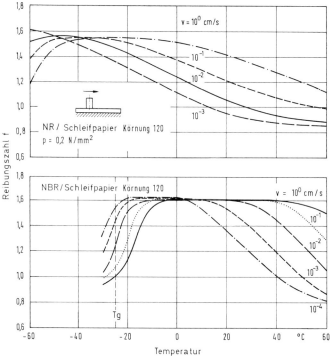

Bild 5.14: Temperaturabhängigkeit der Reibungszahl von Elastomeren mit unterschiedlichen Glastemperaturen bei verschiedenen Gleitgeschwindigkeiten [5.1], Mischung vgl. Tafel 5.1

aufschmelzen, vgl. 1.1.3, entfällt ein zugehöriger Reibungs- und Verschleißbereich. Betrachtet man die einander entsprechenden Zustände von Thermoplasten und Elastomeren, so sind ähnliche Verschleißmechanismen in Abhängigkeit von der Temperatur zu erwarten, vgl. Bilder 1.8 und 3.44. Abgleitprozesse sind wegen der Vernetzung nicht möglich, so daß der Verschleiß im gummielastischen Zustand im Fall von Überdehnungen gemäß Bildern 3.36 und 3.37 durch Reißprozesse und damit durch das Verhältnis von Zugfestigkeit des Polymeren zu Adhäsionskraft zum Gegenstoff bzw. der Kraft zum Überwinden der Rauheiten des Gegenstoffs durch Deformation bestimmt wird [5.3]. Alle Zerstörungsvorgänge sind mit Schallemission verbunden. Die beim Gleiten häufig beobachteten Übertragungsprozesse sind deutliche Anzeichen für die Wirkung einer adhäsiven Komponente. Die Zug- und Druckspannungen in den Kontaktbereichen des Gummis [5.6], *Bild 5.15*, die zur Bildung von Verschleißpartikeln durch Herausreißen oder Ermüdung führen, können bei

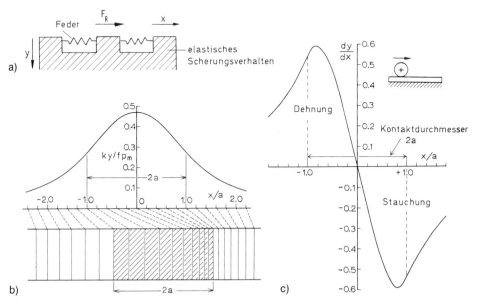

Bild 5.15: Zug- und Druckspannungen in einem Elastomersegment bei Gleitbeanspruchung (schematisch) nach [5.6]
a) Modell für Elastomer
b) Auslenkung bei parabolischer Kraftverteilung
c) Dehnungsverteilung in der Oberfläche

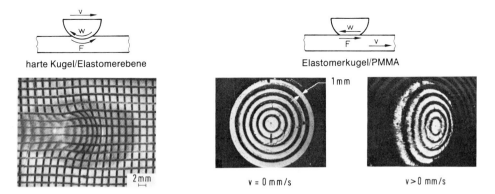

Bild 5.16: Spannungen in Elastomerproben bei Gleitbeanspruchung in unterschiedlichen Prüfsystemen nach [5.6]

Verwendung durchsichtiger Elastomerarten sowohl bei Versuchen mit Elastomerebenen als auch Elastomergleitern in Kombination mit einem starren Gleitpartner sichtbar gemacht werden, *Bild 5.16*. Die Temperatur ist dabei deshalb von besonderem Einfluß, weil sie die Elastizität des Polymeren und damit auch die lokale Eindringtiefe des Gegenstoffs bestimmt.

5.1.2.4.2 Geschwindigkeit

Die Reibungszahl von Elastomeren durchläuft in Abhängigkeit von der Relativgeschwindigkeit bei vorgegebenen übrigen Prüfbedingungen ein Maximum, *Bild 5.17*, das entsprechend den Modellvorstellungen in 3.2, vgl. Bild 3.18, erklärt werden kann. Je nach Lage der

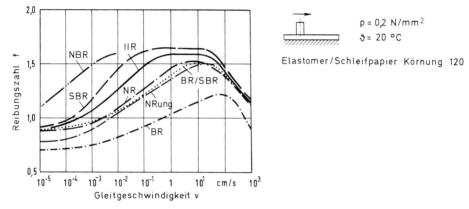

Bild 5.17: Geschwindigkeitsabhängigkeit der Reibungszahl verschiedener Elastomere nach [5.1], Mischung vgl. Tafel 5.1

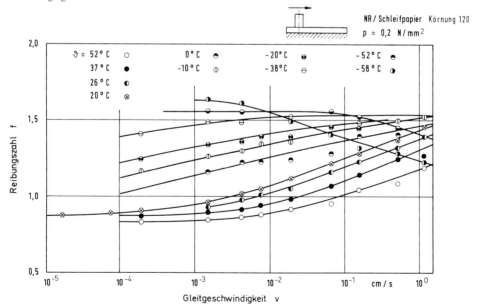

Bild 5.18: Geschwindigkeitsabhängigkeit der Reibungszahl von Naturgummi bei unterschiedlichen Temperaturen nach [5.1]

Glastemperatur und des untersuchten Geschwindigkeitsspektrums werden werkstoffspezifisch charakteristische Bereiche der Gesamtabhängigkeit gemessen [5.1], *Bild 5.18*, wobei im Fall höherer Prüftemperatur eine Verschiebung des Maximums zu höheren Geschwindigkeiten erfolgt. Erstmalig von Grosch [5.7], wurde gezeigt, *Bild 5.19*, daß sich die Kurvenschar, die für einen Gummi bei unterschiedlichen Temperaturen ermittelt wurde, gemäß der WLF-Transformation (1.4) Bild 1.10, im logarithmischen Geschwindigkeitsmaßstab zu einer ,,Master-Kurve" zusammenfassen läßt. Für Messungen entsprechend Bild 5.18 ist ebenfalls eine Verschiebung möglich [5.1], *Bild 5.20*. Das Zeit-Temperatur-Verschiebungsgesetz ist also gültig. Die Transformation der Meßwerte aus Bild 5.18 und solcher der

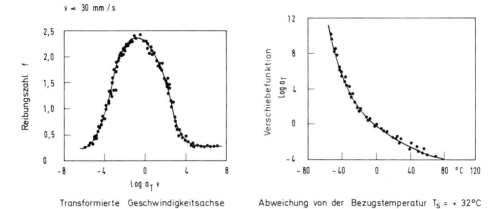

Bild 5.19: Transformierte Geschwindigkeitsabhängigkeit (,,Master-Kurve") der Reibungszahl einer Paarung Acryl-Butadien-Gummi/Glas und Verschiebefunktion nach [5.7]

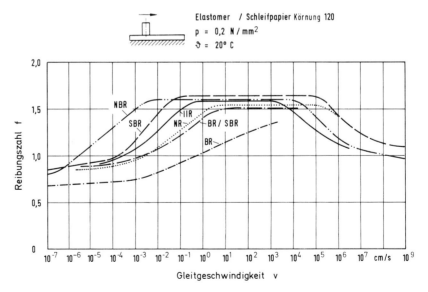

Bild 5.20: Transformierte Geschwindigkeitsabhängigkeiten der Reibungszahl für verschiedene Elastomere (Meßwerte für Naturgummi vgl. Bild 5.18) nach [5.1], Mischung vgl. Tafel 5.1

Mischung	T_s-Temperatur $T_s = T_g + 50$ (°C)	Temperatur- änderung (°C)	Verschiebung gemessen	Verschiebung berechnet
NR	−12	52 / 37	0,6	0,65
		37 / 26	0,45	0,46
		26 / 20	0,3	0,30
		20 / 0	1,1	1,18
		0 / 10	0,8	0,76
		10 / 20	0,8	0,92
		20 / 38	1,8	2,21
		52 / 58	1,2	1,56
SBR	0	50 / 20	1,45	1,46
		35 / 48	2,75	3,19
NBR	25	60 / 50	0,7	0,52
		50 / 20	2,2	2,2
		14 / 20	1,6	1,5
		20 / 27	2,1	2,25
II R	22	20 / 10	1,65	1,65
		38 / 55	2,5	2,61

Bild 5.21: Vergleich von gemessenen und nach der WLF-Transformationsgleichung (1.4) berechneten Verschiebungen von Geschwindigkeitsabhängigkeiten der Reibungszahlen für die Elastomere gemäß Bild 5.20 nach [5.1], Mischung vgl. Tafel 5.1

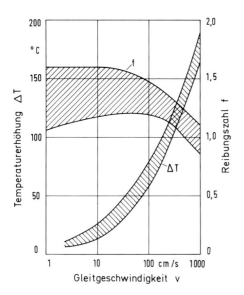

Elastomere / Schleifpapier Körnung 120
p = 0,2 N/mm²
ϑ_0 = 20 °C

Bild 5.22: Einfluß der geschwindigkeitsbedingten Temperaturerhöhungen in Elastomeren gemäß Bild 5.20 auf die Reibungszahlen der Gleitpaarungen nach [5.1]

anderen in Bild 5.20 gezeigten Elastomere (im einzelnen nicht abgebildet) erfolgte gemäß den Werten in *Bild 5.21*. Wegen der Temperaturerhöhung in der Gleitfläche im Zuge der Geschwindigkeitssteigerung, *Bild 5.22*, vgl. Bild 5.9, sind die Maxima der transformierten Kurven, Bild 5.20, in der Regel breiter als die der direkten Messung, Bild 5.17.
Die beim Gleiten beobachteten Ablösungswellen (Schallamach-Wellen), vgl. 5.1.2.1, *Bild 5.23*, beruhen auf der lokalen Ausbauchung der Gummioberfläche infolge instabiler Spannungszustände in der Grenzschicht [5.6]. Die großen an der Reibungsfront gebildeten Wellen wandern durch die Gleitfläche und lösen sich in ihrem Verlauf zunehmend in kleinere auf, *Bild 5.24*. Die Bildungsfrequenz der Wellen ist der Gleitgeschwindigkeit proportional, die Bewegungsgeschwindigkeit der Welle über dem Probenquerschnitt ist nicht konstant [5.8, 5.9], *Bild 5.25*, sondern steigt ebenfalls mit der Gleichgeschwindigkeit. Durch diesen Mechanismus findet kein Gleiten im eigentlichen Sinne, sondern in raupenähnliches Fortbewegen statt.

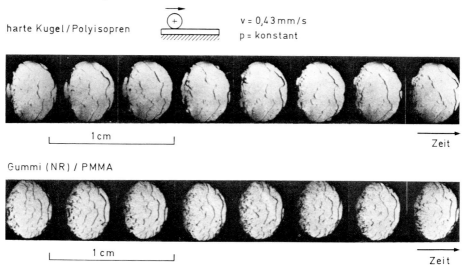

Bild 5.23: Schallamach-Wellen beim Gleiten von Elastomeren am Beispiel eines transparenten Gummis bzw. Gegenkörpers [5.6]

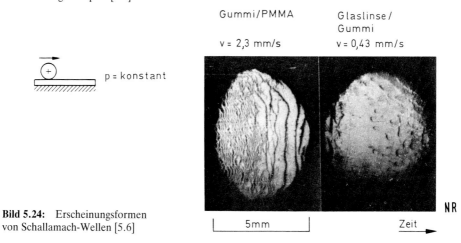

Bild 5.24: Erscheinungsformen von Schallamach-Wellen [5.6]

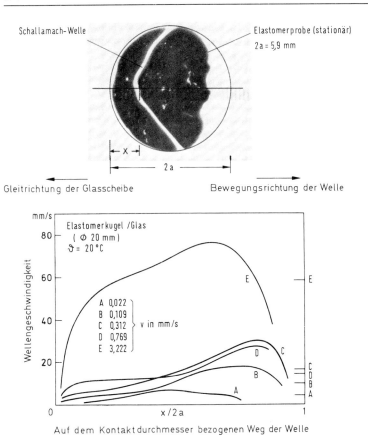

Bild 5.25: Bewegungsgeschwindigkeiten von Schallamach-Wellen über den Probenquerschnitt nach [5.8]

Der Verschleiß von Elastomeren nimmt allgemein mit der Gleitgeschwindigkeit zu, vgl. Bild 3.48, wobei große Schergeschwindigkeiten in der Grenzschicht auftreten.

Im Bereich weichelastischen Werkstoffverhaltens, rechts vom Maximum in Bild 5.14 und links vom Maximum in Bild 5.20, bewirkt eine kleinere Gleitgeschwindigkeit wegen der Zeit-TemperaturVerschiebung ein niedrigeres stationäres Reibungsniveau [5.10], *Bild 5.26*. Wählt man eine andere Prüfmethode, bei der nicht Belastung und Gleitgeschwindigkeit, sondern Belastung und, mit Hilfe eines Gewichtes, Tangentialkraft, d.h. die Reibungskraft, festgelegt sind, so beginnt deshalb der Gleitvorgang mit einer hohen Gleitgeschwindigkeit und verlangsamt sich bis zu einem konstanten, der Reibungskraft entsprechenden Wert oder kommt zum Stillstand, *Bild 5.27* (die Werte wurden in der Reihenfolge b, a mit gleicher Paarung ermittelt). In letzterem Fall reicht die Horizontalkraft nicht aus, um die Haftreibung zu überwinden und so kontinuierliches Gleiten zu gestatten. Je höher Prüftemperatur und Reibungskraft bei dieser Anordnung sind, desto größer ist die Gleitgeschwindigkeit [5.3], *Bild 5.28*. Die Abhängigkeiten stehen in direktem Zusammenhang mit Gleichung (3.10).

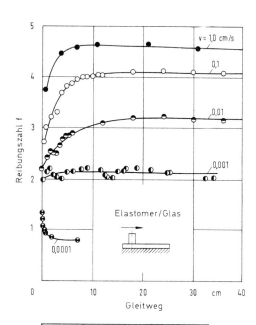

Bild 5.26: Einfluß der Gleitgeschwindigkeit auf das Reibungsniveau bei praktisch gleicher Temperatur nach [5.10]

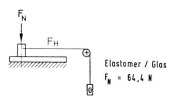
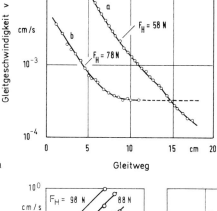

Bild 5.27: Gleitgeschwindigkeitsverlauf einer Elastomerprobe bei jeweils konstanter Tangentialkraft (Reibungskraft) für unterschiedliche Ausgangszustände der Paarung nach [5.10]
a Probe aus Versuch b, b neue Proben

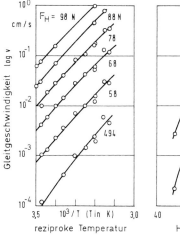
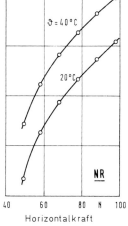

Bild 5.28: Einfluß von Temperatur und Tangentialkraft (Reibungskraft) auf die Gleitgeschwindigkeit eines Elastomeren nach [5.3]

5.1.2.4.3 Pressung

Im Anwendungstemperaturbereich ist die Pressungsabhängigkeit tribologischer Kenngrößen von Elastomeren hauptsächlich durch das elastische Verhalten geprägt. Die Zunahme der wahren Kontaktfläche bei Steigerung der rechnerischen Flächenpressung, Modell vgl. Bild 3.16, erfolgt in exponentieller Weise, Bild 3.6, wobei die absolute Größe mit der Temperatur steigt, Bild 3.9. Wie unter 3.2.2 erläutert, wird dadurch eine exponentielle Abnahme der Reibungszahl mit steigender Pressung beobachtet, vgl. dazu (3.19, 3.20) unter Berücksichtigung von Bild 3.6 und Bild 3.7.

Da entsprechend den Adhäsionstheorien die Reibungskraft proportional zur wahren Kontaktfläche ist, vgl. Gleichung (3.19), ist die spezifische Reibungskraft, die als auf die Nennfläche bezogene Reibungskraft definiert ist, beim Vergleich von Ergebnissen vorteilhafter [5.11]. Gleitreibungsversuche mit Elastomeren gegen Stahl oder Aluminium zeigen bei kleinen Pressungen (hier bis rd. 2 N/mm²) eine lineare Zunahme der spezifischen Reibungskraft mit der Pressung, während darüber ein zu einem Grenzwert asymptotischer

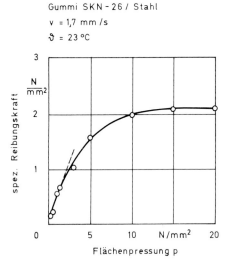

Bild 5.29: Spezifische Reibungskraft als Funktion der Flächenpressung bei einem Elastomeren nach [5.11]

Verlauf beobachtet wird, *Bild 5.29,* der sich bei Auftragen der reziproken Reibungszahl, entsprechend *Bild 5.30* äußert. Während bei kleinen Lasten offensichtlich ein von Coulomb [5.12] vorgeschlagener linearer Zusammenhang gilt

$$F_R = a + bp \tag{5.1}$$

trifft für größere Lasten eher eine von Thirion [5.13] postulierte Beschreibung zu

$$1/f = a + bp \tag{5.2}$$

Wie aus *Bild 5.31* ersichtlich, ist die nach Hertz bei elastischem Kontakt zu erwartende Proportionalität zwischen f und $p^{-1/3}$, vgl. Gleichung (3.28), nicht bzw. nur in einem begrenzten Pressungsbereich annähernd gegeben.

In Beziehung (3.19) ist für p = 10 bis 20 N/mm² die Reibungskonstante c keine Funktion der Pressung [5.5], sie steigt jedoch mit zunehmender Gleitgeschwindigkeit und sinkender

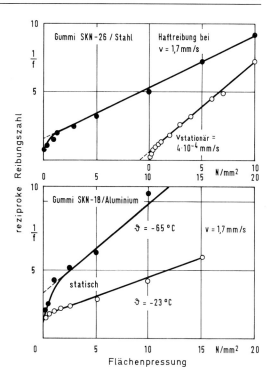

Bild 5.30: Reziproke Reibungszahl als Funktion der Flächenpressung bei Elastomeren nach [5.11]

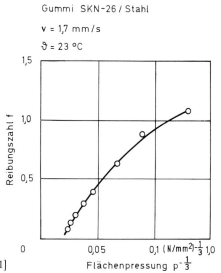

Bild 5.31: Überprüfung der nach Hertz zu erwartenden Beziehung $f \sim p^{-\frac{1}{3}}$ nach [5.11]

Temperatur erwartungsgemäß besonders ausgeprägt im Glasübergangsbereich. Da für die wahre Kontaktfläche jedoch (3.21) anzuwenden ist, vgl. Bild 3.7, hat die Pressung infolge beider Faktoren, *Bild 5.32*, entscheidenden Einfluß auf gemessene Temperaturabhängigkeiten, *Bild 5.33*, vgl. Bild 5.13. Die besonderen Vorgänge im Bereich der Glastemperatur des Elastomeren gehen anschaulich auch aus Bildern 5.1 und 5.2 hervor. Gegenüber dem

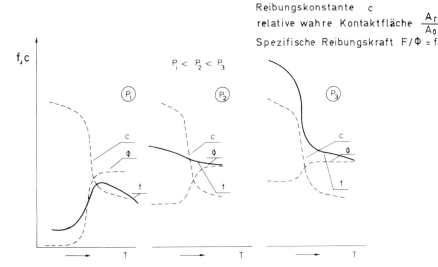

Bild 5.32: Temperaturabhängigkeit der Faktoren c, A_R in Gleichung (3.19) mit Auswirkung auf die spezifische Reibungszahl (schematisch) nach [5.5]

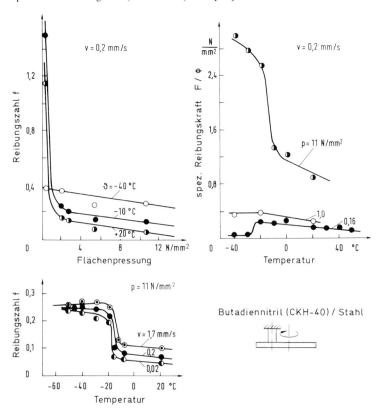

Bild 5.33: Einfluß der Flächenpressung auf die Temperaturabhängigkeit des Reibungsverhaltens (Reibungszahl bzw. spez. Reibungszahl) eines Elastomeren nach [5.5], vgl. Bild 5.32

5.1 Grundsätzliches Verhalten – Modellversuche

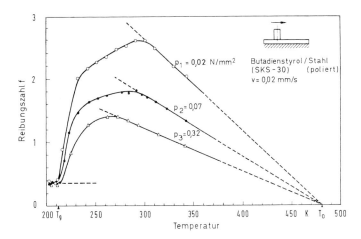

Bild 5.34: Einfluß der Flächenpressung auf die Temperaturabhängigkeit der Reibungszahl eines Elastomeren unter Einschluß des Glasübergangsbereiches nach [5.4]

geringen Einfluß der Flächenpressung unterhalb der Glastemperatur, der auch in Bild 5.33 erkennbar ist, wirkt sich unter Beibehaltung eines Maximums im weichelastischen Werkstoffzustand eine Pressungssteigerung in dem in *Bild 5.34* gezeigten Bereich deutlich reibungssenkend aus [5.4]. Wie aus Bild 3.41 hervorgeht, bewirkt indes eine Pressungssteigerung entsprechend Beziehung (3.63) einer Verschleißsteigerung.

5.1.2.5 Deutung der Ergebnisse

Alle gezeigten Abhängigkeiten geben das Verhalten wieder, das gemäß den Modellvorstellungen, vgl. 3, zu erwarten ist, nicht zuletzt deshalb, weil diese hauptsächlich an Elastomeren entwickelt und auch auf die speziellen Vorgänge dieser Polymerengruppe zugeschnitten sind. Deutlicher als bei anderen Polymeren tritt der Einfluß der viskoelastischen Stoffeigenschaften auf das tribologische Verhalten insbesondere wegen der besser erkennbaren Gültigkeit des Zeit-Temperatur-Verschiebungsgesetzes in Erscheinung. Die hohe Elastizität im Gebrauchstemperaturbereich zeigt sich sowohl im Pressungseinfluß als auch in den Verschleißmechanismen. Bemerkenswert ist, daß unterhalb der Glastemperatur ein ähnliches Verhalten wie bei anderen Polymeren (die Gebrauchstemperatur liegt bei Thermoplasten im allgemeinen unterhalb der Glastemperatur) beobachtet wird. Bezüglich der Mikroprozesse bei tribologischer Beanspruchung sei auf die entsprechenden Ausführungen in Kapitel 3 verwiesen.

5.1.2.6 Einfluß der Tribostruktur

5.1.2.6.1 Oberflächenrauheit

Wegen der hohen Verformungsfähigkeit im Gebrauchstemperaturbereich ist in den meisten Fällen eine große Anpassung des Elastomeren an den Gegenstoff gegeben, vgl. Bild 3.6, so daß die Oberflächenrauheit des Gegenstoffs die Eindringtiefe in das Polymere

304 5 Elastomere

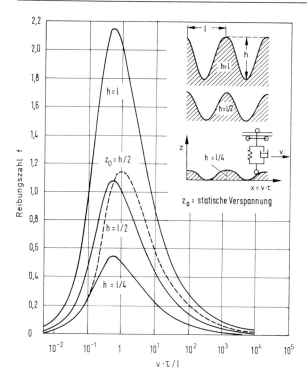

Bild 5.35: Einfluß der Höhe von Rauheiten auf die Reibungszahl eines Elastomeren verdeutlicht mit einem Voigt-Kelvin-Modell nach [5.1], vgl. Bild 3.1 (τ: Relaxationszeit des Modells)

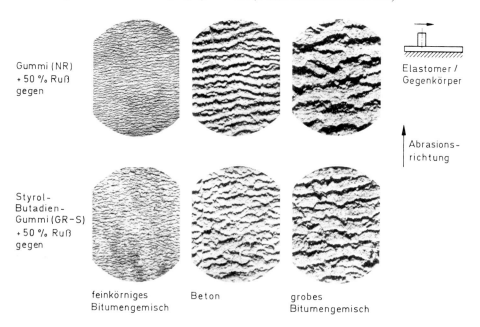

Bild 5.36: Abrasionsmuster an Elastomeren bei unterschiedlich rauhen Gegenstoffen nach [5.3]

besonders deutlich prägt. Je nach Form der Erhebungen, Bild 3.8, ergibt sich ein anderes Verformungsvolumen, das infolge der bei Verzahnung größerer Berührungsflächen direkten Einfluß auf die Anzahl adhäsiver Bindungen und infolge der Werkstoffverdrängung den Energieverlust durch zyklische Deformation hat, vgl. 3.2.3. Der Einfluß der Gestalt der Erhebungen läßt sich aus den unterschiedlichen Modellbetrachtungen von Zylinder, Kugel und Kegel entnehmen, Bild 3.8, während der Einfluß der Höhe mit einem über die Rauheiten rollenden Voigt-Kelvin-Modell, Bild 3.1, gezeigt werden kann [5.1], *Bild 5.35*.

Wie aus den Bildern 3.36, 3.37 und 3.38 ersichtlich, werden auch Verschleißmechanismen und Verschleißerscheinungsformen empfindlich durch die Gestalt der Unebenheiten des Gegenstoffs bestimmt. Die Schleißschärfe des Gegenstoffs bestimmt den Anteil von Schneidprozessen am Verschleißgeschehen, vgl. 3.3. Bezüglich der Rauhtiefe gelten die gleichen Einflüsse wie bei den anderen Polymerwerkstoffen, d. h. ober- und unterhalb einer optimalen Rauhtiefe nimmt der Verschleiß aufgrund des Überwiegens von Adhäsion bei kleinen Rauhtiefen und Abrasion bei großen Rauhtiefen zu, vgl. Bild 4.63. Abrasionsmuster werden umso größer ausgebildet, je rauher der Gegenstoff ist [5.3], *Bild 5.36*.

5.1.2.6.2 Elastomerstruktur

Der Vernetzungsgrad der Elastomere bestimmt deren elastisches Verhalten (stark vernetzte Polymere sind Duroplaste), das wiederum direkten Einfluß auf die Ausbildung der wahren Kontaktfläche und damit auf die Reibungszahl sowie das Verschleißverhalten hat. Bei sinkender Elastizität wird eine kleinere wahre Kontaktfläche ausgebildet, vgl. Bilder 3.6 und 3.7, so daß die Adhäsionsreibungskraft gem. Gleichung (3.19) sinkt und das durch Deformation beeinflußte Volumen kleiner wird. Weniger flexible Elastomere zeigen größeren Verschleiß, vgl. Gleichung (3.63). Wegen der Abhängigkeit der Dehnung bis zum Bruch von der Elastizität kann diese Tendenz auch aus Gleichung (3.67) abgelesen werden. Der Verschleiß von Gummi wird mit durch die Rißausbreitung und dessen Bruchfestigkeit bestimmt. Da diese bei Naturgummi (NR) größer als bei Styrol-Butadien-Gummi (GR-S) ist, liegt die Anzahl der Belastungszyklen, die im Weiterreißexperiment zum Versagen führen, für Naturgummi höher [5.3], *Tafel 5.2*. Auch die Bildung von Abrasionsmustern ist

Tafel 5.2: Verhalten verschiedener Elastomere im Weiterreißexperiment nach [5.3]

	Anzahl der Zyklen zum Versagen im Weiterreißexperiment	
Probe Nr.	Naturgummi (NR) + 50 % Ruß	Styrol-Butadien-Gummi (GR-S) + 50 % Ruß
1	7800	1420
2	9120	48
3	8760	117
4	8920	2040
Mittel	8650	922

direkt durch den Elastizitätsmodul bestimmt, vgl. Gleichung (3.64), da die notwendige Verstreckung der Fahnen, vgl. Bild 3.33, durch die Verformungsfähigkeit des Elastomeren geprägt wird.

Außer der Elastizität ist die Polarität insofern von Bedeutung, als die Wechselwirkung mit dem Gegenstoff dadurch mitbestimmt wird. Mit wachsender Anzahl von Styrol-Gruppen eines Butadien-Styrol-Copolymers steigt daher die maximale Reibungskraft, wobei gleichzeitig die Aktivierungsenergie für den Reibungsprozeß d.h. die Kraft zur Trennung der Bindung zum Gegenstoff größer wird [5.4], *Bild 5.37*.

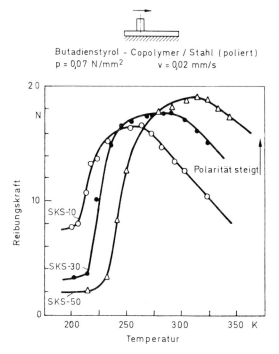

Bild 5.37: Einfluß der Polarität von Elastomeren auf die Temperaturabhängigkeit der Reibungszahl nach [5.4]

5.1.2.7 Füll- und Verstärkungsstoffe

Zusätze zu Elastomeren verändern deren Elastizität und beeinflussen daher Reibung und Verschleiß in der gleichen Weise wie bei Thermoplasten (4.1.2.7).

Wegen der geringen Formstabilität und geringen Verschleißbeständigkeit werden die wenigsten Elastomere in reiner Form verwendet. Der meist zugesetzte Füllstoff ist Kohlenstoff in den verschiedensten Formen. Im allgemeinen steigt die Verschleißbeständigkeit mit der Zugabe von Füllstoffen, da der Schubmodul und die Reißfestigkeit bis zu einem optimalen Gehalt angehoben werden [5.14, 5.15], *Bild 5.38*. Die sich zeigende Abhängigkeit ist insbesondere auch darauf zurückzuführen, daß die Reibungszahl oft nicht wesentlich beeinflußt wird, so daß die bei Bewegung erzeugten Spannungen nahezu unverändert bleiben. Die Art des Kohlenstoffs ist von ausschlaggebender Bedeutung für das Verschleißverhalten, da mit der spezifischen Oberfläche die Verschleißbeständigkeit steigt (z.B. betragen die spezifischen Oberflächen von ,,Channel-Ruß'' 114 m^2/g und von ,,Thermischem Ruß''

8 m²/g) [5.14]. Da durch Erhöhung des Zusatzes die Steifigkeit des Elastomeren steigt, sinkt die Intensität der Abrasionsmuster [5.3], *Bild 5.39*. Weichmacher erhöhen die Beweglichkeit der Molekülketten, so daß ein vergleichbarer Effekt wie durch Temperaturerhöhung zu verzeichnen ist.

Der bei Naturkautschuk fehlenden Abrasionsbeständigkeit und der geringen Resistenz gegen oxidative Zersetzung wird durch Vulkanisation begegnet. Dabei werden unter Erhitzung Schwefelbrücken gebildet, die, wie bei synthetischen Elastomeren, eine Vernetzung der Molekülketten bewirken.

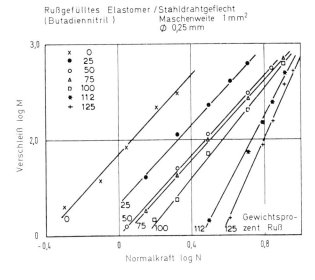

Bild 5.38: Einfluß des Rußgehaltes auf die Lastabhängigkeit des Verschleißes eines vulkanisierten Gummis nach [5.15]

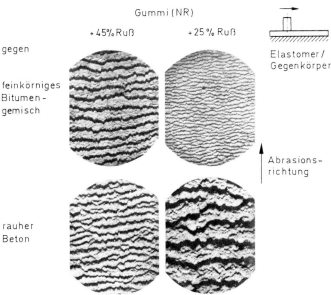

Bild 5.39: Abrasionsmuster an Naturgummi bei unterschiedlichen Rußgehalten und verschieden rauhen Gegenstoffen nach [5.3]

5.1.2.8 Zwischenstoffe

Zwischenstoffe z. B. in Form von Wasser oder Öl setzen die Adhäsionskomponente der Reibungskraft herab, so daß das tribologische Verhalten des Elastomeren dann vornehmlich durch die Deformationskomponente bestimmt wird. Bei den in Bild 5.17 gezeigten Gummimischungen wirkt sich beispielsweise die Anwesenheit von Wasser durch kleinere Reibungszahlen und schärfere Maxima aus [5.1], *Bild 5.40*.

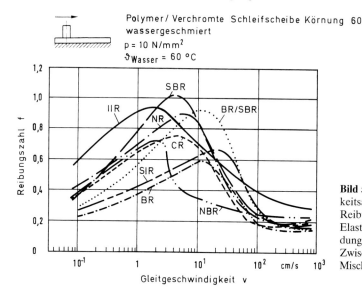

Bild 5.40: Geschwindigkeitsabhängigkeit der Reibungszahl verschiedener Elastomere bei Verwendung von Wasser als Zwischenstoff nach [5.1], Mischung vgl. Tafel 5.1

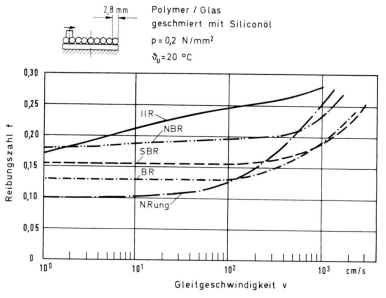

Bild 5.41: Geschwindigkeitsabhängigkeit der Reibungszahl von geschmierten Elastomer/Gegenstoff-Paarungen bei vorgegebener Umgebungstemperatur nach [5.1], Mischung vgl. Tafel 5.1

Bei Messungen mit einem Trommelprüfgerät werden zur Schaffung definierter Kontaktverhältnisse zylindrische Glasstäbe auf die Gleitfläche geklebt, so daß das dagegen unter Schmierung (Siliconöl) laufende Elastomere zyklisch verformt wird. Bei Raumtemperatur zeigen sich mit dieser Versuchsanordnung mehr oder weniger deutlich mit der Gleitgeschwindigkeit ansteigende Reibungszahlen, *Bild 5.41*. Selbst bei Proben mit merklich unterschiedlicher Lage der Erweichungsgebiete ist jedoch keine eindeutige Tendenz bezüglich der Lage eines Maximums erkennbar. Diese Tatsache ist auf eine starke Erwärmung der Proben zurückzuführen, *Bild 5.42*, die bei hohen Geschwindigkeiten sogar zu Zerstörung führt, *Bild 5.43*. Das Temperaturmaximum liegt, wie bei elastischer Deformation nach

Polymer/Glas
geschmiert mit
Siliconöl
$p = 0{,}2\ N/mm^2$
$\vartheta_u = 20\,°C$

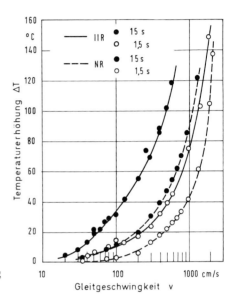

Bild 5.42: Geschwindigkeitsbedingte Erwärmung von Elastomerproben bei Schmierung nach [5.1], Mischung vgl. Tafel 5.1

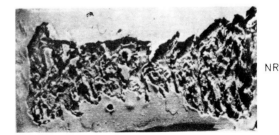

Bild 5.43: Aufgrund starker Erwärmung zerstörte Elastomergleitflächen [5.1]

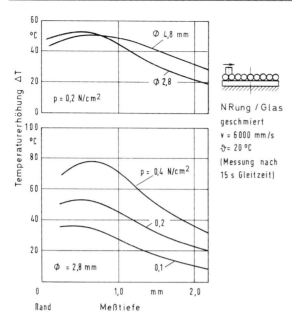

Bild 5.44: Erwärmung von Elastomerproben auf unterschiedlich rauhen Gegenstoffen (realisiert durch Änderung der Durchmesser von aufgeklebten Glasstäben) bei Schmierung nach [5.1], Mischung vgl. Tafel 5.1

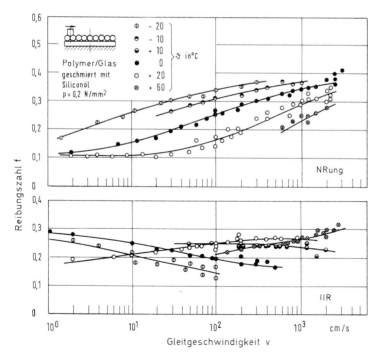

Bild 5.45: Geschwindigkeitsabhängigkeit der Reibungszahl zweier Elastomere bei unterschiedlichen Temperaturen und Schmierung nach [5.1], Mischung vgl. Tafel 5.1

Hertz zu erwarten, unterhalb der Oberfläche, und zwar umso tiefer, je größer der Durchmesser der Glasstäbe ist, wobei mit Steigerung der Belastung absolut höhere Werte resultieren, *Bild 5.44*. Die Erwärmung als Funktion der Gleitgeschwindigkeit [5.42] bewirkt eine umso größere Verschiebung der Reibungsmeßwerte zu höheren Gleitgeschwindigkeiten, je geringer der Abstand zur Glastemperatur ist, Bild 1.10 und (1.4, 1.5). Bei zunehmender Reibungswärme im Zug von Geschwindigkeitserhöhung nähern sich also für Elastomere mit unterschiedlicher Lage der Glastemperatur die Anstiegsgebiete an, was zu den Ergebnissen in Bild 5.41 führt. Das Reibungsmaximum liegt bei Raumtemperatur aufgrund der zusätzlichen Eigenerwärmung außerhalb des gezeigten Geschwindigkeitsbereiches und wird erst bei tieferen Temperaturen (Solltemperaturen der Kammer) – bei IIR deutlich sichtbar – zu kleineren Werten verschoben, wobei kleinere Geschwindigkeiten zudem noch eine geringere Erwärmung bedingen, *Bild 5.45*.

Der Verschleiß wird durch den Schmierungszustand beeinflußt und ist im hydrodynamischen Gebiet im wesentlichen durch Ermüdungsprozesse bestimmt, vgl. 3.3.2.3, sofern infolge zu hoher Geschwindigkeit keine Zersetzung erfolgt. Bei Mischreibung treten adhäsive Komponenten hinzu, die Versagen durch Überdehnungen beinhalten, was zu den früher beschriebenen Verschleißerscheinungsformen führt.

5.2 Anwendungen

5.2.1 Reifen

Elastomere mit Rußzusätzen haben einen großen Anwendungsbereich als Komponente von Fahrzeugreifen in den verschiedensten Ausführungsarten, prinzipieller Aufbau eines Gürtelreifens [5.15], *Bild 5.46*. Bei Vertikalbelastung des Reifens – die Höhe ist durch Fahrzeuggewicht und Zusatzlasten gegeben – bildet sich eine Kontaktfläche zur Straße aus, wobei im allgemeinen eine ungleichmäßige Pressung entsteht [5.9, 5.16], *Bild 5.47*. Beim Beschleunigen und Abbremsen des Fahrzeuges wird ein Moment auf die Straße übertragen, wodurch der eigentlichen Rollbewegung eine entgegengesetzte Gleitkomponente überlagert ist, die als Schlupf bezeichnet wird. Andersgerichtete Gleitanteile treten zusätzlich auf, wenn Seitenkräfte auf den Reifen wirken, die z.B. beim Lenken, auch infolge von Fliehkräften in der Kurvenfahrt resultieren [5.17], *Bild 5.48*. Die vektorielle Darstellung der von Reifen aufzunehmenden Fahr-, Führungs- und Bremskräfte veranschaulicht die Wechselwirkung zwischen Reifen und Fahrbahn [5.16], *Bild 5.49*. Die Bremsreibungskraft durchläuft geschwindigkeitsabhängig mit zunehmendem Schlupf ein Maximum [5.18], *Bild 5.50*, während die Seitenführungskräfte abnehmen, *Bild 5.51*. Für die Entwicklung von Antiblockiersystemen (ABS) sind diese Zusammenhänge von besonderer Bedeutung, da unter Beibehaltung maximaler Bremskraft und gleichzeitig möglichst guter Seitenstabilität ein Gleiten des Reifens (100% Schlupf) deshalb vermieden werden soll [5.19], weil dadurch außerdem die Wirkung an der Bremse nicht mehr in Anspruch genommen und damit die optimale Bremsleistung nicht erreicht wird.

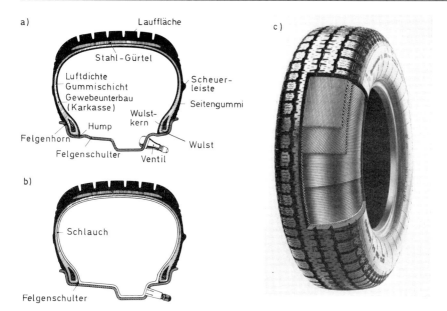

Bild 5.46: Aufbau eines Kraftfahrzeug-Reifens [5.15]
a) Schlauchloser Reifen
b) Reifen mit Schlauch
c) Stahlgürtelreifen mit Radial-Karkasse

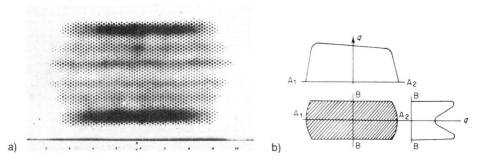

Bild 5.47: Pressungsverteilung in der Kontaktzone zwischen Reifen und Straße [5.9, 5.16]
a) Abdruck der Kontaktfläche zwischen Reifen und Gegenkörper
b) Druckverteilung in der Kontaktfläche

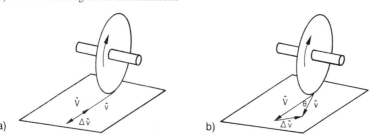

Bild 5.48: Gleitanteile (Schlupf) bei Bewegung von Reifen nach [5.17]
a) Schlupf bei geradem Rollen von Reifen
b) Schlupf beim Wirken von Seitenkräften

5.2 Anwendungen 313

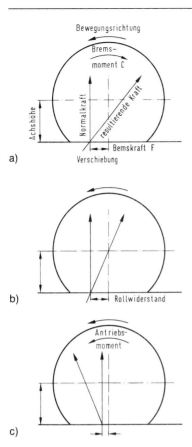

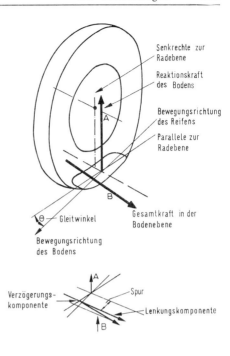

Bild 5.49: Wechselwirkungskräfte zwischen Reifen und Fahrbahn nach [5.16]
a) gebremstes Rad
b) freirollendes Rad
c) getriebenes Rad

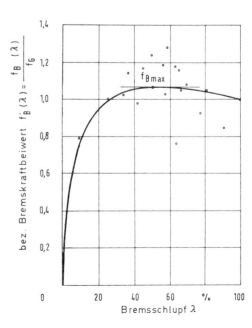

Bild 5.50: Zusammenhang zwischen Bremskraft und Schlupf [5.18]

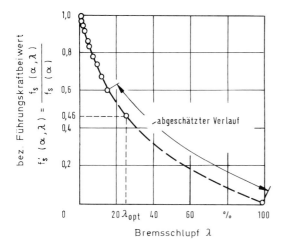

Bild 5.51: Zusammenhang zwischen Führungskraft und Schlupf [5.18]

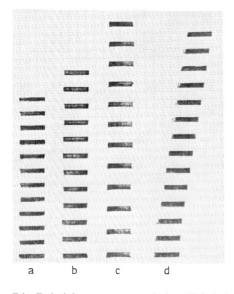

Bild 5.52: Relativbewegung zwischen Fahrbahn und Reifen veranschaulicht im Modell nach [5.17]
a) getrieben, negativer Schlupf,
b) freirollend,
c) gebremst, positiver Schlupf,
d) mit Seitenkraft

Die Relativbewegungen zwischen Fahrbahn und Reifen lassen sich mit einem gezahnten Gummirad beim Rollen gegen Plexiglas besonders deutlich machen [5.17], *Bild 5.52*. Ein frei rollendes Rad (b) zeigt den ursprünglichen Stollenabstand, der bei einem getriebenen Rad (a) verkleinert und bei Bremsen (c) vergrößert wird. Wirkt eine Kraft senkrecht zur Bewegungsrichtung (d), so zeigt eine am Umfang aufgebrachte Linie die Auslenkung der Elastomersegmente, *Bild 5.53a*. Im Einlauf, dem sogenannten Adhäsionsgebiet, wird lineare Auslenkung beobachtet, während im Auslauf die Kräfte die erforderliche Reibungskraft überschreiten und Gleiten einsetzt. Diesbezüglich ist die in der Aufstandfläche ungleichmäßige Pressungsverteilung, Bild 5.47, von besonderer Bedeutung, da die Gleitreibungskraft pressungsabhängig ist und daher Gleiten nicht gleichmäßig in der gesamten Kontaktzone erfolgt. Der Vergleich des frei rollenden und des getriebenen profillierten Reifens, *Bild 5.53b, c*, zeigt, daß die Stollenabstände durch Schlupf je nach Pressung in der Kontaktfläche bei Momentenübertragung verändert werden. Der Kraftschluß zwischen Straße und

Reifen variiert mit dem Schlupf [5.19], *Bild 5.54.* Gleiten setzt dann ein, wenn durch die Resultierende der wirkenden Kräfte, beim Bremsen z. B. Brems- und Seitenkräfte, diese Haftungskraft überschritten wird. Die Kräfte und Relativbewegungen in der Kontaktzone

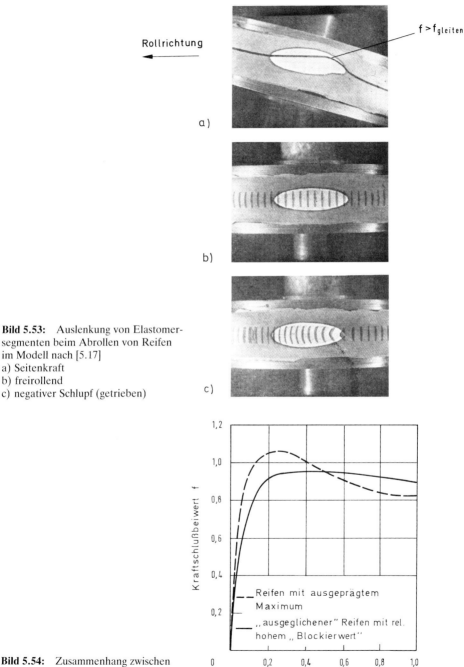

Bild 5.53: Auslenkung von Elastomersegmenten beim Abrollen von Reifen im Modell nach [5.17]
a) Seitenkraft
b) freirollend
c) negativer Schlupf (getrieben)

Bild 5.54: Zusammenhang zwischen Kraftschluß und Schlupf von Reifen [5.19]

können mit einer Anordnung gemäß *Bild 5.55* bzw. mit Meßnaben und einer Geschwindigkeitsmessung mittels optischer Korrelation in zwei senkrecht zueinander stehenden Ebenen ermittelt werden [5.16]. Die Ergebnisse, *Bild 5.56,* bestätigen die qualitativen Beobachtungen und zeigen auch deutlich den Einfluß des Gleitwinkels, d. h. der Schrägstellung des Reifens infolge Lenkens, Bild 5.49, auf die Größen. Die Reaktionskräfte in der Lauffläche nehmen mit Vergrößerung des Gleitwinkels zunächst stark zu, erreichen dann aber konstante Werte [5.18], *Bild 5.57.*

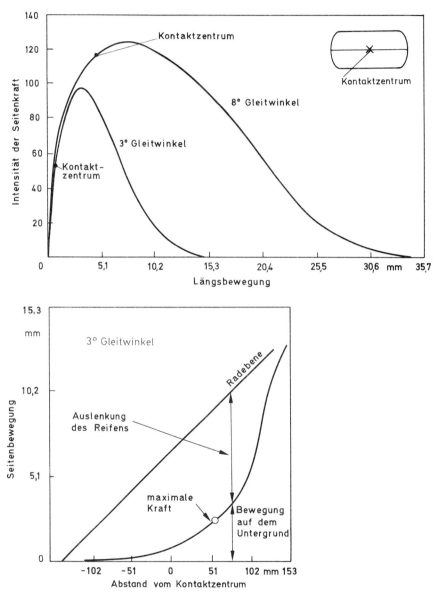

Bild 5.56: Ergebnisse von Kraft- und Bewegungsmessungen beim Rollen von Reifen mit einer Anordnung gemäß Bild 5.55 nach [5.16]

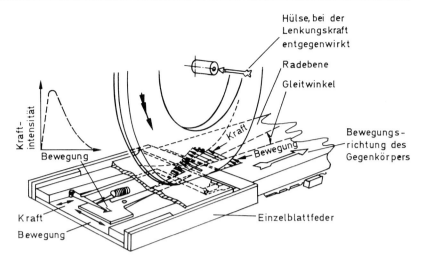

Bild 5.55: Anordnung zur Messung von Wechselwirkungskräften zwischen Reifen und Straße

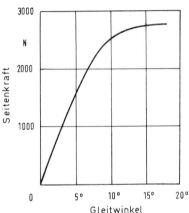

Bild 5.57: Reaktionsseitenkräfte bei unterschiedlichen Gleitwinkeln rollender Reifen nach [5.18], vgl. Bild 5.49

Die aufgezeigten Relativbewegungen unter Seitenkräften führen zu ausgeprägten Verschleiß-Erscheinungsformen, *Bild 5.58,* mit ungleichmäßiger Abnutzung des Gummis [5.16]. Erwartungsgemäß nimmt der Verschleiß mit dem Gleitwinkel und der Geschwindigkeit zu [5.17], *Bild 5.59.*

Das tribologische Verhalten von Reifen läßt sich nicht ausschließlich durch die Wahl des Elastomeren beeinflussen, da hierfür das gesamte System maßgeblich ist. Ebenso wie die Karkasse durch ihre elastischen Eigenschaften von Bedeutung ist, bewirkt die Ausbildung des Profils unterschiedliche Kontaktverhältnisse. Im Sinne der Haftung sind möglichst glatte Reifen, zum Zweck der Wasser- und Schmutzverdrängung jedoch rauhe Reifen erforderlich. Um Aquaplaning (Aufschwimmen des Reifens auf Wasser) zu vermeiden, sollte ein sich bildender Keil unter Druck stehenden Wassers durch genügend schnelles Abfließen abgebaut bzw. mindestens örtlich durchbrochen werden [5.16], *Bild 5.60.* Die Abflußgeschwindigkeit und die Restfilmdicke ist auch eine Folge der Fahrbahnbeschaffenheit [5.20], *Bild 5.61,* die außerdem die auf der Verformung des Gummis beruhende Hysteresereibungskraft mitbestimmen. Je größer die Dämpfung des Gummis ist und je steiler die Unebenheiten sind, desto höher ist die Reibungszahl, *Bild 5.62.* Die Schallemission von Reifen

318   5 Elastomere

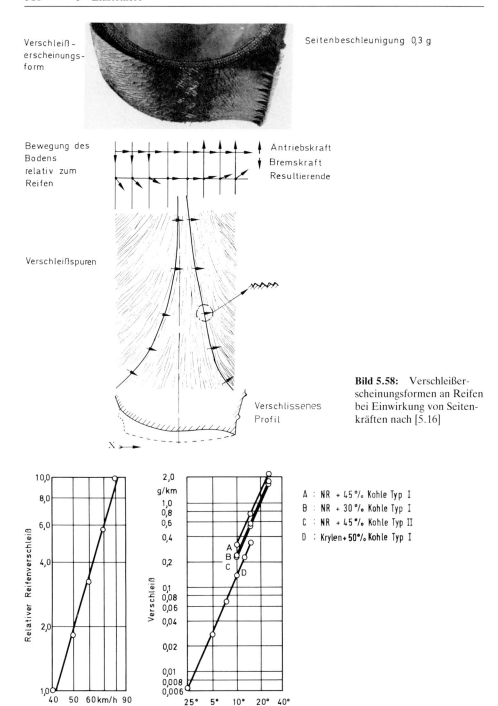

Bild 5.58: Verschleißerscheinungsformen an Reifen bei Einwirkung von Seitenkräften nach [5.16]

A : NR + 45% Kohle Typ I
B : NR + 30% Kohle Typ I
C : NR + 45% Kohle Typ II
D : Krylen + 50% Kohle Typ I

Bild 5.59: Reifenverschleiß in Abhängigkeit von Geschwindigkeit und Gleitwinkel nach [5.17], vgl. Bild 5.49 (Krylen: Styrol-Butadien-Gummi)

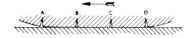
Reinigung glatter Oberflächen durch aufeinanderfolgende spaltförmige Öffnungen

Reibungszahl des blockierten Reifens

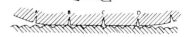

Gerundete Oberflächenbereiche; Wasserfilm bleibt erhalten

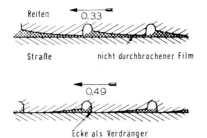

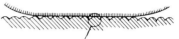

Reinigung gerundeter Oberflächenbereiche durch sehr viele spaltförmige Öffnungen

Bild 5.60: Zusammenwirken zwischen Reifenprofil und Fahrbahn bei Nässe nach [5.16]

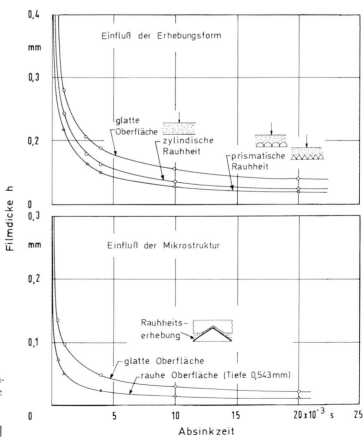

Bild 5.61: Einfluß der Fahrbahnbeschaffenheit auf die Verdrängung von Wasser durch Reifen im Modell nach [5.20]

beruht hauptsächlich auf Kompression und Expansion der in den Profilen eingeschlossenen Luft, auf Stick-Slip-Effekten beim Schlupf und auf Walkprozessen.

Mit dem „Stuttgarter Reibungsmesser" (Lastkraftwagen mit gezogenem Meßrad, Straßenbenässungsvorrichtung und Meßeinrichtungen) konnte gezeigt werden, daß der Gleitreibungswert eines blockierten Rades mit steigender Fahrgeschwindigkeit abnimmt [5.21], *Bild 5.63*. Nässe und insbesondere Glatteis bewirken eine drastische Herabsetzung. Bei den unterschiedlichsten Straßenbelägen, *Bild 5.64*, zeigt die extrem glatte Fahrbahn 1 bei Nässe erwartungsgemäß den geringeren Widerstand.

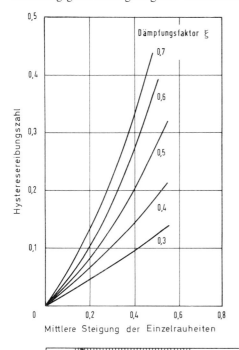

Bild 5.62: Einfluß der Steilheit von Fahrbahnunebenheiten auf die Hysteresereibungszahl von Gummi mit unterschiedlicher innerer Dämpfung ermittelt mit der Netzwerkmethode nach [5.20]

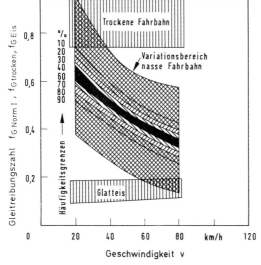

Bild 5.63: Einfluß der Geschwindigkeit auf die Reibungszahlen eines blockierten Reifens bei unterschiedlichen Fahrbahnverhältnissen [5.21]

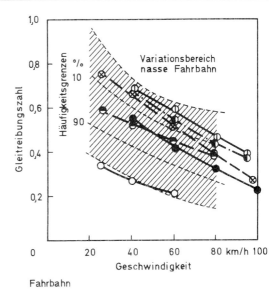

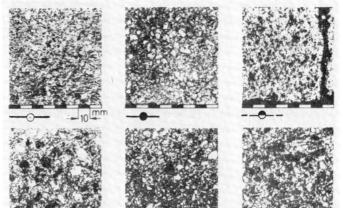

Bild 5.64: Einfluß des Straßenbelages auf die Geschwindigkeitsabhängigkeit der Reibungszahl eines blockierten Reifens nach [5.21]

5.2.2 Dichtungen

Die Vielschichtigkeit der Problematik bei Dichtungsaufgaben erfordert eine umfassende Analyse der Vorgänge und Betriebsparameter [5.22]. Konstruktion der Bauteile, Dichtungsgeometrie und Werkstoffe müssen in geeigneter Weise aufeinander abgestimmt werden, um die Funktionsfähigkeit des Systems zu gewährleisten. Neben Elastizität im Anwendungstemperaturbereich und Verträglichkeit mit dem jeweiligen Medium (z. B. Hydraulikflüssigkeit, Flüssiggas) werden von den an bewegten Maschinenteilen eingesetzten Dichtungswerkstoffen außerdem stick-slip-freies Reibungsverhalten und Verschleißbeständigkeit, möglicherweise auch unter Abrasivbedingungen (Schmutz) gefordert. Neben Thermoplasten wie (verstärkten bzw. gefüllten) PTFE-Werkstoffen und unter anderem Polyamid, Polyoxymethylen sowie Polypropylen, *Tafel 5.3*, haben sich hauptsächlich Elastomere für dynamische Dichtungsaufgaben bewährt, *Tafel 5.4* (Seite 324) (auf dem Hydraulik-Sektor z. B. PUR- und FM-Elastomere). Insbesondere für statische Dichtungen sowie als Trägermaterial kommen auch Duroplaste in Frage [5.23]. Dichtungen lassen sich in Berührungsdichtungen an ruhenden bzw. gleitenden Flächen und berührungsfreie Dichtungen einteilen [5.23, 5.22], *Bild 5.65*.

Der klassische Fall einer statischen Dichtung ist der O-Ring. Er wird zwischen Bauteilen so eingebaut, daß über eine elastische Verformung eine Vorpressung erzeugt wird, die erlaubt, Toleranzen zu überbrücken und Oberflächenrauheiten sowie Dehnungen unter Beibehaltung des Formschlusses mit den Bauteilen durch Deformation auszugleichen [5.24]. Der durch die Vorpreßkraft eingeleitete Dichtvorgang wird bei Druckbeaufschlagung des Mediums infolge konstruktiv bedingten weiteren Anpressens des O-Ringes unterstützt. Obwohl auch bei den Flachdichtungen [5.25, 5.26] durch Dehnungsvorgänge Gleitbewegungen im 10–50 μm-Bereich zu verzeichnen sind, sollen im weiteren vernehmlich die in

Tafel 5.3: Thermoplastische Dichtungswerkstoffe [5.23]

Thermoplast	Anwendungen			Verarbeitungsverfahren	geforderte Eigenschaften	typische Prüfungen
	Bauteile	Einsatzbereich (ausgewählte Beispiele)				
Polytetrafluorethylen (PTFE) unverstärkt (auch Polytrifluorchlorethylen (PCTFE) u.a. Fluorpolymerisate)	Falten- und Dosierbälge Gefäßabdichtungen Dichtschnur	Schutzdichtung, z.B. an Hubstangenzylinder oder Schalthebel Laborgeräte Flanschabdichtung		spanende Bearbeitung Extrudieren	chemische und thermische Beständigkeit starke Molekülorientierung, nach plastischer Verformung kein Kaltfluß	Quellverhalten; Hin- und Her-Biegefestigkeit Kriechverhalten
verstärkt (z.B. Glasfasern, Graphit, Bronce, Pulverkoks, Kohlenstoffasern)	Kolbendichtringe; Stopfbuchsen (Packungen) z.B. für Kolbenstangen, Abstreifelemente, Radialwellendichtringe, Gleitringdichtungen	Trockenlaufkompressoren; Expansionsmaschinen; Pumpen; Pneumatik, Rührwerke; Mischer; Kalander; Haushaltsmaschinen; Gasturbinenwellen;		Pressen; Pasten- bzw. Pulverextrusion, spanende Bearbeitung	niedriger Reibungskoeff. gegen Metalle; antiadhäsiv (kein stick-slip-Effekt) dauerbeständig von −200°C bis +250°C gegen Medien und Alterung physiologisch neutral unter 300°C	Abriebwiderstand; Kriechen (Kaltfluß); Wärmeausdehnung; Dichtverhalten
Filme (0,0065 bis 0,1 mm)	Flachdichtungen	chemische Industrie		Gießen, Schälen		Dichtverhalten
Folien (0,05 bis 2 mm) Bänder	Gewindeabdichtung	Verfahrenstechnik Sanitärtechnik usw.		Schälen	plast. Verformbarkeit	Dichtverhalten
Imprägnierdispersion	Asbestpackungen	s. Gleitringdichtungen		Imprägnieren durch Tauchen	Medienbeständigkeit Reibverhalten	
Polyethylen (PE)	Getränkeverpackung	Lebensmittelindustrie (z.B. Milchtüten)		Blasen od. Extrudieren und Kalandrieren	physiologisch unbedenklich	Dichtverhalten, Knickfestigkeit
Polyvinylchlorid (Weich-PVC)	Rundschnur, Profildichtungen Manschetten	Wohnungsbau (z.B. Türen, Fenster) Hinterachse (Kfz)		Extrudieren Spritzgießen	elastisches Verhalten Mineralölbeständigkeit	Quellverhalten
Polyamid (PA) Polyoxymethylen (POM) Polypropylen (PP)	Gleitringdichtungen, Dichtungsmanschetten, Ventilringe, Nutringe, Abstreifelemente	Kreiselpumpen, Rührwerke, Kolbenabdichtungen, hydr. Pressen, Teleskopstoßdämpfer Trockenlaufverdichter		Spritzgießen, spanende Bearbeitung	siehe: z.T. PTFE verstärkt, dauerbeständig von −20°C bis +100°C gegen Mineralöle und -fette, Gleitgeschwindigkeit bis 4 m/s; maßhaltig	s.o.
Polyvinylacetat (PVAC)	Klebstoff für Flachdichtungen, z.B. Befestigen von Metallteilen auf Asbestweichstoff	Kraftfahrzeugtechnik		Walzen	Benetzbarkeit	Haftfestigkeit

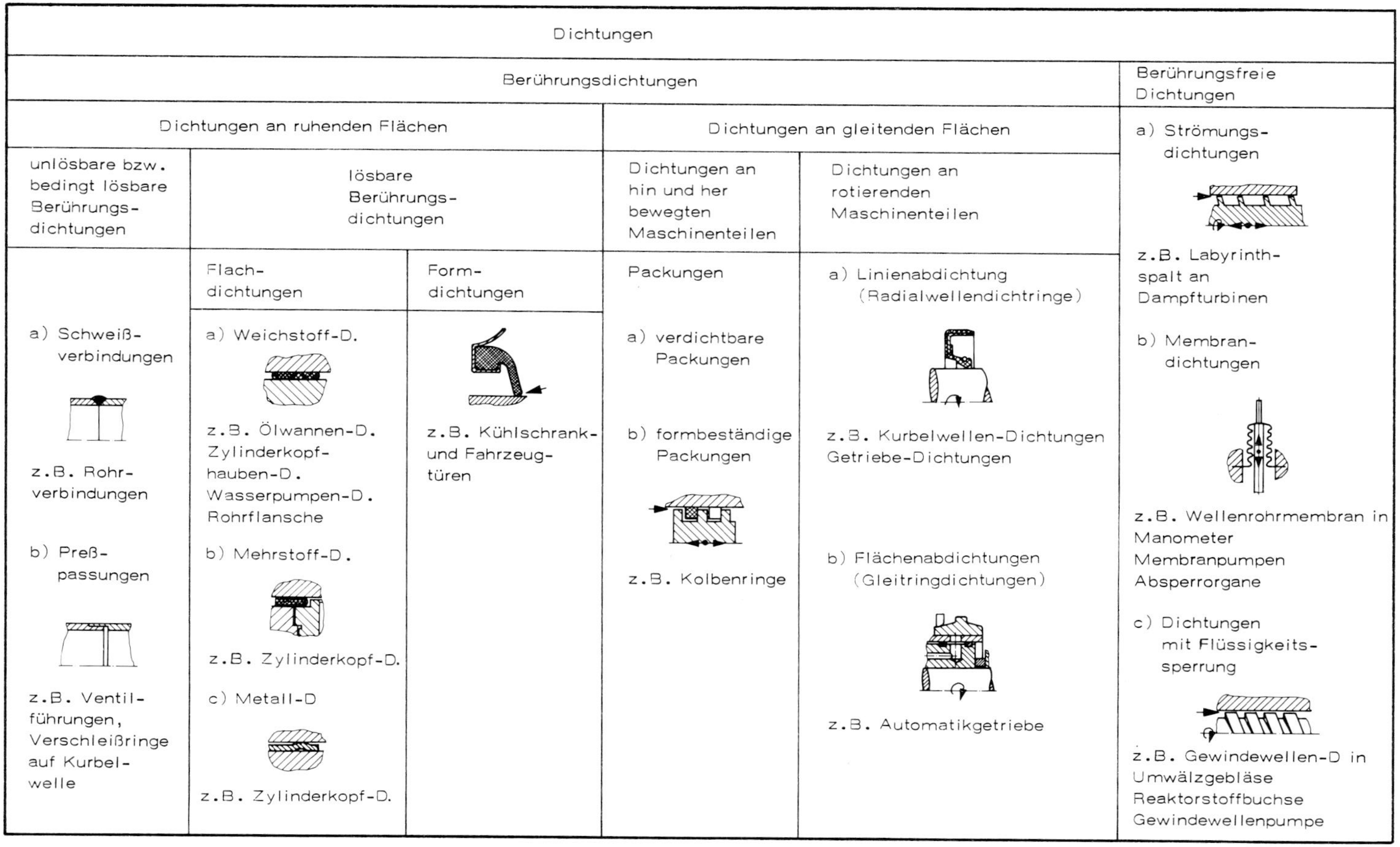
Dichtungen
Berührungsdichtungen
Berührungsfreie Dichtungen
Dichtungen an ruhenden Flächen
Dichtungen an gleitenden Flächen
unlösbare bzw. bedingt lösbare Berührungsdichtungen
lösbare Berührungsdichtungen
Dichtungen an hin und her bewegten Maschinenteilen
Dichtungen an rotierenden Maschinenteilen
a) Schweißverbindungen
z.B. Rohrverbindungen
b) Preßpassungen
z.B. Ventilführungen, Verschleißringe auf Kurbelwelle
Flachdichtungen
a) Weichstoff-D.
z.B. Ölwannen-D. Zylinderkopfhauben-D. Wasserpumpen-D. Rohrflansche
b) Mehrstoff-D.
z.B. Zylinderkopf-D.
c) Metall-D
z.B. Zylinderkopf-D.
Formdichtungen
z.B. Kühlschrank- und Fahrzeugtüren
Packungen
a) verdichtbare Packungen
b) formbeständige Packungen
z.B. Kolbenringe
a) Linienabdichtung (Radialwellendichtringe)
z.B. Kurbelwellen-Dichtungen Getriebe-Dichtungen
b) Flächenabdichtungen (Gleitringdichtungen)
z.B. Automatikgetriebe
a) Strömungsdichtungen
z.B. Labyrinthspalt an Dampfturbinen
b) Membrandichtungen
z.B. Wellenrohrmembran in Manometer Membranpumpen Absperrorgane
c) Dichtungen mit Flüssigkeitssperrung
z.B. Gewindewellen-D in Umwälzgebläse Reaktorstoffbuchse Gewindewellenpumpe

Bild 5.65: Einteilung von Dichtungen [5.22, 5.23]

Tafel 5.4: Elastomere Dichtungswerkstoffe [5.23]

Elastomere	Anwendungen			Verarbeitungs-verfahren	geforderte Eigenschaften	typische Prüfungen
	Bauteile	Einsatzbereich (ausgewählte Beispiele)				
Nitril-Butadien-Kautschuk	O-Ringe; Nut-Ringe; Membranen; Dichtmanschetten; Bälge; Radialwellendichtringe (RWDR); Stoßstangenabdichtungen; Rollbalg, Faltenbalg; Gummi-Metall-Verbindungen	Kfz-Technik: Pneumatik; Hydraulik; Maschinenbau; Luft- und Raumfahrt; Apparatebau: Stoßfänger (Kfz), Gasdurchlauferhitzer; Luftfilter; Zahnstangenlenkung; Schrauben- und Gewindeabdichtungen		Pressen, Spritzpressen oder Transfer-Verfahren, Spritzgießen	dauerbeständig von −40°C bis +100°C gegen Motorenöle, bis +80°C gegen Getriebeöle; bis +90°C gegen Heizöle, Waschlaugen, Wasser; Dichtverhalten	E-Modul; Zugfestigkeit; Einreißfestigkeit; Bruchdehnung; Härte (Makro, Mikro); Druckverformungsrest; Rückprallelastizität; Quellverhalten; Alterungsbeständigkeit; Abriebverhalten; Spannungsrelaxation; Haftung Gummi Metall
Polyacrylat-Kautschuk (ACM)	O-Ringe; Nut-Ringe; Formdichtungen (Lippendichtungen) RWDR	Radnaben-Getriebeausgang; Kurbelwelle; Petrochemie; Ölwanne; automat. Getriebe; Pneumatik; Hydraulik		Anvulkanisieren	dauerbeständig von −30°C bis +130°C gegen Motorenöle, bis +120°C gegen Getriebeöle, bis +90°C gegen Heizöle	
Silikonkautschuk (VMQ)	O-Ringe; Nut-Ringe; Membranen; Bälge; RWDR	Kfz, z.B. Kurbelwellenabdichtung-Abtrieb, Zündkerzenstecker, sonst. s.o.		s.o.	dauerbeständig von −50°C bis +150°C gegen Motorenöle, nur bedingt beständig gegen Getriebeöle	
Fluor-Kautschuk (FM)	O-Ringe; Nut-Ringe; Membranen; Bälge; Formdichtungen; RWDR	Kfz, z.B. Hinterachse LKW (Getriebeausgang, Vakuumtechnik; Luft- und Raumfahrt; nasse Zylinderlaufbuchsen; sonst. s.o.		s.o.	dauerbeständig von −30°C bis +180°C gegen Motorenöle, bis +150°C gegen Getriebeöle; bis +150°C gegen schwerentflammbare Druckflüssigkeiten	
Chlor-Butadien-Kautschuk (CR)	Dichtmanschetten und -bälge; Profildichtungen	Kfz-Industrie: Maschinenbau, Bautechnik (Fenster); Zahnstangenlenkung, Kühlwasserthermostat; Kugelgelenk; Eingelenk-Pendelachse		s.o.	dauerbeständig von −30°C bis +120°C gegen Öle; hohe Witterungsbeständigkeit, hohe Biegewechselfestigkeit	

5.2 Anwendungen 325

Styrol-Butadien-Kautschuk (SBR)	Dichtmanschetten und -bälge; Profildichtungen z.B. Fenster- und Türendichtungen	Hausgeräte; Elektroaggregate; Sanitärtechnik; Kfz.-Ind., Getränkeindustrie; Waschmaschinen od. Durchlauferhitzer	s.o.	laugenbeständig, hohe Bruchdehnung, geringe plast. Verformung
Polyurethan (PUR)	O-Ringe; Nutringe	Maschinenbau; Kfz.-Industrie; Apparatebau	s.o.	gute Abriebfestigkeit; dauerbeständig von −20°C bis +80°C gegen Öle + Treibstoff Alterungsbeständigkeit, Dichtverhalten
	Profildichtungen	z.B. Scheinwerfer	Schäumen oder Pressen (konisch) dann Schneiden	
Ethylen-Propylen-Terpolymer (EPDM)	Formdichtungen	Geschirrspülmaschine (Türe); Umwälzpumpenflansch Sanitärtechnik, z.B. Wasserhahn; Druckmeßdose in Wasch- und Geschirrspülmaschine Waschmaschine (Bullauge) Pumpen in der Sanitärtechnik	Extrudieren, Spritzgießen, Pressen Spritzgießen Spritzgießen Pressen; Spritzpressen Spritzgießverfahren	dauerbeständig bis +100°C gegen Wasser und Waschlaugen; unbeständig gegen Öle und Fette.
	Flachdichtungen			
	Membrandichtung			
	Faltenbalg			
	RWDR			
Polybutadien (PBR)	Flachdichtungen	Kfz.-Technik	Imprägnieren durch Tauchen oder Walzen	hydrolysebeständig Korrosionsschutz, gutes Eindringvermögen (Benetzbarkeit); antiadhäsiv; temperaturunabhängige mechan. Eigenschaften
Polyester-Urethan-Copolymerisate	Dichtmittel	Luftfahrt: Strahltriebwerke; el. Meßgeräte Kfz: Kurbelgehäusedeckel, Servoanlagen; Maschinenbau: Pumpen; Getriebegehäuse; Elektrotechnik: Schalter, Motorengehäuse	Streichen, Walzen, Tauchen	ölbeständig von −40°C bis +250°C; plastisch

bezug auf tribologische Probleme relevanteren Dichtungen an gleitenden Flächen betrachtet werden.

Radialwellendichtungen werden in der Technik zur Linienabdichtung an rotierenden Bauteilen, hauptsächlich im Maschinen- und Kraftfahrzeugbau, eingesetzt. Werkstoff und Konstruktion werden durch das abzudichtende Medium (Viskosität in Abhängigkeit von der Temperatur, chemische Wirkung, Zersetzungsprodukte, Verunreinigungen), die Umgebung (Temperaturbereich, Staub bzw. Schmutz, chemische Einwirkungen, Strahlung), das Bauteil (Werkstoff, Durchmesser, Oberflächenqualität, Exzentrizität, axiale Bewegungen), die Gehäuseaufnahmebohrung (Toleranzen, Oberflächenqualität, Exzentrizität) sowie den Betrieb (Laufperiode, Gesamtlaufzeit, Stillstandszeiten) bestimmt [5.23]. Wegen der unterschiedlichen Beanspruchungen von Nutringmanschetten in Hochdruckkolbenverdichtern (Kolbengeschwindigkeit bis 1,5 m/s) und hydraulischen Pressen (Kolbengeschwindigkeit 10 m/s) genügen beispielsweise im ersten Fall spritzgegossen, während im zweiten Fall nur spanend bearbeitete Manschetten aus Polyamid ausreichen [5.23]. Es wird deutlich, daß diese Gesichtspunkte aus einer Analyse des tribologischen Systems hervorgehen.

Die Dichtungsfunktion wird bei den Radialwellendichtungen insbesondere durch die auf die Welle wirkende Radialkraft bestimmt, die sich bei Montage aus der elastischen Dehnung der Dichtung und der Kraft einer umlaufend angebrachten Feder ergibt. Während sich die Federkraft im Betrieb nur unwesentlich verändert, wird die Radialkraft der Dichtung durch thermische Ausdehnung, Volumenquellung und -schrumpfung, Relaxation, Änderung der Härte, Zersetzungserscheinungen und Verschleiß verändert. Auch Radialschwingungen der Welle sind in diesem Zusammenhang von Bedeutung. Ab einem kritischen Abfall der Radialkraft ist keine einwandfreie Abdichtung mehr gewährleistet [5.23].

Bei dynamischen Dichtungen ist vorteilhaft, wenn in der Lauffläche ein ausreichender elastohydrodynamischer Schmierfilm des Mediums aufgebracht wird, ohne daß es zu unzulässiger Leckage kommt. Unter diesen Umständen ist kontinuierliches Gleiten und geringer Verschleiß gewährleistet. Aus dem Bemühen, einen optimalen Kompromiß zwischen genügender Dichtwirkung und ausreichender Schmierfilmbildung herzustellen, folgt die Vielfalt der in der Praxis vorgefundenen Dichtungsgeometrien. Es ist vorteilhaft, wenn der Werkstoff dennoch ausreichende Notlaufeigenschaften (bei Polymeren häufig gegeben) besitzt.

Die Systemtemperatur beeinflußt sowohl die elastischen und daher auch tribologischen Eigenschaften von Elastomeren, vgl. 5.1.2.4.1, als auch die Viskosität und damit die Schmierfähigkeit des Mediums, was von besonderer Bedeutung ist, wenn die Betriebstemperatur in weiten Bereichen variiert (Teleskopzylinder von Kippern z. B. − 50 bis + 120 °C; Übergabegeräte für Flüssigkeiten an Schiffen: bis − 45 °C bei Flüssiggas). Die Elastizität des Elastomeren nimmt ab der Glastemperatur zu tiefen Temperaturen hin stark ab, worin die Einsatzgrenzen vieler allgemeingebräuchlicher Elastomere bezüglich niedriger Temperaturen zu sehen ist, *Bild 5.66*. Spezielle Tieftemperaturmischungen besitzen jedoch im Hochtemperaturbereich ungünstige Festigkeitseigenschaften. An der Lauffläche der Dichtungen aufgebrachte dünne, mit verschleißbeständigen, aber nicht extrem kältebeständigen Gummimischungen imprägnierte Gewebeschichten (z. B. Baumwolle oder Polymergewebe) können diesen Nachteil ausgleichen. Außerdem kann durch Einlagerung von Schmierstoffen in die Geweberasterung eine hohe Lebensdauer erzielt werden [5.24].

Viele Systeme werden unter Umgebungsbedingungen betrieben, die die planmäßige Wirkung von Dichtungen infolge Schmutzeinwirkung gefährden (z. B. Gesteinsbohrer, Schaufelradbagger). Der Gleitvorgang erfolgt unter Abrasivbedingungen, wenn nicht durch geeignete

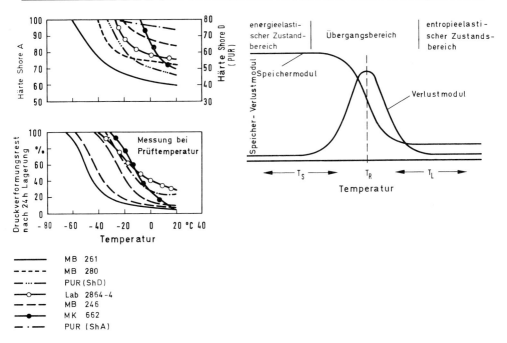

Bild 5.66: Temperaturbedingte Einsatzgrenzen von Elastomeren für Dichtungen [5.24]

Abstreifvorrichtungen das Eindringen von Partikeln in die Dichtflächen vermieden werden kann. Obwohl in solchen Fällen die Eignung eines Dichtungssystems häufig erst in der Praxis nachgewiesen werden kann, erlauben Modellversuche im Einzelfall die Aufstellung von Bewährungsfolgen für unterschiedliche Paarungen. Beispielsweise sind Untersuchungen im Hinblick auf Dichtprobleme in Bohranlagen für die Ölförderung bekannt [5.27].

Bei der Auswahl des geeigneten Dichtungswerkstoffs ist außer den genannten Einflußfaktoren zu berücksichtigen, daß die Alterung der Polymeren infolge Kontaktes mit dem Medium ebenfalls temperaturabhängig ist. Die Änderung physikalischer Eigenschaften betrifft u. a. Volumen (Quellung), Härte, Zugfestigkeit, Bruchdehnung und Elastizitätsmodul. Einige Werte für in der Hydraulik verwendete Elastomer-Mischungen bei Einwirkung zweier Öle sind in *Tafel 5.5* angegeben [5.24]. In Zusammenhang mit Bild 5.66 sind Vorteile einzelner Mischungen bei unterschiedlichen Temperaturen zu erkennen.

Tafel 5.5: Änderung physikalischer Eigenschaften von Dichtungswerkstoffen in verschiedenen Hydraulikölen [5.24]

ASTM-ÖL 3

Werkstoff		Volumenänderung (%)	Härteänderung (Punkte)	Zugfestigkeitsänderung (%)	Moduländerung bei 100 % (%)	Bruchdehnungsänderung (%)
MB 246[x]	20 °C	1	3	9	4	25
	80 °C	13	10	7	5	8
MB 261[x]	20 °C	15	5	9	9	8
	80 °C	30	10	10	14	10
MB 280[x]	20 °C	5	4	5	4	8
	80 °C	27	10	10	6	10
PUR[xxx]	20 °C	0	1	2	2	2
	80 °C	3	4	10	5	16
MK 662[xx]	20 °C	keine meßbaren Veränderungen				
	150 °C	3	2	21	7	8
VITON[xx] GLT	20 °C	keine meßbaren Veränderungen				
	150 °C	3	1	8	10	0

ASTM-ÖL 1

Werkstoff		Volumenänderung (%)	Härteänderung (Punkte)	Zugfestigkeitsänderung (%)	Moduländerung bei 100 % (%)	Bruchdehnungsänderung (%)
MB 246[x]	20 °C	0	0	8	2	0
	80 °C	2	0	9	15	10
MB 261[x]	20 °C	3	3	3	9	0
	80 °C	10	8	13	25	17
MB 280[x]	20 °C	1,5	1	4	4	0
	80 °C	3	2	11	15	12
PUR[xxx]	20 °C	0	1	2	2	1
	80 °C	1	3	15	4	10
MK 662[xx]	20 °C	keine meßbaren Veränderungen				
	150 °C	0,2	1	5	25	5
VITON[xx] GLT	20 °C	keine meßbaren Veränderungen				
	150 °C	0,3	0	3	6	0

x) Nitril-Butadien-Gummi (NBR-Compound)   xx) Fluorgummi (FM-Compound)   xxx) Polyurethan

5.2.3 Scheibenwischer

Der Scheibenwischer muß Regentropfen, Straßenschmutz, Insektenrückstände, fettige Beläge u. ä. von der Fahrzeugscheibe beseitigen [5.28], so daß zwischen den verwendeten Elastomeren und dem Glas die unterschiedlichsten Reibungsverhältnisse auftreten. Besonders bei kleiner Wischfrequenz, großer Anpreßkraft und leichtem Regen wird häufig ein Rattern des Wischers festgestellt, *Bild 5.67*. Messungen mit einer Anordnung gemäß *Bild 5.68* zeigten eine diskontinuierliche Geschwindigkeit sowohl der Antriebswelle als auch in verstärktem Maße des Wischers, *Bild 5.69*. Die Bewegung des Wischers kann zu Rattervorgängen (Stick-Slip) führen. Ausgehend vom Wechsel aus Ruhe in Bewegung ergibt sich im Mischreibungsgebiet entsprechend dem Stribeck-Diagramm, vgl. Bild 2.4, *Bild 5.70,* ein Abfall der Reibungskraft mit steigender Bewegungsgeschwindigkeit. Zur Erfüllung seiner Funktion soll der Scheibenwischer natürlich auch nicht im hydrodynamischen Gebiet laufen. Gemäß Bild 5.69 wird in der Zeit $t_{0B} - t_{0A}$ der Bügel des Wischers elastisch verspannt,

Bild 5.67: Rattern von Scheibenwischern [5.28]

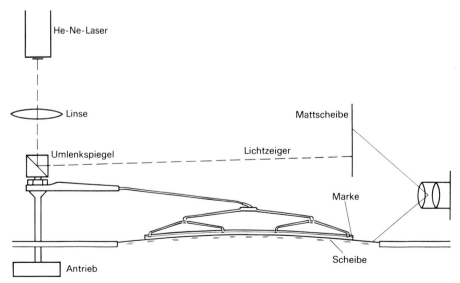

Bild 5.68: Meßanordnung für die Prüfung von Scheibenwischern [5.28]

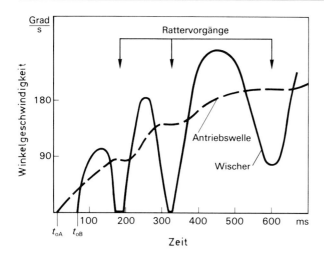

Bild 5.69: Bewegungsgeschwindigkeit von Antriebswelle und Wischer eines Scheibenwischers [5.28]

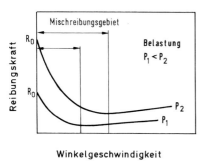

Bild 5.70: Geschwindigkeitsabhängigkeit der Reibungszahl eines Scheibenwischers auf nasser Scheibe bei unterschiedlichen Anpreßkräften [5.28]

bis die sich aufbauende Kraft ausreicht, um die Startreibung $R_0(p)$, Bild 5.70, zu überwinden. Die elastische Energie wird in Bewegungsenergie umgesetzt und beschleunigt den Wischer über die Geschwindigkeit an der Antriebsachse hinaus. Wenn die gespeicherte Energie aufgezehrt ist, verlangsamt sich die Bewegung des Wischerarmes und die Reibung steigt wieder an. Dieser Vorgang wiederholt sich periodisch. Da die einwandfreie Funktion eine bestimmte Anpreßkraft erfordert, kann die Anfälligkeit des Systems gegen Rattern nur durch eine möglichst große elastische Konstante herabgesetzt werden, die zu einem schnellen Kraftaufbau beim Verspannen und zu kleineren Ratteramplituden führt, *Bild 5.71*, ferner durch niedrige Haftreibungszahl bei möglichst kleiner Differenz zwischen Haft- und Bewegungsreibung.

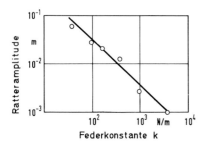

Bild 5.71: Einfluß der elastischen Konstante des Antriebes auf die Ratteramplitude eines Scheibenwischers [5.28]

Die Abläufe entsprechen den Vorgängen in einem Feder-Masse-System [5.29] und können durch ein Modell, bestehend aus einem Gewicht, das über eine Feder in Gleitbewegung relativ zu einer ruhenden Ebene versetzt wird, simuliert werden. Erst wenn die durch Dehnung der Feder aufgebaute Kraft die Haftreibungskraft zwischen Gewicht und Gegenstoff übertrifft, erfolgt Gleiten. Durch den Wechsel von Ruhe und Bewegung entsteht eine Stick-Slip-Bewegung.

Entsprechend den Erfordernissen in der Praxis erfolgt neben der Festlegung reiner Stoffwerte zur Gütesicherung die experimentelle Erprobung neuer Mischungen (meist auf der Basis von Naturkautschuk NR, vgl. Bild 1.13,) auf dem Prüfstand. Es werden umfangreiche Prüfmethoden angewendet, um Elastomer-Eigenschaften zu ermitteln, die als ursächlich für den Grad der Erfüllung der Anforderungen anzusehen sind [5.30], *Bild 5.72*. Außer Werkstoffkennwerten und der Wischergeometrie ist insbesondere das Reibungsverhalten auf trockener und nasser Scheibe für die Erfüllung der Funktion von wesentlicher Bedeutung. Zur Serienprüfung des Reibungsverhaltens von Wischergummis werden z.B. 50 mm lange Streifen verwendet, die mit einer Auflagekraft von 0,6 N gegen eine rotierende, schmutz- und fettfreie Glasscheibe (Geschwindigkeit v = 0 bis 600 mm/s) gedrückt werden. Die Messung erfolgt bei Raumtemperatur in beiden Richtungen. Im Trockenlauf ergeben sich nahezu geschwindigkeitsunabhängige Reibungswerte nur bei Oberflächenbehandlung des Wischerblattes, die eine akzeptable Lebensdauer des Gummis gewährleistet und gleichzeitig eine größenmäßig erträgliche Dimensionierung der Wischeranlage zuläßt, *Bild 5.73*. Der niedrige Trockenreibungswert muß mit einer schwach fallenden Reibungszahl/Geschwindigkeit-Abhängigkeit bei nasser Scheibe erkauft werden, *Bild 5.74*. Hierdurch wird die Gefahr des Ratterns erhöht. Beispiele für einige Werkstoffeigenschaften von für Scheibenwischer geeigneten Elastomeren sind in *Tafel 5.6* zusammengestellt.

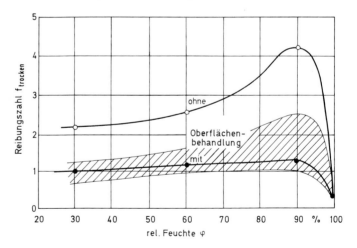

Bild 5.73: Einfluß der Oberflächenbehandlung des Wischbelages auf die Trockenreibung bei unterschiedlicher Luftfeuchte nach [5.30]

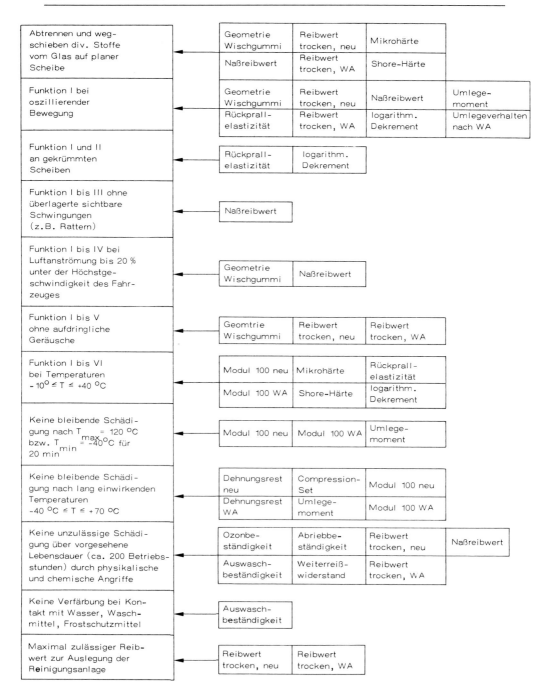

Bild 5.72: Anforderungen an Scheibenwischer-Gummis für Kraftfahrzeuge nach [5.30] (WA: Wärmealterung)

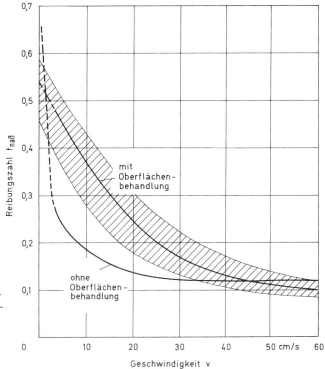

Bild 5.74: Einfluß der Oberflächenbehandlung des Wischbelages auf die Geschwindigkeitsabhängigkeit der Naßreibung nach [5.30]

Tafel 5.6: Zusammenstellung einiger Eigenschaften von Elastomeren, die für den Einsatz in Scheibenwischern in Betracht kommen, vgl. Bild 5.72 [5.30]
[1]) 100 h bei 70 °C; [2]) **International Rubber Hardness Degree**; [3]) Dehnung 100%

Stoff			A	E	F	H	I
Reibungszahlen	f_{neu}		1,3	1,2	1,04	1,22	1,16
	$f_{wärmegealtert}$ [1])		1,0	1,09	1,07	1,06	0,86
	$f_{naß}$, v = cm/s	2	0,24	0,44	0,41	0,26	0,36
		10	0,33	0,37	0,39	0,14	0,31
		25	0,19	0,19	0,24	0,10	0,18
		60	0,10	0,10	0,13	0,09	0,09
Dichte (g/cm^3)			1,30	1,24	1,25	1,39	1,25
Mikro-Härte (IRHD) [2])			66	62	66	60	63
Modul 100^3)	neu		2,35	2,21	2,25	2,27	2,13
	wärmegealtert [1])		2,65	2,61	2,66	2,70	2,48
Abrieb auf Glas (mm^3)			0,82	1,37	1,17	1,29	1,0

Schrifttum

[5.1] *Rieger, H.:* Experimentelle und theoretische Untersuchungen zur Gummireibung in einem großen Geschwindigkeits- und Temperaturbereich unter Berücksichtigung der Reibungswärme. Dissertation Technische Hochschule München 1968.
[5.2] *Bartenev, G. M., u. A. I. Elkin:* The Friction of Polymers at the Initial Stage of Sliding in Various Temperature Ranges. Wear 11 (1968), S. 393–403.
[5.3] *Schallamach, A.:* Friction and Abrasion of Rubber. Wear 1 (1957/58), S. 384–413.
[5.4] *Bartenev, G. M.:* Friction Properties of High Elastic Materials. Wear 8 (1965), S. 8–21.
[5.5] *Vinogradov, G. V., A. I. Elkin, G. M. Bartenev u. S. Z. Bubman:* Effect of Normal Pressure on Temperature and Rate Dependence of Elastomer Friction in the Glass Transition Region. Wear 23 (1973), S. 33–38.
[5.6] *Schallamach, A.:* How Does Rubber Slide. Wear 17 (1971), S. 301–312.
[5.7] *Grosch, K. A.:* Relation between the Friction and Viscoelastic Properties of Rubber. Nature 2 (1963), S. 850–859.
[5.8] *Briggs, G. A. D., u. B. J. Briscoe:* The Dissipation of Energy in the Friction of Rubber. Wear 35 (1975), S. 357–364.
[5.9] *Sarkar, A. D.:* Friction and Wear. Academic Press, London 1980.
[5.10] *Schallamach, A.:* Zur Physik der Kautschukreibung. Kolloid Z. 141 (1950) 3, S. 165–173.
[5.11] *Bartenev, G. M. u. V. V. Lavrentev:* The Law of Vulcanized Rubber Friction. Wear 4 (1961), S. 154–160.
[5.12] *Coulomb, C. A.:* Théorie des machines simples en ayant égard au frottement de leurs parties et la roideur des cordages. Paris, Nouvelle Edition 1821.
[5.13] *Thirion, P.:* The Coefficient of Adhesion of Rubber. Rubber Chem. and Technol. 21 (1948), S. 505.
[5.14] *Bartenev, G. M., u. V. V. Lavrentev:* Friction and Wear of Polymers. Elsevier, New York 1981.
[5.15] *Ratner, S. B., V. E. Gool u. G. S. Klitenick:* On the Abrasion of Vulcanized Rubber against Wire Gauze. Wear 2 (1958/59), S. 127–132.
[5.16] *Gough, V. E.:* Tyre-to-ground Contact Stress. Wear 2 (1958/59), S. 107–126.
[5.17] *Schallamach, A., u. P. M. Turner:* The Wear of Slipping Wheels. Wear 3 (1960), S. 1–25.
[5.18] *Hörz, E.:* Der Einfluß von Bremskraftreglern auf die Brems- und Führungskraft eines gummierten Fahrzeugrades. Dissertation Universität Stuttgart 1968.
[5.19] *Burckhardt, M.:* Fahrer, Fahrzeug, Verkehrsfluß und Verkehrssicherheit. Der Verkehrsunfall 2 (1977), S. 25–28.
[5.20] *Taneerananon, P. u. W. O. Yandell:* Microtexture Roughness Effect on Predicted Road-Tyre Friction in Wet Conditions. Wear 69 (1981), S. 321–337.
[5.21] *Denker, D.:* Reifenrollgeräusche und Gleitbeiwerte von profilierten Reifen. Dissertation Universität Stuttgart 1980.
[5.22] *Trutnovsky, K.:* Berührungsdichtungen an ruhenden und bewegten Maschinenteilen. Springer-Verlag, Berlin 1975.
[5.23] *Eyerer, P.:* Kunststoffe in der Dichtungstechnik. Kunststoffe 69 (1979) 9, S. 569–577.
[5.24] *Hopp, H.:* Dichtungen für den Einsatz bei extrem niedrigen Temperaturen. Ölhydraulik und Pneumatik 26 (1982) 6, S. 452–461.
[5.25] *Eyerer, P.:* Bauarten, Eigenschaften und Anwendung von Flachdichtungen. Werkstatt und Betrieb 111 (1978) 6, S. 367–372.
[5.26] *Eyerer, P.:* Flachdichtungen und ihre Einspannverhältnisse. Werkstatt und Betrieb 111 (1978) 8, S. 527–532.
[5.27] *Burr, B. H., u. K. M. Marshek:* O-Ring Wear Test Machine. Wear 68 (1981), S. 21–32.
[5.28] *Zehender, E., u. H. Bonn:* Untersuchungen an Scheibenwischern für Kraftfahrzeuge. Bosch Technische Berichte 7 (1981) 3, S. 124–130.
[5.29] *Niemann, G., u. K. Ehrlenspiel:* Anlaufreibung und Stick-Slip bei Gleitpaarungen. VDI-Z. 105 (1963) 6, S. 221–222.
[5.30] *Melcher, K.:* persönliche Mitteilung November 1982.

6 Friktionswerkstoffe

6.1 Anforderungen

Friktionswerkstoffe werden in Bremsen und Kupplungen verwendet und sollen bezüglich ihres tribologischen Verhaltens im Gegensatz zu den meisten anderen technischen Anwendungsgebieten in Paarung mit einem Gegenstoff (Metall oder Friktionswerkstoff) eine relativ hohe Reibungszahl haben. Trotz dieser schon durch die Bezeichnung charakterisierten Eigenschaft sind für die Paarungsauswahl weitere wesentliche Merkmale auch für die Serie von Bedeutung, deren wichtigste möglichst von der Beanspruchungshöhe unabhängige, d. h. innerhalb eines bestimmten Bereiches konstant bleibende Reibungszahl ohne Fading, ferner geringer Verschleiß, Temperaturbeständigkeit, Formstabilität auch in der Wärme bzw. mechanische Festigkeit, geringe Abrasivwirkung auf den Gegenstoff und nicht zuletzt vertretbare Material- und Fertigungskosten sind. Im Sinne der Erträglichkeit für den Menschen finden Laufruhe der Paarung sowie physiologische Ungefährlichkeit zusätzlich Beachtung. Bei Bremswerkstoffen muß eine genügend große Wärmedämmung gegenüber metallischen Halterungen der Bremsanlage gegeben sein, damit Blasenbildung in der Bremsflüssigkeit infolge Erwärmens nicht zum Versagen führt.

6.2 Paarungswerkstoffe

Reibbeläge sind Kompositionswerkstoffe, die aus Komponenten mit unterschiedlichen Funktionen bestehen [6.1], *Tafel. 6.1*. Reibwertwandlerstoffe und Füllstoffe wie Carbonate, Silicate, Metalloxide, Graphit, Ruß, Kreide, aber auch ausgehärtete, pulverförmige Polymerisationsprodukte sowie Schmierstoffe haben hauptsächlich die Aufgabe, Höhe und Konstanz der Reibungs- und Verschleißwerte sowie Geräuscheigenschaften zu beeinflussen [6.2]. Die Bindemittel dienen als Matrix für die übrigen Komponenten und sind meist Polymerwerkstoffe wie Phenol- oder Kresolharze, Butadien-Styrol-Gummi (SBR), Butadien-Acryl-Gummi (NBR) oder Polyimid, vgl. Bilder 1.13 und 1.14. Fasern werden hauptsächlich zugesetzt, um die erforderliche mechanische Festigkeit zu erreichen. Konventionelle Reibbeläge sind mit Asbestfasern verstärkt, wodurch die Anforderungen insbesondere in bezug auf Sicherheitsaspekte optimal erfüllt werden können. Nachdem jedoch bekannt wurde, daß Asbestfasern unter bestimmten Voraussetzungen bezüglich Form und Größe

Tafel 6.1: Komponenten von Reibbelägen nach [6.1]

Fasern	15 – 30 %
Reibwertwandlerstoffe	35 – 50 %
Schmierstoffe	5 – 10 %
Füllstoffe	10 – 20 %
Bindemittel	9 – 15 %

der Partikel gesundheitsschädigend wirken, sind Bestrebungen im Gange, Asbest durch andere Fasertypen zu ersetzen. Obwohl inzwischen nachgewiesen wurde, daß im Abrieb von Bremsbelägen im allgemeinen nicht die schädliche, sondern eine beanspruchungsbedingt umgewandelte amorphe Modifikation des Asbest vorliegt [6.3], geben Verfügbarkeit auf weitere Sicht und insbesondere Gefährdung des Menschen bei Gewinnung und Verarbeitung Anlaß, die Entwicklung in dieser Richtung voranzutreiben. Nimmt man die Temperaturbeständigkeit des Asbest als Maß für die Bewährung in Friktionswerkstoffen, so kommen die in *Bild 6.1* gezeigten Verstärkungsstoffe in Betracht [6.1], deren Eigenschaften in Reibbelägen erprobt werden. Die Verstärkung mit Metallfasern oder -pulver (Stahlwolle, Eisenpulver) ergibt die sogenannten Semimetalle, während bei den übrigen Lösungen von Werkstoffen mit Ersatzfasern gesprochen wird. Mineralfüllstoffe sind z.B. Glas oder Al_2O_3. Pechfasern kommen aus Preisgründen als Alternative für Kohlefasern in Betracht. Als Polymerfaser hat sich hauptsächlich Polyaramid (ein aromatisches Polyamid), bekannt unter den Handelsnamen Kevlar, Nomex oder Arenka durchgesetzt.

Nach dem heutigen Entwicklungsstand können die Anforderungen an Reibbeläge durch ersatzfaserverstärkte Friktionswerkstoffe gut erfüllt werden, während Semimetalle kaum noch Verwendung finden, da trotz geringen Verschleißes die Wärmedämmung gegenüber den Metallteilen der Bremsanlage bei hoher Beanspruchung nur bedingt gegeben ist. Zum

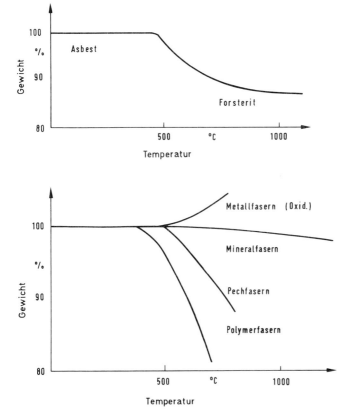

Bild 6.1: Temperaturbeständigkeit verschiedener Verstärkungsstoffe im Hinblick auf die Verwendung in Reibbelägen nach [6.1]

Tafel 6.2: Beispiele für die Zusammensetzung von Pkw- und Lkw-Bremsbelägen [6.2]

PKW-Scheibenbremsbelag	
1. Fasern	
Asbest	20 %
2. Reibungsmodifikatoren (Füllstoffe)	
Schwerspat	7 %
Messing, Kupfer	21 %
Eisenmetalle	11 %
Metalloxide	3 %
Metallsulfide	6 %
Kohlenstoffe (Graphit, Ruß)	11 %
friction dust	5 %
3. Bindemittel	
Kautschuk	3 %
Vulkanisationshilfsmittel (z.B. Schwefel)	1 %
Phenolharz	12 %

LKW-Trommelbremsbelag	
1. Fasern	
Asbest	25 %
2. Reibungsmodifikatoren (Füllstoffe)	
Calciumcarbonat (Kreide)	4 %
Messing	5 %
Metalloxide	4 %
Graphit	8 %
friction dust	9 %
Kautschukgranulat	30 %
3. Bindemittel	
Phenolharz	15 %

Teil sind sogenannte asbestfreie Reibbeläge tatsächlich heute noch asbestarme Kompositionen [6.1, 6.4]. Ferner ist oft das einseitige Aufbringen einer Asbestschicht zur Isolation erforderlich. Beispiele für die Zusammensetzung von Pkw-Scheibenbrems- bzw. Lkw-Trommelbremsbelägen sind in *Tafel 6.2* zusammengestellt [6.2].

Als Gegenstoffe für Friktionswerkstoffe werden bei Bremsen ausschließlich Eisen-Metalle verwendet. Bremsscheiben bestehen in der Regel aus Guß bzw. im Einzelfall aus Stahlguß, für Bremstrommeln ist Grauguß obligatorisch. Bei hohen spezifischen Belastungen wird im Automobilbau Grauguß bevorzugt, da Stahl zu Oberflächenrissen neigt. Die Eignung des Materials wird durch die Kennzahl $(\sigma \lambda) / (E \alpha)$ angegeben, die möglichst groß sein soll (σ: maximal zulässige Temperaturwechselspannung; λ: Wärmeleitzahl; E: Elastizitätsmodul; α: Wärmeausdehnungszahl) [6.5]. Tribologische Kennwerte sind dabei allerdings nicht berücksichtigt. Bei einem Grauguß mit hohem Kohlenstoffgehalt ist ein großer Wert deshalb gegeben, weil E und α klein, λ aber groß ist. Aus den genannten Gründen ist z.B. GG22 CrMo vorteilhafter als GG26 Cr. Stahl würde bei dieser Betrachtung wegen des großen E-Moduls und der kleinen Wärmeleitfähigkeit ausscheiden, jedoch wird vereinzelt bei Bremsscheiben von Motorrädern Stahlguß (G X 30 CrSi 6) verwendet. Bei hohen Geschwindigkeiten, wie sie bei Bremsscheiben von Flugzeugen und Hochgeschwindigkeitszügen auftreten, reicht Grauguß wegen der hohen Fliehkräfte aus Festigkeitsgründen nicht aus, weshalb dort auf Stahlgußscheiben zurückgegriffen wird.

6.3 Prüfverfahren

Die Prüfverfahren für Friktionswerkstoffe richten sich nach den sicherheitstechnischen Anforderungen und den jeweiligen betrieblichen Gegebenheiten. Die Prüfbedingungen für die in der Bundesrepublik Deutschland verwendeten Paarungswerkstoffe sind teilweise schärfer als in anderen Ländern (z.B. USA). Wie bei der Serienprüfung bereits eingeführter Werkstoffkompositionen auf dem sogenannten Reibwertprüfer (Prüfkategorie III, vgl. 2.3) hat sich ein reglementiertes Prüfprogramm mit einem Schwungmasseprüfstand vor der eigentlichen Erprobung im Fahrzeug als aussagekräftig erwiesen [6.6]. Durch das Verfahren ist gewährleistet, daß unterschiedliche Betriebsphasen der Praxis simuliert werden und daher Fehleinschätzungen, die aufgrund nur einer Beanspruchungskombination möglich sind [6.7], vermieden werden.

Im Fall des Reibwertprüfers wird die Scheibe einer Originalbremse durch einen Elektromotor mit einer Drehzahl von 660 ± 10 U/min angetrieben, und es werden mit Originalbremsbelägen 100 Bremsungen in 10 Zyklen mit 10 Bremsungen von jeweils 5 s Dauer und 10 s Pause durchgeführt. Die ersten 30 Bremsungen dienen dem Einlauf der Beläge, wobei der erste Zyklus bei Raumtemperatur und die beiden folgenden bei 100 °C beginnen. Der anschließende Zyklus fängt bei 50 °C an und gibt über den Kaltreibungswert Aufschluß, während die weiteren von 100 °C ausgehen und als Heißbremsungen bezeichnet werden. Aus Vergleichsgründen erfolgt der letzte Zyklus unter den gleichen Bedingungen wie wäh-

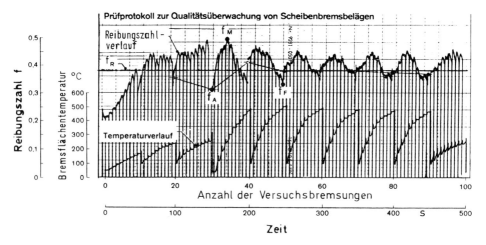

Prüfbedingungen:

Bremssattel	S 57
Bremsscheibe	273 × 12,7
Belagfläche	37 cm²
Bremsdruck	18 bar Überdruck
Belagpressung	1,23 N/mm²
Wirksamer Bremsradius	108 mm
Reibgeschwindigkeit	7,46 m/s
Häufigkeit	100 Bremsungen

Prüfwerte:

Betriebsreibungszahl	f_R	= 0,38
Maximale Reibungszahl	f_M	= 0,49
Fading Reibungszahl	f_F	= 0,33
Kaltreibungszahl	f_A	= 0,31

Bild 6.2: Testverlauf für einen typischen Vorderrad-Bremsbelag auf dem Reibwertprüfer [6.8]

rend des Einlaufens. Bei diesem Verfahren ergibt sich eine Reibungs- und Temperaturcharakteristik wie in *Bild 6.2*, aus der die angegebenen Kennwerte entnommen werden [6.8].

Mit dem Schwungmasseprüfstand läßt sich ein breit angelegtes Beanspruchungskollektiv realisieren, *Tafel 6.3*, aus dem sich Abhängigkeiten wie in *Bild 6.3* ergeben [6.6].

Tafel 6.3: Beanspruchungskollektiv für Bremsbeläge auf dem Schwungmassenprüfstand [6.6]

---

1. Druckabhängigkeit (Programmteil a bzw. als Wiederholung Programmteil f in Bild 6.2)

$f = f(p)$: $p = 20, 40, 60, 80, 100$ bar

$\vartheta_{BO} = 60\ °C$

$v_{BO,VA} = 7{,}7$ m/s

$v_{BO,HA} = 8{,}3$ m/s

(entsprechend einer Fahrzeuggeschwindigkeit von $v_0 = 80$ km/h)

2. Geschwindigkeitsabhängigkeit (Programmteil b)

$f = f(v_B)$ Reibgeschwindigkeiten v_{BO} entsprechend den Fahrzeuggeschwindigkeiten

$v_0 = 40, 60, 80, 100, 120, 140, 150$ km/h

$\vartheta_{BO} = 60\ °C$

$p = 60$ bar

3. Temperaturabhängigkeit

konstant: $v_{BO,VA} = 7{,}7$ m/s

$v_{BO,HA} = 8{,}3$ m/s

(entsprechend einer Fahrzeuggeschwindigkeit von $v_0 = 80$ km/h)

$p = 60$ bar

$f = f(\vartheta_B)$:   Programmteil c
Stoppbremsungen in einem Intervall von 65 s

Programmteil d
Von $\vartheta_{BO} = 300\ °C$ abnehmend bis auf $100\ °C$

Programmteil e
$\vartheta_{BO} = 60\ °$ konstant

Programmteil g
$\vartheta_{BO} = 50\ °C$ ansteigend bis auf $300\ °C$

Das gesamte Programm wird zweimal gefahren.

BO: Anfangsrelativgeschwindigkeit der Bremspaarung

VA: Vorderrad   HA: Hinterrad

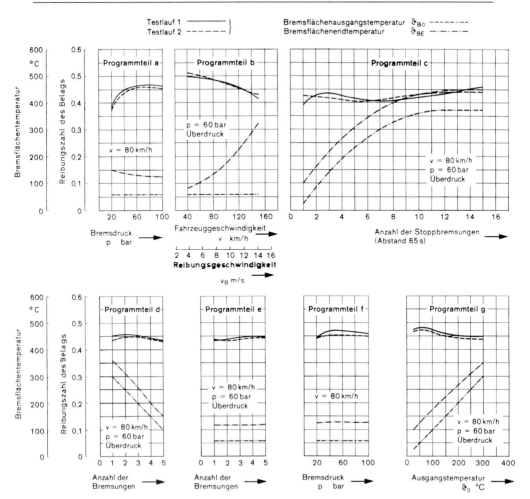

Bild 6.3: Testverlauf für einen typischen Vorderrad-Bremsbelag auf dem Schwungmassenprüfstand [6.6], Programm vgl. Tafel 6.3

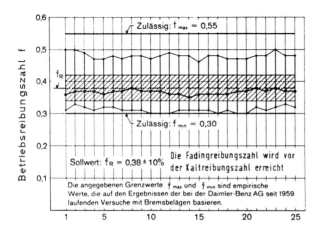

Bild 6.4: Zulässige Reibungszahlen bei der Qualitätsüberwachung eines typischen Vorderrad-Bremsbelages auf dem Reibwertprüfer [6.8]

Die Verwendung der beschriebenen Prüfverfahren erlaubt einen systemspezifischen Vergleich unterschiedlicher Reibbeläge. Die Ergebnisse sind jeweils für das verwendete Bremssystem aussagefähig, da infolge der Temperatureinflüsse die Reibungs- und Verschleißeigenschaften der Paarung in besonderem Maße Kenngrößen des Systems sind [6.6], vgl. 2.2.1. Bei gleichem Prüfsystem ergeben sich in der Serienprüfung von Reibbelägen gemäß Bild 6.2 reproduzierbare Ergebnisse, die bei statistischer Auswertung innerhalb eines zulässigen Streubandes liegen müssen [6.8], *Bild 6.4.*

Bei Teilbelagprüfung (Prüfkategorie IV) können sich wohl wichtige Hinweise für das Reibungs- und Verschleißverhalten von Bremsbelagwerkstoffen ergeben, die Temperaturempfindlichkeit der maßgeblichen tribologischen Kenngrößen indes bedingt, daß Modellversuche mit kleineren als den Originalgrößen möglicherweise zu falscher Bewertung verschiedener Bremswerkstoffe führt. Der Grund hierfür ist, hauptsächlich bei kleineren Proben, der flächenmäßig kleinere im Eingriff befindliche Bereich des Gegenstoffs, so daß die Werkstofferwärmung infolge Reibung vor allem am Auslauf des Bremsbelages geringer ist als bei einem größeren Bremsbelag, der an dieser Stelle durch den längeren Eingriff mehr aufgeheizt wird.

6.4 Tribologisches Verhalten und Betrieb

6.4.1 Reibung

Wie bei anderen Gleitpaarungen ist bei neuen Bremsen das Reibungsverhalten zunächst durch einen Einlaufvorgang bestimmt, der durch Einglätten und Einschleifen die Kontakt- und Strukturverhältnisse verändert, Bild 6.2. Im Anschluß daran ergeben sich reproduzierbare Reibungszahlen.

Zahlreiche Meßreihen mit Friktionswerkstoffen haben gezeigt, daß die Reibungszahl von Bremspaarungen entgegen dem gewünschten Idealfall deutlich von der angewendeten Bremskraft und der Bewegungsgeschwindigkeit abhängt, *Bild 6.5,* wobei die Reibungskraft bei konstanter Temperatur in der Form

$$F_R = k\, p^a\, v^b \tag{6.1}$$

dargestellt werden kann [6.9]. Für die gezeigten Ergebnisse asbestverstärkten Phenolharzes gegen Grauguß ergeben sich die Exponenten aus logarithmischer Darstellung, *Bild 6.6,* zu $k = 0{,}64$, $a = 0{,}86$ und $b = -0{,}14$.

Bei den im Betrieb zu erwartenden Bremsentemperaturen ($> 500\,°$ C) muß gewährleistet sein, daß in keinem Bereich ein unkalkulierbarer Reibungsabfall unter einen zulässigen Wert (Fading) als Funktion der Beanspruchung auftritt. Bei asbestverstärkten sowie asbestfreien qualifizierten Belägen ist dies in der Regel gegeben, Bild 6.3. Es gibt positive Beispiele insbesondere für kevlarverstärktes Material [6.10], aber auch für Semimetalle.

Stabiles Verhalten des Fahrzeugs beim Bremsvorgang ist nur dann gegeben, wenn bei einer Vollbremsung die Räder der Vorderachse vor denen der Hinterachse blockieren [6.8]. In einem Bremskraft-Verteilungsdiagramm ist diese Bedingung erfüllt, wenn die im Fahrzeug

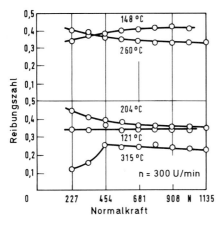
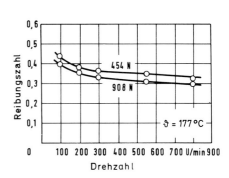

Bild 6.5: Einfluß von Normalbelastung und Gleitgeschwindigkeit (Drehzahl) auf die Reibungszahl eines organischen Friktionswerkstoffes gegen Grauguß nach [6.9] (Probe des Friktionswerkstoffs verkleinert)

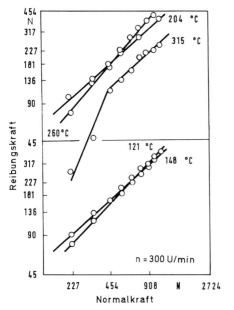
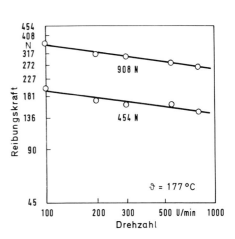

Bild 6.6: Arrhenius-Auftragung von Reibungszahlen eines organischen Friktionswerkstoffes gegen Grauguß zur Bestimmung von Exponenten gemäß Gleichung (6.1) nach [6.9] (Probe des Friktionswerkstoffs verkleinert)

installierte Bremskraftverteilung unterhalb der Parabel der idealen Bremskraftverteilung liegt [6.6], *Bild 6.7*. Eine Abstimmung der zum Teil sogar unterschiedlichen Bremssysteme für Vorder- und Hinterachse – oft sind nur an der Vorderachse Scheibenbremsen vorhanden – in bezug auf das Reibungsniveau der Beläge ist daher unerläßlich. Aus diesem Grunde ist für die Hinterradbeläge eine niedrigere Reibungszahl zu fordern als für die an der Vorderachse, *Bild 6.8*, vgl. Bilder 6.2 und 6.4, sofern die Konstruktion der Hinterachsbremsen aus praktischen Gründen nicht der niedrigeren Beanspruchung angepaßt wird. Da

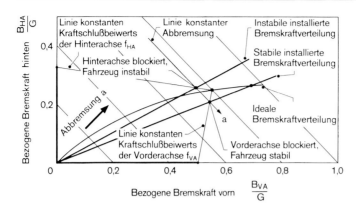

Bild 6.7: Stabile und instabile Bremskraftverteilung im Bremskraft-Verteilungsdiagramm [6.6]

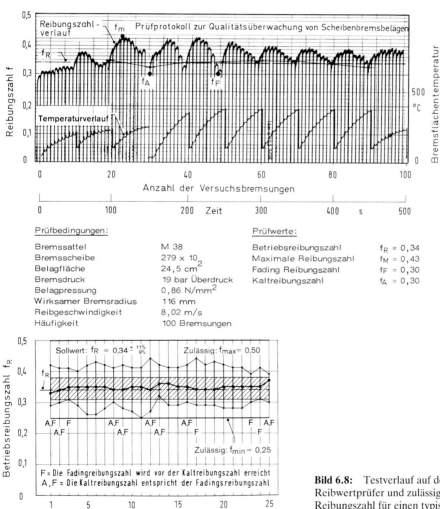

Prüfbedingungen:

Bremssattel	M 38
Bremsscheibe	279 × 10
Belagfläche	24,5 cm^2
Bremsdruck	19 bar Überdruck
Belagpressung	0,86 N/mm^2
Wirksamer Bremsradius	116 mm
Reibgeschwindigkeit	8,02 m/s
Häufigkeit	100 Bremsungen

Prüfwerte:

Betriebsreibungszahl	$f_R = 0{,}34$
Maximale Reibungszahl	$f_M = 0{,}43$
Fading Reibungszahl	$f_F = 0{,}30$
Kaltreibungszahl	$f_A = 0{,}30$

F = Die Fadingreibungszahl wird vor der Kaltreibungszahl erreicht
A,F = Die Kaltreibungszahl entspricht der Fadingsreibungszahl

Bild 6.8: Testverlauf auf dem Reibwertprüfer und zulässige Reibungszahl für einen typischen Hinterrad-Bremsbelag [6.6]

in der Regel keine von der Bremstemperatur unabhängige Reibungszahl gegeben ist, *Bild 6.3*, sollte das Reibungsmaximum des Belages der Vorderachse bei höherer Temperatur als dasjenige der Hinterachse liegen [6.8], *Bild 6.9*. Dadurch ist gewährleistet, daß sich die infolge Achslastverlagerung während des Bremsvorganges höhere Erwärmung des vorderen Bremsenpaars nicht negativ auswirkt, *Bild 6.10*.

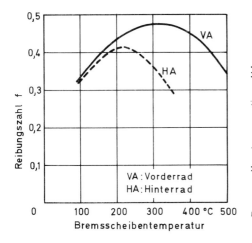
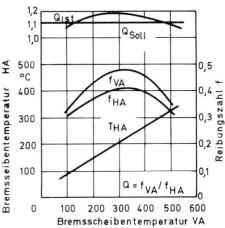

Bild 6.9: Gegenüberstellung der bremstemperaturabhängigen Reibungszahl eines Vorderrad- und eines Hinterrad-Bremsbelages [6.8]

Bild 6.10: Zusammenhang zwischen Hinterrad- und Vorderrad-Bremsscheibentemperatur beim Bremsvorgang sowie Auswirkung auf die jeweiligen Reibungszahlen [6.8]

6.4.2 Verschleiß

Der Verschleiß von Friktionswerkstoffen ändert sich wie bei anderen Gleitpaarungen während des Einlaufens, *Bild 6.11*, wobei auch die mittlere Flächenpressung variiert [6.11], *Bild 6.12*. Im Anschluß daran ergibt die Auftragung des Verschleißes in doppeltlogarithmischem Maßstab gegen Last, Geschwindigkeit und Zeit unter isothermen Bedingungen Geraden [6.12], *Bild 6.13*, die für Semimetall mathematisch einer empirisch ermittelten Potenzfunktion entsprechen

$$W = k F^a v^b t^c; \quad \vartheta = \text{konstant} \quad (6.2)$$

Als Funktion der Temperatur wird bei Semimetallen mitunter eine exponentielle Verschleißzunahme beobachtet [6.13], *Bild 6.14*. Der Tendenz nach ergibt sich bei konventionellen Bremsbelägen ähnliche Abhängigkeit.

Der Verschleiß asbestfreier Friktionswerkstoffe und des Gegenstoffs liegt bis zu einer Grenztemperatur meist niedriger als bei konventionellen Werkstoffen, steigt aber darüber mitunter stark an [6.1], *Bild 6.15*. Mit qualifizierten Belägen wird jedoch auch bei höheren Temperaturen niedriger Verschleiß erzielt [6.10], *Bild 6.16*. Die Anforderungen bezüglich der Lebensdauer sind daher bei hohen Belastungen nur bedingt gewährleistet.

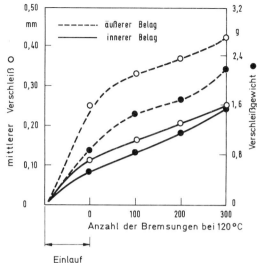

Bild 6.11: Einlaufverhalten des Verschleißes von Bremsbelägen am Beispiel eines Semimetalles nach [6.11]. Rollradius 28,2 cm, simulierte Gewichtskraft 4020 N, Verzögerung 4 m/s, Geschwindigkeit 17,9 m/s (Einlauf)/22,4 m/s, Temperaturerhöhung rd. 78 °C (Belag)/28 °C (Rotor).

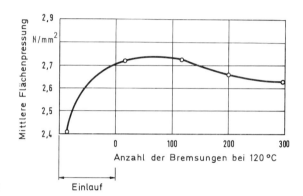

Bild 6.12: Veränderung der mittleren Flächenpressung eines Bremsbelages während des Einlaufens (weitere Bedingungen vgl. Bild 6.11)

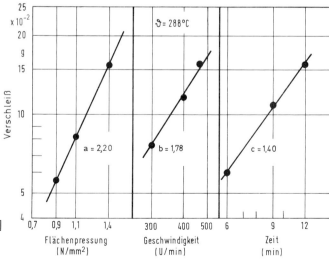

Bild 6.13: Arrhenius-Auftragung des Verschleißes eines Semimetalls unter isothermen Bedingungen zur Ermittlung von Exponenten nach [6.12] (Probe des Friktionswerkstoffs verkleinert)

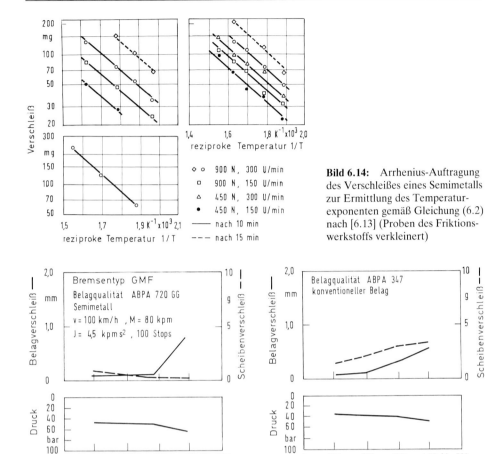

Bild 6.14: Arrhenius-Auftragung des Verschleißes eines Semimetalls zur Ermittlung des Temperaturexponenten gemäß Gleichung (6.2) nach [6.13] (Proben des Friktionswerkstoffs verkleinert)

Bild 6.15: Gegenüberstellung des Belagverschleißes in Abhängigkeit von der Temperatur für ein Semimetall (links) und einen konventionellen Werkstoff (rechts) (Asbestzusatz) nach [6.1]

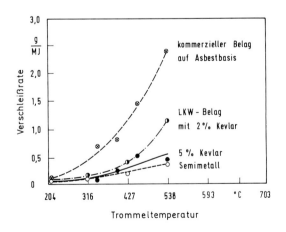

Bild 6.16: Gegenüberstellung der Temperaturabhängigkeit des Verschleißes verschiedener Werkstoffe für Bremsbeläge nach [6.10] (Probe des Friktionswerkstoffs verkleinert)

Die Standzeiten gebräuchlicher Beläge sind in hohem Maße von der Betätigungshäufigkeit abhängig. Im statistischen Mittel betragen sie beim „Normalfahrer" für Scheibenbremsen von Personenwagen 25 000 bis 30 000 km, für Trommelbremsen zwischen 40 000 bis 60 000 km und liegen im Fall von Nutzfahrzeugen sogar noch höher. In der Praxis treten jedoch merkliche Streuungen auf. In Betriebsversuchen [6.14] wird der Belagabnutzung bei Schleich-, Normal- und Hochbelastungsfahrten im Gebirge unter Bremstemperaturen bis über 700 °C besondere Aufmerksamkeit gewidmet. Bei Dauerlaufstrecken mit hohem Autobahnanteil ergeben sich Belagstandzeiten von 70 000 bis 80 000 km, während im Taxibetrieb in der Stadt um 13 000 bis 16 000 km, im Gebirge sogar nur 12 000 bis 15 000 km zu erwarten sind [6.5].

Die aus der Arrhenius-Auftragung gemäß Bild 6.14 ermittelten Aktivierungsenergien von 4 bis 9,6 kcal/mol lassen schließen, daß Pyrolyse vor Oxidation (30–50 kcal/mol) ein wesentlicher Verschleißmechanismus ist. *Bild 6.17* gibt anhand der Verschleißerscheinungsformen Hinweise auf die ablaufenden Mechanismen Verformung, Adhäsion, Abrasion und die zersetzten Partikel auf ablative Prozesse mit Verdampfen des Werkstoffs (Gasbildung)

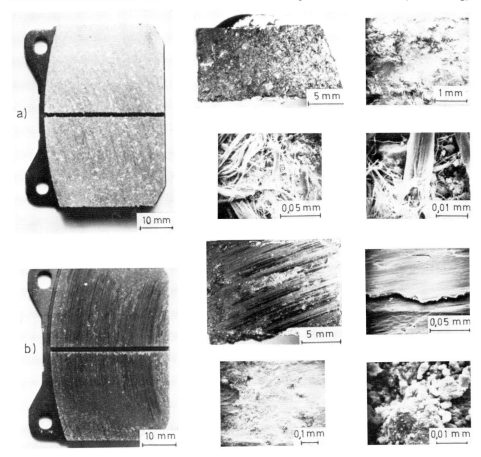

Bild 6.17: Verschleißerscheinungsformen an Bremsbelägen [6.16]
a) Neuzustand
b) nach 500 Bremsungen, je 100 bei 100, 200, 300, 400, 500 °C

[6.15]. Ablation ist oft Ursache für spezielles Fading, das bei ununterbrochenem Bremsen zu kritischen Zuständen führen kann. Der Ablationsvorgang ist endotherm und mindert dadurch die Temperaturerhöhung. Elektronenmikroskopisch konnten die zersetzten Matrixpartikel deutlich sichtbar gemacht werden [6.16], *Bild 6.18*. Durch die Wärmeleitung der metallischen Füllstoffe bei Semimetallen, vgl. 6.2, wird eine Schicht von 0,4 bis 1,5 mm beeinflußt. Während die weichere Polymerschicht relativ leicht aus der Gleitzone transportiert wird, bleiben die harten Füllstoffpartikel in der Grenzschicht stehen oder brechen aus,

Bild 6.18: Grenzschichtveränderungen an Friktionswerkstoffen (Semimetall) [6.16]
a) zersetztes Harz
b) thermochemische Transformation

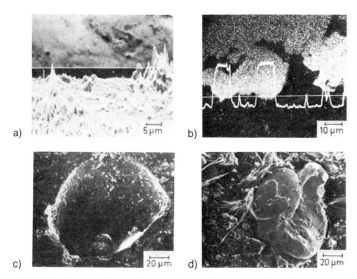

Bild 6.19: Grenzschichtveränderungen an Friktionswerkstoffen (Semimetall) [6.16]
a) Oberflächentopographie des Belags
b) Eisen-Mikroanalyse des Belags
c) Kraterbildung
d) Bariumsulfatkorn

Bild 6.19. Durch thermochemische Reaktionen bildet sich eine Schichtstruktur im Friktionswerkstoff aus, *Bild 6.20*, wobei in der Randschicht auch Risse an Füllstoffpartikeln beobachtet werden. Auf den Gegenstoff wird eine dünne Schicht übertragen, *Bild 6.21*, die dessen ursprüngliche Struktur verdeckt [6.11]. Verschleißpartikel sind bei mit der Anzahl der Bremsungen steigendem Eisenanteil im Einlaufbereich größer als im stationären Be-

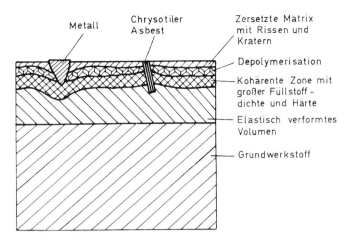

Bild 6.20: Aufbau der Grenzschicht eines beanspruchten Friktionswerkstoffes (schematisch), vgl. Bilder 6.18 bis 6.19 nach [6.16]

Bild 6.21: Veränderungen an der Oberfläche eines Semimetalls durch Bremsbeanspruchung [6.11]
a) Ausgangszustand
b) nach Versuch; Bestandteile: 1 Eisenpartikel, 2 Stahlfaser, 3 Organische Bestandteile oder Graphit

reich, vgl. Bild 6.11, *Tafel 6.4*. Die Elementanteile in der Oberfläche des Verbundwerkstoffes verändern sich dabei gemäß *Tafel 6.5*. Die hohe Beanspruchung bzw. hohe Temperatur bewirkt in der Grenzschicht der Gußtrommel eine Verschmierung der ursprünglich bis zur Oberfläche reichenden Graphitlamellen, *Bild 6.22*, und der Perlit zerfällt bis in einer Tiefe von rd. 2 µm [6.17], *Bild 6.23*.

Tafel 6.4: Zusammensetzung und Größe von Verschleißpartikeln nach unterschiedlichen Bremsphasen für ein Semimetall nach [6.11]

Intervall	Ort	Gewichtsprozent		Partikelgröße nm	
		Eisen	Graphit	Eisen	Graphit
Einlauf-bremsung	Beläge	82,8	17,2	28,5	8,5
	Filter	76,7	23,3	7,7	4,2
letze 100 Bremsungen	Beläge	95,9	4,1	18,8	8,5
	Filter	85,9	14,1	4,1	4,5

Tafel 6.5: Änderung der Zusammensetzung eines Semimetall in der Oberfläche durch Bremsbeanspruchung nach [6.11] (Komponenten gemäß Bild 6.21)

Komponenten	Art der Partikel	Änderung des Flächenanteils bei 290 °C %	Änderung des Flächenanteils bei 120 °C %
a	Eisenpartikel	+ 8.1	+ 21.7
b	Stahlfasern	+ 4.4	- 1.1
c	Organische Bestandteile, Graphit	- 22.3	- 32.5

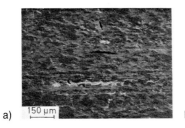 

a) b)

Bild 6.22: Grenzschichtänderungen an einer Gußtrommel durch den Bremsvorgang [6.11]
a) Ausgangszustand
b) nach Versuch

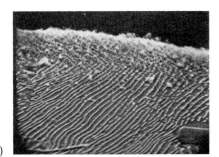

a)

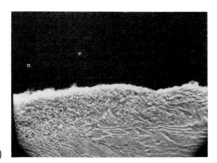

b)

Bild 6.23: Zerfall des Perlits in der Grenzschicht einer Bremsscheibe (a) bzw. Bremstrommel (b) infolge Beanspruchung [6.17] (Grauguß, mikroskopische Vergrößerung 10000fach)

6.4 Tribologisches Verhalten und Betrieb   351

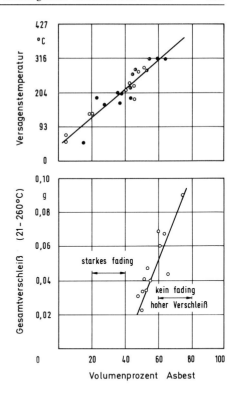

Bild 6.24: Einfluß des Asbestgehaltes auf die Versagenstemperatur und den Verschleiß eines Friktionswerkstoffes nach [6.18]

Organische Friktionsmaterialien gewinnen ihre thermische Stabilität durch Asbestzusätze. Die Versagenstemperatur des Bremswerkstoffs wird zwar mit steigendem Asbestgehalt höher, gleichzeitig nimmt aber der Verschleiß stark zu [6.18], *Bild 6.24*. Bezüglich des Asbestanteiles ist also eine Optimierung erforderlich.

Schrifttum

[6.1] Mitteilung Abex Pagib Reibbelag GmbH 1983.
[6.2] Mitteilung der Firma Textar.
[6.3] Daimler Benz AG: Technische Information Nr. 240 (1982).
[6.4] Daimler Benz AG: Neue Entwicklungen in der Kraftfahrzeugtechnik. Bremssysteme (Bremsen und Antiblockiersystem) (1982).
[6.5] *Burckhardt, M.:* Persönliche Mitteilung (1982).
[6.6] *Burckhardt, M., E. C. Glasner von Ostenwall* u. *E. Näumann:* Der Bremsbelag – ein wichtiges Konstruktionselement für das Kraftfahrzeug. ATZ Automobiltechnische Zeitschrift 76 (1974) 11, S. 357–365.
[6.7] Daimler Benz AG: Technischer Bericht 80/0498 vom 20. 10. 1980.
[6.8] *Burckhardt, M.:* Fahrer, Fahrzeug, Verkehrsfluß und Verkehrssicherheit. Der Verkehrsunfall 2 (1977).
[6.9] *Rhee, S. K.:* Friction Coefficient of Automotive Friction Materials – its Sensitivity to Load, Speed and Temperature. Automotive Engineering Congress, Detroit 25. 2. 1974.
[6.10] *Loken, H. Y.:* Asbestos Free Brakes and Dry Clutches Reinforced with Kevlar Aramid Fiber. Earthmoving Industry Conference, Peoria, 14.–16. 4. 1980.
[6.11] *Libsch, T. A.,* und *S. K. Rhee:* Microstructured Changes in Semimetallic Disc Brake Pads Created by Low Temperature Dynamometer Testing. Wear 46 (1978), S. 203–212.
[6.12] *Rhee, S. K.:* Wear of Metal-Reinforced Phenolic Resins. Wear 18 (1971), S. 471–477.
[6.13] *Liu, T.,* und *S. K. Rhee:* High Temperature Wear of Semimetallic Disc Brake Pads. Wear 46 (1978), S. 213–218.
[6.14] Mitteilung der Firma Textar: Erprobung asbestfreier Reibbeläge am Großglockner in der Zeit vom 1. 10. bis 6. 10. 1978.
[6.15] *Uetz, H.,* und *J. Föhl:* Erscheinungsformen von Verschleißschäden. VDI-Berichte Nr. 243 (1975).
[6.16] *Rakowski, W. A.:* The Surface Layer of Friction Plastics. Wear 65 (1980), S. 21–27.
[6.17] *Rhee, S. K.,* und *R. T. Du Charme:* The Friction Surface of Gray Cast Iron Brake Rotors. Wear 23 (1973), S. 271–273.
[6.18] *Rhee, S. K.:* Ceramics in Automotive Brake Materials. American Ceramic Society Bulletin 55 (1976), S. 585–588.

7 Erosion

7.1 Terminologie

Unter Erosion werden Vorgänge verstanden, bei denen infolge Bewegung körnigen Gutes oder infolge Strömung ohne bzw. mit Teilchen Kräfte auf die Wandung von Führungen oder Umschließungen übertragen werden und auf diese Weise Materialverluste entstehen. Der Teil des Abrasivgleitverschleißes, bei dem Teilchenfurchung (loses Korn) vorherrscht, z. B. bei Bewegung eines Massegutstromes wird als abrasiver-erosiver Verschleiß bezeichnet, während der Abrasivgleitverschleiß (Zweikörperverschleiß) und der Festkörper/Korn/Festkörper-Verschleiß (Dreikörperverschleiß) in Form der Gegenkörperfurchung (weitgehend gebundenes Korn) nicht die Merkmale der Erosion beinhaltet, weshalb Polymeranwendungen kaum in Betracht kommen. Ausgesprochene Erosionsarten – gekennzeichnet durch strömendes Fluid (Gas, Dampf, Flüssigkeit), bewegte Materie oder deren Kombination – sind Gas-Erosion, Strahlverschleiß, Hydroabrasiver Verschleiß, Erosions-Korrosion, Tropfenschlag- und Kavitationserosion, *Bild 7.1* [7.1]. Diese Verschleißarten sind dadurch charakterisiert, daß die strömenden Elemente im allgemeinen Hindernissen ausweichen können und einen begrenzten Inhalt an Energie haben, die in der Grenzschicht zu einem von den Eigenschaften der Partner abhängigen Anteil umgesetzt wird. Für bestimmte Anwendungen haben sich wegen dieser relativ niedrigen erosionsartigen, oft stoßartig wirkenden Beanspruchung Polymerwerkstoffe eingeführt und durchgesetzt. Merkmale der Erosion bei scharfer Beanspruchung, wenn die Körner infolge ihrer Trägheit nicht der Strömung folgen, sind Mulden oder sonstige großflächige Gestaltänderungen, ferner die durch

Erosion Verschleißart Ausgangsbedingungen	strömendes Medium		bewegte Materie		Kennzeichen	Erscheinungsform Ablauf, Endergebnis
	Gas	Flüssigkeit neutral | korrosiv	feste Partikel (Abrasivstoff)	Tropfen		
Gaserosion	●					ablative Zerstörung
Strahlverschleiß	●		● ●		Gleit Prall Schräg	Mulden, Wellen Durchschlag
hydroabrasiver-V.		●	●			Wellen, Mulden Auswaschungen
Erosions-Korrosion		●	(●)			Wellen, Mulden
Tropfenschlagerosion	●			● ●	unterbroch. Wasserstrahl	Lochbildung, Strömungsbilder
Kavitationserosion		●				Aufrauhung, Lochbildung
kombinierter V.	●	●	●			

Bild 7.1: Arten der Erosion [7.1]

die Strömung verursachten Oberflächenänderungen wie Quer- und Längswellen, Riffeln oder Schultern insbesondere bei feinen Körnern.

Vielfach besteht bei Anwendung von Polymeren noch der Vorteil der Lärmminderung, außerdem wird oft die Gefahr der Anbackung und Vereisung reduziert.

7.2 Abrasiv-erosiver Gleitverschleiß unter Befeuchtung

Diese Verschleißart ist gekennzeichnet hauptsächlich durch tangentiale Wirkung eines Gegenstoffes aus losen Körnern (Teilchenfurchung).

Teilchenfurchung läßt sich mit dem Verschleißtopf simulieren, vgl. 2.6.2. Abhängig von den Versuchsparametern sind die Anteile der Gleit- und Rollbewegung der Körner unterschiedlich. Da sich die Polymere bei feuchtem Betrieb gegenüber metallischen Werkstoffen als vorteilhaft erwiesen haben, wird der Einfluß der Befeuchtung in den Vordergrund gestellt. Bei metallischen Werkstoffen (St 37 und C 60 H) steigt der Verschleiß mit zunehmendem Mischungsverhältnis Wasser/Sand (volumetrisch) bis rd. 0,05 bis 0,1 und fällt bei größerem Wasseranteil wieder ab [7.2, 2.22], *Bild 7.2*. Elastomere (Gummi und Polyure-

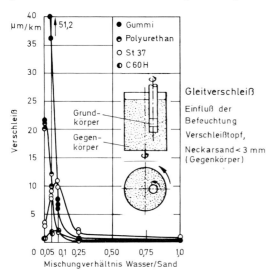

Bild 7.2: Einfluß der Befeuchtung auf den Abrasivgleit-Verschleiß (Verschleißtopfversuche mit Flußsand) von Stählen und Polymeren [7.2]; Gummi: Naturgummi 68 bis 72 Shore, Polyurethan 67 Shore

than), die unter Trockenlaufbedingungen hohen Abrieb aufweisen, zeigen mit zunehmender Befeuchtung günstigeres Verhalten, bei der Kohärenzkräfte zwischen den Körnern wirksam werden, die zu einem verstärkten Zusammenhalt führen und damit zu einem höheren Widerstand beim Rühren und Mischen. In diesem Zustand ist wegen Einschränkung der Beweglichkeit der Körner die Gleitkomponente stärker ausgeprägt als die Rollkomponente; die bewirkte Pressungsteigerung bildet sich bei den Stählen im Verschleißverlauf ab, während die „Schmierung" durch den auf der Probe vorhandenen Wasserfilm offensichtlich bei den Elastomeren mehr zur Auswirkung kommt. Vergleichsweise in Luft und Argon (ohne Sauerstoff) durchgeführte Versuche zeigen, daß zudem bei den metallischen Werkstoffen eine tribochemische Komponente vorhanden ist, deren Anteil am Verschleißbetrag bis zu rd. 50% betragen kann [7.3]. Gummielastische Stoffe bewähren sich im allgemeinen für den Verschleißschutz nicht zuletzt deshalb, weil damit diese tribochemische Komponente weitgehend ausgeschaltet ist und außerdem stoßartige Bewegungen elastisch aufgenommen werden. Da Polyurethane über ein Hydrolyseverfahren hergestellt werden, ist eine Verminderung der Verschleißbeständigkeit stoffabhängig unter mehr oder weniger großer Wasseraufnahme insbesondere bei oft nicht beachteten höheren Temperaturen zu vermuten.

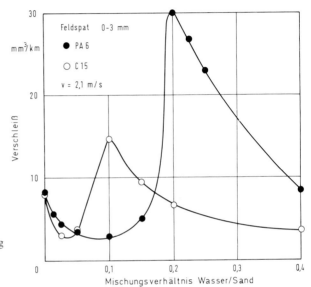

Bild 7.3: Einfluß der Befeuchtung auf den Abrasivgleit-Verschleiß (Verschleißtopfversuche mit Feldspat) von PA 6 und C 15 [7.4]

Versuche an PA 6 zeigen, *Bild 7.3*, daß insbesondere Polymere einen hohen Verschleiß bei bestimmten Befeuchtungsgraden annehmen können mit sandförmigen Gegenstoffen wie Feldspat, bei denen die Teilchenfurchung infolge der gegenseitigen starken Haftwirkung der Körner zur verschleißintensiven Gegenkörperfurchung übergeht. Nicht nur für die Prüftechnik zur Simulation von Verschleißvorgängen mit befeuchtetem Gut ist dieses Ergebnis von besonderer Bedeutung [7.4], sondern im Prinzip für die Anwendung, z.B. von Polyurethan in Betonmischern (max. 6 mm Korn). Elastomere können auch für trockenes Gleiten günstig sein, sofern milde Beanspruchung vorliegt, was meist bei staubförmigem Korn der Fall ist.

7.3 Gaserosion

Eine Erosion dieser Art entsteht durch die bei außerordentlich großer Relativgeschwindigkeit eintretende hohe örtliche Reibungsbeanspruchung infolge vorbeiströmenden Gases. Der Abtragsmechanismus ist durch Materialverluste nicht nur in Form fester Partikel, sondern vor allem in Form von Molekülen und Ionen, bedingt durch Diffundieren, Verdampfen, Tribosublimation und chemische Umsetzung, gekennzeichnet. Bei „thermischer" Erosion an Hitzeschilden von Raumfahrzeugen zersetzen sich die zum Schutz vorgesehenen

Polymere durch hohe Reibungswärme bei Eintauchen in die Erdatmosphäre unter Ablauf eines endothermen Prozesses. Auch bei Bremsbelägen ist der Energieanteil für den endotherm verlaufenden Prozeß im Vergleich zur gesamten im Werkstoff für den Reibungsvorgang umgesetzten Energie mit rd. 30% relativ hoch, so daß – wie bezweckt – die Temperaturerhöhung niedrig bleibt, vgl. 6.4.2.

7.4 Strahlverschleiß

7.4.1 Allgemeines

Bei dieser Verschleißart wird die Energie in die Körperoberfläche durch Auftreffen vieler, oft abrasiv wirkender Feststoffteilchen eingebracht, die in einem Gasstrom geführt oder durch Fliehkräfte beschleunigt werden [7.5]. Dem streifenden Auftreffen (Anstrahlwinkel $\alpha \approx 0°$, Gleiten, Gleitstrahlverschleiß) wird mit zunehmendem Anstrahlwinkel eine Stoßkomponente überlagert ($\alpha > 0$ und $<$ rd. $90°$, Schrägstrahlverschleiß), die bei (nahezu) senkrechtem Auftreffen ($\alpha \leq 90°$) zum Prallstrahlverschleiß führt. Das wesentliche Kennzeichen des Strahlverschleißes vor allem im Prallstrahlbereich ist der dynamisch-energetische Charakter. Von der dem auftreffenden Korn innewohnenden kinetischen Energie wird – abhängig von den Eigenschaften des Grundkörpers und des Gegenstoffes – nur ein mehr oder weniger großer Anteil aufgenommen und auf diese verschieden aufgeteilt. Bei den Elastomeren hoher Elastizität wird die eingebrachte Energie längs eines großen Verformungsweg weitgehend elastisch (abgesehen von der Hysterese) aufgenommen, so daß die wirkende Stoßkraft relativ klein und damit auch die Beanspruchung der Polymerketten niedrig bleibt. Im Gegensatz leistet die Energie bei metallischen Werkstoffen hauptsächlich elastisch-plastische Verformungsarbeit. Nach Erschöpfen der Verformungsfähigkeit wird die zugeführte Energie bei wiederholten Stößen hauptsächlich in Trennungsarbeit umgesetzt. Dieser Vorgang überwiegt ohnehin bei wenig verformungsfähigen Werkstoffen.

Wie auch aus dem folgenden hervorgeht, können die Polymere gegenüber den metallischen Werkstoffen, auch harten, in bestimmten Bereichen besonders vorteilhaft sein.

Die Strahlverschleißprüfeinrichtung ist unter 2.6.2.3 beschrieben.

7.4.2 Anstrahlwinkel

Wie aus dem bei Strahlverschleißversuchen (Bedingungen Hochlage vgl. 7.4.3, Quarzsand, Anstrahlgeschwindigkeit rd. 80 m/s) festgestellten Verhalten der u. a. in *Bild 7.4* aufgeführten Werkstoffe Gummi, weicher Stahl, harter Stahl und Hartguß zu entnehmen ist, sind neben der Härte weitere Stoffeigenschaften, die die Energieaufnahme bestimmen, wie Elastizitätsmodul, Zähigkeit und Sprödigkeit von Bedeutung. Der bei kleinen Anstrahlwinkeln verhältnismäßig hohe Verschleiß von Gummi fällt mit zunehmendem Winkel bis rd. $60°$ ab und bleibt bis $90°$ annähernd konstant. Der Verlauf von St 37 hat bei rd. $35°$ ein Verschleißmaximum, bei zunehmendem Prallstrahlanteil fällt der Verschleiß bis rd. $75°$ ab, um dann bis $90°$ annähernd konstant zu bleiben. C 60 H zeigt im überwiegenden Gleit-

7.4 Strahlverschleiß 357

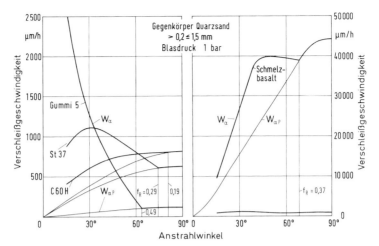

Bild 7.4: Abhängigkeit des Strahlverschleißes W_α vom Anstrahlwinkel von Gummi im Vergleich zu anderen kennzeichnenden Werkstoffen, $W_{\alpha P}$ = Prallstrahlverschleiß, f_R = Reibungszahl [7.5]; Gummi 5: Perbunan 58 bis 63 Shore

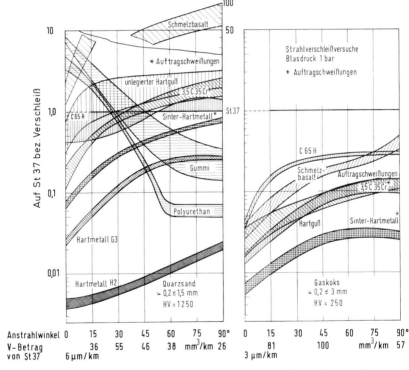

Bild 7.5: Strahlverschleiß-Anstrahlwinkel-Schaubild kennzeichnender Werkstoffe mit Quarzsand und Gaskoks [7.5]; verschiedene Gummisorten 58 bis 90 Shore, Polyurethan 72 Shore

strahlbereich niedrige Werte, dagegen im Prallstrahlbereich ungünstigeres Verhalten sogar als St 37 [7.5]. In der Tieflage haben die Verschleißkurven ähnliche Charakteristik, aber das Bewährungsverhältnis der Werkstoffe ändert sich entsprechend der Tieflage/Hochlage-

Gesetzmäßigkeit, wobei der Vorteil der Elastomere nicht erhalten bleibt. Im Strahlverschleiß-Anstrahlwinkel-Schaubild ordnen sich die Werkstoffe in gleicher Weise an, *Bild 7.5 links* mit Quarzsand als Strahlmittel. Das u. a zusätzlich aufgenommene Polyurethan zeigt im ganzen Winkelbereich noch günstigeres Verhalten als Gummi. Es sei daran erinnert, daß sich der Bezugswerkstoff St 37 bei den angewandten Parametern in der Hochlage befindet, vgl. 7.4.3 ebenfalls in *Bild 7.5 rechts* mit Gaskoks als Strahlmittel, während die vergleichsweise aufgeführten harten Werkstoffe Tieflagenverschleiß aufweisen, so daß die Elastomere mit rd. zwei- bis dreifach höherem (volumetrischem) Verschleiß kaum noch Vorteile haben.

7.4.3 Strahlmittelhärte – Prallstrahlbereich

Für die metallischen Werkstoffe gilt bei Prallstrahlverschleiß dieselbe Gesetzmäßigkeit der Abhängigkeit des Verschleißes von der relativen Härte des Grundkörpers und des Gegenstoffes wie beim Abrasivgleitverschleiß [7.6], das heißt niedriger Verschleiß und niedrige Energieaufnahme des Werkstoffes, *Bild 7.6*, wenn die Strahlmittelhärte kleiner oder nahezu gleich wie die Werkstoffhärte ist (Tieflage), und hoher Verschleiß des Werkstoffes, wenn die Härte des Strahlmittels größer bzw. viel größer als die des Werkstoffes ist (Hochlage) mit dazwischen liegendem steilen Anstieg. Im Gegensatz zum Abrasivgleitverschleiß ändert sich die Bewährungsfolge bei Prallstrahlverschleiß von der Tieflage zur Hochlage zu ungunsten der härteren metallischen Werkstoffe, während der Verschleiß von Gummi im großen

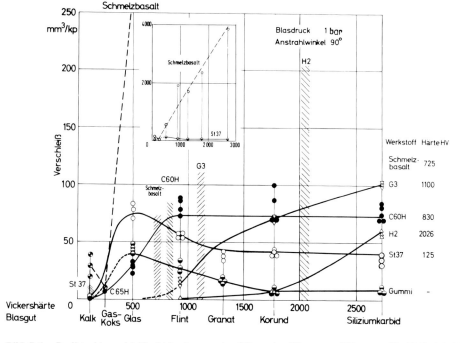

Bild 7.6: Prallstrahlverschleiß abhängig von der Härte des Blasgutes (Körnung 30, Kalk 0,2 bis 3 mm); Gummi: Perbunan 80 bis 90 Shore [7.6]

und ganzen wie auch beim Abrasivgleitverschleiß von der Härte des Gegenstoffes unabhängig ist. Der relativ hohe Verschleißwert von Gummi bei Glaskorn ist auf dessen im Vergleich zu den anderen Körnern wesentlich höhere Schleißschärfe zurückzuführen. Metalle zeigen dagegen kleinere Empfindlichkeit. Eine dreidimensionale Darstellung der komplizierten Abhängigkeit der Verschleißverhältniszahl (bezogen auf St 37) von Anstrahlwinkel und Strahlmittelhärte ist für Gummi und vergleichsweise C 60 H in *Bild 7.7* wiedergegeben. Der daraus ersichtliche Vorteil der Elastomere liegt im Bereich großer Winkel und dort, wo sich die harten Werkstoffe in der Hochlage befinden. Polymere wie PVC, PE, Acrylglas u. a. verhalten sich bei dieser Beanspruchung nicht so vorteilhaft wie Elastomere [7.6].

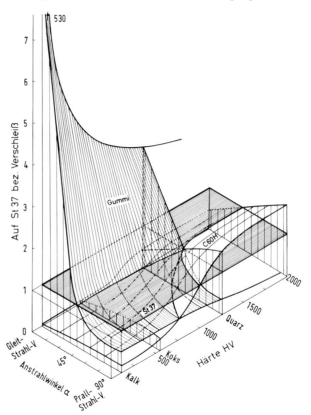

Bild 7.7: Strahlverschleiß-Anstrahlwinkel-Blasguthärte-Schaubild (schematisch)

7.4.4 Strahlverschleiß-Geschwindigkeit-Schaubild

Zum Vergleich des Verhaltens von Gummi mit Stählen und Schmelzbasalt ist die Abhängigkeit des Verschleißes von der Luftgeschwindigkeit im Bereich der Hochlage aufgetragen, *Bild 7.8*. Bei Gummi ist bei einer Geschwindigkeit von 70 m/s nahezu kein Verschleiß festzustellen, in diesem Bereich verhält sich dieser Werkstoff offensichtlich bei der vorliegenden Beanspruchung elastisch. Erst bei höherer Geschwindigkeit steigt der Verschleiß durch die vielen in der Zeiteinheit aufgebrachten Stöße, die infolge der aufgezwungenen starken Verformung zur Erwärmung führen, stark an, weil er dadurch seine günstigen

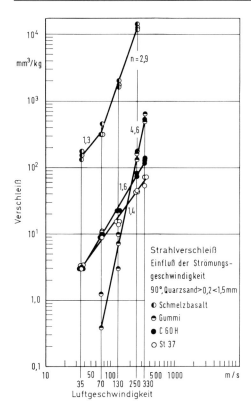

Bild 7.8: Strahlverschleiß-Geschwindigkeits-Schaubild; Gummi: Perbunan 58 bis 63 Shore

elastischen Eigenschaften durch chemische Zersetzung (Cracken) verliert, und überschreitet den der Stähle. Diese gehen auch dann verloren, wenn eine bestimmte, zur Dämpfung notwendige Mindestdicke nicht eingehalten und so ein „Durchschlagen" nicht vermieden wird. Die im Vergleich zu den Stählen höhere Steigung bedeutet also große Empfindlichkeit bei Geschwindigkeitssteigerung, bei Verminderung jedoch, daß der verschleißlose Zustand rasch erreicht wird. Als Einsatzgebiet empfiehlt sich also ein nicht zu hoher Geschwindigkeitsbereich.

7.4.5 Versuche zur Muldenbildung

Unter Strahlverschleißbeanspruchung stellt sich bei bestimmten Bauteilen, z.B. bei Krümmern, *Bild 7.9,* die Bildung einer Mulde ein, die für die Haltbarkeit des Bauteiles maßgebend ist [7.7]. Ein Sandstrahl wird zur Prüfung unter Ausgangswinkeln von 45° eine Stunde lang auf die plattenförmige Probe gerichtet; der anfängliche Schrägstrahlverschleiß (a) geht allmählich über einen Zwischenbereich (b) unter Ausbildung einer Prallfront in Prallstrahlverschleiß (c) über, *Bild 7.10.* Die in Bild 7.4 gezeigte Winkelabhängigkeit kommt hier ebenfalls zum Ausdruck, *Bild 7.11.* Die Verschleißkurven von gehärtetem Stahl sowie Gummi haben ähnlichen Verlauf und bestätigen, daß beim sich einstellenden überwiegenden Prallstrahlbereich insbesondere Polyurethan-Elastomer höchste Verschleißbeständigkeit aufweist, *Bild 7.12.* Die anderen Polymere liegen im großen und ganzen ungünstiger.

Bild 7.9: Entstehen einer Verschleißmulde im Rohrkrümmer [7.8]

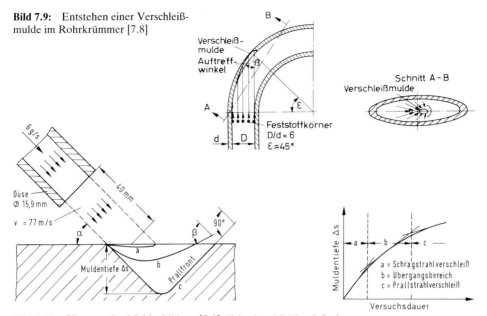

Bild 7.10: Vorgang der Muldenbildung [7.8], Kriterium Muldentiefe $\triangle$ s

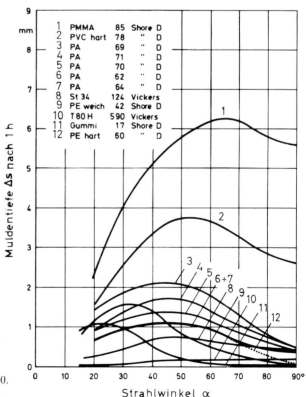

Bild 7.11: Eingestrahlte Muldentiefe in Abhängigkeit vom Strahlwinkel verschiedener Werkstoffe. Versuchsbedingungen vgl. Bild 7.10. Stahlsand [7.8]

Werkstoff	Härte		Stahlsand Nr.*	Verschleiß-verhältnis** $\dot{V}/\dot{V}_{St\ 37}$
	Shore D	Vickers		
Stahl TH 80		590	2	0,109
PUR-Elastomer	18		2	0,143
PVC weich	5		2	0,143
PUR-Elastomer	34		2	0,403
PVC weich	10		2	0,42
Gummi	17		2	0,57
PVC weich	14		2	0,96
Stahl St 37		126	1	1,0
HD-PE	60		1	1,06
Stahl St 34		124	1	1,07
PVC weich	17		2	1,12
PA 6	62		1	1,33
PA 6	64		1	1,33
Kupfer		99	1	1,36
LD-PE	42		2	1,4
HD-PE	58		2	1,4
PA 11	71		1	1,81
HD-PE	58		1	2,0
HD-PE	60		2	2,0
PA 6	70		1	2,21
Aluminium		39	2	2,68
Messing		150	1	2,76
Aluminium		29	2	3,23
PA 11	69		1	3,31
HD-PE	52		2	4,2
HD-PE	78		2	6,3
PF-Hartpapier	89		2	8,2
PVC hart	76		2	8,5
Glas	(6...7 Mohs)		2	9,7
Blei	(4 Brinell)		2	10,5
PMMA	85		2	10,75
PF-Hartgewebe	92		2	18,5
EP-Glasfaser	86		2	19,5
EP-Quarzmehl	84		2	31

* Nr. 1 = Vickershärte: 500, Korngröße: 0,9 mm
  2 = Vickershärte: 720..810, Korngröße: 0,3...0,5 mm
** auf Stahl St 37 bezogene Verschleißgeschwindigkeit

Bild 7.12: Verschleißverhältniszahl bezogen auf Stahl St 37. Versuchsbedingungen vgl. Bild 7.10 (α = 45°) [7.8]

Die oft zitierte Ordnungsgröße für den Strahlverschleiß in Form des Elastizitätsmoduls, *Bild 7.13*, [7.8, 7.9], stellt eine einseitige Betrachtung dar, da das Strahlverschleißverhalten insbesondere im Prallstrahlbereich von der beim Stoß aufgenommenen Energie (Verformungsarbeit) abhängt, wofür der Elastizitätsmodul eine wichtige Kenngröße ist, aber noch weitere Merkmale wie die Festigkeit bzw. Härte und die Verformungsfähigkeit im plastischen Zustand insbesondere der metallischen Werkstoffe zu berücksichtigen sind [7.10].

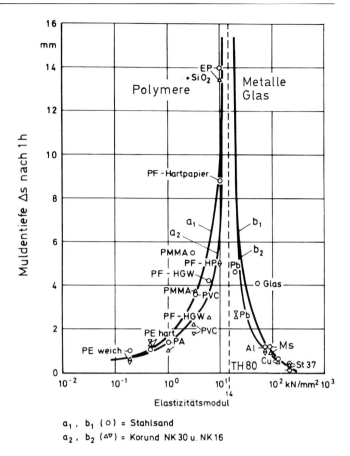

Bild 7.13: Eingestrahlte Muldentiefe in Abhängigkeit vom Elastizitätsmodul für Polymere, Metalle und Glas. Versuchsbedingungen vgl. Bild 7.10 ($\alpha = 45°$) [7.9]

7.4.6 Verbundwerkstoffe

Neben den bei faserverstärkten Werkstoffen üblichen Anforderungen nach hoher gewichtsbezogener Festigkeit und Steifigkeit können bei manchen Anwendungen die Probleme der Erosion durch Auftreffen kleiner Partikel oder Wassertropfen in den Vordergrund treten. Während sich Wassertropfen bei Turbinentriebwerken im allgemeinen weniger schädigend auswirken (Zerstäubung), kann staub- und sandhaltige Ansaugluft im Flugbetrieb zu Lebensdauerverkürzungen um bis zu 90% führen. Deshalb wurde das Erosionsverhalten von bor-, carbon- und glasfaserverstärkten Werkstoffen untersucht [7.11], bei denen es sich ausschließlich um unidirektional verstärkte Laminate handelte, *Bild 7.14*. Zum Vergleich wurden Proben aus den Bettungsmassen und dem für Turbinenschaufeln häufig verwendeten Ti 6 Al 4 V außerdem AlMg 3 einbezogen. Zur Untersuchung des grundsätzlichen Einflusses von Schutzschichten wurden einige Proben mit einem Polyurethan-Lack beschichtet, der im Flugzeugbau allgemein als Oberflächen- bzw. Erosionsschutzschicht (bei

			Preßbedingungen				
Faser	Bettungsmasse	Fasergehalt (Vol.-%)	Druck P (bar)	Temp. (°C)	Zeit t (min)	Dichte (g/cm^3)	Bemerkungen
Verbundwerkstoffe							
E-Glas (Gevetex)	LY 556/HZ 978	rd. 60	50	175	25	1,90	
Carbon HTS (Courtaulds)	LY 556/HZ 978	rd. 60	50	175	25	1,47	Prepregherstellung
Carbon HMS (Courtaulds)	LY 556/HZ 978	rd. 60	50	175	25	1,47	45 min bei 100 °C
Bor (Hamilton Standard)	LY 556/HZ 978	rd. 60	100	175	25	2,63	
β-SiC-Whisker (Lonza)	LY 556/HZ 978	rd. 40	250	175	25	1,92	handelsübliche Bänder in
Bor-SiC (Hamilton Standard)	Al 6061	rd. 50	200	550	30	2,73	Argon-Atmosphäre verpreßt
Vergleichswerkstoffe							
Epoxidharz (Ciba)	LY 556/HZ 978	–	1	175	25	1,2	Prepregharz
Al 6061 (AlMgSiCu)	–	–	200	550	30	2,7	Alcona-Pulver gesintert
AlMg 3	–	–	–	–	–	2,7	LN 3.3535
Ti 6 Al 4 V	–	–	–	–	–	4,5	LN 3.7164
PUR-Lack (Fa. Wiederhold)	–	–	–	–	–	1,2	Polyurethan-Lack N 53628/RAL 9010 mit 30 % Härter N 39/1327

Bild 7.14: Zusammenstellung der untersuchten Verbund- und Vergleichswerkstoffe [7.11]

Hubschrauber-Rotorblättern) dient. Die Versuche wurden mit einem kleinen Sandstrahlgebläse bei Verwendung von Strahlkorund 70 (0,25 mm mittl. Dmr.) unter folgenden Bedingungen durchgeführt

$$\text{Korngeschwindigkeit } v = 50 \text{ m/s}, \quad \alpha = 90°,$$

$$\text{Sandbeladung} \quad m = 2{,}9 \, \frac{g}{s \, cm^2}$$

$$v = 200 \text{ m/s}, \quad \alpha = 90° \text{ und } 45°$$

$$m = 0{,}6 \, \frac{g}{s \, cm^2}$$

Der Geschwindigkeitsbereich von 50 m/s kann als repräsentativ für Schnellbahnen, Rennwagen, landende oder startende Flugzeuge usw. angesehen werden. Die Beladung $m = 2{,}9 \, \frac{g}{s \, cm^2}$ kommt rd. der 4000fachen Partikelkonzentration eines Sandsturmes gleich. Eine Anströmgeschwindigkeit von 200 m/s liegt bei Reiseflugzeugen oder bei rotierenden Bauteilen (Hubschrauberrotorblätter) vor. Die Beladung $m = 0{,}6 \, \frac{g}{s \, cm^2}$ entspricht rd. der 50fachen Sandkonzentration einer Staubwolke, die ein in 2 m Höhe über dem Wüstenboden Arizonas schwebender Hubschrauber erzeugt.

Die faserverstärkten Polymere zeigen einen 10 bis 30fachen größeren Gewichtsverlust im Vergleich zu den metallischen Werkstoffen, *Bild 7.15*. Der starke Einfluß der Sandgeschwindigkeit wird durch die im Nebendiagramm dargestellten Ergebnisse bestätigt, vgl. 7.4.4. Bezüglich des Werkstoffverhaltens zeigen sich dieselben Tendenzen, *Bild 7.16*. Polyurethanlack kommt den metallischen Werkstoffen am nächsten. Beim Verbundwerkstoff Bor SiC/Al 6061 ergibt sich ein stufenförmiger Verschleißverlauf offensichtlich wegen der ausgeprägt in Erscheinung tretenden Faser- und Matrixschichten. Zu Beginn der Erosion wird das Verhalten der harzgebundenen Verbundwerkstoffe durch den auf der Oberfläche vorhandenen dünnen Harzfilm geprägt, *Bild 7.17*, nach dessen Abtragen die wesentlich

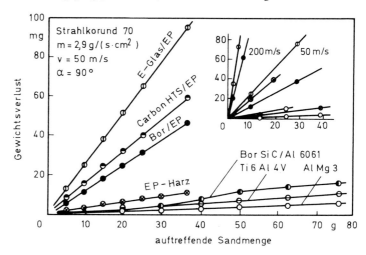

Bild 7.15: Erosionsverhalten faserverstärkter Werkstoffe im Vergleich zu EP-Harz, Ti 6 Al 4 V und AlMg 3. Nebendiagramm: schematischer Vergleich des Geschwindigkeitseinflusses [7.11]

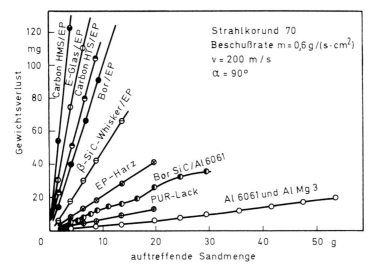

Bild 7.16: Erosionsverhalten bei 200 m/s [7.11]

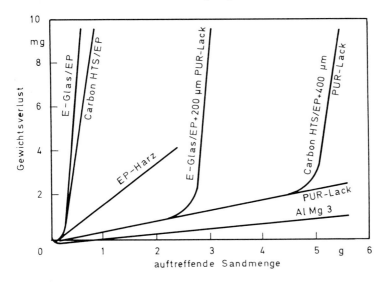

Bild 7.17: Verhalten in der Anfangsphase der Erosion [7.11]

größeren Werte am Verbundwerkstoff gemessen werden. Mit Polyurethan-Lack kann die Abtragsrate auf dem niedrigen Niveau der metallischen Werkstoffe entsprechend der Schichtdicke gehalten werden. Bei den anisotropen Faserwerkstoffen ist offenbar die Zuordnung vom Anstrahlwinkel ($\alpha = 45°$ und $90°$) und Orientierungswinkel von Einfluß, insbesondere bei BorSiC/AL 6061.

Für den Sichter eines Zementwerkes wurden die Gegenstromflügel (230 × 700 mm) mit Epoxidharz, in das Korund zum Verschleißschutz eingebettet ist, beschichtet und dem strömenden Sichtgut aus Zementrohmehl mit bis zu 6% Hochofenschlacke ($\leq 80\,\mu m$) ausgesetzt [7.12]. Nach einem Jahr Betriebszeit waren diese Flügel vollkommen verschlissen, das Harz wurde „ausgewaschen" und die harten Korundkörner freigespült, ohne zum Verschleißwiderstand beigetragen zu haben. An einem vergleichsweise mit aufgeklebten Aluminiumoxidplättchen beschichteten Flügel war – auch in den Fugen – nach der gleichen Einsatzzeit praktisch kein Verschleiß erkennbar. Auch hier bestätigt sich die Erfahrung, daß inhomogen aufgebaute Werkstoffe einer strömungsartigen Beanspruchung im allgemeinen nur relativ geringen Verschleißwiderstand entgegensetzen.

7.4.7 Berechnung des Strahlverschleißes

Ansätze zur Berechnung des Verschleißes beschränken sich auf die Hochlage metallischer Werkstoffe [7.13], für die der Mechanismus des Verformens und Ermüdens gilt. Für Polymere gibt es derzeit noch keine adäquate Erweiterung.

7.4.8 Schlußfolgerung und Anwendung

Elastomere sind unter Strahlverschleißbeanspruchung geeignet bei kleinerer Geschwindigkeit insbesondere bei Stoßbeanspruchung und bei einem solchen Strahlgut, wo sich die zum Vergleich herangezogenen Werkstoffe in der Hochlage befinden. Stark empfindlich sind die Elastomere in allen Bereichen gegen scharfes und größeres Korn und gegen höhere Temperatur. Polyurethane werden in vielen Fällen bei den Elastomeren für diese Art der Beanspruchung bevorzugt, z.B. bei der Auskleidung von Sandstrahlkabinen oder bei Prallplatten.

Die für die Strahlverschleißbeanspruchung entwickelte theoretische Berechnung der Verschleißhöhe im Bereich der Hochlage bezieht sich nur auf zähe und zähharte metallische Werkstoffe und kann auf Polymere keine Anwendung finden [7.13].

7.5 Hydroabrasiver Verschleiß

7.5.1 Einführung

An Bauteilen, die einer teilchenhaltigen Flüssigkeits-Strömung ausgesetzt sind, stellt sich häufig Rillenbildung mit charakteristischer Struktur ein, die auf Ablösungen und Wirbel zurückzuführen sind. Der Abtrag wird dadurch beschleunigt. Für Flüssigkeitserosion unter Mitwirkung abrasiv wirkender Teilchen sind auch die Begriffe Sanderosion und Spülverschleiß in Anwendung. Die Abgrenzung zum abrasiv-erosiven Gleitverschleiß, vgl. 7.2, liegt also in dem durch den überwiegenden Flüssigkeitsanteil (im Gegensatz zum Anteil der festen Teilchen) bedingten Strömungscharakter. Bei dieser Verschleißart kommt zur Gleitkomponente meist noch eine unter verschiedenen Auftreffwinkeln wirkende Stoßkomponente, die erfahrungsgemäß bei kleineren Geschwindigkeiten in bezug auf das Werkstoffverhalten der Wirkung einer Gleitkomponente gleichkommt. Die Verschleißhöhe ist bei hydroabrasivem Verschleiß im allgemeinen wesentlich niedriger als beim Abrasiv-Gleitverschleiß, vgl. Bild 7.2, da der Kontakt der Teilchen bei Gleiten und Stoß durch die Flüssigkeit gemildert oder gar unterbunden wird. Die bei metallischen Werkstoffen hinzukommende tribochemische, den Abtrag verstärkende Komponente, vgl. 7.2, entfällt bei Polymeren, sofern nicht chemisch angreifende Agenzien wirken. Die entsprechenden Prüfeinrichtungen sind unter 2.6.2.2 beschrieben.

7.5.2 Kornhärte

Die in *Bild 7.18* dargestellten Ergebnisse mit abrasivem Korn annähernd gleicher Größe und Schärfe, jedoch unterschiedlicher Härte zeigen an den Stählen auch bei dieser Verschleißart den Einfluß der relativen Härte von Werkstoff und Mineral, also die bekannte Tieflage/Hochlage-Gesetzmäßigkeit. Der Verschleiß von Polyurethan dagegen ist von der Kornhärte praktisch unabhängig und hat ein niedriges Niveau. Dieser Werkstoff ist dort vorteilhaft, wo sich die Stähle in der Hochlage befinden, jedoch liegen Einschränkungen bzgl. der Korngröße vor, das Verhalten ist bei kleinen Korngrößen wenig problematisch, kann aber kritisch werden bei Korngrößen von 5 bis 6 mm und mehr.

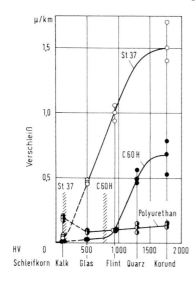

Bild 7.18: Einfluß der Kornhärte bei hydroabrasivem Verschleiß; volumetrisches Mischungsverhältnis Wasser/Korn = 1:1; Körnung 30; Geschwindigkeit des Probekörpers 6,4 m/s. Die Härtebereiche der Stähle sind schraffiert eingezeichnet. Polyurethan 72 Shore [7.6]

7.5.3 Anwendung

Ein Beispiel für die vorteilhafte Anwendung einer Polyurethan-Auskleidung einer Kreiselpumpe für Schlamm und Sand im Vergleich zu einer Wand aus Grauguß zeigt *Bild 7.19*. Bei Modellversuchen mit dem Verschleißtopf unter rührerartiger Beanspruchung im Hinblick auf die Verwendung von Gummiüberzügen bei Fahrenwaldt-Denver-Zellen für die Flotation von Erz-Trüben wurde im Vergleich zu Stahlguß ein rd. 20 bis 30 mal günstigeres Verhalten von Gummi festgestellt. Nach diesen Ergebnissen wurde Weichgummi eingesetzt,

7.5 Hydroabrasiver Verschleiß   369

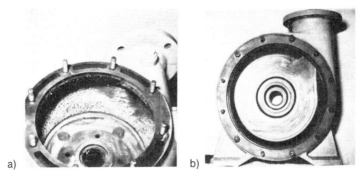

Bild 7.19: Kreiselpumpen für Schlamm und Sand
a) Grauguß nach 350 h
b) Polyurethan-Auskleidung nach 3500 h

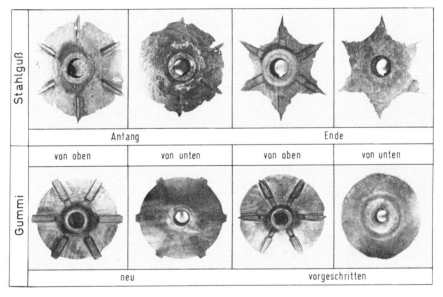

Bild 7.20: Rührer für Flotationszellen aus Stahlguß und Gummi (Kautschuk) in verschiedenen Verschleißstadien

Bild 7.20. Bei der praktischen Beanspruchung im Betrieb in diesen Zellen zeigte sich eine vier- bis sechsfach höhere Lebensdauer der mit Gummi bestückten Rührer im Vergleich zu solchen aus Stahlguß [7.14].

Das günstige Verhalten der Elastomere bei dieser Beanspruchung wird u. a. für Elemente zum hydraulischen Transport feinerer Kornmassen wie Rohrleitungen, Pumpenteile, Ventilsitze benützt, Polyurethan auch für Lager, bei denen eine ausgesprochene Einbettfähigkeit für harte Teilchen vorhanden sein muß, z. B. Lager für den Schraubenantrieb von Hafenbooten, Lager von Transportketten in Kieswerken aus Polyurethanbüchsen mit genügend dick hartverchromten Bolzen. Bewährt hat sich Polyurethan auch für die Ventil-Sitze von Pumpen für die Förderung von Feststoff-Flüssigkeitsgemischen. Naßgehende Mühlen für das Mahlen von Erz, Zement und anderen Stoffen werden vermehrt mit einer Auskleidung aus einem erosionsbeständigen Gummi versehen, wobei ein vorteilhaftes Verschleißverhalten gegenüber Wänden aus Hartguß erreicht wird, jedoch ein ungünstigeres Zerkleinerungsverhalten und ein größerer Energieverbrauch in Kauf genommen werden muß [7.15]. Polyurethan wird mit Erfolg auch für Auskleidung und Schaufeln von Betonmischern eingesetzt [7.16].

7.6 Tropfenschlag-, Regen-Erosion

Zur Nachahmung der Regenerosion treffen Probekörper (aus Kunststoffen und metallischen Werkstoffen) mit einer Geschwindigkeit von 410 m/s entsprechend 1,2 Mach auf einen Regenschleier der Dichte $2,5 \times 10^{-6}$, was einer Regenstärke von 4,5 cm³/h bei einem Tropfendurchmesser von 1,2 mm entspricht [7.17]. Die Mehrzahl der Materialien zeigt progressiven Verlauf der mittleren Erosionstiefe über der Laufzeit, *Bild 7.21*, charakterisiert durch einen verschleißlosen Zustand bzw. langsamen Anstieg und – nach einer Inkubationszeit t_k – einen Wechsel zum schnellen Anstieg *Bild 7.22*. Die Polymere liegen in der Erosionsbeständigkeit weitgespreizt zwischen Glas und – mit Abstand – Stahl, wobei sich die weicheren Werkstoffe wiederum günstiger verhalten, *Bild 7.23*.

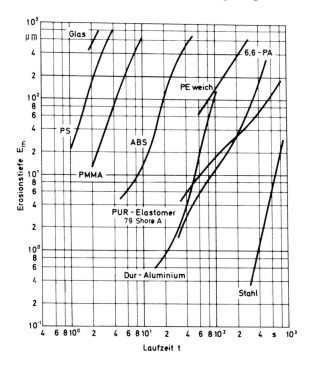

Bild 7.21: Verschleißverhalten verschiedener Polymere im Vergleich zu Duraluminium und Stahl bei Regenerosion. v = 510 m/s

7.6 Tropfenschlag-, Regen-Erosion

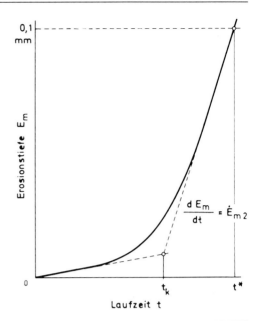

Bild 7.22: Charakteristik der Regenerosion: Nach einer Inkubationszeit schneller Anstieg des Verschleißes

Kunststoffe	Inkubationszeit t_k [s]	Erosionsgeschwindigk. $\dot{E}_{m2}$ [µm/s]
PUR-Elastomer, 79 Shore A	61	0,20
,, ,, 93 ,,	202	0,58
,, ,, 80 ,,	254	0,77
,, ,, 92 ,,	136	0,96
,, ,, 91 ,,	301	3,64
,, ,, −	96	6,73
PA 6.6	309	1,49
PA 6	82...355	1,92...2,37
PA 6.10	91	4,17
PA 11	50	8,63
LD-PE	39...89	3,56..18,3
HD-PE	0...60	2,65..19,5
PE vernetzt	26	10,5
PP	29...42	8,48...8,93
PMMA	4,1...13,74	26,8..113,7
AMMA	11,5	100
PVC	−	26,20
PVC (2% Weichmacher)	23,8	38,45
PVC (4% Weichmacher)	24,8	111
POM-Cop.	20	2,40
PC	25,6	20,3
ABS	15,25	20,35...21,4
CAB	8,5	61,5
GF-UP	3,3	244
PS	1,7	384,5

Bild 7.23: Ergebnisse von Regenerosionsversuchen

Schrifttum

[7.1] *Uetz, H.*, u. *J. Föhl:* Erscheinungsformen von Verschleißschäden. VDI-Berichte 243 (1975), S. 55–69.
[7.2] *Uetz, H.:* Verschleiß durch körnige mineralische Stoffe. Aufbereitungstechnik 10 (1969) 3, S. 130–141.
[7.3] *Uetz, H.*, u. *J. Föhl:* Untersuchungen über den Einfluß der Befeuchtung beim Gleitverschleiß metallischer Werkstoffe durch mineralische körnige Stoffe. Dechema-Monographien 69 (1972), S. 831–842.
[7.4] *Uetz, H., Zhang-Yong-qing* u. *Chen-Qiang-Ye:* Einfluß der Befeuchtung auf den Abrasivgleitverschleiß. Aufbereitungstechnik 23 (1982) 10, S. 559–564.
[7.5] *Uetz, H.:* Strahlverschleiß. VGB-Mitteilungen 49 (1969) 1, S. 50–57.
[7.6] *Wellinger, K.*, u. *H. Uetz:* Gleitverschleiß, Spülverschleiß, Strahlverschleiß unter der Wirkung von körnigen Stoffen. VDI-Forschungsheft 449, Ausgabe B., Bd. 21 (1955), S. 1–40.
[7.7] *Maier, E.:* Untersuchungen über den Verschleiß von Blasversatzrohren und Krümmern. Essen 1952; insbes. S. 30.
[7.8] *Brauer, A.*, u. *E. Kriegel:* Untersuchungen über den Verschleiß von Kunststoffen und Metallen. Chemie-Ingenieur-Technik 35 (1963), S. 697–707.
[7.9] *Oberbach, K.:* Kunststoff-Kennwerte für Konstrukteure. Carl Hanser Verlag, München, Wien 1980, S. 117–121.
[7.10] *Uetz, H.*, u. *J. Föhl:* Wear as an Energy Transformative Process. In: 4. Colloque International de L'Abrasion. 9.–11. 5. 1979 Grenoble, G. E. D. I. M., S. 4-1/4–16.
[7.11] *Armbrust, S.:* Das Erosionsverhalten faserverstärkter Werkstoffe. Kunststoffe 63 (1973) 12, S. 907–910.
[7.12] *Grosse, S.:* Verschleißbekämpfung und Möglichkeiten der Verschleißminderung in der Kalkindustrie. Zement-Kalk-Gips 34 (1981) 2, S. 89–93.
[7.13] *Beckmann, G.*, u. *J. Gotzmann:* Analytische Betrachtung zum Strahlverschleiß von Metall. Schmierungstechnik 10 (1979) 3, S. 73–77 und 10 (1979) 4, S. 104–107.
[7.14] *Clement, M.:* Verschleißerscheinungen in Flotationszellen. Wear 1 (1957/58), S. 58–63.
[7.15] *Rieger, K., H. Clement* u. *H. Uetz:* Mahlfeinheit, Verschleiß der Mahlbahn und Energieverbrauch bei der Kreislaufmahlung mineralischer Rohstoffe-Untersuchungen bei einer Modellanlage. Erzmetall 35 (1982) 2, S. 81–90.
[7.16] *Wahl, W.:* Persönliche Mitteilung Februar 1982.
[7.17] *Oberbach, K.:* Werkstoffauswahl nach mechanischen und physikalischen Eigenschaften. VDI-Bildungswerk 1804.

Register

Abgleitprozeß 10, 59, 123, 124, 126, 186, 188, 288, 292
Ablation, ablativer Verschleiß 26, 69, 348
Abrasion, abrasiver Verschleiß, Abrasivgleitverschleiß 25, 26, 68, 69, 80, 132, 143, 255, 256, 257, 305, 347, 353, 359, 368
Abrasionsmuster 74, 120, 289, 290, 304, 305, 307
ABS *siehe Acrylbutadienstyrol*
Acetalharz *siehe Polyoxymethylen*
Achslastverlagerung 344
ACM *siehe Polyacrylat*
Acryl-Butadien-Gummi (NBR, GR-N, SKN) 8, 17, 283, 286, 287, 289, 292, 294, 295, 296, 300, 301, 302, 307, 308, 324, 327, 328, 335
Acrylbutadienstyrol (ABS) 79, 106, 162, 270, 370, 371
Acrylester-Elastomer *siehe Polyacrylat*
Acrylfaser 16
Acrylnitril (AN) 79
Acrylnitril-Butadien-Gummi *siehe Acryl-Butadien-Gummi*
Acrylnitril-Methylmethacrylat (AMMA) 371
Adhäsion, adhäsiver Verschleiß 25, 26, 41, 43, 44, 45, 59, 61, 62, 68, 69, 70, 74, 89, 132, 256, 285, 287, 291, 305, 308, 347
Adhäsionsarbeit 44, 57, 58
Aktivierungsschwelle, Aktivierungsenergie 45, 46, 186
Alterung 164, 327
Aluminiumoxid 258, 259
AMMA *siehe Acrylnitril-Methylmethacrylat*
amorpher Zustand 3
AN *siehe Acrylnitril*
Anstrahlwinkel, – Schaubild 37, 356, 357, 358, 359, 361, 366
Antiblockiersystem (ABS) 311
Aquaplaning 317
Asbest 335, 351
Aussetzbetrieb 200, 201
Axiallager, Axialgleitlager 32, 196, 200, 202, 268

Bänder, Bänderstruktur 3, 123, 124, 136
Beanspruchungsfrequenz 56, 186
Beanspruchungskollektiv 21, 23, 162, 238, 252
Befeuchtung 37, 354, 355
Belastbarkeit 107, 108, 112, 138, 149, 152, 191, 215, 216, 217, 265
–, thermische 105, 153, 194, 196, 197
Beständigkeit des Polymeren 163, 169
Bestrahlung 124, 137

Betriebsversuch 19, 20, 28, 30
Bewährungsfolge 30, 107, 111, 132, 176, 177, 178, 256, 262, 327, 357
Beweglichkeit 6, 7, 307, 354
Bewegung, oszillierende 32
Bewegungsform 23, 172, 252
Bewegungsunterbrechung 93, 241, 242
Bewehrung 237
Bindemittel 335
Bindungsanzahl 47
Bindungsart 5
BR *siehe Polybutadien*
Breitlaufen 160, 161, 169
Bremsbelag *siehe Reibbelag*
Bremskraft 311, 313, 315, 318
Bremskraftverteilung 341, 342, 343
Bremsscheibe 337
Bremstrommel 337
Bruchdehnung 77, 78, 327, 328
Butadien-Gummi *siehe Polybutadien*
Butadiennitril *siehe Acryl-Butadien-Gummi*
Butylgummi *siehe Isobutylen-Isopren-Elastomer*

CAB *siehe Cellulose-Aceto-Butyrat*
Cellulose-Aceto-Butyrat (CAB) 371
CF *siehe Kresolharz*
Chlor-Butadien-Gummi *siehe Chloropren*
Chlorgummi *siehe Chloropren*
Chloropren (CR) 8, 17, 283, 308, 324
CKH *siehe Acryl-Butadien-Gummi*
Copolymerisation 133
Coulomb 300
CR *siehe Chloropren*

Dämpfung 10, 56, 59, 64, 65, 66, 67, 98, 103, 104, 107, 118, 124, 125, 136, 188, 189, 317, 320, 360
Deformation 41, 43, 44, 59, 67, 88, 89, 101, 107, 186, 189, 190, 216, 305, 308, 309
Deformationsverhalten, viskoelastisches 40, 43
Delaminationstheorie 81
Dichtungsgeometrie 321, 326
Dichtungswerkstoff 321, 322, 327
Dipol-Orientierungskräfte 3, 4, 44
Dispersionskräfte 3, 4, 44
Dreikörperverschleiß 353
Druckfestigkeit 192, 198, 199
Druckscheiben-Prüfgerät 268
Druckverteilung, Pressungsverteilung 60, 289, 290, 312, 314

Eingriffsverhältnis 32, 127
Einlaufen, Einlaufvorgang 23, 44, 68, 95, 104, 116, 117, 139, 175, 284, 341
Einsatzgrenze *siehe Belastbarkeit*
Einsatztemperatur 8, 303, 321
Elastizitätsmodul 72, 73, 77, 80, 84, 136, 154, 265, 268, 306, 327, 337, 356, 362, 363
Elastohydrodynamik 157, 251
Energiekonzentration 30
Energieumsetzung 98, 115, 356
EP *siehe Epoxidharz*
Epilamisierung 160, 161
EPDM *siehe Ethylen-Propylen-Dien-Elastomer*
Epoxid *siehe Epoxidharz*
Epoxidharz (EP) 17, 67, 77, 79, 130, 143, 163, 164, 194, 211, 263, 362, 363, 364, 365, 366
Ermüdung, Ermüdungsverschleiß 25, 26, 28, 68, 69, 75, 81, 83, 121, 132, 143, 176, 216, 256, 293, 311, 367
Erosion, thermische 355
Erosion-Korrosion 353
Ersatzfaser 336
Ersatzsystem 20
Erwärmung, lokale 95, 100
Erweichungsgebiet, Haupt-, Neben- 9, 53, 98, 104, 107, 111, 124, 127, 140, 144, 176, 189, 190, 265, 309
ETFE (Ethylen-Tetrafluorethylen) 274
Ethylen-Propylen-Dien-Elastomer (EPDM) 238, 275, 325
Ethylen-Tetrafluorethylen (ETFE) 274

Fading 335, 341, 348
Fahne 70, 71, 74, 306
Fahrbahnbeschaffenheit 317, 319
Fahrkraft 311
Faserorientierung 147, 148, 149
FEP *siehe Tetrafluorethylen-Hexafluorpropylen*
Festschmierstoff 137, 138, 139, 154, 159
Fett 157, 158, 162, 164, 166, 169, 171, 179, 219
Filzstruktur 3
Fließtemperatur 7, 8
Flotation 368, 369
Flüssigkeitserosion 367
Flüssigkeitsreibung 157
Fluor-Elastomer (FM) 324, 327, 328
FM *siehe Fluorelastomer*
Führungskraft 311, 314

Gas-Erosion 353
gebundene Zeit 47
Gegenkörper, Gegenstoff 70, 88, 117, 124, 129, 132, 139, 140, 175, 356, 358, 359
Gegenkörperfurchung 353, 355
Gelenk 159, 246, 247, 252, 254, 259, 260, 261, 262
Gemischte Theorie 42

Gewebeschicht, imprägnierte 326
Glättungsfaktor 201
Glastemperatur, Glasübergangstemperatur 7, 8, 11, 47, 77, 90, 91, 100, 118, 124, 136, 143, 144, 284, 285, 289, 291, 295, 301, 303, 311, 326
Glaszustand 7, 284
Gleichgewichtszustand 44, 94, 105, 118, 268, 288
Gleiten 23, 172
–, reversierendes 172
Gleitfolie 16, 237, 238, 239, 240, 241, 242, 243
Gleitweg, aufaddierter 228, 229, 230
Gleitwinkel 313, 316, 317, 318
Grenzschichtveränderung *siehe Werkstoffveränderung*
GR-N *siehe Acryl-Butadien-Gummi*
GR-S *siehe Styrol-Butadien-Gummi*
Grübchen 26, 81, 176, 219, 220, 257
Gürtelreifen 311, 312
Gummimischung 284, 291, 308
Gummitopf-Gleitlager 223

Härte 72, 77, 78, 88, 136, 139, 154, 175, 326, 327, 328, 356, 358, 359, 362, 368
Haftreibung 91, 93, 94, 103, 224, 225, 240, 244, 287, 288, 298, 330, 331
Haftung 147, 149, 219, 315, 317
Hauptvalenz 2, 3, 5, 6
Hertz, Hertzsche Berührung, Hertzsche Gleichung 49, 82, 84, 89, 197, 300, 301, 309
Hochlage *siehe Verschleißhochlage*
Hüftgelenk 246, 247, 248, 249, 250, 254, 255, 259
Hydraulik 327, 328
Hydroabrasion, hydroabrasiver Verschleiß 353, 367, 368
Hydrodynamik 157, 251
Hysterese 59, 317, 320, 356

IIR *siehe Isobutylen-Isopren-Elastomer*
Induktionskraft 3, 4, 44
Inkubationszeit 370, 371
Instandhaltung 19
IR *siehe Isopren*
Isobutylen-Isopren-Elastomer (IIR) 283, 289, 294, 295, 296, 308, 309, 310, 311
Isopren (IR) 8, 17

Kalottenlager 223
Kammerung 112
Karkasse 317
Kaschierung 237, 238
Kategorie (der Verschleißprüfung) 27, 28, 29, 31, 32, 33, 184, 225, 231, 252, 269, 338, 341
Kavitationserosion 353
Kenngröße, Reibungs- und Verschleiß- 21, 27
Kettenaufbau 133, 134
Kipp-Gleitlager 33, 223

Kippteil 223, 224
Knäuel 1, 2
Kniegelenk 248, 251, 252, 255
Kohlenstoff 163, 164
Konsistenzgeber 157, 164, 166, 171, 228
Kontakt, elastischer *siehe Hertzsche Berührung*
Kontaktfläche, Nenn- 48, 49
–, projizierte 49, 65, 66, 197
–, wahre 48, 49, 51, 53, 61, 66, 77, 82, 90, 91, 94, 95, 118, 136, 186, 197, 284, 285, 288, 300, 301, 305
Kontaktflächenzunahme 89, 98
Kontaktpunkt 45
Kontaktreibung 157, 163
Kontaktzone, Symmetrie der 65
Kornform 72
Kornrundung 74
Kraftfeld 53, 57
Kresol-Formaldehyd *siehe Kresolharz*
Kresolharz (CF) 207, 335
Kriechen, Kriechverhalten, Kriechvorgang 10, 45, 90, 100, 101, 102, 111, 216, 224, 256, 288
Kriechfestigkeit 112
Kristallisationsgrad 4, 6, 133, 136
Krümmer 360, 361
Kunststoff 2
Kupplung 335

Laborversuch *siehe Modellversuch*
Lagertemperatur 149, 151, 152, 195, 196
Lamelle 3, 6
Laminat 147
logarithmisches Dekrement 10

Maxwell-Modell 66, 67
Masterkurve 185, 186, 295
mechanisches Modell 42
Mechanismen, Reibungs- und Verschleiß- 24, 25, 27, 68, 69, 85, 95, 123, 149, 256, 292, 303, 305, 347, 355
Mikrobrownsche Bewegung 2, 7, 45, 53, 285
Mikrotomschnitt 117
Mischreibung 23, 157, 163, 167, 169, 191, 311, 329, 330
Mittenrauhwert 130
Modellager 225, 226, 227, 228, 238
Modellversuch, Laborversuch 20, 28, 30, 105, 252, 256
molekularkinetische Theorie 42, 45
Molmasse 2, 9
Monomer 1

Narbenbildung 172
Naturgummi (NR, NRung) 8, 17, 73, 75, 283, 284, 286, 287, 289, 290, 291, 292, 294, 295, 296, 297, 304, 305, 307, 308, 309, 310, 318, 331, 354

NBR *siehe Acryl-Butadien-Gummi*
Nebenvalenzbindung *siehe Sekundärbindung*
Nitrilgummi *siehe Acryl-Butadien-Gummi*
NR *siehe Naturgummi*
NRung *siehe Naturgummi*
Nutringmanschette 326

Oberfläche, technische 88
Oberflächenenergie 162
Oberflächenstruktur, -form 51, 82, 88, 94, 118, 119, 130, 137, 140
Oberflächenzerrüttung *siehe Ermüdung*
Öl, Grundöl 157, 160, 162, 163, 164, 165, 167, 169, 170, 171, 308, 327
Orientierungsvorgang 93
O-Ring 322

PA *siehe Polyamid*
PB-1 *siehe Polybuten-1*
PBR *siehe Polybutadien*
PBTP *siehe Polybutylenterephthalat*
PC *siehe Polycarbonat*
PCTFE *siehe Polychlortrifluorethylen*
PE *siehe Polyethylen*
PETP *siehe Polyethylenterephthalat*
Penton 137
PF *siehe Phenolharz*
Phenol-Formaldehyd *siehe Phenolharz*
Phenolharz (PF) 17, 143, 164, 194, 207, 211, 263, 275, 335, 341, 362, 363
PI *siehe Polyimid*
PIB *siehe Polyisobutylen*
PMMA *siehe Polymethylmethacrylat*
PMP *siehe Poly-4-methylpenten-1*
Polar 2, 4, 5, 133, 306
Polyacetalharz *siehe Polyoxymethylen*
Polyacrylat (ACM) 324
Polyacrylsulfon 2
Polyaddition 2
Polyamid (PA) 8, 13, 14, 15, 16, 77, 79, 90, 96, 103, 106, 107, 108, 109, 112, 113, 115, 116, 129, 130, 131, 132, 133, 136, 140, 141, 142, 143, 153, 154, 155, 156, 157, 173, 174, 175, 176, 177, 178, 179, 180, 181, 183, 184, 191, 192, 193, 194, 195, 197, 198, 200, 201, 202, 204, 206, 210, 214, 216, 217, 218, 219, 220, 221, 263, 265, 266, 267, 268, 269, 271, 272, 273, 274, 275, 276, 277, 278, 322, 326, 355, 361, 362, 370, 371
Polyaramid 336
Polybenzimidazol 2
Polyblend aus PPO und PS (PPOS) 106
Polybutadien (BR, PBR) 8, 17, 283, 289, 294, 295, 308, 325
Polybuten-1 (PB-1) 106

Polybutylenterephthalat (PTMTP, PBTP) 8, 13, 14, 16, 79, 94, 95, 96, 97, 98, 99, 100, 102, 105, 106, 108, 111, 112, 113, 114, 116, 117, 118, 119, 120, 121, 122, 123, 124, 126, 127, 128, 129, 131, 139, 140, 141, 143, 144, 146, 149, 162, 176, 177, 178, 179, 180, 182, 195, 197, 198, 202, 216, 218, 219, 220, 221, 256, 263, 265, 266, 267, 268, 274, 277
Polycarbamat *siehe Polyurethan*
Polycarbonat (PC) 2, 79, 106, 130, 143, 162, 270, 276, 277, 371
Polychinoxalon 2
Polychlortrifluorethylen (PCTFE) 79, 107, 130, 131, 134, 135, 322
Polyester 77, 79, 130, 143, 164, 204, 207, 211, 254, 263, 274, 275, 277
Polyethersulfon 271
Polyethylen (PE) 2, 8, 13, 14, 15, 16, 76, 79, 91, 92, 96, 104, 106, 107, 108, 109, 111, 112, 113, 115, 116, 122, 123, 124, 129, 130, 131, 132, 133, 134, 135, 137, 140, 141, 142, 143, 153, 156, 185, 186, 188, 194, 195, 197, 198, 200, 202, 204, 210, 214, 216, 218, 220, 221, 237, 238, 239, 240, 241, 242, 255, 256, 257, 258, 259, 260, 261, 262, 265, 266, 267, 268, 322, 359, 361, 362, 363, 370, 371
Polyethylenterephthalat (PETP) 2, 8, 14, 79, 90, 106, 108, 115, 116, 131, 132, 133, 156, 195, 216, 218, 265, 266, 267, 268
Polyhydantoin 2
Polyimid (PI) 2, 13, 14, 15, 16, 69, 79, 108, 115, 116, 131, 132, 133, 142, 149, 150, 156, 163, 164, 177, 178, 181, 192, 193, 194, 197, 203, 204, 211, 214, 263, 265, 266, 267, 335
Polyimidazopyrralon 2
Polyisobutylen (PIB) 106
Polyisopren 17, 297
Polykondensation 2
Polymerisation 2
Polymethylmethacrylat (PMMA) 8, 16, 76, 77, 79, 96, 106, 107, 109, 111, 113, 130, 135, 143, 187, 255, 293, 297, 361, 362, 363, 370, 371
Poly-4-methylpenten-1 (PMP) 106
Polyolefin 77
Polyoxymethylen (POM) 8, 13, 14, 15, 16, 76, 79, 103, 106, 107, 108, 111, 112, 113, 115, 116, 129, 130, 131, 132, 133, 143, 153, 156, 162, 163, 164, 167, 177, 178, 179, 180, 182, 191, 192, 193, 194, 195, 197, 198, 202, 204, 206, 210, 212, 214, 215, 216, 218, 219, 220, 221, 223, 237, 254, 257, 265, 266, 267, 268, 271, 276, 277, 278, 322, 371
Polyphenylen 163, 164
Polyphenylensulfoxid (PSO) 106
Polyphenylenoxid (PPO) 79, 106, 130, 162, 163, 164, 275, 278
Polyphenylsulfid (PPS) 272, 275, 277

Polypropylen (PP) 2, 8, 79, 106, 107, 109 ff., 130, 135, 136, 143, 185, 186, 272, 322, 371
Polysiloxan (SIR, VMQ) 8, 17, 283, 308, 324
Polystyrol (PS) 77, 79, 106, 135, 270, 371
Polystyrol mit Elastomer auf Butadien-Basis (SB) 106
Polysulfon 2, 79, 204, 271, 278
Polytetrafluorethylen (PTFE) 2, 8, 13, 14, 15, 16, 69, 70, 72, 77, 79, 89, 92, 93, 94, 95, 96, 97, 102, 104, 106, 107, 108, 110, 112, 113, 115, 116, 117, 122, 123, 124, 125, 126, 127, 128, 129, 130, 131, 132, 133, 134, 135, 137, 138, 139, 140, 141, 142, 143, 144, 145, 147, 148, 149, 150, 153, 155, 156, 158, 159, 160, 163, 164, 168, 172, 174, 178, 179, 180, 181, 183, 188, 189, 190, 191, 192, 193, 194, 197, 198, 202, 204, 205, 206, 207, 210, 212, 214, 215, 223, 224, 225, 226, 227, 231, 237, 242, 243, 245, 246, 254, 256, 257, 263, 265, 266, 267, 268, 275, 285, 286, 322
Polytetramethylterephthalat (PTMTP) *siehe Polybutylenterephthalat*
Polyurethan (PUR) 13, 17, 273, 322, 325, 327, 328, 354, 355, 358, 360, 362, 363, 364, 365, 366, 367, 368, 369, 370, 371
Polyvinylacetat (PVAC) 322
Polyvinylchlorid (PVC) 8, 16, 69, 77, 79, 106, 130, 135, 237, 322, 359, 361, 362, 363
Polyvinylidenchlorid (PVDC) 79
Polyvinylidenfluorid (PVDF) 263
Polyvinylmethylsiloxan (VMQ) *siehe Polysiloxan*
POM *siehe Polyoxymethylen*
PP *siehe Polypropylen*
PPO *siehe Polyphenylenoxid*
PPOS *siehe Polyblend aus PPO und PS*
PPS *siehe Polyphenylsulfid*
Prallstrahlverschleiß 356, 357, 358, 360
Probenanordnung 33
Profil (Reifen) 317, 319, 320
Prothesenlockerung 247
Prothesenschaft 246
Prüfkette 28, 31, 33, 34, 184, 252
Prüftechnik 20, 21
PS *siehe Polystyrol*
PSB *siehe Styrol-Butadien-Gummi*
PSO *siehe Polyphenylensulfoxid*
PTFCE *siehe Polychlortrifluorethylen*
PTFE *siehe Polytetrafluorethylen*
PTMTP *siehe Polybutylenterephthalat*
PUR *siehe Polyurethan*
PVAC *siehe Polyvinylacetat*
PVC *siehe Polyvinylchlorid*
PVDC *siehe Polyvinylidenchlorid*
PVDF *siehe Polyvinylidenfluorid*
$p \cdot v$-Wert, $p \cdot v$-Diagramm 114, 115, 155, 199, 200, 201, 212, 214, 215, 268
Pyrolyse 347

Quellung 6, 7, 326, 327
Querverschub 231, 232, 233

Radiallager, Radialgleitlager 32, 194, 195, 199, 200, 202, 268
Radialwellendichtung 326
Randverklebung 238, 239, 240
Rattern 329, 330, 331
Rauhtiefe, gemittelte 129, 132
–, günstige 133, 156, 305
–, maximale 130
Reaktionsschicht 23, 24, 26
Rechenmodul 198
Reibbelag 335, 336, 337, 356
Reibrost 172
Reibungsarbeit 41
Reibungskonstante 48, 300, 302
Reibungskraft, -zahl, spezifische 300, 302
Reibungsmaximum 94, 95, 98, 100, 117, 118, 125, 185, 291, 294, 344
Reibungswärme 98
Reibungszustand 157
Reibwertprüfer 338, 340, 343
Reibwertwandlerstoff 335
Reißfestigkeit 73, 137, 154, 306
Relaxation, Relaxationsverhalten 10, 60, 62, 326
Relaxationszeit 60, 67
Restdeformation 60
rheologisches Modell 40, 41, 47, 54, 61, 66, 67
Riefenorientierung 133
Riffelbildung 172
Rißbildung, Rißentstehung, Rißwachstum 72, 74, 81, 149, 216, 234
Rollen 23
Rührer 37
Ruhereibung *siehe Haftreibung*
Ruß, Channel-, thermischer 306
Rußgehalt 307

SAM-Werkstoffe 153, 154, 155
SAN *siehe Styrol-Acrylnitril*
Sanderosion 367
SB *siehe Polystyrol mit Elastomer auf Butadien-Basis*
SBR *siehe Styrol-Butadien-Gummi*
Schallamach-Welle 288, 297, 298
Schallemission 95, 293, 317
Scheibenbremse 342, 347
Scheibenwischer-Gummi 332
Scherfestigkeit 45, 69, 77, 91, 118, 123, 125, 134, 135, 186
Schergeschwindigkeit 80, 124, 186, 188, 298
Scherung 61, 69, 185, 287
Schicht, hochorientierte 93, 124
Schichtgitter 137, 138
Schleifpapierverfahren 36

Schleißschärfe 75, 305, 359
Schlupf 23, 88, 216, 218, 311, 312, 313, 314, 315
Schmelztemperatur, Schmelzbereich 7, 8, 107, 121
Schmierkissen 158, 159, 246
Schmierstoffspeicherung 224, 226
Schmierstofftransport 152
Schmierstoffzusatz, schmierender Zusatz 137, 140, 149, 152, 153
Schmiertasche 158, 224, 225, 231, 243
Schmierung
–, autohydrostatische 158, 159, 251
–, hydrostatische 159, 246
–, inkorporierte 152, 159
Schmierungszustand 24, 163, 167, 252, 311
Schwindung 224, 233, 236, 237
Schwingungsweite 172, 173, 176
Schwungmasseprüfstand 338, 339, 340
Seitenkraft 216, 311, 312, 314, 315, 316, 317, 318
Seitenstabilität 311
Sekundärbindung, Nebenvalenzbindung 3, 7, 11
Semimetall 336, 344, 345, 346, 348, 349, 350
Sicherheitsfaktor 199
Siebel-Kehl-Prinzip 33
Silicongummi *siehe Polysiloxan*
Siloxan-Elastomer *siehe Polysiloxan*
Simulator 252, 253, 255, 258, 259, 261
SIR *siehe Polysiloxan*
SKN *siehe Acryl-Butadien-Gummi*
SKS *siehe Styrol-Butadien-Gummi*
Spannungskonzentration 72, 73, 74, 80, 149, 216
Sphärolit 3, 6, 136, 137
Spritzhaut 136
Sprödigkeit 356
Sprungfrequenz 45, 46, 54
Sprungwahrscheinlichkeit 46, 47
Spülversatzrohr 37
Spülverschleiß 367
stationärer Zustand 94, 98, 116, 129, 139, 140, 143, 175, 268, 286, 289
Stauchung 60
Steifigkeit 91, 103, 363
Stick-Slip 54, 57, 93, 94, 102, 103, 104, 119, 156, 157, 199, 203, 239, 240, 289, 320, 321, 329, 331
Stoßen 23
Strahlverschleiß 353, 357, 358, 359, 360, 362, 367
Strahlmittelhärte 358, 359
Stribeck-Diagramm 24, 157, 329
Strömen 23
Struktur 92, 123, 125, 134, 137, 190, 305
Strukturelement 1
Strukturformel 17
Stuttgarter Reibungsmesser 320
Styrol-Acrylnitril (SAN) 270, 278

Styrol-Butadien-Gummi (SBR, PSB, GR-S, SKS) 8, 17, 75, 80, 84, 283, 286, 291, 294, 295, 296, 303, 304, 305, 306, 308, 318, 325, 335
Substituent 3, 133, 134
Synovialflüssigkeit 250, 251, 252
Systemanalyse 21
Systemstruktur *siehe Tribostruktur*

Taktschiebeverfahren 231
Tauchschmieren 160
technische Funktion 21, 23
Teilbelagprüfung 341
Teilchenfurchung 353, 354, 355
teilkristallines Polymer, teilkristalliner Thermoplast 3, 6, 7, 13, 56, 136
Tetrafluorethylen-Hexafluorpropylen (FEP) 130, 272
TFE *siehe Trifluorethylen*
Thirion-Gleichung 300
Tieflage *siehe Verschleißtieflage*
Tieflage/Hochlage – Gesetzmäßigkeit 357, 368
Tieftemperaturmischung 326
tie molecule 3
tribochemische Komponente 355, 368
tribochemische Reaktion 25, 26, 69
tribologisches System, Tribosystem 20, 22, 29, 262, 326
Tribostruktur 21, 22, 25, 27, 28, 44, 162, 167, 262, 303
Tribosublimation 355
Trifluorethylen (TFE) 134, 135
Trockenreibung 157
Trommelbremse 347
Tropfenschlagerosion 353

Überstruktur 3, 6
Übertrag, Werkstoff- 69, 70, 94, 118, 123, 127, 132, 134, 135, 157, 176, 293
Übertragbarkeit 252, 257
Uhrenöl, klassisches 169
ungebundene Zeit 47
Ungesättigter Polyester (UP) 371
UP *siehe Ungesättigter Polyester*

Verbundwerkstoff 13, 149, 150, 151, 152, 154, 214, 349, 363, 364, 365, 366
Verformungsgeschwindigkeit 10, 92
Verformungsgleitlager 237
Verformungslager 237
Verlustenergie 55
Vernetzung 5, 6, 7, 57, 169, 288, 292, 305, 307
Verschlaufung 2, 7, 10
Verschleiß, abrasiver-erosiver 353
Verschleißart 25, 27, 353, 354, 356, 367
Verschleißhochlage 172, 174, 175, 180, 181, 182, 358, 359, 367, 368

Verschleißkoeffizient 78, 79, 112
Verschleißminimum 117, 118, 130, 132
Verschleißpartikel 24, 30, 36, 69, 70, 83, 118, 119, 120, 124, 125, 126, 127, 172, 175, 176, 247, 254, 289, 293, 348, 349
Verschleißrate 30, 37, 71, 77, 78, 79, 84, 95, 100, 101, 105, 107, 111, 112, 113, 126, 140, 149, 156, 172, 173, 177, 178, 179, 180, 181, 182, 183, 184, 188, 189, 190, 224
Verschleißstadium 101, 175
Verschleißtieflage 174, 358
Verschleißtopf 35, 36, 37, 354, 355, 368
Verschweißen 237
Verstrecken 70, 71, 136, 289, 306
Viskosität 163, 167, 251, 252, 326
VMQ *siehe Polysiloxan*
Voigt-Kelvin-Modell 54, 55, 63, 304, 305
Voigt-Prandtl-Modell 55
Vorbelastungszeit 241, 242
Voreinstellung 224
Vulkanisation 307

Wärmedehnung 101
Wärmeleitfähigkeit 192, 194, 195, 196, 337
Walken 216, 219, 320
Wasserstoffbrücke 3, 4, 44
Weichmacher 11, 169, 307
Weiterreißexperiment 305
Werkstoffeigenschaft 2, 68, 88, 185, 189, 190, 303
Werkstoffpaarungen für Zahnräder, günstige 219
Werkstoffübertrag *siehe Übertrag, Werkstoff-*
Werkstoffveränderung 68, 80, 94, 96, 117, 118, 124, 125, 133
Werkstoffverhalten (Stoffverhalten) 43, 54, 63, 67
–, viskoelastisches 59, 61, 80, 116, 283, 291
–, weichelastisches 298
Werkstoffzustand 7, 40, 80, 92, 95, 98, 116, 129, 139, 284, 288
–, gummi-, weich, entropieelastischer 7, 8, 111, 121, 127, 287, 291, 293, 303
–, hart-, energieelastischer 7, 98, 118, 127, 291
Wirbel 37, 367
WLF-Gleichung, WLF-Transformation 10, 56, 100, 295, 296
Wurmspur 172, 175, 176

Zähigkeit 356
Zahnschaden 219, 220
Zeit-Temperatur-Verschiebung 10, 40, 67, 100, 185, 187, 295, 298, 303
Zersetzung 6, 7, 121, 288, 311, 326, 360
Zugfestigkeit 72, 74, 78, 80, 293, 327, 328
Zulassung für Brückenlager 224
Zweikörperverschleiß 353